现代数控技术系列(第4版)

现代数控机床故障诊断及维修
(第4版)

李梦群　马维金　杨福合　刘丽娟　编　著

国防工业出版社

·北京·

内 容 简 介

本书从数控系统、伺服系统以及常见的机械结构、功能部件的原理分析入手,深入浅出地阐明了数控机床故障诊断的理论依据;重点论述了数控机床的工况监测与故障诊断技术是实现机械制造过程自动化的重要技术保证;全面系统阐述了故障诊断的基本方法和步骤;并通过精选实例,详细具体地介绍了故障分析与处理过程。力图做到理论密切联系实际、先进性与系统性相结合、实用性与技术性相结合。

全书共分11章,内容包括数控机床故障诊断及维修的方法、数控系统的故障诊断、伺服系统的故障诊断及维修、PLC模块的故障诊断、数控机床机械结构的故障诊断及维修、数控机床切削加工过程状态监测及故障诊断、常用故障检测及诊断仪器仪表、数控机床故障诊断及维修实例、故障信号分析与处理基础、数控机床故障诊断技术最新进展等。

本书可以作为高等院校相关专业的教材、参考书,也可以作为数控技术研究单位、企业单位相关技术人员的参考书。

图书在版编目(CIP)数据

现代数控机床故障诊断及维修/李梦群等编著. —4版. —北京:国防工业出版社,2016.4
(现代数控技术系列/王爱玲主编)
ISBN 978-7-118-10633-6

Ⅰ.①现... Ⅱ.①李... Ⅲ.①数控机床-故障诊断②数控机床-维修 Ⅳ.①TG659

中国版本图书馆 CIP 数据核字(2016)第 047150 号

※

*国防工业出版社*出版发行
(北京市海淀区紫竹院南路23号 邮政编码100048)
腾飞印务有限公司印刷
新华书店经售

*

开本 787×1092 1/16 印张 26 字数 592 千字
2016年4月第4版第1次印刷 印数 1—5000 册 定价 58.00 元

(本书如有印装错误,我社负责调换)

国防书店:(010)88540777 发行邮购:(010)88540776
发行传真:(010)88540755 发行业务:(010)88540717

"现代数控技术系列"(第4版)编委会

主　编　王爱玲

副主编　张吉堂　王　彪　王俊元
　　　　李梦群　沈兴全　武文革

编　委　(按姓氏笔画排序)

马维金　马清艳　王　彪　王俊元　王爱玲
刘丽娟　刘中柱　刘永姜　成云平　李　清
李梦群　杨福合　辛志杰　沈兴全　张吉堂
张纪平　陆春月　武文革　周进节　赵丽琴
段能全　梅林玉　梁晶晶　彭彬彬　曾志强
蓝海根

"现代数控技术系列"(第4版)总序

中北大学数控团队近期完成了"现代数控技术系列"(第4版)的修订工作,分六个分册:《现代数控原理及控制系统》《现代数控编程技术及应用》《现代数控机床》《现代数控机床伺服及检测技术》《现代数控机床故障诊断及维修》《现代数控加工工艺及操作技术》。该系列书2001年1月初版,2005年1月再版,2009年3月第3版,系列累计发行超过15万册,是国防工业出版社的品牌图书(其中,《现代数控机床伺服及检测技术》被列为普通高等教育"十一五"国家级规划教材;《现代数控原理及控制系统》还被指定为博士生入学考试参考用书)。国内四五十所高等院校将系列作为相关专业本科生或研究生教材,企业从事数控技术的科技人员也将该系列作为常备的参考书,广大读者给予很高的评价。同时本系列也取得了较好的经济效益和社会效益,为我国飞速发展的数控事业做出了相当大的贡献。

根据读者的反馈及收集到的大量宝贵意见,在第4版的修订过程中,对本系列书籍(教材)进行了较大幅度的增、删和修改,主要体现在以下几个方面:

(1) 传承数控团队打造"机床数控技术"国家精品课程和国家精品网上资源共享课程时一贯坚持的"新""精""系""用"要求(及时更新知识点、精选内容及参考资料、保持现代数控技术系列完整性、体现教材的科学性和实用价值)。

(2) 通过修订,重新确定各分册具体内容,对重复部分进行了协调删减。对必须有的内容,以一个分册为主,详细叙述;其他分册为保持全书内容完整性,可简略介绍或指明参考书名。

(3) 本次修订比例各分册不太一样,大致在30%~60%之间。

变更最大的是以前系列版本中《现代数控机床实用操作技术》,由于其与系列其他各本内容不够配套,第4版修订时重新编写成为《现代数控加工工艺及操作技术》。

《现代数控原理及控制系统》除对各章内容进行不同程度的更新外,特别增加了一章目前广泛应用的"工业机器人控制"。

《现代数控编程技术及应用》整合了与《现代数控机床》重复的内容,删除了陈旧的知识,增添了数控编程实例,还特别增加一章"数控宏程序编制"。

《现代数控机床》对各章节内容进行更新和优化,特别新增加了数控机床的人机工程学设计、数控机床总体设计方案的评价与选择等内容。

《现代数控机床伺服及检测技术》更新了伺服系统发展趋势的内容,增加了智能功率模块、伺服系统的动态特性、无刷直流电动机、全数字式交流伺服系统、电液伺服系统等内容,并对全书的内容进行了优化。

《现代数控机床故障诊断及维修》对原有内容进行了充实、精炼,对原有的体系结构进行了更新,增加了大量新颖的实例,修订比例达到60%以上。第9章及第11章5、6节全部内容是新增加重新编写的。

(4) 为进一步提升系列书的质量、有利于团队的发展,对参加编著的人员进行了调整。给学者们提供了一个新的平台,让他们有机会将自己在本学科的创新成果推广和应用到实践中去。具体内容见各分册详述及引言部分的介绍。

(5) 为满足广大读者,特别是高校教师需要,本次修订时,各分册将配套推出相关内容的多媒体课件供大家参考、与大家交流,以达到共同提高的目的。

中北大学数控团队老、中、青成员均为第一线教师及实训人员,部分有企业工作经历,这是一支精诚团结、奋发向上、注重实践、甘愿奉献的队伍。一直以来坚守着信念:热爱我们的教育事业,为实现我国成为制造强国的梦想,为我国飞速发展的数控技术多培养出合格的人才。

从20世纪80年代王爱玲为本科生讲授"机床数控技术"开始,团队成员在制造自动化相关的科技攻关及数控专业教学方面获得了20多项国家级、省部级奖项。为适应培养数控人才的需求,团队特别重视教材建设,至今已编著出版了50多部数控技术相关教材、著作,内容涵盖了数控理论、数控技术、数控职业教育、数控操作实训及数控概论介绍等各个层面,逐步完善了数控技术教材系列化建设。

希望本次修订的"现代数控技术系列"(第4版)带给大家更多实用的知识,同时也希望得到更多读者的批评指正。

2015年8月

第4版引言

数控技术的广泛应用给机械制造业的生产方式、产业结构、管理方式带来深刻的变化,其关联效益和辐射能力更是难以估计。数控技术和数控装备水平的高低是衡量一个国家制造业现代化的核心标志。实现加工机床和生产过程的数控化,已经成为当今制造业的发展方向。

数控机床故障诊断及维修技术的发展不仅可以保证设备正常运行,对数控技术的发展也起到了巨大的推动作用。反过来,数控设备的先进性、复杂性和高智能化的特点,也使数控机床在故障诊断与维修理论、技术和手段上都发生了深刻的变化。

本书是在国防工业出版社出版的《现代数控机床故障诊断及维修》(2001年第1版,2005年第2版,2009年第3版)基础上进行的修订。本次修订对原有内容进行了充实、精炼,对原有的体系结构进行了更新,增加了大量新颖的实例,修订比例达到60%以上。具体来说:原书1.1~1.4节内容重新编写,新增数控机床及数控技术的发展,数控机床维修人员的要求,构成新版第1章;原书1.5,1.6节,新增故障现场调查知识、故障诊断原则、排除故障并逐级上电调试的过程、制作维修记录与维修实例、数控机床的安装调试以及维护保养等一系列新的内容构成新版第2章;原书第2章内容改编成新版第10章;第3章新增了华中数控与广州数控等主流国产数控系统简介,并对典型数控系统的基本配置与连接进行说明,新增数控系统的参数与调试,介绍数控系统机床数据与参数的结构、存储及其重要性,以典型系统为例,介绍了数据备份与恢复的方法,以FANUC系统为例讲解数控系统调试的步骤;第4章新增了4.5节实例分析,引入伺服系统的15个故障诊断及维修实例,从故障现象、故障设备以及故障检查与分析三个方面进行介绍;第5章新增了华中数控与广州数控的PLC监控方法,重点介绍了开关量状态监控和梯形图在线监控的方法和步骤;第6章增加了栅格法返回基准点控制原理;第7章新增刀具磨损状态的图像检测技术;第8章删除存储测试仪,将短路故障追踪仪、激光干涉仪、球杆仪合并为其他数控诊断仪器;第9章编写体系变更,按不同类型机床重新编写,增加了大量新颖的实例;第11章新增基于信息融合技术的数控机床故障诊断及维修技术、基于支持推理机的数控机床故障诊断及维修技术。全书力图做到理论联系实际,先进性与系统性紧密结合。

本书由中北大学李梦群、马维金任主编,杨福合、刘丽娟任副主编。第1章、第6章、第7章、第8章由马维金编写,第2章、第4章由刘丽娟编写,第3章、第5章由杨福合编写,第9章、第10章、第11章由李梦群编写。本书是编写成员精诚合作的结晶,全书由王爱玲教授统一定稿。

在编写过程中,编者参考了诸多论文、著作和教材,在此对各位作者深表谢意。

限于编者的水平,书中难免有不足和疏漏之处,殷切期望各位读者批评指正。

编著者

2015年9月

目 录

第1章 绪论 ... 1

1.1 数控机床概述 ... 1
1.1.1 数控机床的定义 ... 1
1.1.2 数控机床的组成 ... 2
1.2 数控机床的加工过程 ... 3
1.3 数控机床及数控技术的发展 ... 5
1.4 数控机床故障诊断与维修的目的和意义 ... 5
1.4.1 数控机床故障诊断与维修的意义 ... 5
1.4.2 数控机床故障诊断与维修的目的 ... 6
1.5 数控机床故障诊断的研究对象与故障分类 ... 7
1.5.1 数控机床故障诊断的研究对象 ... 7
1.5.2 数控机床故障的特点 ... 7
1.5.3 数控机床故障的分类 ... 8
1.6 数控机床维修人员的要求 ... 9

第2章 数控机床故障诊断与维修的方法 ... 11

2.1 数控机床的故障诊断步骤及故障现场调查 ... 11
2.1.1 故障诊断步骤 ... 11
2.1.2 故障现场调查 ... 12
2.2 数控机床故障诊断的原则与方法 ... 14
2.2.1 故障诊断原则 ... 14
2.2.2 故障诊断方法 ... 15
2.3 排除故障并逐级上电调试 ... 19
2.3.1 数控系统硬件更换 ... 19
2.3.2 逐级检查并上电 ... 21
2.4 制作维修记录 ... 21
2.4.1 制作维修记录的优点 ... 21
2.4.2 制作维修记录的方法 ... 22
2.5 维修实例 ... 22

2.6 数控机床的安装调试 ··· 25
　2.6.1 安装环境要求 ··· 25
　2.6.2 数控机床的安装 ··· 25
　2.6.3 数控机床的调试 ··· 29
2.7 数控机床的维护保养 ··· 30
　2.7.1 概述 ·· 30
　2.7.2 数控机床的日常维护及保养 ·· 33
　2.7.3 数控机床长期不使用时的维护及保养 ·························· 35

第3章 数控系统故障诊断 ··· 36

3.1 数控系统概述 ·· 36
　3.1.1 数控系统的组成 ··· 36
　3.1.2 数控系统的工作过程 ·· 38
　3.1.3 数控系统的功能 ··· 39
　3.1.4 CNC系统的硬件结构 ··· 41
　3.1.5 CNC系统的软件结构 ··· 43
3.2 典型数控系统简介 ··· 45
　3.2.1 FANUC数控系统 ··· 45
　3.2.2 SIEMENS数控系统的基本配置 ································· 55
　3.2.3 华中数控系统 ··· 60
　3.2.4 广州数控系统 ··· 63
3.3 数控系统的参数与调试 ··· 68
　3.3.1 数控系统的参数 ··· 68
　3.3.2 数控系统的调试 ··· 70
3.4 数控系统故障诊断技术与实例 ·· 72
　3.4.1 数控系统硬件故障诊断 ··· 72
　3.4.2 数控系统软件故障原因与排除方法 ····························· 75
　3.4.3 数控系统自诊断技术的应用 ·· 76
　3.4.4 利用机床参数来维修系统 ·· 79

第4章 伺服系统的故障诊断与维修 ························· 82

4.1 伺服系统概述 ·· 82
　4.1.1 伺服系统概念及其作用 ··· 82
　4.1.2 伺服系统的组成与工作原理 ·· 82
4.2 主轴驱动系统故障及诊断 ··· 84
　4.2.1 常用主轴驱动系统介绍 ··· 85
　4.2.2 主轴伺服系统的故障形式及诊断方法 ·························· 86

4.2.3　直流主轴驱动故障诊断 87
　　　4.2.4　交流主轴驱动故障诊断 91
　4.3　进给伺服系统故障及诊断 99
　　　4.3.1　常见进给驱动系统及其结构形式 100
　　　4.3.2　进给伺服系统的故障形式及诊断方法 103
　　　4.3.3　进给驱动的故障诊断 107
　　　4.3.4　进给伺服电机的维护 116
　4.4　位置检测装置故障及诊断 118
　　　4.4.1　常用检测装置的维护 119
　　　4.4.2　检测装置故障的常见形式及诊断方法 121
　　　4.4.3　检测装置故障的诊断与排除 122
　4.5　实例分析 125

第5章　PLC 模块的故障诊断 132

　5.1　概述 132
　　　5.1.1　数控机床中 PLC 的形式 132
　　　5.1.2　PLC 与外部信息的交换 133
　　　5.1.3　数控机床 PLC 的功能 134
　5.2　PLC 在数控机床中的应用实例 134
　　　5.2.1　数控机床工作状态开关 PMC 控制 134
　　　5.2.2　数控机床加工程序功能开关 PMC 控制 137
　　　5.2.3　数控机床倍率开关 PMC 控制 141
　　　5.2.4　数控机床润滑系统 PMC 控制 143
　　　5.2.5　数控车床自动换刀 PMC 控制 145
　　　5.2.6　数控机床辅助功能代码（M 代码）PMC 控制 148
　5.3　常用数控系统的 PLC 状态的监控方法 151
　　　5.3.1　西门子系统的 PLC 状态显示功能 151
　　　5.3.2　FANUC 系统的 PMC 状态监控 154
　　　5.3.3　华中数控 PLC 状态监控 157
　　　5.3.4　广州数控 PLC 状态监控 160
　5.4　PLC 控制模块的故障诊断 162
　　　5.4.1　PLC 故障的表现形式 162
　　　5.4.2　PLC 控制模块的故障诊断方法与实例 162

第6章　数控机床机械结构的故障诊断及维修 170

　6.1　机械故障的类型及诊断方法 170
　　　6.1.1　机械故障的类型 170

6.1.2 机械故障的诊断方法 …………………………………………… 171
6.2 数控机床的启、停运动故障 ……………………………………………… 172
　　6.2.1 主轴不能启动 …………………………………………………… 172
　　6.2.2 机床启动后出现失控现象 ……………………………………… 172
　　6.2.3 机床出现"死机"而不能动作 …………………………………… 173
　　6.2.4 机床返回基准点故障 …………………………………………… 173
6.3 主轴部件故障诊断与维修 ……………………………………………… 175
　　6.3.1 主轴部件的维护特点 …………………………………………… 175
　　6.3.2 主传动链的故障诊断 …………………………………………… 177
6.4 进给传动系统的故障诊断与维修 ……………………………………… 185
　　6.4.1 滚珠丝杠螺母副的故障及维护 ………………………………… 185
　　6.4.2 进给传动系统的常见故障类型及诊断方法 …………………… 186
　　6.4.3 进给传动系统常见故障的报警形式 …………………………… 188
　　6.4.4 进给传动系统故障实例 ………………………………………… 191
6.5 导轨副的故障及维护 …………………………………………………… 192
6.6 ATC 及 APC 系统的故障诊断与维修 ………………………………… 193
　　6.6.1 刀库及换刀机械手(ATC)的维护 ……………………………… 194
　　6.6.2 刀库的故障 ……………………………………………………… 194
　　6.6.3 换刀机械手的故障 ……………………………………………… 195
　　6.6.4 工作台自动交换装置的故障诊断 ……………………………… 197
6.7 液压与气动系统的故障诊断与维修 …………………………………… 198
　　6.7.1 液压传动系统的原理与维护 …………………………………… 198
　　6.7.2 液压传动系统的故障诊断及排除 ……………………………… 200
　　6.7.3 气动系统的原理与维护 ………………………………………… 203
6.8 数控机床润滑系统的故障诊断 ………………………………………… 205
　　6.8.1 数控机床润滑系统的故障分析 ………………………………… 205
　　6.8.2 润滑系统的故障诊断 …………………………………………… 207
6.9 数控机床机械故障的综合诊断与实例 ………………………………… 208
　　6.9.1 机械故障的综合诊断 …………………………………………… 208
　　6.9.2 故障实例的综合分析 …………………………………………… 209
6.10 数控机床运动质量特性故障诊断 ……………………………………… 215
　　6.10.1 位置偏差过大 …………………………………………………… 215
　　6.10.2 零件的加工精度差 ……………………………………………… 216
　　6.10.3 两轴联动铣削圆周时圆度超差 ………………………………… 216
　　6.10.4 机床运动时超调引起的精度不良 ……………………………… 216
　　6.10.5 故障分析实例 …………………………………………………… 216

第7章 数控机床切削加工过程状态监测与故障诊断 ... 219

7.1 机床加工过程状态监测与故障诊断的内容及待研究的问题 ... 219
7.1.1 监测与诊断的特点 ... 219
7.1.2 监测与诊断的内容 ... 220
7.1.3 待研究的问题 ... 221
7.1.4 切削过程工况监控系统 ... 222

7.2 切削过程刀具磨损与破损的在线监测与诊断 ... 223
7.2.1 切削过程中发生的物理现象及刀具监控原理 ... 223
7.2.2 刀具磨破损在线自动检测 ... 224
7.2.3 刀具寿命管理监视系统 ... 224
7.2.4 切削过程刀具磨损与破损的振动监测法 ... 225
7.2.5 刀具磨损与破损的主电机功率或电流监测法 ... 232
7.2.6 刀具磨破损的声发射监控法 ... 233
7.2.7 刀具磨破损检测技术的综合应用 ... 236

7.3 切削颤振的在线监控 ... 238
7.3.1 特征信号的选择 ... 238
7.3.2 切削颤振的统计特征 ... 239
7.3.3 颤振的频域特征分析 ... 239

7.4 切屑状态的在线监控 ... 240
7.4.1 概述 ... 240
7.4.2 信号采集及预处理 ... 241
7.4.3 切屑折断频率f_c的计算方法 ... 241
7.4.4 切屑折断状态的频域特征分析 ... 242
7.4.5 切屑状态的统计特性 ... 243

7.5 刀具磨损状态的图像检测技术 ... 244
7.5.1 概述 ... 244
7.5.2 图像检测技术基本原理 ... 244
7.5.3 刀具磨损状态的图像检测系统 ... 245

第8章 常用故障检测及诊断仪器仪表 ... 248

8.1 万用表 ... 248

8.2 示波器 ... 248
8.2.1 示波器的选择 ... 248
8.2.2 示波器的使用 ... 250

8.3 逻辑测试笔 ... 251
8.3.1 逻辑测试笔的功能 ... 251

8.3.2 逻辑测试笔的使用 ·· 251
8.3.3 逻辑测试笔的选择 ·· 253
8.4 逻辑分析仪 ·· 254
8.4.1 逻辑分析仪的特点 ·· 254
8.4.2 逻辑分析仪的结构原理 ··· 255
8.4.3 逻辑分析仪的触发方式和显示方式 ·· 257
8.4.4 逻辑分析仪的使用 ·· 257
8.5 集成电路测试仪 ·· 259
8.5.1 概述 ·· 259
8.5.2 集成电路测试仪的结构原理 ··· 260
8.5.3 集成电路测试仪的功能 ··· 261
8.5.4 集成电路测试仪的使用 ··· 261
8.6 特征代码分析仪 ·· 263
8.6.1 特征代码分析仪的结构原理 ··· 263
8.6.2 特征代码分析仪的使用 ··· 265
8.7 其他数控诊断仪器 ·· 266

第9章 数控机床故障诊断与维修实例 ·· 267

9.1 数控车床故障诊断与维修实例 ·· 267
9.1.1 CNC 系统 ··· 267
9.1.2 伺服系统 ·· 270
9.1.3 主轴系统 ·· 273
9.1.4 刀架系统 ·· 277
9.1.5 尺寸与外设 ·· 281
9.2 数控铣床故障诊断与维修实例 ·· 283
9.2.1 CNC 系统 ··· 283
9.2.2 伺服系统 ·· 285
9.2.3 主轴系统 ·· 290
9.2.4 辅助部件 ·· 292
9.3 加工中心故障诊断与维修实例 ·· 294
9.3.1 CNC 系统 ··· 294
9.3.2 伺服系统 ·· 297
9.3.3 主轴、工作台 ·· 304
9.3.4 刀库、机械手 ·· 312
9.4 数控磨床故障诊断与维修实例 ·· 315
9.4.1 CNC 系统 ··· 315
9.4.2 加工尺寸不稳定 ·· 319

9.5 数控齿轮加工机床故障诊断与维修实例 ································· 322
9.5.1 数控滚齿机故障诊断与维修实例 ································· 322
9.5.2 数控剔齿机故障诊断与维修实例 ································· 323
9.5.3 数控磨齿机故障诊断与维修实例 ································· 325
9.6 电火花线切割机床故障诊断与维修实例 ······························· 328

第10章 故障信号分析与处理基础 ······································· 331

10.1 信号的分类与描述 ·· 331
10.1.1 确定性信号与非确定性信号 ··································· 331
10.1.2 能量信号与功率信号 ··· 332
10.1.3 时限与频限信号 ··· 333
10.1.4 连续时间信号与离散时间信号 ································· 333
10.1.5 物理可实现信号 ··· 336
10.1.6 信号分析中常用函数 ··· 336

10.2 信号的常用数学变换 ·· 339
10.2.1 傅里叶变换 ··· 339
10.2.2 拉普拉斯变换 ··· 344
10.2.3 z 变换 ·· 347

10.3 信号的时域分析 ·· 348
10.3.1 时域分解 ··· 348
10.3.2 时域统计分析 ··· 351
10.3.3 直方图分析 ··· 353
10.3.4 相关分析 ··· 355

10.4 信号的频域分析 ·· 356
10.4.1 幅值谱分析 ··· 357
10.4.2 功率谱分析 ··· 358

10.5 倒频谱分析 ·· 360
10.5.1 倒频谱的数学描述 ··· 360
10.5.2 倒频谱分析的应用 ··· 361

第11章 数控机床故障诊断技术最新进展 ································· 363

11.1 数控机床故障诊断的小波分析技术 ································· 363
11.1.1 小波变换基础 ··· 364
11.1.2 基于小波分析的故障诊断 ····································· 367

11.2 数控机床故障诊断的模糊诊断技术 ································· 367
11.2.1 模糊故障诊断基础 ··· 367
11.2.2 基于模糊诊断的数控机床故障诊断 ····························· 379

- 11.3 数控机床故障诊断的神经网络诊断技术 …………………………… 380
  - 11.3.1 神经网络基础 ………………………………………………… 380
  - 11.3.2 基于神经网络的数控机床故障诊断 ………………………… 384
- 11.4 数控机床故障诊断的专家系统 ……………………………………… 385
  - 11.4.1 专家系统的基本组成 ………………………………………… 385
  - 11.4.2 知识库的建立与维护 ………………………………………… 387
  - 11.4.3 全局数据库及其管理系统 …………………………………… 388
  - 11.4.4 推理机 ………………………………………………………… 389
  - 11.4.5 解释子系统设计 ……………………………………………… 390
  - 11.4.6 神经网络与专家系统 ………………………………………… 391
  - 11.4.7 数控机床故障诊断的专家系统 ……………………………… 391
- 11.5 数控机床故障诊断的信息融合技术 ………………………………… 392
  - 11.5.1 信息融合技术的发展 ………………………………………… 392
  - 11.5.2 基于信息融合技术的数控机床故障诊断 …………………… 393
- 11.6 数控机床故障诊断的支持向量机技术 ……………………………… 394
  - 11.6.1 支持向量机 …………………………………………………… 394
  - 11.6.2 基于支持向量机的数控机床故障诊断 ……………………… 396

参考文献 ……………………………………………………………………… 398

第1章 绪　　论

1.1　数控机床概述

1.1.1　数控机床的定义

国际信息处理联盟(International Federation of Information Processing,IFIP)第五技术委员会对数控机床所做的定义是：数控机床(Numerical Control Machine)是一种装有程序控制系统的机床,该系统能够逻辑地处理具有控制编码或其他符号指令规定的程序,并将其译码,用代码化的数字表示,通过信息载体输入数控装置。该定义中所指的程序控制系统即为数控系统(Numerical Control System),它由用来实现数字化信息控制的硬件和软件两部分组成,其核心为数控装置(Numerical Controller,NC)。由于现代数控系统都采用了计算机进行控制,因此数控装置也可称为CNC(Computerized Numerical Control)装置。

通俗而言,数控机床就是采用数控装置进行控制的机床,它集自动化控制技术、电机技术、自动检测技术、计算机控制技术等先进技术为一体,是现代制造技术中不可缺少的设备。

带有自动刀具交换装置(Automatic Tool Change,ATC)的数控机床(带有回转刀架的数控车床除外)称为加工中心(Machine Center,MC)。它通过刀具的自动交换,可以一次装夹完成多工序的加工,实现了工序的集中和工艺的复合,从而缩短了辅助加工时间,提高了机床的效率,减少了零件安装、定位次数,提高了加工精度。加工中心是目前数控机床中产量最大、应用最广的机床。

在加工中心的基础上,通过增加多工作台(托盘)自动交换装置(Auto Pallet Changer,APC)以及其他相关装置,组成的加工单元称为柔性加工单元(Flexible Manufacturing Cell,FMC)。FMC不仅实现了工作的集中和工艺的复合,而且通过工作台(托盘)的自动交换和完善的自动检测、监控功能,可以进行一定时间的无人化加工,从而进一步提高了设备的加工效率。FMC既是柔性制造系统的基础,又可以作为独立的自动化加工设备使用,因此其发展速度较快。

在FMC和加工中心基础上,通过增加物流体系、工业机器人以及相关设备,并由中央控制系统进行集中、统一控制和管理,这样的制造系统称为柔性制造系统(Flexible Manufacturing System,FMS)。FMS可以进行长时间的无人化加工,从而可以实现多品种零件的全部加工或部分装配,实现了车间制造过程的自动化,它是一种高度自动化的先进制造系统。随着科学技术的发展,为了适应市场需求多变的形势,对现代制造业来说,不仅需要发展车间过程的自动化,而且要实现从市场预测、生产决策、产品设计、产品制造直到产品销售的全面自动化。将这些要求综合,构成的完整的生产制造系统,称为计算机集成制造系统(Computer Integrated Manufacturing System,CIMS)。CIMS将一个工厂的生产、经营活动进行了有机的集成,实现了更高效益、更高柔性的智能化生产,是当今自动化制造技术发展的最高阶段。

1.1.2 数控机床的组成

数控机床通常由信息载体、输入输出装置、数控系统、强电控制装置、伺服驱动系统、位置反馈系统、机床等部分组成,其基本结构框图如图1-1所示。

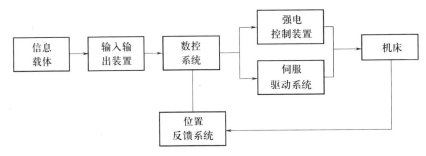

图1-1 数控机床基本结构框图

1. 信息载体

数控机床按照给定的零件加工程序运行,在零件加工程序中记录了加工该零件所必需的各种信息,包括零件加工的几何信息、工艺参数(进给量、主轴转速等)和辅助运动等。将零件加工程序用一定的格式和代码存储在信息载体上,通过输入装置将信息输入到数控系统中。常用的信息载体有穿孔带、磁带和磁盘等。数控机床也可以采用操作面板上的按钮和键盘将加工信息直接输入,或通过串行通信口将在计算机上编写的加工程序输入到控制系统。高级的数控系统还可能包括一套自动编程机或CAD/CAM系统。

2. 输入输出装置

输入装置的作用是将信息载体中的数控加工信息读入数控系统的内存储器。根据信息载体的不同,相应有不同的输入装置。早期使用光电阅读机对穿孔带进行阅读,以后大量使用磁盘和软盘驱动器。也可利用数控装置面板上的输入键直接将零件加工程序输入数控系统,或利用DNC(Direct Numerical Control)系统输入接口远程输入数控加工程序。

输出装置的作用是为操作人员提供必须的信息,如程序代码、切削用量、刀具位置、各种故障信息和操作提示等。常用的输出装置有显示器和打印机等,可对输出信息进行显示或打印。高档数控系统还可以用图形方式直观地显示输出信息。

3. 数控系统

数控系统是数控机床实现自动加工的核心,由硬件和软件组成。现代数控系统普遍采用通用计算机作为其主要硬件部分,包括CPU、存储器、系统总线和输入输出接口等。软件部分主要是控制系统软件,其控制方式为数据运算处理控制(机床运动行程量控制)和时序逻辑控制(机床运动开关量控制)两大类,主控制器内的插补运算模块根据读入的零件加工程序,通过译码、编译等信息处理后,进行相应的轨迹插补运算,并通过与各坐标伺服系统位置、速度反馈信号比较,从而控制机床各个坐标轴的移动。而时序逻辑控制主要由可编程逻辑控制器(Programmable Logical Controller,PLC)完成,它根据机床加工过程的各个动作要求进行协调,按各检测信号进行逻辑判断,从而控制机床有条不紊地按序工作。

4. 强电控制装置

强电控制装置的主要功能是接收 PLC 输出的主轴变速、换向、启动或停止,刀具选择和更换,分度工作台的转位和锁紧,工件夹紧或松夹,切削液的开启或关闭等辅助操作信号,经功率放大直接驱动相应的执行元件,完成数控加工自动操作。

5. 伺服驱动系统

伺服驱动系统是数控系统与机床之间的电传动联系环节。它接收来自数控系统的位置控制信息,将其转换成相应坐标轴的进给运动和精确定位运动,是数控机床最后的控制环节,因此,其伺服精度和动态响应特性将直接影响数控机床的生产率、加工精度和表面加工质量。伺服驱动系统包括主轴伺服和进给伺服两个单元。主轴伺服单元在每个插补周期内接收数控系统的位移指令,经过功率放大后驱动主轴电机转动。进给伺服单元在每个插补周期内接收数控系统的位移指令,经过功率放大后驱动进给电机转动,同时完成速度控制和反馈控制功能。伺服驱动系统的执行器有功率步进电机、直流伺服电机和交流伺服电机。

6. 位置反馈系统

位置反馈系统通过传感器检测伺服电机的转角位移和数控机床工作台的直线位移,并转换成信息传送到数控系统中,与指令位置进行比较后,由数控系统向伺服驱动系统发出指令,纠正所产生的误差。

7. 机床

机床指的是数控机床的机械结构。为了适应数控加工的特点,数控机床在整体布局、外观造型、主转动系统、进给传动系统、刀具系统及操作机构等方面都与普通机床有着很大的差别,主要特点是:

(1) 采用高效高性能传动部件,如滚动丝杠副、直接滚动导轨副等。其传动链短,结构简单,传动精度高。

(2) 机床精度、静刚度、动刚度高,能满足大余量切削和精密加工切削。

(3) 有完善的刀具自动交换和管理系统。工件一次装夹后能完成多道加工工序。

(4) 具有传动副转动间隙消除措施,保证了加工操作的精确性。

(5) 采用移门结构的全封闭外罩壳,保证了加工操作的安全性。

1.2 数控机床的加工过程

数控机床的主要任务是利用数控系统进行刀具和工件之间相对运动的控制,完成零件的数控加工。图 1-2 显示了数控机床的主要工作过程。

1. 工作前准备

数控机床接通电源后,数控系统将对各组成部分的工作状况进行检查和诊断,并设置初始状态。

2. 零件加工程序编制与输入

零件加工程序的编制可以是脱机编程,也可以是联机编程。前者利用计算机进行手

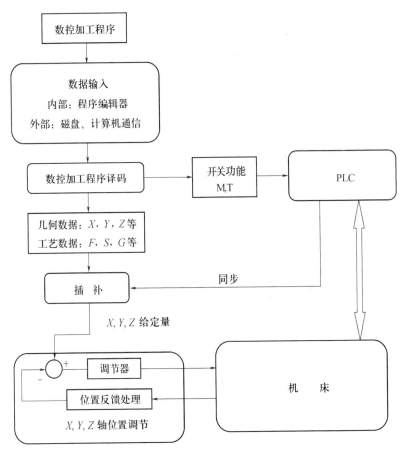

图 1-2 数控机床的主要工作过程

工编制或自动编制,生成的数控程序记录在信息载体上,通过系统输入装置输入数控系统,或通过通信方式直接传送到数控系统。后者是利用数控系统的操作面板编写、输入或修改数控加工程序。

为了使加工程序适应实际的工件与刀具位置,加工前还应输入实际使用刀具的刀具参数及工件坐标系原点相对机床坐标的坐标值。

3. 数控加工程序的译码和预处理

加工程序输入后,数控机床启动运行,数控系统对加工程序进行译码和预处理。

进行译码时,加工程序被分成几何数据、工艺数据和开关功能。几何数据是刀具相对工件的运动路径数据,如 G 指令和坐标值等,利用这些数据可加工出要求的工件几何形状。工艺数据是主轴转速(S 指令)和进给速度(F 指令)及部分 G 指令等。开关功能是对机床电器的开关命令(辅助 M 指令和刀具选择 T 指令),例如主轴启动或停止、刀具选择和交换、切削液的开启或停止等。

编程时,一般不考虑刀具实际几何数据而直接以工作轮廓尺寸进行编程,数控系统根据工件几何数据和加工前输入的实际刀具参数,进行刀具长度补偿和刀具半径补偿计算。为了方便编程,数控系统中存在着多种坐标系,故数控系统还要进行相应的坐标变换和计算。

4. 插补计算

数控系统完成加工控制信息预处理后，开始逐步运行加工程序。系统中的插补器根据程序中给出的几何数据和工艺数据进行插补计算，逐步计算并确定各段起点、终点之间一系列中间点的坐标轴运动的方向、大小和速度，分别向各坐标轴发出运动指令序列。

5. 位置控制

进给伺服单元将插补计算结果作为位置调节器的指令，机床上位置检测元件测得的位移作为实际位置值。位置调节器将两者进行比较、调节，输出误差补偿后的位置和速度控制信号，控制各坐标轴精确运动。各坐标轴的合成运动产生了数控加工程序所要求的零件外形轮廓和尺寸。

6. 程序管理

数控系统在进行一个程序段的插补计算和位置控制的同时，又对下一个程序做译码和预处理，为逐段运行控制加工程序做准备。这样的过程一直保持到整个零件加工程序执行完毕。

数控系统将程序发出的开关指令交 PLC 进行处理。在系统程序的控制下，在各加工程序段处理前或完成后，开关指令和由机床反馈的信号一起被处理和转换为机床开关设备的控制指令，实现程序所规定的 T 功能、M 功能和 S 功能。

1.3 数控机床及数控技术的发展

数控技术及数控机床是发展新兴高技术产业和尖端工业的使能技术和基本装备，数控技术的应用给传统制造业带来了革命性的变化。世界各国广泛采用数控技术，以提高装备制造业的能力和水平，提高市场适应能力和竞争力。因此，大力发展以数控技术为核心的先进装备制造技术已经成为我国加速经济发展、提高国家竞争力和综合国力的重要途径。特别是国防和汽车等关乎国计民生的重要行业，其装备数字化已是现代工业化发展的大趋势。

近年来，数控机床的发展呈现如下趋势：运动高速化、加工精密化、功能复合化、控制智能化、体系结构开放化、服务网络化。

我国的数控机床制造业正在奋起拼搏、努力追赶，取得了长足的进步。但是在高端数控机床和智能工业机器人领域，与国际先进水平相比还存在较大的差距。整体不足之处集中在关键件的制造水平、机床精度及稳定性、机床平均无故障工作时间及机床应用领域基础研究。

1.4 数控机床故障诊断与维修的目的和意义

1.4.1 数控机床故障诊断与维修的意义

由于数控机床具有高精度、高效率、高自动化和高适应性等特点，以微处理器为基础、以大规模集成电路为标志的数控设备已在我国批量生产、大量引进和推广应用，它们给机械制造业的发展创造了条件,并带来很大的效益。

数控机床也是一个复杂的大系统,它涉及光、机、电、液等方面,包括数控系统、PLC、系统软件、PLC软件、加工编程软件、精密机械、数字电子技术、大功率电力电子技术、电机拖动与伺服、液压与气动、传感器与测量、网络通信等技术。数控机床内部各部分联系非常紧密,自动化程度高,运行速度快,大型数控机床往往有成千上万的机械零件和电器部件,无论哪一部分发生故障都是难免的。机械锈蚀、机械磨损、机械失效,电子元器件老化、插件接触不良、电流电压波动、温度变化、干扰、噪声,软件丢失或本身有隐患,灰尘,操作失误等都可导致数控机床出现故障甚至是整个设备的停机,从而造成整个生产线的停顿。在许多行业中,花费几十万甚至上千万元引进的数控机床均处在关键工作岗位的关键工序上,若出现故障后不能及时修复,将直接影响企业的生产效率和产品质量,会给生产单位带来巨大的损失。所以熟悉和掌握数控机床的故障诊断与维修技术,及时排除故障是非常重要的。

数控机床的故障诊断和维修是数控机床使用过程中的重要组成部分,也是目前制约数控机床发挥作用的因素之一,因此,学习数控机床故障诊断和维修的技术、方法具有重要的意义。

1.4.2 数控机床故障诊断与维修的目的

数控机床故障诊断与维修的基本目的就是提高数控设备的可靠性。数控设备的可靠性是指在规定的时间内、规定的工作条件下维持无故障工作的能力。衡量数控设备可靠性的重要指标是平均无故障时间MTBF(Mean Time Between Failures)、平均修复时间MTTR(Mean Time To Repair)和平均有效度A。

平均无故障时间是指数控机床在使用中两次故障间隔的平均时间,即

$$MTBF = \frac{总的工作时间}{总故障次数}$$

目前较好的数控机床的平均无故障时间可以达到几万小时,显然平均无故障时间越长越好。

平均修复时间是指数控机床从开始出现故障直至排除故障、恢复正常使用的平均时间。显然这段时间越短越好。

平均有效度是对数控设备正常工作概率进行综合评价的指标,它是指一台可维修数控机床在某一段时间内维持其性能的概率,即

$$A = \frac{MTBF}{MTBF + MTTR}$$

显然数控设备故障诊断与维护的目的就是要做好两个方面:①做好数控设备的维护工作,尽量延长平均无故障时间MTBF;②提高数控设备的维修效率,尽快恢复使用,以尽量缩短平均修复时间MTTR。也就是说从两个方面来保证数控设备有较高的有效度A,提高数控设备的开动率。

1.5 数控机床故障诊断的研究对象与故障分类

1.5.1 数控机床故障诊断的研究对象

1. 数控机床本体(包括液压、气动和润滑装置)

对于数控机床本体而言,由于机械部件处于运动摩擦过程中,因此对它的维护就显得特别重要,如主轴箱的冷却和润滑、导轨副和丝杠螺母副的间隙调整与润滑及支承的预紧,液压和气动装置的压力调整和流量调整等。

2. 电气控制系统

电气控制系统包括数控系统、伺服系统、机床电器柜(也称强电柜)及操作面板等。

数控系统与机床电器设备之间的接口有四个部分:

(1) 驱动电路:主要指坐标轴进给驱动和主轴驱动之间的电路。

(2) 位置反馈电路:指数控系统与位置检测装置之间的连接电路。

(3) 电源及保护电路:电源及保护电路由数控机床强电控制线路中的电源控制电路构成,强电线路由电源变压器、控制变压器、各种断路器、保护开关、接触器、熔断器等连接而成,以便为电磁铁、离合器和电磁阀等功率执行元件供电。

(4) 开关信号连接电路:开关信号是数控系统与机床之间的输入输出控制信号,输入输出信号在数控系统和机床之间的传送通过 I/O 接口进行。数控系统中的各种信号均可以用机床数据位"1"或"0"来表示。数控系统通过对输入开关量的处理,向 I/O 接口输出各种控制命令,控制强电线路的动作。

数控设备从电气的角度看,最明显的特征就是用电气驱动替代了普通机床的机械传动,相应的主运动和进给运动由主轴电机和伺服电机执行完成,而电机的驱动必须有相应的驱动装置和电源配置。

现代数控机床一般用可编程控制器替代普通机床强电控制柜中的大部分机床电器,从而实现对主轴、进给、换刀、润滑、冷却、液压以及气压传动等系统的逻辑控制。特别要注意的是机床上各部位的按钮、行程开关、接近开关以及电器、电磁阀等机床电器开关,开关的可靠性直接影响到机床能否正确执行动作。这些设备的故障是数控设备最常见的故障。

数控机床为了保证精度,一般采用反馈装置,包括速度检测装置和位置检测装置。检测装置的好坏将直接影响到数控机床的运动精度及定位精度。

因此,电气系统的故障诊断及维护是维护和故障诊断的重点部分。

资料表明:数控设备的操作、保养和调整不当占整个系统故障的 57%,伺服系统、电源及电气控制部分的故障占整个故障的 37.5%,而数控系统的故障占 5.5%。

1.5.2 数控机床故障的特点

数控机床故障是指数控机床失去了规定的功能。按照数控机床故障频率的高低,机床的使用期可以分为三个阶段,即初始运行期、相对稳定运行期和衰老期(T_1,T_2,T_3)。这三个阶段故障频率可以由故障发生规律曲线来表示,如图 1-3 所示。数控机床从整机安装调试后至运行一年左右的时间称为机床的初始运行期。在这段时间内,机械处于磨合阶段,部分电子元器件在电器干扰中经受不了初期的考验而破坏,所以数控机床在这段时间内的故障相对较多。数控机床经过了初始运行期就进入了相对稳定期,机床在该期间仍然会产生故障,但是故障频率相对减少,数控机床的相对稳定期一般为 7~10 年。数控机床经过相对稳定期之后是数控机床的衰老期,由于机械的磨损、电气元器件的品质因数下降,数控机床的故障率又开始增大。

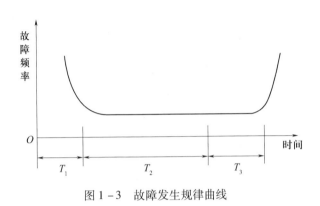

图 1-3　故障发生规律曲线

1.5.3　数控机床故障的分类

数控设备的故障是多种多样的,可以从不同角度对其进行分类,按其表现形式、性质、起因等可分类如下。

1. 从故障的起因分类

从故障的起因上看,数控系统故障可分为关联性和非关联性故障。非关联性故障是指与数控系统本身的结构和制造无关的故障。故障的发生是由诸如运输、安装、撞击等外部因素人为造成的;关联性故障是指由于数控系统设计、结构或性能等缺陷造成的故障。关联性故障又分为固有性故障和随机性故障。固有性故障是指一旦满足某种条件,如温度、振动等条件,就出现故障。随机性故障是指在完全相同的外界条件下,故障有时发生或不发生的情况。一般随机性故障由于存在着较大的偶然性,给故障的诊断和排除带来了较大的困难。

2. 从故障的时间分类

从故障出现的时间上看,数控系统故障又分为随机故障和有规则故障。随机故障的发生时间是随机的。有规则故障的发生是指有一定的规律性。

3. 从故障的发生过程分类

从故障发生的过程来看,数控系统故障又分为突然故障和渐变故障。突然故障是指数控系统在正常使用过程中,事先并无任何故障征兆出现,而突然出现的故障。突然故障的例子有:因机器使用不当或出现超负荷而引起的零件折断;因设备各项参数达到极限而引起的零件变形和断裂等。渐变故障是指数控系统在发生故障前的某一时期内,已经出现故障的征兆,但此时(或在消除系统报警后),数控机床还能够正常使用,并不影响加工出的产品质量。渐变故障与材料的磨损、腐蚀、疲劳及蠕变等过程有密切的关系。

4. 按故障的影响程度分类

从故障的影响程度来看,数控系统故障分为完全失效和部分失效故障。完全失效是指数控机床出现故障后,不能继续正常加工工件,只有等到故障排除后,才能让数控机床恢复正常工作的情况。部分失效是指数控机床丧失了某种或部分系统功能,而数控机床在不使用该部分功能的情况下,仍然能够正常加工工件,这种故障就是部分失效。

5. 按故障的严重程度分类

从故障出现的严重程度上看,数控系统故障又分为危险性故障和安全性故障。危险性故障是指数控系统发生故障时,机床安全保护系统在需要动作时因故障失去保护作用,造成了人身伤亡或机床故障。安全性故障是指机床安全保护系统在不需要动作时发生动作,引起机床不能启动。

6. 按故障的性质分类

从故障发生的性质上看,数控系统故障又分为软件故障、硬件故障和干扰故障三种。其中,软件故障是指由程序编制错误、机床操作失误、参数设定不正确等引起的故障。软件故障可通过认真消化、理解随机资料,掌握正确的操作方法和编程方法,尽量来避免和消除。硬件故障是指由 CNC 电子元器件、润滑系统、换刀系统、限位机构、机床本体等硬件因素造成的故障。干扰故障则表现为内部干扰和外部干扰,是指由于系统工艺、线路设计、电源地线配置不当等以及工作环境的恶劣变化而产生的故障。

1.6 数控机床维修人员的要求

数控机床的故障诊断与维修涉及的知识面广、专业性强,故障往往发生在机、电、液、气、光的交叉点上,准确地诊断比较困难,因此对数控机床故障诊断与维修人员有如下五个方面要求。

1. 专业知识面要广

(1) 掌握电工电子技术、自动控制原理、流体传动与控制、机械传动以及机械加工方面的知识;

(2) 掌握数控原理及伺服驱动技术;

(3) 掌握传感器及检测系统的工作原理;

(4) 掌握数控编程方法并且能够编写简单的数控加工程序;

(5) 掌握 PLC 的工作原理并且能够编写 PLC 程序。

2. 实践能力要强

(1) 会操作使用数控机床;

(2) 能调用自诊断功能,并且能够查看报警信息、进行 PLC 接口检查;

(3) 会操作数控系统,能够检查、修改机床参数;

(4) 会使用故障诊断与维修常用的工具、仪器。

3. 具有专业外语的阅读能力

(1) 能读懂外文的随机手册和技术资料;

(2) 能读懂数控系统的操作面板、CRT 显示的外文信息;

（3）能熟练地掌握和运用外文的报警信息。

4．具有较强的绘图和读图能力

（1）能读懂并且能够绘制一般的机械电器图；

（2）通过实物测量，能绘制电气原理图或光栅尺测量头的原理图。

5．具有良好的执业素质

（1）虚心学习、刻苦钻研新机床的结构及操作和编程；

（2）能够由表及里、去伪存真，善于分析故障现象，找到发生故障的原因，并且善于总结；

（3）胆大心细、不盲目蛮干，对于没见过的故障先熟悉情况，后动手，敢修。

第 2 章　数控机床故障诊断与维修的方法

数控机床全部或者部分丧失了机床规定的功能,称为数控机床故障。

数控机床在使用过程中,经常会出现各种故障,如不尽快排除这些故障将为企业带来巨大的经济损失。怎样才能快速诊断并排除故障、减少停机,是数控机床使用中被普遍关注的问题。

2.1　数控机床的故障诊断步骤及故障现场调查

数控机床故障主要包括机械故障和电气故障,有些故障可以恢复,而有些则不可恢复。当出现故障时,尽管数控系统具备各种诊断功能,机床制造厂也为机床关键部件设计了诊断功能,但要快速准确地诊断并排除故障,还是有一定的难度。尽管数控机床发生故障的原因不尽相同,但在故障发生后,大体的诊断步骤是相同的。

2.1.1　故障诊断步骤

数控设备的故障诊断与维修的过程基本上分为故障原因的调查和分析、故障的排除、维修总结三个阶段进行。

1. 故障原因的调查与分析

这是排除故障的第一阶段,也是非常关键的阶段。

数控机床出现故障后,不要急于动手处理,首先要调查清楚故障发生的过程,分析产生故障的原因。为此要做好下面几项工作:

(1) 询问调查　在接到机床现场出现故障要求排除的信息时,首先应要求操作者尽量保持现场故障状态,不做任何处理,这样有利于迅速精确地分析故障原因。同时仔细询问故障指示情况、故障表象及故障产生的背景情况,依此做出初步判断,以便确定现场排故所应携带的工具、仪表、图纸资料、备件等,减少往返时间。

(2) 现场检查　到达现场后,首先要验证操作者提供的各种情况的准确性、完整性,从而核实初步判断的准确度。由于操作者的水平,对故障状况描述不清甚至完全不准确的情况不乏其例,因此到现场后仍然不要急于动手处理,而应重新仔细调查各种情况,以免破坏现场,使排故增加难度。

(3) 故障分析　根据已知的故障状况分析故障类型,确定排故原则。由于大多数故障是有指示的,所以一般情况下,对照机床配套的数控系统诊断手册和使用说明书,可以列出产生该故障的多种可能的原因。

(4) 确定原因　对多种可能的原因进行排查从中找出本次故障的真正原因,这对维修人员是一种对该机床熟悉程度、知识水平、实践经验和分析判断能力的综合考验。当前的 CNC 系统智能化程度都比较低,系统尚不能自动诊断出发生故障的确切原因。往往是同一报警号可以有多种起因,不可能将故障缩小到具体的某一部件。因此,在分析故障的起因时,一定要思路开阔。往往有这种情况,自诊断出系统的某一部分有故障,但究其起源,却不在数控系统,而是在机械部分。所以,无论是 CNC 系统、机床强电、还是机械、液压、气路等,只要是有可能引起该故障的原因,都要尽可能全面地列出来,进行综合判断和筛选,然后通过必要的试验,达到确诊和最终排除故障的目的。

（5）排故准备　有的故障的排除方法可能很简单,有些故障则往往较复杂,需要做一系列的准备工作,例如工具仪表的准备、局部的拆卸、零部件的修理、元器件的采购甚至排故计划步骤的制定等。

数控机床故障的调查、分析与诊断的过程也就是故障的排除过程,一旦查明了原因,故障也就几乎等于排除了。因此故障分析诊断的方法也就变得十分重要了。

2. 电气维修与故障的排除

这是排故的第二阶段,是实施阶段,完成了电气故障的分析也就基本上完成了故障的排除,剩下的工作就是按照相关操作规程具体实施。

3. 维修排故后的总结提高

对数控机床电气故障进行维修和分析排除后的总结与提高工作是排故的第三阶段,也是十分重要的阶段,应引起足够重视。

总结提高工作的主要内容包括：

（1）详细记录从故障的发生、分析判断到排除全过程中出现的各种问题,采取的各种措施,涉及到的相关电路图、相关参数和相关软件,其间错误分析和排故方法也应记录并记录其无效的原因。除填入维修档案外,内容较多者还要另文详细书写。

（2）有条件的维修人员应该从较典型的故障排除实践中,找出带有普遍意义的内容作为研究课题,进行理论性探讨,写出论文,从而达到提高的目的。特别是在有些故障的排除中,并未经过认真系统地分析判断,排除故障带有一定的偶然性,这种情况下的事后总结研究就更加必要。

（3）总结故障排除过程中所需要的各类图样、文字资料,若有不足应事后想办法补齐,而且在随后的日子里研读,以备将来之需。

（4）从排故过程中发现自己欠缺的知识,制定学习计划,力争尽快补课。

（5）找出工具、仪表、备件之不足,条件允许时补齐。

总结提高工作的好处是：

（1）迅速提高维修者的理论水平和维修能力。

（2）提高重复性故障的维修速度。

（3）利于分析设备的故障率及可维修性,改进操作规程,提高机床寿命和利用率。

（4）可改进机床电气原设计之不足。

（5）资源共享。总结资料可作为其他维修人员的参考资料、学习培训教材。

2.1.2　故障现场调查

数控机床出现故障后,维修人员不应急于动手处理。首先,要进行故障现场的调查,根据故障现象与故障记录,认真对照系统说明书和机床使用说明书进行各项检查,以便确认故障的原因,之后根据具体情况采取最有效、最安全的方法进行故障诊断。故障现场调查需要了解的内容,如表2-1所列。

表2-1 故障现场调查内容

序号	现场调查内容	主要调查事项
1	故障种类	① 系统发生故障时处于何种工作方式:手动数据输入方式(MDI)、存储器方式(MEMORY)、编辑(EDIT)、手轮(HANDLE)、点动(JOG)方式; ② 观测诊断画面判断系统处于何种状态:M、S、T辅助功能,自动运转状态、暂停或急停状态、互锁状态、倍率为0%状态; ③ 定位误差超差情况; ④ 刀具轨迹出现误差,此时速度是否正常
2	报警信息情况	① 观测机床发生故障时的报警信息,根据其内容及编号,查找说明书迅速定位故障; ② 通过报警信息区分出故障类型:伺服驱动故障、CNC系统故障、PLC故障、加工程序故障等
3	故障时间及频率	① 了解机床产生故障的具体时间及故障发生前机床的运行时间; ② 了解故障发生的频率,是偶然发生还是经常发生,在发生该故障之前是否发生过同类故障; ③ 数控机床旁边其他机械设备工作是否正常,重复出现的故障是否与外界因素有关; ④ 了解该故障是否具有规律,是否在特定方式下产生,是否与进给速度、换刀方式或螺纹切削有关; ⑤ 观测出现故障的程序段,是否是人为错误
4	外界状况	① 环境温度:系统周围温度变化是否急剧,是否超出允许温度; ② 了解机床附近是否有强烈的振动源,以及是否存在干扰源; ③ 系统安装位置是否合理,发生故障时是否受到阳光直射; ④ 切削液、润滑油等是否飞溅入系统柜,是否进水; ⑤ 输入电压是否正常,是否有波动; ⑥ 工厂内是否在使用大电流装置; ⑦ 附近是否正在调试修理机床、强电柜、数控装置等; ⑧ 附近是否安装了新机床
5	机床情况	① 机床调整状况如何; ② 机床在运输过程中是否发生振动; ③ 所用刀具的刀尖是否正常; ④ 换刀时是否设置了偏移量; ⑤ 间隙补偿是否设置恰当; ⑥ 机械零件是否随温度变化而变形; ⑦ 工件测量是否正确
6	运转情况	① 了解加工程序所执行的具体程序段,如快速定位、直线插补、圆弧插补、辅助功能代码等; ② 在运转过程中是否改变过或调整过运转方式; ③ 观测机床操作面板上的状态是否正确,如是否按下进给保持按钮,处于进给保持状态; ④ 系统的保险丝是否烧断

(续)

序号	现场调查内容	主要调查事项
7	机床与系统接线情况	① 电缆是否完整无损,特别检查拐弯处是否有破裂损伤; ② 交流电源线和系统内部电缆是否分开安装; ③ 电源线和信号线是否分开走线; ④ 信号屏蔽线接地是否正确; ⑤ 继电器、电磁铁及电机等电磁部件是否装有抵制器
8	CNC装置外观检查	① 机柜:是否有破损、是否在打开柜门下操作、有无切削液等溅入柜内、过滤器清洁状况是否良好; ② 机柜内部:风扇电机工作是否正常、控制部分污染程度、有无腐蚀性气体侵入等; ③ 电源单元:保险丝是否正常、电源是否在允许范围内、端子板上接线是否紧固; ④ 电缆:电缆连接器是否完全插入拧紧、系统内外部电缆有无伤痕; ⑤ 印制线路板:印制线路板有无缺损、安装是否牢固、信号电缆插头连接是否正确; ⑥ MDI/CRT单元:按钮有无破损、扁平电缆及连接是否正常; ⑦ 接地:地线连接是否牢固、屏蔽地线连接是否正常
9	加工精度情况	① 加工尺寸是否有变化,尺寸变化的方向,如 X 轴、Y 轴、其他轴或所有轴; ② 尺寸变化时,具体变化的大小,是否与丝杆螺距有关; ③ 尺寸变化时,开机首件加工出现变化,还是正常加工时出现尺寸异常; ④ 尺寸变化时,是否具有规律性; ⑤ 尺寸变化时,是否出现在同一程序段或同一加工指令; ⑥ 是否在同一刀位或同一把刀具(加工中心)下出现

2.2 数控机床故障诊断的原则与方法

2.2.1 故障诊断原则

在检测故障的过程中,应充分利用数控系统的自诊断功能,如系统的开机诊断、运行诊断、PLC的监控等,根据需要随时检测有关部分的工作状态和接口信息,同时还应灵活应用数控系统故障检查的一些行之有效的方法。

另外,在检测、排除故障中还应掌握以下若干原则:

(1) 先方案后操作(或先静后动)。维护维修人员遇到机床故障后,应先静下心来,先静后动,考虑解决方案后再动手。应先询问机床操作人员故障发生的过程及状态,阅读机床说明书、图样资料后,方可动手查找和处理故障。如果上来就碰这敲那,连此断彼,徒劳的结果也许尚可容忍,若现场的破坏导致误判,引入新的故障或导致更严重的后果,则会后患无穷。

(2) 先检查后通电。确定方案后,对有故障的机床要秉承"先静后动"的原则,先在机床断电的静止状态下,通过观察、测试、分析,确认为非恶性循环性故障或非破坏性故障后,方可给机床通电;在运行的工况下,进行动态的观察、检验和测试,查找故障。对恶性的破坏性故障,必须先排除危险后方可通电,在运行的工况下进行动态诊断。

(3) 先软件后硬件。当发生故障的机床通电后,应先检查数控系统的软件工作是否正常。是否是软件的参数丢失,或者是操作人员的使用方式、操作方法不当而造成的。切忌一上来就大拆大卸,以免造成更严重的后果。

(4) 先机械后电气。由于数控机床是一种自动化程度高、技术较复杂的先进机械加工设备,一般来讲,机械故障较易察觉,而数控系统故障的诊断则难度要大些。"先机械后电气"的原则就是指在数控机床的检修中,首先检查机械部分是否正常,行程开关是否灵活,气动液压部分是否正常等。从经验来看,大部分数控机床的故障是由机械运动失灵引起的,所以,在故障检修之前应首先逐一排除机械性的故障,这样往往可以达到事半功倍的效果。

(5) 先外部后内部。数控机床是机械、液压、电气等一体化的机床,其故障必然会从机械、液压、电气这三个方面综合反映出来。在检修数控机床时,要求维修人员遵循"先外部后内部"的原则,即当数控机床发生故障后,维修人员应先采用望、闻、听、问等方法,由外向内逐一进行检查。比如在数控机床中,外部的行程开关、按钮开关、液压气动元件的连接部位,印制电路板插头座、边缘接插件与外部或相互之间的连接部位,电控柜插座或端子板这些机电设备之间的连接部位,因其接触不良造成信号传递失真是造成数控机床故障的重要因素。此外,由于在工业环境中,温度、湿度变化较大,油污或粉尘对元件及线路板的污染,机械的振动等,都会对信号传送通道的接插件部位产生严重影响。在检修中要重视这些因素,首先检查这些部位就可以迅速排除较多的故障。另外,尽量避免随意启封、拆卸。不适当的大拆大卸,往往会扩大故障,使数控机床丧失精度,降低性能。

(6) 先公用后专用。公用性的问题往往会影响到全局,而专用性的问题只影响局部。如数控机床的几个进给轴都不能运动时,应先检查各轴公用的 CNC、PLC、电源、液压等部分,排除故障,然后再设法解决某轴的局部问题;又如电网或主电源故障是全局性的,因此一般应首先检查电源部分,看看熔断丝是否正常,直流电压输出是否正常等。总之,只有先解决影响面大的主要矛盾,局部的、次要的矛盾才有可能迎刃而解。

(7) 先简单后复杂。当出现多种故障相互交织掩盖、一时无从下手时,应先解决容易的问题,后解决难度较大的问题。常常在解决简单故障的过程中,难度大的问题也可能变得容易,或者在排除简易故障时受到启发,对复杂故障的认识更为清晰,从而也就有了解决的办法。

(8) 先一般后特殊。在排除某一故障时,要先考虑最常见的可能原因,然后再分析很少发生的特殊原因。例如当数控车床 Z 轴回零不准时,常常是由降速挡块位置变动而造成的。一旦出现这一故障,应先检查该挡块位置。在排除这一故障常见的可能性之后,再检查脉冲编码器、位置控制等其他环节。

总之,在数控机床出现故障后,要视故障的难易程度,以及故障是否属于常见性故障,合理采用不同的分析问题和解决问题的方法。

2.2.2 故障诊断方法

1. 常规方法

1) 直观法

这是一种最基本的方法。维修人员通过对故障发生时的各种光、声、味等异常现象的观察以及认真察看系统的每一处,往往可将故障范围缩小到一个模块或一块印制电路板。

这要求维修人员具有丰富的实际经验,要有多学科的知识和综合判断的能力。

(1) 问——机床的故障现象、加工状况等。

(2) 看——CRT报警信息、报警指示灯、熔断丝断否、元器件烟熏烧焦、电容器膨胀变形、开裂、保护器脱扣、触点火花等。

(3) 听——异常声响(铁芯、欠压、振动等)。

(4) 闻——电气元件焦糊味及其他异味。

(5) 摸——发热、振动、接触不良等。

2) 自诊断功能法

现代的数控系统虽然尚未达到智能化很高的程度,但已经具备了较强的自诊断功能,能随时监视数控系统的硬件和软件的工作状况。一旦发现异常,立即在CRT上显示报警信息或用发光二极管指示出故障的大致起因。利用自诊断功能,也能显示出系统与主机之间接口信号的状态,从而判断出故障发生在机械部分还是数控系统部分,并指示出故障的大致部位。这个方法是当前维修时最有效的一种方法。

3) 功能程序测试法

功能程序测试法就是将数控系统的常用功能和特殊功能,如直线定位、圆弧插补、螺纹切削、固定循环、用户宏程序等手工编程或自动编程方法,编制成一个功能程序,送入数控系统中,然后启动数控系统使之进行运行加工,借以检查机床执行这些功能的准确性和可靠性,进而判断出故障发生的可能起因。本方法对于长期闲置的数控机床第一次开机时的检查以及机床加工造成废品但又无报警的情况下,一时难以确定是编程错误或是操作错误、还是机床故障时的判断是一较好的方法。

4) 交换法

这是一种简单易行的方法,也是现场判断时最常用的方法之一。交换法就是在分析出故障大致起因的情况下,维修人员可以利用备用的印制电路板、模板、集成电路芯片或元器件替换有疑点的部分,从而把故障范围缩小到印制电路板或芯片一级。它实际上也是在验证分析的正确性。

在备板交换之前,应仔细检查备板是否完好,并检查备板的状态应与原板状态完全一致。这包括检查板上的选择开关、短路棒的设定位置以及电位器的位置。在置换CNC装置的存储器板时,往往还需要对系统作存储器的初始化操作(如日本FANUC公司的FS-6系统用的磁泡存储器就需要进行这项工作),重新设定各种数控数据,否则系统不能正常地工作。又如更换FANUC公司的7系统的存储器板之后,需重新输入参数,并对存储器区进行分配操作。缺少了后一步,一旦零件程序输入,将产生60号报警(存储器容量不够)。有的CNC系统在更换了主板之后,还需进行一些特定的操作。如FANUC公司FS-10系统,必须按一定的操作步骤,先输入(9000~9031)号选择参数,然后才能输入(0000~8010)号的系统参数和PC参数。总之,一定要严格地按照有关系统的操作、维修说明书的要求进行操作。

5) 转移法

转移法就是将CNC系统中具有相同功能的两块印制电路板、模块、集成电路芯片或元器件互相交换,观察故障现象是否随之转移。借此,可迅速确定系统的故障部位。这个方法实际上就是交换法的一种,有关注意事项同交换法所述。

6) 参数检查法

众所周知,数控参数能直接影响数控机床的功能。参数通常是存放在磁泡存储器或存放在需由电池保持的 CMOS RAM 中,一旦电池电量不足或由于外界的某种干扰等因素,使个别参数丢失或变化,就会发生混乱,使机床无法正常工作。此时,通过核对、修正参数,就能将故障排除。当长期闲置机床工作时,无缘无故地出现不正常现象或有故障而无报警时,就应根据故障特征,检查和校对有关参数。

另外,经过长期运行的数控机床,由于其机械传动部件磨损,电气元件性能变化等原因,也需对其有关参数进行调整。有些机床的故障往往就是由于未及时修改某些不适应的参数所致。

7) 测量比较法

CNC 系统生产厂在设计印制电路板时,为了调整、维修的便利,在印制电路板上设计了多个检测用端子。用户也可利用这些端子比较测量正常的印制电路板和有故障的印制电路板之间的差异。可以检测这些测量端子的电压或波形,分析故障的起因及故障的所在位置。甚至,有时还可对正常的印制电路人为地制造"故障",如断开连线或短路、拔去组件等,以判断真实故障的起因。为此,维修人员应在平时留意印制电路板上关键部位或易出故障部位在正常时的正确波形和电压值。因为 CNC 系统生产厂往往不提供有关这方面的资料。

8) 敲击法

当系统出现的故障表现为若有若无时,往往可用敲击法检查出故障的部位所在。这是由于 CNC 系统是由多块印制电路板组成,每块板上又有许多焊点,板间或模块间又通过插接件及电缆相连。因此,任何虚焊或接触不良,都可能引起故障。当用绝缘物轻轻敲打有虚焊及接触不良的疑点处,故障肯定会重复再现。

9) 局部升温

CNC 系统经过长期运行后元器件均要老化,性能会变坏。当它们尚未完全损坏时,出现的故障变得时有时无。这时可用热吹风机或电烙铁等来局部升温那些被怀疑的元器件,加速其老化,以便彻底暴露故障部件。当然,采用此法时,一定要注意元器件的温度参数等,不要将原来是好的器件烤坏。

10) 原理分析法

根据 CNC 系统的组成原理,可从逻辑上分析各点的逻辑电平和特征参数(如电压值或波形),然后用万用表、逻辑笔、示波器或逻辑分析仪进行测量、分析和比较,从而对故障定位。运用这种方法,要求维修人员必须对整个系统或每个电路的原理有清楚、较深的了解。

除了以上常用的故障检查测试方法外,还有拔板法、电压拉偏法、开环检测法等多种诊断方法。这些检查方法各有特点,按照不同的故障现象,可以同时选择几种方法灵活应用,对故障进行综合分析,才能逐步缩小故障范围,较快地排除故障。

2. 先进方法

1) 远程诊断

远程诊断是数控系统的生产厂家维修部门提供的一种先进的诊断方法,这种方法采用网络通信手段。该系统一端连接用户的 CNC 系统中的专用"远程通信接口",通过局域网或将普通电话线连接到互联网上,另一端则通过互联网连接到设备远程维修中心的专用诊断计算机上。由诊断计算机向用户的 CNC 系统发送诊断程序,并将测试数据送回到诊断计算机进行分析,得出诊断结论,然后再将诊断结论和处理方法通知用户。大约 20% 的服务可以通过远程诊断和远程服务处理和解决,而且用于故障诊断和故障排除的时间可以降低 90%,维修和维护的费用可以降低 20%~50%。采用远程诊断和远程服务将降低服务费用的支出,提高经济效益,从而进一步增强市场竞争力。

这种远程故障诊断系统不仅可用于故障发生后对 CNC 系统进行诊断,还可对用户作定期预防性诊断。双方只需按预定时间对数控机床作一系列试运行检查,将检测数据通过网络传送到维修中心的诊断计算机进行分析、处理,维修人员不必亲临现场,就可及时发现系统可能出现的故障隐患。

SIEMENS 公司生产的数控系统、荷兰 Delem 公司的 DA65W 和 DA66W、MAZAK 公司的 Mazatrol 数控系统、华中世纪星等数控系统具有这种故障诊断功能。

值得一提的是华中数控的远程操作监控与诊断平台——数控设备 E - 服务系统,主要由数控设备 E - 服务平台、数控机床网关和远程用户终端三大部分组成,如图 2 - 1 所示。

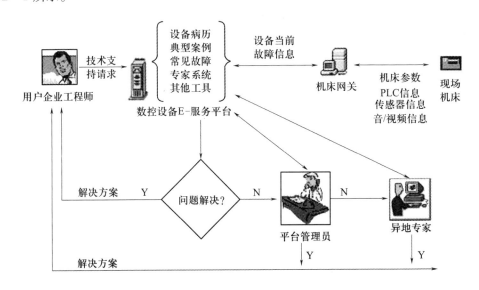

图 2 - 1 数控设备 E - 服务系统的典型工作过程

数控设备 E - 服务平台是建立在互联网上的一个特殊网站,内容包括数控设备制造企业的用户档案,协助其进行设备故障诊断的领域专家档案,用户设备电子病历,设备远程操作、诊断、维护模块以及网络会诊工具等。平台的作用是通过互联网这一灵活、方便的形式将与设备技术支持与服务相关的设备诊断信息、用户信息、专家信息组织在一起,形成一个网络化设备故障诊断与服务保障体系,提高产品售后服务质量和效率。

机床网关是由运行在生产现场的一台 PC 机或笔记本计算机构成的一个数控机床连接器,它一端通过电话网、移动通信网、互联网与数控设备 E - 服务平台相连,另一端则通过局域网/RS232 等形式与数控机床相连。其作用是将数控机床内部的 PLC 信息和外部的音频、视频信息、传感器信息发送到互联网上,供设备远程诊断使用。另外它也可以将远程终端用户浏览器发送来的控制信息转发给与之连接的数控机床。

设备使用工程师、设备制造工程师或领域专家通过运行在远程终端上的浏览器从数控设备 E-服务平台上获取和发布信息,对数控设备故障进行远程协作诊断,提供远程技术支持。

数控设备 E-服务系统的典型工作过程如图 2-1 所示。企业用户遇到技术问题时先登录数控设备 E-服务平台,利用平台提供的典型案例、设备常见故障、数控设备诊断专家系统等工具尝试自行解决问题;如果用户无法在平台提供的工具下解决问题则请求作为平台管理员的设备制造企业工程师协助解决问题;如果问题还是不能解决则由平台管理员请求异地领域专家进行联合会诊,直至问题解决。

2) 自修复系统

就是在系统内设置有备用模块,在 CNC 系统的软件中装有自修复程序,当该软件在运行时一旦发现某个模块有故障时,系统一方面将故障信息显示在 CRT 上,同时自动寻找是否有备用模块,如有备用模块,则系统能自动使故障模块脱机,而接通备用模块使系统能较快地进入正常工作状态。这种方案适用于无人管理的自动化工作的场合。

3) 专家诊断系统

专家诊断系统又称智能诊断系统。它将专业技术人员、专家的知识和维修技术人员的经验整理出来,运用推理的方法编制成计算机故障诊断程序库。专家诊断系统主要包括知识库和推理机两部分,如图 2-2 所示。知识库中以各种规则形式存放着分析和判断故障的实际经验和知识,推理机对知识库中的规则进行解释,运行推理程序,寻求故障原因和排除故障的方法,操作人员通过 CRT/MDI 用人机对话的方式使用专家诊断系统,操作人员输入数据或选择故障状态,从专家诊断系统处获得故障诊断的结论。FANUC 系统中引入了专家诊断的功能。

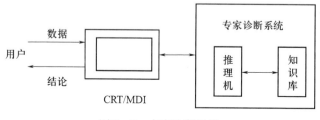

图 2-2 专家诊断系统

2.3 排除故障并逐级上电调试

2.3.1 数控系统硬件更换

当数控系统硬件出现故障时,要对硬件进行更换。更换时首先注意与原系统硬件型号及版本要保持一致,如采用其他型号或不同版本时,一定要考虑兼容问题,即保证硬件与软件的兼容性。另外,在硬件更换前,一定要做好系统数据备份工作,以及更换后机床调整工作。这里以 FANUC 0i 数控系统为例,介绍系统硬件的更换过程,如表 2-2 所列。

表2-2 数控系统更换硬件

更换硬件	更换步骤	注意事项(FANUC 0i)
电路板	① 拆卸方法:用手指将上下钩子拨开,钩子打开后将电路板取出; ② 安装方法:每个控制单元的框架上都有导槽,对准该导槽插入电路板,一直到使上下钩子挂上为止	① 更换时应使用规定规格的电路板; ② 更换 PMC 控制模块、存储器、主轴模块和伺服模块之前,备份 SRAM 区域中的参数和 NC 程序; ③ 如果用分离型绝对脉冲编码器或直线尺保存电机的绝对位置,更换主印制电路板及其上安装的模块时,将 JF21-JF25 上连接的电缆从主印制电路板上拆下后,电机的绝对位置将会丢失,更换后要执行返回原点的操作,才能在系统中重新建立参考点的绝对坐标位置
单元模块	① 从 CNC 主机上取出模块的方法:向外拉插座的挂销,向上拔模块; ② 往 CNC 主机上安装模块的方法:插入模块,此时应确认模块是否插到插座的底部,竖起模块直到模块被锁住为止,用手指下压模块上部的两边,不要压模块的中间部位	
熔断器	① 查明并排除熔断器熔断的原因; ② 机床停电; ③ 将旧的熔体向上拔出; ④ 将新的熔体装入原来的位置	① 要排除引起熔断器熔断的原因,然后才可以更换; ② 必须确认熔断器熔体的规格,更换时要使用相同规格的熔断器; ③ 由受过正规维修、安全培训的人员进行操作; ④ 当打开柜门更换熔断器时要小心,不要触摸高电压电路部分
CNC 存储器备份用电池	① 准备电池,选用系统规定的电池; ② 接通 CNC 的电源; ③ 参照机床说明书,打开装有 CNC 控制器的电柜门; ④ 存储器使用的备份电池装在主板的前面,捏住电池盒盖的两端,将电池盒盖取出; ⑤ 取下电池的连接插头; ⑥ 更换电池,将新电池电缆插头插入主板上; ⑦ 将电池装入盒内,再将电池盒装回到系统	① 当电池电压变低时,CRT 界面上将显示"BAT"报警信息,此时需及时更换电池; ② 如果电池电压太低,存储器无法保持数据,当接通单元电源时,出现 910 系统报警(SRAM 奇偶报警),需全部清除存储器内容,重新装入数据; ③ 更换电池时需接通控制单元电源; ④ 在更换电池前建议将 SRAM 中的数据进行备份
绝对脉冲编码器用电池	① 接通 CNC 的电源,以防丢失存储的机床绝对位置; ② 参照机床说明书确定电池盒的安装位置,松开电池盒盖上的螺钉,将电池取出; ③ 采用伺服模块时,绝对脉冲编码器用电池放置在伺服模块上,需捏住电池盒盖的两端向外拉将电池盒盖取出,然后取下电池的连接插头; ④ 更换电池; ⑤ 更换完电池后,盖上电池盒盖	① 当出现 307 或 308 报警时,说明绝对编码器用的电池电压低,如果电池电压较低,编码器的当前位置将丢失; ② 当控制单元通电时,将出现 300 报警(要求返回参考点的报警),需执行返回原点的操作,才能在系统中重新建立参考点的绝对坐标位置

2.3.2 逐级检查并上电

对于新购置的数控机床首次上电,或对改造后的数控机床排故后进行上电时,应根据具体情况对机床所有机械和电气部分进行上电前的必要检查,以确保控制系统及其组件正常工作,要注意观察系统的指示状态,发现问题及时解决。首先启动的是系统及PLC,之后是驱动系统。

在对系统上电前,应对强电部分及机床接零部分进行检查,具体步骤如下:

(1) 接地接零检查。检查车间接地接零系统,检查机床接地接零状态。

(2) 配电电路检查。检查各级断路器下桩相间和对地电阻,检查各负载电路的电阻和对地电阻,检查各变压器二次绕组有无短路,检查各回路电源之间有无短路。

(3) I/O电路检查。各模块工作电源是否连接正确、各信号回路公共线是否正确连接、各信号回路是否有短路或过载保护。

(4) 逐级上电。断开所有断路器、熔断器和各模块电源,合总开关,确认各下级断路器上桩电压,逐级合闸,确认各支路电源电压是否正确。

该步骤可针对实际的情况进行调整,如新机启动、长期闲置、短路故障等可能造成硬件损坏类故障建议采用该顺序进行。

2.4 制作维修记录

2.4.1 制作维修记录的优点

故障排除之后,维修工作还不能算完成,尚需从技术与管理等方面分析故障产生的深层原因,采取适当措施避免故障再次发生,必要时可根据现场条件使用成熟技术对设备进行改造与改进,要注意如有改造,应在设备资料中配置符合国家有关标准的完整准确的补充图纸和相关资料。最后,整理分析故障发生时的现象、原因、解决过程、更换元件、遗留问题,制作维修记录,其优点如下:

(1) 便于设备维修过程的可追溯性、可知性、可见性和可查性。往往一个设备故障可以有多种处理方案,采用不同的方案可能出现多种结果,而我们要的是最优结果,通过维修过程记录的分析研究处理,就可对设备维护维修达到持续改进。如果维修记录不完整,将记录过程看成多余的负担,敷衍了事,那么这种记录没有任何意义,浪费人力物力,长此以往将把维修记录看做是走过场,将非常重要的基础管理工作庸俗化、形式化,这样完成的维修记录将不能为维修维护人员提供可靠的维修经验知识。

(2) 维修记录能够提供科学依据,为进一步维修工作奠定良好基础,保证维修作业顺利完成。一个正规的维修记录应该包括所维修设备的基本信息、作业环境(地点、时间、设备工况等)、更换零部件规格型号、使用的特殊工具、维修人数及维修主操作手、维修停机时间、维修前后相关运行数据等,可根据自身情况设计记录表,原则是尽可能详尽,可以说记录的每一个内容对后续维修工作都有重要作用。

(3) 维修记录能够反映出维修人员技能水平和综合素质的高低。一个设备故障的维修结果,不同的人来处理可能会产生不同的结果,通过这个结果可以分析维修纪录,总结维修人员在维修过程中的经验,有时比较普通的常规维修作业表现不会很明显,但是一定时间积累后的记录就是维修人员工作技能的体现。

(4) 维修记录能够量化对生产的影响。停机维修时间数据可以推算出所产生的生产经济损失,可以考核设备运行的经济绩效。

2.4.2 制作维修记录的方法

应根据实际情况制定维修记录内容。数控机床维修记录应具备如下内容:设备描述、故障现象描述、诊断方法摘要、诊断结论、维修方案简述、维修过程摘要等,维修记录见表 2-3。

表 2-3 维修记录

设备描述	设备描述包括设备的名称、设备编号、型号规格、维修开始时间、结束时间等
故障现象描述	故障现象描述包括故障发生的时间、故障发生的频率、发生时机床当前的工作状态、运转情况、程序执行的位置、发生故障时有无报警、加工尺寸有无异常等
诊断方法摘要	诊断方法摘要记录主要包括在故障诊断过程中应用了何种方法对故障进行诊断,以及对故障分析和诊断的具体步骤,例如根据报警号进行故障的诊断、根据控制系统 LED 灯或数码管的指示进行故障诊断、根据 PLC 状态或梯形图进行故障诊断、根据机床参数进行故障诊断、用诊断程序进行故障诊断,同时还应包括每一步骤的具体操作方法
诊断结论	诊断结论主要包括故障发生的具体位置、系统故障、伺服驱动故障、位置检测元器件故障、系统参数故障、I/O 接口故障、PLC 故障、加工程序等故障
维修方案简述	维修方案简述主要包括元器件的替换方法、参数的修改及调整、加工程序的改动、PLC 程序的修改等
维修过程摘要	记录元器件更换或参数改动前后状态

2.5 维修实例

按照前述知识,以一实例介绍数控机床发生故障后的处理流程。

首先,调查故障现场,如表 2-4 所列。

表 2-4 故障现场调查实例

序号	现场调查内容	主要调查事项
1	机床及运转情况	① S3/3TA-242 数控车床,采用日本 FANUC 3T 系统,采用直流伺服驱动装置,坐标轴采用直流伺服电机; ② 两轴两联动,主轴采用四档八级变速齿轮箱进行主轴八级变速,现已将主轴部分改造为变频器带动普通三相异步电机; ③ 在机床发生故障前没有做过其他维修,并且没有发生其他不正常现象
2	故障现象与种类	① 该数控机床系统在自动加工过程中出现 01# 报警; ② 故障发生时机床开机 2h,发生报警后机床处于伺服无准备状态; ③ 各机床轴停止运动

(续)

序号	现场调查内容	主要调查事项
3	报警信息情况	机床出现01#报警,为1轴或2轴过载信号接通,检测到伺服变压器、放大器、电机过热
4	故障时间及频率	① 故障发生时机床开机2h; ② 故障是偶然发生,在发生该故障之前没有发生过同类故障; ③ 数控机床旁边其他机械设备工作均正常,重复出现的故障应与外界因素无关; ④ 该故障不是在特定方式下产生; ⑤ 在发生故障前,加工程序及进刀速度等数据没有做过更改,非人为错误
5	外界状况	正常
6	机床与系统接线情况	正常
7	CNC装置外观检查	正常
8	加工精度情况	不能正常加工

第二步,根据故障现场调查情况,分析故障原因。本故障出现01#报警,是过热报警,根据报警分析故障原因,如表2-5所列。

表2-5 故障原因分析

可能故障部位	报警原理	故障原因分析
伺服变压器	伺服变压器的过热信号是由变压器绕组内的热偶开关检测,当伺服变压器绕组的温度超过规定值时,伺服变压器内部的热偶开关动作,信号通过伺服放大器传递给系统,通过系统发出01#过热报警	① 伺服变压器本身故障,匝间短路、绝缘老化等故障; ② 变压器热偶检测开关不良或断线故障; ③ 伺服变压器接线不良
伺服放大器	伺服放大器具有过热检测信号,该信号由放大器内部的逆变模块发出,当放大器的逆变器的逆变块温度超过规定值时,通过PWM指令传递给系统,通过系统发出01#过热报警	① 伺服放大器本身故障; ② 系统控制信号与伺服放大器连接电缆接触不良; ③ 伺服放大器外部热保护线路及元器件故障(该机床外接伺服变压器热偶检测开关)
伺服电机	伺服电机的过热信号是由伺服电机定子绕组的热偶开关检测的,当伺服电机的温度超过规定值时,电机的热偶开关动作,通过伺服电机的串行编码器电缆传递给系统,通过系统发出01#过热报警	① 机械传动故障引起的电机过载; ② 切削条件引起的过载; ③ 电机本身不良; ④ 系统参数整定不良

第三步,故障诊断,定位故障源。

由于该机床为过热报警,可先对两个轴的伺服变压器及电机进行温度测量。测量温度的方法为停电用手试测,发现X轴伺服变压器和伺服电机温度都高,说明故障出现在X轴,同时伺服变压器和伺服电机都有发生过热故障的可能。

在机床停电状态下,用万用表对伺服变压器及伺服电机的热偶检测开关进行电阻值测量。测量结果为伺服变压器热偶检测开关电阻接近0,伺服电机的热偶检测开关为断路状态。说明伺服电机的温度超过规定值,同时检测伺服变压器输出电压正常,三相电流过大。因此可以判断为伺服放大器及伺服电机的故障。故障原因可能为切削条件引起的过载、机械传动故障引起的电机过载、伺服放大器本身故障或电机本身不良。

该机床在发生故障前加工程序及进刀速度等数据没有做过更改,在机床发生故障前没有做过其他维修,并且没有发生其他不正常现象。对机床加工程序及工件进行检查后没有发现问题,根据数控机床维修方法中的"先机械后电气"原则,先对机床机械部分进行检查。由于该数控机床其床身为斜床身,X 轴电机带有制动抱闸。检查方法为将 X 轴抱闸接通电源将其释放(做好 X 轴自由下沉的安全措施)。转动 X 轴丝杆,结果丝杆没有异常现象,因此排除机械故障。对于伺服放大器与伺服电机故障,采用元器件替换法进行判断。由于该机床 X 轴和 Z 轴伺服放大器相同,将两个放大器进行了调换后故障依旧出现在 X 轴,由此排除伺服放大器故障。由于该机床伺服采用直流伺服驱动,对于直流伺服电机常见故障主要为炭刷粉末引起换向器短路、炭刷接触不上或接触不良等。将炭刷拆下进行更换,同时用皮老虎清理换向器表面后故障依旧再现。将伺服电机从机床拆下,释放抱闸用手旋转电机,感觉电机有一定阻力,判断为电机问题,将电机解体后发现电机端部轴承由于长时间工作而造成损坏。

第四步,排除故障并逐级上电调试。

该机床故障部位为直流伺服电机,排除故障方法为更换伺服电机,但由于该直流伺服电机无备件,采购电机周期需要几个月,因此对电机进行维修,用同参数轴承对电机轴承进行了更换。

在上电调试前对线路进行逐级检查,包括伺服变压器电源的检查、伺服放大器电源的检查、电机对地绝缘的检查。在送电调试过程中观察是否出现异常现象,当发生异常现象时根据实际情况应迅速关断电源。经先手动后自动的方式调试后机床运行正常,故障被排除。

第五步,制作维修记录。

通过该机床在发生01#报警后,从故障现场的调查开始,直到故障排除后的整个过程进行了详细的记录,见表2-6。

表2-6 维修记录

设备描述	S3/3TA-242 数控车床、FANUC 3T 系统
故障现象描述	在自动加工过程中出现01#报警,故障发生时机床开机2h,发生报警后机床处于伺服无准备状态,各机床轴停止运动
诊断方法摘要	1轴或2轴过载信号接通,检测到伺服变压器、放大器、电机过热: ① X 轴伺服变压器和伺服电机温度经测量温度高,判断故障出现在 X 轴; ② 伺服电机的热偶检测开关为断路状态,检测伺服变压器输出电压正常、三相电流偏大,判断为伺服放大器或伺服电机故障; ③ 采用"先机械后电气"法,将 X 轴抱闸接通电源将其释放,结果丝杆没有异常现象,排除机械故障; ④ 采用元器件替换法,调换 X 轴和 Z 轴伺服放大器,故障依旧,由此排除伺服放大器故障; ⑤ 直流伺服电机炭刷拆下进行更换,同时用皮老虎清理换向器表面后故障依旧出现; ⑥ 伺服电机从机床拆下,释放抱闸用手旋转电机,感觉电机有一定阻力,判断电机问题; ⑦ 将电机解体发现电机端部轴承由于长时间工作而造成损坏

(续)

设备描述	S3/3TA－242 数控车床、FANUC 3T 系统
诊断结论	伺服电机由于长时间工作而造成轴承损坏
维修方案简述	更换伺服电机,但由于该直流伺服电机无备件,采购电机周期需要几个月,因此对电机进行维修,用同参数轴承对电机轴承进行了更换
维修过程摘要	用同参数轴承对电机轴承进行了更换

2.6 数控机床的安装调试

数控机床安装调试的目的是使数控机床恢复和达到出厂时的各项性能指标,是指机床由制造厂经运输商运送到用户,安装到车间工作场地后,经过检查、调试,直到机床能正常运转并投入使用等一系列的工作过程,是数控机床前期管理的重要环节。数控机床属于高精度、自动化的设备,安装、调试时必须严格按照机床制造商提供的使用说明书及有关的标准进行。机床安装、调试效果的好坏,直接影响到机床能否正常使用和寿命长短。

2.6.1 安装环境要求

数控机床安装环境一般是指地基、环境、温度、湿度、电网、地线和防止干扰等。精密数控机床和重型数控机床需要稳定的机床基础,否则数控机床的精度调整无法进行,也无法保证。用户要在数控机床安装之前做好机床地基,并且需要经过一段时间的保养使其稳定,普通机床对地基没有特殊要求,精密数控机床工作有恒温要求,环境温度要满足数控机床的工作要求,机床的安装位置应保持空气流通干燥,潮湿的环境会使印制电路板和元器件锈蚀,机床电气故障增加,机床要避免阳光直接照射,要远离振动源和电磁干扰源。

数控机床对电源供电的要求是较高的,电网波动较大会引起多发故障,电网质量不高时要安装稳压器。为了安全和抗干扰,数控机床必须要接地线,地线一般采用一点接地方式,地线电缆的截面积一般为 $5.5 \sim 14 mm^2$。

2.6.2 数控机床的安装

1. 数控机床的初始就位和组装

数控机床的安装首先是指机床的初始就位和组装工作,主要包括如下内容:

(1) 按照 GB 50040—1996《动力机器基础设计规范》或机床厂家对机床基础的具体要求,做好机床安装基础,并在基础上留出地脚螺栓的孔,以便机床到厂后及时就位安装。

(2) 组织有关技术人员阅读和消化有关机床安装方面的资料,然后进行机床安装。对于小型数控机床,机床到位固定好地脚螺栓后,就可以连接机床总电源线,调整机床水平了。大中型数控机床的安装就比较复杂,因为大中型设备一般都是解体后分别装箱运输的,运到用户后要进行组装和重新调试。机床组装前要把导轨和各滑动面、接触面上的防锈涂料清洗干净,把机床各部件,如数控柜、电气柜、立柱、刀库、机械手等组装成整机。组装时必须使用原来的定位销、定位块等定位元件,以保证下一步精度调整的顺利进行。

(3) 部件组装完成后就进行电缆、油管和气管的连接。机床说明书中有电气接线图和气压、液压管路图,应根据这些图样资料将有关电缆和管道按标记一一对号接好。连接时特别要注意清洁工作和可靠的接触及密封,接头一定要拧紧,否则试车时漏油漏水会给试机带来麻烦。油管、气管连接中要特别防止异物从接口中进入管路,造成整个液压、气压系统故障。电缆和管路连接完毕后,要做好各管线的就位固定,安装好防护罩壳,保证整齐的外观。

2. 数控系统的连接

数控系统的连接主要包括外部电缆的连接和数控系统电源的连接。

(1) 外部电缆的连接。数控系统外部电缆的连接是指数控装置与 MDI/CRT 单元、强电柜、机床操作面板、进给伺服电机和主轴电机动力线、反馈信号线的连接等,这些连接必须符合随机提供的连接手册的规定。数控机床地线的连接十分重要,良好的接地不仅对机床和人身安全十分重要,同时能减小电气干扰,保证机床的正常运行。机床生产厂家对接地线的要求都有明确的规定。地线一般都采用辐射式接地法,即数控柜中的信号地、强电地、机床地等连接到公共接地点上,公共接地点再与大地相连。数控柜与强电柜之间的接地电缆要足够粗,截面积要在 $5.5mm^2$ 以上。地线必须与大地接触良好,接地电阻一般要求小于 7Ω。

(2) 数控系统电源线的连接。数控系统电源线的连接是指数控柜电源变压器输入电缆的连接和伺服变压器绕组抽头的连接。首先切断数控柜的电源开关,再连接数控柜电源变压器一侧的输入电缆,然后检查电源变压器和伺服变压器的绕组抽头连接是否正确。设定确认的内容一般包括以下三方面:

① 控制部分印制电路板上设定的确认。主要包括主板、ROM 板连接单元、附加轴控制板及旋转变压器或感应同步器控制板上的设定。

② 速度控制单元印制电路板上设定的确认。在直流速度控制单元和交流速度控制单元上都有许多设定点,用于选择检测元件种类、回路增益以及各种报警等。

③ 主轴控制单元印制电路板上设定的确认。在直流或交流主轴控制单元上,均有一些用于选择主轴电机电流极限和主轴转速等设定点。

对于进口设备要注意,由于各国供电制式有所不同,国外机床生产厂家为了适应各国不同的供电情况,无论是数控系统的电源变压器,还是伺服变压器都有多个抽头,必须根据我国供电的具体情况,正确地连接。

3. 电源检查

(1) 确认输入电源电压和频率。我国交流电规格三相是交流 380V;单相是交流 220V,频率为 50Hz。有些国家的供电制式与我国不一样,不仅电压幅值不一样,频率也不一样。例如日本,交流三相的线电压是 200V,单相是 100 V,频率为 60Hz。他们出口的设备为了满足各国不同的供电情况,一般都配有电源变压器。变压器上设有多个抽头供用户选择使用。电路板上设有 50/60Hz 频率转换开关。所以,对于进口的数控机床或数控系统一定要先看随机说明书,按说明书规定的方法连接。通电前一定要仔细检查输入电源电压是否正确,频率转换开关是否已置于"50Hz"位置。

(2) 确认电源电压波动范围。检查电源电压波动范围是否在数控系统允许的范围之内。一般数控系统允许电压波动范围为额定值的 85%～110%,而欧美的一些系统要求更高一些。由于我国供电质量不太好,电压波动大,电气干扰比较严重。如果电源电压波动范围超过数控系统的要求,需要配备交流稳压器。交流稳压器的型号有很多,容量从 20~3000kV·A 都有,可根据具体情况选择。实践证明,采取了稳压措施后会明显地减少故障,提高数控机床的稳定性。

(3)确认输入电源电压相序。目前数控机床的进给控制单元和主轴控制单元的供电电源,大都采用晶闸管控制元件,如果相序不对,接通电源,可能使进给控制单元的输入熔丝烧断。

通电前一定要先判断相序是否正确。检查相序的方法很简单,一种是用相序表测量,如图 2-3 所示,当相序接法正确时相序表按顺时针方向旋转,否则就是相序错误,这时可将 R、S、T 中任意两条线对调一下就行了。另一种是用双线示波器来观察二相之间的波形,如图 2-4 所示,两相在相位上相差 120°。

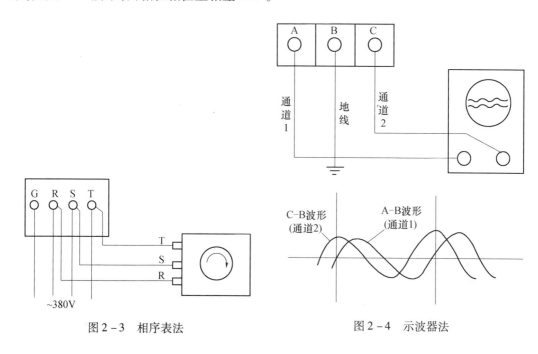

图 2-3 相序表法　　　　　图 2-4 示波器法

(4)确认直流电源输出端是否对地短路。各种数控系统内部都有直流稳压电源单元,为系统提供所需的 +5V,±15V,±24V 等直流电压。因此,在系统通电前应当用万用表检查其输出是否有对地短路现象。如有短路必须查清短路的原因,并排除之后方可通电,否则会烧坏直流稳压电源单元。

(5)接通数控柜电源,检查各输出电压。在接通电源之前,为了确保安全,可先将电机动力线断开。这样,在系统工作时不会引起机床运动。但是,应根据维修说明书的介绍对速度控制单元作一些必要性的设定,不致因断开电机动力线而造成报警。接通数控柜电源后,首先检查数控柜中各风扇是否旋转,这也是判断电源是否接通的最简便办法。随后检查各印制电路板上的电压是否正常,各种直流电压是否在允许的波动范围之内。一般来说,+24V 的允许误差为 ±10% 左右,+15V 的误差不超过 ±10%,对 +5V 电源要求较高,误差不能超过 ±5%。因为 +5V 是供给逻辑电路用的,波动太大会影响系统工作的稳定性。

（6）检查各熔断器。熔断器是设备的"卫士"，时时刻刻保护着设备的安全。除供电主线路上有熔断器外，几乎每一块电路板或电路单元都装有熔断器。当过负荷、外电压过高或负载端发生意外短路时，熔断器能马上被熔断而切断电源，起到保护设备的作用。所以一定要检查熔断器的质量和规格是否符合要求，必须使用快速熔断器的电路单元不能用普通熔断器，所有的熔断器都不允许用铜丝等代替。

4．参数的设定和确认

（1）短路棒的设定。数控系统内的印制电路板上有许多用短路棒短路的设定点，需要对其进行适当设定以适应各种型号机床的不同要求。一般来说，用户购入的整台数控机床，这项设定已由机床厂家完成，用户只需确认一下即可。但对于单独购入的数控装置，用户则必须根据需要自行设定。因为数控装置出厂时是按标准方式设定的，不一定适合具体用户的要求。不同的数控系统设定的内容不一样，应根据随机的维修说明书进行设定和确认。主要设定内容有以下三个部分。

① 控制部分印制电路板上的设定。此设定包括主板、ROM 板、连接单元、附加轴控制板、旋转变压器或感应同步器的控制板上的设定。这些设定与机床回基准点的方法、速度反馈用检测元件、检测增益调节等有关。

② 速度控制单元电路板上的设定。在直流速度控制单元和交流速度控制单元上都有许多设定点，这些设定用于选择检测元件的种类、回路增益及各种报警。

③ 主轴控制单元电路板上的设定。无论是直流或是交流主轴控制单元上，均有一些用于选择主轴电机电流极性和主轴转速等的设定点。但数字式交流主轴控制单元上已用数字设定代替短路棒设定，故只能在通电时才能进行设定和确认。

（2）参数的设定。设定系统参数，包括设定 PC（PLC）参数等的目的，是当数控装置与机床相连接时，能使机床具有最佳的工作性能。即使是同一种数控系统，其参数设定也随机床而异。数控机床出厂时随机附有一份参数表。参数表是一份很重要的技术资料，必须妥善保存。当进行机床维修，特别是当系统中的参数丢失或发生了错乱，需要重新恢复机床性能时，参数表更是不可缺少的依据。

对于整机购进的数控机床，各种参数已在机床出厂前设定好，不需用户重新设定，但对照参数表进行一次核对还是必要的。显示已存入系统存储器的参数的方法，随各类数控系统而异，大多数可以通过按压 MDI/CRT 单元上的"PARAM"（参数）键来进行。显示的参数内容应与机床安装调试完成后的参数一致，如果参数有不符的，可按照机床维修说明书提供的方法进行设定和修改。

如果所用的进给和主轴控制单元是数字式的，那么它的设定也都是用数字设定参数，而不用短路棒。此时，需根据随机附带的说明书一一予以确认。

5．确认数控系统与机床间的接口

现代的数控系统一般都具有自诊断的功能，在 CRT 画面上可以显示出数控系统与机床接口以及数控系统内部的状态。带有可编程控制器（PLC）时，可以反映出从 NC 到 PLC，从 PLC 到 MT（机床），以及从 MT 到 PLC，从 PLC 到 NC 的各种信号状态。至于各个信号的含义及相互逻辑关系，随每个 PLC 的梯形图（即顺序程序）而异。用户可根据机床厂提供的梯形图说明书（内含诊断地址表），通过自诊断画面确认数控系统与机床之间的接口信号状态是否正确。

完成上述步骤,可以认为数控系统已经调整完毕,具备了机床联机通电试车的条件。此时,可切断数控系统的电源,连接电机的动力线,恢复报警设定,准备通电试车。

2.6.3 数控机床的调试

数控机床的调试过程如表2-7所列。

表2-7 数控机床调试

调试步骤	主要内容	具体过程
数控系统的调试	输入电源电压、频率及相序的确认	① 输入电源电压和频率的确认; ② 电源电压波动范围的确认; ③ 输入电源电压相序的确认; ④ 确认电源输出端是否对地短路; ⑤ 接通数控柜电源,检查各输出电流; ⑥ 检查各熔断器
数控系统的调试	确定数控系统各种参数的设定	① 短路棒的设定,包括控制单元印制电路板上的设定、速度控制单元电路板上的设定及主轴控制单元电路板上的设定; ② 为保证数控装置与机床相连接时,能使机床具有最佳工作性能,数控系统应根据随机附带的参数表逐项予以确定。显示参数时,一般可通过按MDI/CRT单元上的参数键(PARAM)来显示已存入系统存储器的参数。所显示的参数内容与机床安装调试后的参数表一致
数控系统的调试	确认数控系统与机床间的接口	① 利用数控机床自诊断功能,在CRT上可以显示数控系统与机床接口,以及数控系统内部的状态; ② 利用可编程控制器(PLC),可以显示数字控制(NC)、可编程控制器以及机床(MT)之间各种信号状态; ③ 根据梯形图说明书及诊断地址表,通过自诊断画面确认数控系统与机床之间的接口信号状态是否正确
通电试车	灌注油液或油脂,接通外部气源	① 按照机床说明书的要求,给机床润滑油箱、润滑点灌注规定的油液或油脂; ② 清洗液压油箱及过滤器,灌足规定标号的液压油,接通外界输入气源
通电试车	通电	① 应对各部件分别供电,都正确无误后再对整个机床供电; ② 校核机床参数的设置是否符合机床说明书的规定; ③ 用手动方式陆续启动各个部件,并检查安全装置是否起作用,能否正常工作,能否达到额定的工作指标; ④ 检查各轴运动极限软件限位和限位开关工作情况,系统急停、复位按钮能否起作用; ⑤ 测试主轴正、反转及停止工作是否正常,以及换刀动作、夹紧装置、润滑装置、排屑装置的工作是否正常等
通电试车	调整机床	① 机床的床身水平及垂直的调整,粗调机床的主要几何精度; ② 经过拆装的主要运动部件和主机相对位置的调整,如机械手、刀库及主轴换刀位置的校正,自动托盘交换装置(APC)与工作台交换位置的校正等; ③ 对于用地脚螺栓固定的机床,可用快干水泥混凝土将各地脚螺栓预留孔灌平,待3~5天水泥固化后即可进行机床的精调

(续)

调试步骤	主要内容	具体过程
机床精度和功能调试	精度调试	① 使用精密水平仪、标准方尺、平尺和平行光管等检测工具,在已经固化地基上用地脚螺栓和垫铁精调机床床身水平。移动机床身上各运动部件,在各坐标轴全行程内观察机床水平的变化情况,并调整相应的机床几何精度,使之达到允许误差范围; ② 应用程序让机床自动运动到刀具交换位置,再以手动方式调整好装刀机械手和卸刀机械手相对主轴的位置,调整完毕后应紧固各调整螺钉及刀库地脚螺栓,然后装上几把刀柄,进行多次从刀库到主轴的往返自动交换,要求动作准确无误,不得出现撞击和打刀现象; ③ 对带有 APC 工作台的机床,应将工作台移动到交换位置,再调整托盘站与交换台面的相对位置,达到工作台自动交换时动作平稳、可靠、正确,然后在工作台面上装有 70%~80% 的允许负载,进行负载自动交换,达到正确无误后紧固各有关螺钉
	功能调试	① 检查数控系统中参数设定是否符合随机资料中规定的数据,然后检查各主要操作功能、安全措施、常用指令执行情况等; ② 检查机床辅助功能及附件的正常工作,例如,照明灯、冷却防护罩和各种护板是否完整;切削液箱注满冷却液后,喷管能否正常喷出切削液;在用冷却防护罩条件下切削液是否外漏;排屑器能否正常工作;主轴箱的恒温油箱是否起作用等
机床运行试验	空运行试验	① 包括主运动和进给运动系统的空运行试验,按照国家颁布的有关标准进行,一般采用每天运行 8h,连续运行 2~3 天,或每天运行 24h,连续运行 1~2 天; ② 空运行中采用的程序叫考机程序,一般考机程序中应包括:主要数控系统的功能使用;自动换刀取刀库中 2/3 以上刀具;主轴最高、最低及常用的转速;工作台面的自动交换;主要 M 指令等
	负载试验	负载试验包括承载工件最大重量试验、最大切削扭矩试验、最大切削抗力试验和最大切削功率试验

2.7 数控机床的维护保养

2.7.1 概述

数控机床是一种综合应用了计算机技术、自动控制技术、自动检测技术和精密机械设计和制造等先进技术的高新技术的产物,是技术密集度及自动化程度都很高的、典型的机电一体化产品。与普通机床相比,数控机床不仅具有零件加工精度高、生产效率高、产品质量稳定、自动化程度极高的特点,而且它还可以完成普通机床难以完成或根本不能加工的复杂曲面的零件加工,因而数控机床在机械制造业中的地位显得越来越重要。在机械制造业中,数控机床的档次和拥有量,是反映一个企业制造能力的重要标志。数控机床的发展一方面要努力提高其质量和数量,另一方面要充分认识到数控机床应用和维护的重要性,认识到正确的使用和良好的维护、维修措施是机床长期可靠运行的重要保障。

1. 数控机床维护与保养目的和意义

数控机床集机、电、液于一身,是自动化程度高、结构复杂、价格昂贵的先进加工设备。为了保证数控机床的使用精度和寿命,充分发挥其效益,减少故障的发生,它的正确使用和日常维护工作至关重要。数控机床的正确使用及合理维护,对于防止非正常磨损,使其保持良好的技术状态,延长使用寿命,降低维修费用等起到非常重要的作用。正确地使用和日常严格的维护保养可以避免80%的意外故障,能延长平均无故障时间一倍以上,所以越来越多的数控机床使用厂家把机床的维护保养放在了工作日程之上。

数控机床的正确操作和维护保养是正确使用数控设备的关键因素之一,是贯彻设备管理预防为主思想的重要环节。在企业生产中,数控机床能否达到加工精度高、产品质量稳定、提高生产效率的目标,这不仅取决于机床本身的精度和性能,很大程度上也与操作者在生产中能否正确地对数控机床进行维护保养及使用密切相关。

数控机床维修的概念,不能单纯地理解为数控系统或者是数控机床的机械部分和其他部分在发生故障时,依靠维修人员排除故障和及时修复,使数控机床能够尽早地投入使用就可以了,这还应包括正确使用和日常保养等工作。只有坚持做好对机床的日常维护保养工作,才可以延长元器件的使用寿命,延长机械部件的磨损周期,防止意外恶性事故的发生,争取机床长时间稳定工作;也才能充分发挥数控机床的加工优势,达到数控机床的技术性能,确保数控机床能够正常工作,因此,无论是对数控机床的操作者,还是对数控机床的维修人员来说,数控机床的维护与保养非常重要,必须高度重视。

2. 数控机床的操作维护规程

数控机床操作维护规程是指导操作人员正确使用和维护设备的技术性规范。每个操作人员必须严格遵守,以保证数控机床正常运行,减少故障,防止事故发生。数控机床操作维护规程具体内容见表2-8。

表2-8 数控机床操作维护规程

数控机床操作 维护规程 基本内容	① 上班交接时按照日常检查卡规定项目检查各操作手柄、控制装置是否处于停机位置,安全防护装置是否完整、牢靠,查看电源是否正常,并做好点检记录; ② 查看润滑、液压装置的油质、油量,按润滑图表规定加油,保持油液清洁,油路畅通,润滑良好; ③ 确定各部位正常无误后,方可空车启动设备,先空车低速运转3~5min,确认各部位运转正常、润滑良好后,方可进行工作,不得超负荷、超规范使用; ④ 工件必须装夹牢固,禁止在机床上敲击夹紧工件,测量工件、更换工装、拆卸工件都必须停机进行,离开机床时,必须切断电源; ⑤ 合理调整各部位行程撞块,定位正确紧固; ⑥ 操纵变速装置必须切实转换到固定位置,使其啮合正常,要停机变速,不得用反车制动; ⑦ 数控机床运转中要经常注意各部位情况,如有异常,应立即停机处理; ⑧ 数控机床的基准面、导轨、滑动面要注意保护,保持清洁,防止损伤; ⑨ 经常保持润滑及液压系统清洁,盖好箱盖,不允许有水、尘、铁屑等污物进入油箱及电器装置; ⑩ 工作完毕和下班前应清扫机床设备,保持清洁,将操作手柄、按钮等置于非工作位置,切断电源,办好交接班手续

(续)

数控机床 使用要求	① 操作人员需取得国家职业资格证后,方可独立操作所使用的数控机床,严禁无证上岗操作; ② 操作人员独立使用设备前,要在熟练技师指导下上机训练,达到一定熟练程度; ③ 严格实行定人、定机和岗位责任制,以确保正确使用数控机床及日常维护工作; ④ 多人操作的数控机床应实行机长负责制,由机长对使用和维护工作负责; ⑤ 公用数控机床应由企业管理者指定专人负责维护保管; ⑥ 数控机床定人、定机名单由使用部门提出,报设备管理部门审批,签发操作证,定人、定机名单批准后,不得随意变动; ⑦ 对技术熟练、能掌握多种数控机床操作技术的工人,经考试合格可签发操作多种数控机床的操作证; ⑧ 建立使用数控机床的岗位责任制: 　a. 数控机床操作工必须严格按"数控机床操作维护规程""四项要求""五项纪律"的规定正确使用与精心维护设备; 　b. 实行日常点检,认真记录,做到班前正确润滑设备,班中注意运转情况,班后清扫擦拭设备,保持清洁,涂油防锈; 　c. 在做到"三好"要求下,练好"四会"基本功,搞好日常维护和定期维护工作;配合维修工人检查修理自己操作的设备;保管好设备附件和工具,并参加数控机床修后验收工作; 　d. 认真执行交接班制度和填写交接班及运行记录; 　e. 发生设备事故时立即切断电源,保持现场,及时向生产工长和车间机械员(师)报告,听候处理,分析事故时,应如实说明经过,对违反操作规程等造成的事故应负直接责任 ⑨ 建立交接班制度
使用数控 机床的基本 功和操作纪律	① 数控机床操作人员"四会"基本功: 　a. 会使用:操作工应先学习数控机床操作规程,熟悉设备结构性能、传动装置,懂得加工工艺和工装工具在数控机床上的正确使用; 　b. 会维护:能正确执行数控机床维护和润滑规定,按时清扫,保持设备清洁完好; 　c. 会检查:了解设备易损零件部位,知道如何完好地检查项目、标准和方法,并能按规定进行日常检查; 　d. 会排除故障:熟悉设备特点,能鉴定设备正常与异常现象,懂得其零部件拆装注意事项,会做一般故障调整或协同维修人员进行排除 ② 维护使用数控机床的"四项要求": 　a. 整齐:工具、工件、附件摆放整齐,设备零部件及安全防护装置齐全,线路管道完整; 　b. 清洁:设备内外清洁,无"黄袍",各滑动面、丝杠、齿条、齿轮无油污,无损伤;各部位不漏油、漏水、漏气,清扫干净铁屑; 　c. 润滑:按时加油、换油,油质符合要求;油枪、油壶、油杯、油嘴齐全,油毡、油线清洁,油窗明亮,油路畅通; 　d. 安全:实行定人、定机制度,遵守操作维护规程,合理使用,注意观察运行情况,不出安全事故 ③ 数控机床操作工的"五项纪律": 　a. 凭操作证使用设备,遵守安全操作维护规程; 　b. 经常保持机床整洁,按规定加油,保证合理润滑; 　c. 遵守交接班制度; 　d. 管好工具、附件,不得遗失; 　e. 发现异常立即通知有关人员检查处理

2.7.2 数控机床的日常维护及保养

1. 严格遵循操作规程

数控系统编程、操作和维修人员必须经过专门的技术培训,熟悉所用数控机床的机械、数控系统、强电设备、液压、气源等部分及使用环境、加工条件等;能按机床和系统使用说明书的要求正确合理地使用;应尽量避免因操作不当引起的故障。

通常,首次采用数控机床或由不熟练工人来操作,在使用的第一年内,有 1/3 以上的系统故障是由于操作不当引起的。应按操作规程要求进行日常维护工作,有些地方需要天天清理,有些部件需要定时加油和定期更换。

2. 防止数控装置过热

定期清理数控装置的散热通风系统。应经常检查数控装置上各冷却风扇工作是否正常。应视车间环境状况,每半年或一个季度检查清扫一次,具体方法如下:

(1) 拧下螺钉,拆下空气过滤器。

(2) 轻轻振动过滤器的同时,用压缩空气由里向外吹掉空气过滤器内的灰尘。

(3) 过滤器太脏时,可用中性清洁剂(清洁剂和水的配方为 5:95)冲洗(但不可揉擦),然后置于阴凉处晾干即可。

由于环境温度过高,造成数控装置内温度超过 55~60℃时应及时加装空调装置,在我国南方常会发生这种情况。安装空调装置之后,数控系统的可靠性有比较明显的提高。

3. 经常监视数控系统的电网电压

通常,数控系统允许的电网电压范围在额定值的 +10%~-15%,如果超出此范围,轻则使数控系统不能稳定工作,重则会造成重要电子部件损坏。因此,要经常注意电网电压的波动。对于电网质量比较恶劣的地区,应及时配置数控系统专用的交流稳压电源装置,这将使故障率有比较明显的降低。

4. 防止尘埃进入数控装置内

除了进行检修外,应尽量少开电气柜门。因为车间内空气中飘浮的灰尘和金属粉末落在印制电路板和电气接插件上,容易造成元件间绝缘电阻下降,从而出现故障甚至使元件损坏。有些数控机床的主轴控制系统安置在强电柜中,强电门关得不严,是使电气元件损坏、主轴控制失灵的一个原因。有些使用者当夏天气温过高时干脆打开数控柜门,采用电风扇向数控柜内吹风,以降低机内温度,使机床勉强工作。这种办法最终会导致系统加速损坏。电火花加工数控设备和火焰切割数控设备,周围金属粉尘大,更应注意防止外部尘埃进入数控柜内部。一些已受外部尘埃、油雾污染的电路板和接插件可采用专用电子清洁剂喷洗。在清洁接插件时可对插孔喷射足够的液雾后,将原插头或插脚插入,再拔出,即可将脏物带出,可反复进行,直至内部清洁为止。接插部位插好后,多余的喷液会自然滴出,将其擦干即可。经过一段时间之后自然干燥的喷液会在非接触表面形成绝缘层,使其绝缘良好。在清洗受污染的电路板时,可用清洁剂对电路板进行喷洗,喷完后,将电路板竖放,使尘污随多余的液体一起流出,待晾干之后即可使用。

5. 存储器用电池定期检查和更换

通常,数控系统中部分 CMOS 存储器中的存储内容在断电时由电池供电保持。一般采用锂电池或可充电的镍镉电池。当电池电压下降至一定值会造成参数丢失。因此,要定期检查电池电压,当该电压下降至限定值或出现电池电压报警,应及时更换电池。更换电池时一般要在数控系统通电状态下进行,这样才不会造成存储参数丢失。一旦参数丢失,在调换新电池后,可重新将参数输入。

6. 尽量提高数控机床的利用效率

由于数控机床价格昂贵,结构复杂,出现故障时用户又难以排除,因此有些用户从"保护"设备出发,经常闲置机床,只有万不得已时才使用,设备利用率极低。其实,这种"保护"方法是不可取的,尤其对于数控系统更是如此。因为数控系统由成千上万个电子器件组成,它们的性能和寿命具有很高的离散性。虽经严格筛选,但在使用过程中不免会有某些元件出现故障。

初始运行时系统的故障率呈负指数函数曲线,故障率较高。一般来说,数控系统要经过(9~14)个月的运行才能进入有效寿命区。因此用户安装数控机床后,要长期连续运行,充分利用一年保修的有利条件,使初期运行区在保修期内结束。

一般维修应包括两方面的含义:① 日常的维护,这是为了延长平均无故障的时间;② 故障维修,此时要缩短平均修复时间。为了延长各元器件的寿命和正常机械磨损周期,防止意外恶性事故的发生,争取机床能在较长时间内正常工作,必须对数控机床进行日常保养。

表 2-9 中列举了数控机床的检查顺序。日常维护分为每天检查、每周检查、每半年及一年检查和不定期检查等多种检查周期,检查内容为常规检查内容。对一些机床上频繁运动的元、部件(无论是机械部分还是控制驱动部分),都应作为重点的定时检查对象。

表 2-9 数控机床的日常维护

序号	检查周期	检查部位	检查要求
1	每天	导轨润滑油箱	检查油标、油量,及时添加润滑油,润滑泵能定时启动打油及停止
2	每天	X、Y、Z 轴向导轨面	清除切屑及脏物,检查润滑油是否充分,导轨面有无划伤损伤
3	每天	压缩空气气源压力	检查气动控制系统压力,应在正常范围
4	每天	气源自动分水滤气器、自动空气干燥器	及时清理分水器中滤出的水分,保证自动空气干燥器正常工作
5	每天	气液转换器和增压器油面	发现油面不够时及时补充油
6	每天	主轴润滑恒温油箱	工作正常,油量充足并调节温度范围
7	每天	机床液压系统	油箱、油泵无异常噪声,压力表指示正常,管路及各接头无泄漏,工作油面高度正常
8	每天	液压平衡系统	平衡压力指示正常,快速移动时平衡阀工作正常
9	每天	CNC 的输入/输出单位	如光电阅读机清洁,机械结构润滑良好
10	每天	各种电气柜散热通风装置	各电柜冷却风扇工作正常,风道过滤网无堵塞,CNC 装置温度<60℃
11	每天	各种防护网罩	导轨、机床防护罩等应无松动、漏水
12	每周	清洗各电柜过滤网	

(续)

序号	检查周期	检查部位	检查要求
13	每半年	滚珠丝杠	清洗丝杠上旧的润滑脂,涂上新油脂
14	每半年	液压油路	清洗溢流阀、减压阀、滤油器,清洗油箱箱底,更换或过滤液压油
15	每半年	主轴润滑恒温油箱	清洗过滤器,更换润滑油
16	每年	检查并更换直流伺服电机炭刷	检查换向器表面,吹净炭粉,去除毛刺,更换长度过短的电刷,并应跑合后才能使用
17	每年	润滑油泵,滤油器清洗	清理润滑油池底,更换滤油器
18	不定期	检查各轴导轨上镶条,压紧滚轮的松紧状态	按机床说明书调整
19	不定期	冷却水箱	检查液面高度,冷却液太脏时需更换并清理水箱底部,经常清洗过滤器
20	不定期	排屑器	经常清理切屑,检查有无卡住等
21	不定期	清理废油池	及时取走废油池中的废油,以免外溢
22	不定期	调整主轴驱动带的松紧	按机床说明书调整
23	每天	到库送刀及定位状况,机械手定位	如定位不准应及时调整
24	每年	CMOSRAM 用可充电电池	在 CNC 装置通电状态下,更换新电池

2.7.3 数控机床长期不使用时的维护及保养

当数控机床长期闲置不用时,应将机床按规定封存起来,将数控系统的内部及外部清洁干净,套上防护罩,切断电源。

为提高系统的利用率和减少系统的故障率,数控机床长期闲置不用是不可取的,应定期对数控系统进行维护保养。首先,应经常给数控系统通电,在机床锁住不动的情况下,让其空运行。在空气湿度较大的梅雨季节应该天天通电,利用电器元件本身发热驱走数控柜内的潮气,以保证电子部件的性能稳定可靠。实践证明,经常停置不用的机床,过了梅雨天后,一开机往往容易发生各种故障。

如果数控机床闲置半年以上不用,应将直流伺服电机的电刷取出来,以免由于化学腐蚀作用,使换向器表面腐蚀,换向性能变坏,甚至损坏整台电机。

第3章 数控系统故障诊断

3.1 数控系统概述

3.1.1 数控系统的组成

数控系统是数控机床的核心,数控装置有两种类型:①完全由硬件逻辑电路构成的专用硬件数控装置即 NC 装置;②由计算机硬件和软件组成的计算机数控装置即 CNC 装置。数控技术发展早期普遍采用的是 NC 装置,由于 NC 装置本身的缺点,随计算机技术的迅猛发展,现在 NC 装置已基本被 CNC 装置取代。因此目前数控装置主要是针对 CNC 装置而言。

计算机数控系统由硬件和软件共同完成数控任务。通过系统控制软件硬件的配合、合理的组合、管理数据系统的输入、数据处理、插补运算和信息输出,控制执行部件,使数控机床按照操作者的要求,有条不紊地进行加工。

1. 数控系统的硬件组成

数控系统的硬件一般由输入/输出装置(I/O 装置)、数控装置、驱动控制装置、机床电气逻辑控制装置四部分组成。其硬件结构示意图如图 3-1 所示。

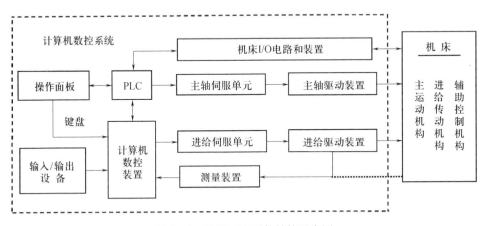

图 3-1 数控系统硬件结构示意图

1) 输入/输出装置

输入装置将数控加工程序和其他各种控制信息输入数控装置,数控装置可以显示输入的内容和数控系统的工作状态等。磁盘驱动器、键盘和控制面板、CRT 显示器等都属于输入/输出装置。

2) 数控装置

数控装置是数控系统的核心。CNC 系统由硬件和软件共同完成数控任务,它与数控系统的其他部分通过接口相连。数控系统硬件结构类型的分类方式很多,按 CNC 装置中各印制电路板的插接方式可以分为大板式结构和功能模板式结构;按数控装置微处理器的个数可以分为单微处理器和多微处理器结构等。总地来说,CNC 装置与通用计算机一样,是由中央处理器(CPU)及存储数据与程序的存储器组成。存储器分为系统控制软件程序存储器(ROM)、加工程序存储器(RAM)及工作区存储器(RAM)。ROM 中的系统和软件程序是由数控系统生产厂家写入,用来完成 CNC 系统的各项功能,数控机床操作者将各自的加工程序存储在 RAM 中,供数控系统用于控制机床加工零件。工作区存储器是系统程序执行过程的活动场所,用于堆栈、参数保存、中间运算结果保存等。中央处理器执行系统程序、读取加工程序,经过加工程序段译码、预处理计算,然后根据加工程序指令,进行实时插补,并通过与各坐标伺服系统的位置、速度反馈信号比较,从而控制机床的各坐标轴的位移。同时将辅助动作指令通过 PLC 发往机床,并接收通过 PLC 返回的机床各部分信息,以决定下一步操作。

3) 驱动控制装置

驱动控制装置用于控制各个轴的运动,其中进给轴的位置控制部分常在数控装置中以硬件位置控制模块和软件位置调节器实现,即数控装置接收实际位置反馈信号,将其与插补计算出的命令位置相比较,通过位置调节作为轴位置控制给定量,再输出给伺服驱动系统。

4) 机床电气逻辑控制装置

机床电气逻辑控制装置接收数控装置发出的数控辅助功能控制的指令,进行机床操作面板及各种机床电器控制/监测机构的逻辑处理和监控,并为数控系统提供机床状态和有关应答信号,在现代数控系统中机床电器逻辑控制装置已普遍采用可编程控制器(PLC),有内装式和外置式两种类型。

2. 数控系统的软件组成

数控系统除硬件外还有软件,软件包括管理软件和控制软件两大类(图3-2)。管理软件主要由零件程序的输入、输出程序、显示程序和诊断程序组成。控制软件主要由译码

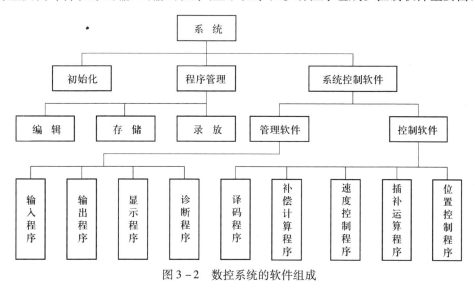

图3-2 数控系统的软件组成

程序、刀具补偿计算程序、速度控制程序、插补运算程序和位置控制程序组成。数控软件是一种用于机床加工的、实时控制的、特殊的(或称专用的)计算机操作系统。在 CNC 数控装置中硬件是基础，软件必须在硬件的支持下才能运行;离开软件，硬件便无法工作。硬件的集成度、位数、主频、运算速度、指令系统、内存容量等在很大程度上决定了数控装置的性能，然而高水平的软件又可以弥补硬件的某些不足。

3.1.2 数控系统的工作过程

CNC 装置的工作原理是它通过各种输入方式，接收机床加工零件的各种数据信息，经过 CNC 装置译码，再进行计算机的处理、运算，然后将各个坐标轴的分量送到各控制轴的驱动电路，经过转换、放大，驱动伺服电机，带动各轴运动，并进行实时位置反馈控制。

CNC 装置的简要工作过程如下：

1) 输入

输入 CNC 装置的有零件程序、控制参数和补偿量等数据。输入的形式有光电阅读机输入、键盘输入、磁盘输入、连接上级计算机的 DNC 接口输入、网络输入。从 CNC 装置工作方式看，有存储工作方式输入和手工直接输入(Manual Direct Input, MDI)工作方式。CNC 装置在输入过程中通常还要完成无效码删除、代码校验和代码转换等工作。

2) 译码

不论系统工作在 MDI 方式还是存储器方式，都是将零件程序以一个程序段为单位进行处理，把其中的各种零件轮廓信息(如起点、终点、直线或圆弧等)、加工速度信息(F 代码)和其他辅助信息(M、S、T 代码等)按照一定的语法规则解释成计算机能够识别的数据形式，并以一定的数据格式存放在指定的内存专用单元。在译码过程中，还要完成对程序段的语法检查，若发现语法错误便立即报警。

3) 刀具补偿

刀具补偿包括刀具长度补偿和刀具半径补偿。通常 CNC 装置的零件程序以零件轮廓轨迹编程，刀具补偿作用是把零件轮廓轨迹转换成刀具中心轨迹。目前在比较好的 CNC 装置中，刀具补偿的工件还包括程序段之间的自动转接和过切削判别，这就是 C 刀具补偿。

4) 进给速度处理

编程所给的刀具移动速度，是在各坐标的合成方向上的速度。速度处理首先要做的工作是根据合成速度来计算各运动坐标的分速度。在有些 CNC 装置中，对于机床允许的最低速度和最高速度的限制、软件的自动加减速等也在这里处理。

5) 插补

插补的任务是在一条给定起点和终点的曲线上进行"数据点的密化"。插补程序在每个插补周期运行一次，在每个插补周期内，根据指令进给速度计算出一个微小的直线数据段。通常，经过若干次插补周期后，插补加工完一个程序段轨迹，即完成从程序段起点到终点的"数据点密化"工作。

6) 位置控制

位置控制处在伺服回路的位置环上，这部分工作可以由软件实现，也可以由硬件完成。它的主要任务是在每个采样周期内,将理论位置与实际反馈位置相比较,用其差值去控制伺服电机。在位置控制中通常还要完成位置回路的增益调整、各坐标方向的螺距误差补偿和反向间隙补偿,以提高机床的定位精度。

7) I/O 处理

I/O 处理主要处理 CNC 装置面板开关信号、机床电气信号的输入、输出和控制(如换刀、换挡、冷却等)。

8) 显示

CNC 装置的显示主要为操作者提供方便,通常用于零件程序的显示、参数显示、刀具位置显示、机床状态显示、报警显示等。有些 CNC 装置中还有刀具加工轨迹的静态和动态图形显示。

9) 诊断

现代 CNC 装置都具有联机和脱机诊断的能力。联机诊断是指 CNC 装置中的自诊断程序,随时检查不正确的事件。脱机诊断是指系统运转条件下的诊断,一般 CNC 装置配备有各种脱机诊断程序以检查存储器、外围设备(CRT)、I/O 接口等。脱机诊断还可以采用远程通信方式进行,即远程诊断,把用户的 CNC 通过网络与远程通信诊断中心的计算机相连,对 CNC 装置进行诊断、故障定位和修复。

3.1.3 数控系统的功能

CNC 装置采用微处理器以后,实际上就是一台专用微型计算机,通过软件可以实现很多功能。数控装置有多种系列,性能各异,选用时要仔细考虑其功能。数控装置的功能通常包括基本功能和选择功能。基本功能是数控系统必备的功能,选择功能是供用户根据机床的特点和用途进行选择的功能。CNC 装置的功能主要反映在准备功能 G 指令代码和辅助功能 M 指令代码上。根据数控机床的类型、用途、档次的高低,CNC 装置的功能有很大的不同。

1) 控制轴数和联动轴数

CNC 装置能控制的轴数以及能同时控制(即联动)轴数是主要性能之一。控制轴包括移动轴和回转轴,基本轴和附加轴,联动轴可以完成轮廓轨迹加工。一般数控车床只需 2 轴控制 2 轴联动;一般铣床需要 3 轴控制,2 轴半坐标控制和 3 轴联动;一般加工中心为 3 轴联动、多轴控制。控制轴数越多,特别是同时控制轴数越多,CNC 装置的功能越强;同时,CNC 装置就越复杂,编制程序也越困难。

2) 准备功能

准备功能也称 G 功能,ISO 标准中规定准备功能有 G00~G99 共 100 种,数控系统可从中选用,目前许多数控系统已用到超过 G99 以外的代码。准备功能用来指令机床动作方式,包括基本移动、程序暂停、平面选择、坐标设定、刀具补偿、基准点返回、固定循环、公英制转换等。它用字母 G 与数字组合来表示,G 代码有模态指令(指令 G 代码直到出现同一组的其他 G 代码时,保持有效,即续效)和非模态指令(仅在指令的程序段内有效)两种模式。

3) 插补功能

CNC 装置通过软件插补,特别是数据采样插补是当前的主要方法。插补计算实时性很强,现在有采用高速微处理器的一级插补,以及粗插补和精插补分开的二级插补。一般数控装置都有直线和圆弧插补,高档数控装置还具有抛物线插补、螺旋线插补、极坐标插补、正弦插补、样条插补等功能。

4) 主轴速度功能

(1) 主轴转速的编程方式:一般用 S 和数字表示,单位为 r/min,如 S350。

(2) 恒定线速度:该功能对保证车床或磨床加工工件端面及锥面质量很有意义。

(3) 主轴定向准停:该功能使主轴在径向的某一位置准确停止,有自动换刀功能的机床必须选取有这一功能的 CNC 装置。

5) 进给功能

进给功能用 F 代码直接指令各轴的进给速度。

(1) 切削进给速度:一般进给量为 1mm/min ~ 24m/min。在选用系统时,该指标应和坐标轴移动的分辨率结合起来考虑,如 24m/min 的速度是在分辨率为 1μm 时达到的。

(2) 同步进给速度:进给轴每转进给量,单位为 mm/r。只有主轴上装有位置编码器(一般为脉冲编码器)的机床才能指令同步进给速度。

(3) 快速进给速度:一般为进给速度的最高速度,它通过参数设定,用 G00 指令执行快速进给速度。

(4) 进给倍率:操作面板上设置了进给倍率开关,倍率可在 0 ~ 200% 之间变化,每挡间隔 10%。使用倍率开关不用修改程序就可以改变进给速度。

6) 补偿功能

(1) 刀具长度、刀具半径补偿和刀尖圆弧补偿:可以补偿刀具磨损以及换刀时刀位点的变化。

(2) 工艺量的补偿:包括坐标轴的反向间隙补偿;进给传动件的传动误差补偿,如丝杠螺距补偿,进给齿条齿距误差补偿;机件的温度变形补偿等。

7) 固定循环加工功能

用数控机床加工零件,一些典型的加工工序,如钻孔、攻螺纹、镗孔、深孔钻削、切螺纹等,所需完成的动作循环十分典型,将这些典型动作预先编好程序并存储在内存中,用 G 代码进行指令,即为固定循环指令。使用固定循环指令可以简化编程。固定循环加工指令有钻孔、镗孔、攻螺纹循环、复合加工循环等。此外,子程序、宏程序也可简化编程,并扩大编程功能。

8) 辅助功能(M 代码)

辅助功能是数控加工中不可缺少的辅助操作,一般从 M00 ~ M99 共 100 种。各种型号的数控装置具有辅助功能的多少差别很大,而且有许多是自定义的。常用的辅助功能有程序停、主轴正/反转、冷却液接通和断开、换刀等。

9) 字符图形显示功能

CNC 装置可配置不同尺寸的单色或彩色 CRT 显示器,通过软件和接口实现字符、图形显示。可以显示程序、机床参数、各种补偿量、坐标位置、故障信息、人机对话编程菜单、零件图形、动态刀具模拟轨迹等。

10）程序编制功能

（1）手工编程：用键盘按零件图纸，遵循系统的指令规则人工编写零件程序，通过面板输入程序，只适用于简单零件。

（2）背景（后台）编程：后台编程也称为在线编程，程序编制方法同上，但可在机床加工过程中进行，因此不占机时。这种 CNC 装置中有内部专用于编程的 CPU。

（3）自动编程：CNC 装置内有自动编程语言系统，由专门的 CPU 来管理编程。如 FANUC 的符号自动编程语言系统 FAPT，Olivetti 的 GTL 语言用于 A－B 公司的 8600CNC 装置。目前较为流行的自动编程为交互式自动编程。

11）输入、输出和通信功能

一般的 CNC 装置可以接多种输入、输出外部设备，实现程序和参数的输入、输出和存储。CNC 装置与外部设备通信采用 RS－232C 接口连接。

由于 DNC 和 FMS 等的要求，CNC 装置必须能够和主机（加工单元计算机或加工系统的控制计算机）通信，以便能和物料运输系统或工业机器人等控制系统通信。如 FANUC 公司、SIEMENS 公司、美国的 A－B 公司、辛辛那提公司等的高档数控系统，都具有功能更强的通信功能，可以与 MAP（制造自动化协议）相连，进行网络通信，以适应 FMS、CIMS 的要求。

12）自诊断功能

CNC 装置中设置了各种诊断程序，可以防止故障的发生或扩大。在故障出现后可迅速查明故障类型及部位，减少故障停机时间。

不同的 CNC 装置设置的诊断程序不同，可以包含在系统程序中，在系统运行过程中进行检查和诊断。也可作为服务性程序，在系统运行前或故障停机后进行诊断，查找故障部位。有的 CNC 装置可以进行远程通信诊断。

总之，CNC 数控装置的功能多种多样，而且随着技术的发展，功能越来越丰富。其中的控制功能、插补功能、准备功能、主轴功能、进给功能、刀具功能、辅助功能、字符显示功能、自诊断功能等属于基本功能，而补偿功能、固定循环功能、图形显示功能、通信功能、网络功能和人机对话编程功能则属于选择功能。

3.1.4 CNC 系统的硬件结构

从 CNC 系统的总体安装结构看，有整体式结构和分体式结构两种。整体式结构是把 CRT 和 MDI 面板、操作面板以及功能模块板组成的电路板等安装在同一机箱内。这种方式的优点是结构紧凑，便于安装，但有时可能造成某些信号连线过长。分体式结构通常把 CRT 和 MDI 面板、操作面板等做成一个部件，而把功能模块组成的电路板安装在一个机箱内，两者之间用导线或光纤连接。许多 CNC 机床把操作面板也单独作为一个部件，这是由于所控制机床的要求不同，操作面板相应地要改变，做成分体式有利于更换和安装。

从组成 CNC 系统的电路板的结构特点来看，有两种常见的结构，即大板式结构和模块化结构。大板式结构的特点是，一个系统一般都有一块大板，称为主板。主板上装有主 CPU 和各轴的位置控制电路等。其他相关的子板（完成一定功能的电路板），如 ROM 板、零件程序存储器板和 PLC 板都直接插在主板上面，组成 CNC 系统的核心部分。由此可见,大板式结构紧凑,体积小,可靠性高,价格低,有很高的性价比,也便于机床的一体化设计。大板结构虽有上述优点,但它的硬件功能不易变动,不利于组织生产;另外一种柔性比较高的结构就是总线模块化的开放系统结构,其特点是将 CPU、存储器、输入/输出控制分别做成插件板(称为硬件模块),甚至将 CPU、存储器、输入/输出控制组成独立的微型计算机级的硬件模块,相应的软件也是模块结构,固化在硬件模块中。硬、软件模块形成一个特定的功能单元,称为功能模块。功能模块间有明确定义的接口,接口是固定的,成为工厂标准或工业标准,彼此可以进行信息交换。于是可以积木式组成 CNC 系统,使设计简单,有良好的适应性和扩展性,试制周期短,调整维护方便,效率高。

从 CNC 系统使用的 CPU 及结构来分,CNC 系统的硬件结构一般分为单 CPU 和多 CPU 结构两大类。初期的 CNC 系统和现在的一些经济型 CNC 系统采用单 CPU 结构,而多 CPU 结构可以满足数控机床高进给速度、高加工精度和许多复杂功能的要求,也适应并入 FMS 和 CIMS 运行的需要,从而得到了迅速的发展,它反映了当今数控系统的新水平。

在单微处理机结构中,只有一个微处理机,实行集中控制,并分时处理数控的各个任务。

多微处理机结构的 CNC 是把机床数字控制这个总任务划分为子任务(也称为子功能模块)。在硬件方面,以多个微处理机配以相应的接口形成多个子系统,把划分的子任务分配给不同的子系统承担,由各子系统之间的协调动作完成数控操作。在多微处理机的结构中,有两个或两个以上的微处理机构成的子系统,子系统之间采用紧耦合,有集中的操作系统,共享资源;或者有两个或两个以上的微处理机构成的功能模块,功能模块之间采用松耦合,有多重操作系统有效地实现并行处理。应注意的是,有的 CNC 装置虽然有两个以上的微处理机,但其中只有一个微处理机能够控制系统总线,占有总线资源,而其他微处理机作为专用的智能部件,不能控制系统总线,不能访问主存储器。它们组成主从结构,故应归于单微处理机的结构中。

在多微处理机组成的 CNC 装置中,可以根据具体情况合理划分其功能模块,一般来说,基本由 CNC 管理模块、CNC 插补模块、位置控制模块、PC 模块、操作和控制数据输入/输出和显示模块、存储器模块这六种功能模块组成,若需要扩充功能,再增加相应的模块。这些模块之间互连与通信是在机柜内耦合,典型的有共享总线和共享存储器两类结构。

(1) 共享总线结构。以系统总线为中心的多微处理机 CNC 装置,把组成 CNC 装置的各个功能部件划分为带有 CPU 或 DMA 器件的主模块和不带 CPU 或 DMA 器件的从模块(如各种 RAM/ROM 模块、I/O 模块)两大类。所有主、从模块都插在配有总线插座的机柜内,共享严格设计定义的标准系统总线。系统总线的作用是把各个模块有效地连接在一起,按照要求交换各种数据和控制信息,构成一个完整的系统,实现各种预定的功能。

在系统中只有主模块有权控制使用系统总线。由于某一时刻只能由一个主模块占有总线,必须要有仲裁电路来裁决多个主模块同时请求使用系统总线的竞争,每个主模块按其担负任务的重要程度已预先安排好优先级别的顺序。总线仲裁的目的,也就是在它们争用总线时,判别出各模块优先权的高低。

这种结构模块之间的通信,主要依靠存储器来实现。大部分系统采取公共存储器方式。公共存储器直接插在系统总线上,有总线使用权的主模块都能访问。使用公共存储器的通信方式双方都要占用系统总线,可供任意两个主模块交换信息。

图 3-3 是多微处理机共享总线结构。这种结构中的多微处理机共享总线时会引起"竞争",使信息传输率降低,总线一旦出现故障,会影响全局。但因其结构简单,系统配置灵活,无源总线造价低等优点而常被采用。

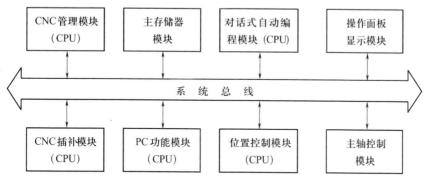

图 3-3 多微处理机共享总线结构框图

(2)共享存储器结构。这种多微处理机结构,采用多端口存储器来实现各微处理机之间的互联和通信。由多端口控制逻辑电路来解决访问冲突。由于同一时刻只能有一个微处理机对多端口存储器读或写,所以功能复杂而要求微处理机数量增多时,会因争用共享而造成信息传输的阻塞,降低系统效率,因此扩展功能很困难。如图 3-4 是多微处理机共享存储器结构框图。

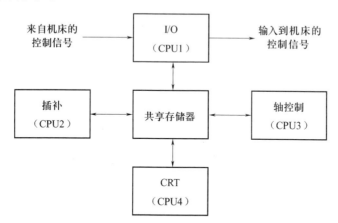

图 3-4 多微处理机共享存储器结构框图

3.1.5 CNC 系统的软件结构

CNC 系统是一个专用的实时多任务系统,CNC 装置通常作为一个独立的过程控制单元用于工业自动化生产中。如前所述,它的系统软件包括管理和控制两大部分。系统的管理部分包括输入、I/O 处理、通信、显示、诊断以及加工程序的编制管理等程序。系统的控制部分包括译码、刀具补偿、速度处理、插补和位置控制等软件。例如,西门子 810 系统与机床配置并投入使用后,可能拥有的软件和数据如表 3-1 所列。

43

表3-1 西门子810系统所控制机床的软件及数据组成

分类	名称	传输识别符	简要说明	所在的存储器	编制者
Ⅰ	启动芯片	—	启动基本系统程序,引导控制系统建立工作状态	CPU模块上的EPROM	西门子公司
	基本系统程序	—	NC与PLC的基本系统程序,NC的基本功能和选择功能、显示语种	存储器模块上的EPROM子模块	西门子公司
	加工循环	—	用于实现某些特定加工功能的子程序软件包	存储器模块上的EPROM子模块	西门子公司
	测量循环	—	用于配接快速测量头的测量子程序软件包,是选购件	占用一定容量的工件程序存储器	西门子公司
Ⅱ	NC机床数据	%TEA1	将数控系统的NC部分与机床适配所需设置的各方面数据	16KB RAM数据存储器子模块	机床生产厂
	PLC机床数据	%TEA2	系统的集成式PLC在使用中需要设置的各方面数据	16KB RAM数据存储器子模块	机床生产厂
	PLC用户程序	%PCP	用STEP5语言编制的PLC循环程序块和中断报警控制的程序块,处理数控系统与机床的接口和电气控制	16KB RAM数据存储器子模块	机床生产厂
	报警文本	%PCA	结合PLC用户程序设置的PLC报警(N6000~N6031)和PLC操作提示(N7000~N7031)的显示文本	16KB RAM数据存储器子模块	机床生产厂
	系统设定数据	%SEA	进给轴的工作区域范围、主轴限速、串行接口的参数设定等	16KB RAM数据存储器子模块	机床生产厂
Ⅲ	加工主程序	%MPF	工件加工主程序%0~%9999	工件程序存储器	机床用户
	加工子程序	%SPF	工件加工子程序L1~L999	工件程序存储器	机床用户
	刀补参数	%TOA	刀具补偿参数(含刀具几何值和刀具磨损值)	工件程序存储器	机床用户
	零点偏置	%ZOA	可设定零偏(G54~G57);可编程零偏G58、G59及外部零偏(由PLC传送)	工件程序存储器	机床用户
	R参数	%RPA	R参数分成通道R参数(各通道有R00~R499)和所有通道共用的中央R参数(R900~R999)	16KB RAM数据存储器子模块	机床用户

数控的基本功能由功能子程序实现。这是任何一个计算机数控系统所必须具备的,功能增加,子程序就增加。不同的系统软件结构中对这些子程序的安排方式不同,管理方式亦不同。在单CPU数控系统中,常采用前后台型的软件结构和中断型的软件结构。在多CPU数控系统中将CPU作为一个功能单元,利用上面的思想构成相应的软件结构类型。多CPU数控装置中,各个CPU分别承担一定的任务,它们之间的通信依靠共享总线和共享存储器进行协调。在子系统较多时,也可采用相互通信的方法。无论何种类型的结构,CNC装置的软件结构都具有多任务并行处理和多重实时中断的特点。

3.2 典型数控系统简介

从数控系统诞生到现在已经有数十年的时间,在这几十年间已经发展出很多种数控系统,数控系统也已经发展了很多代。每一种数控系统都有自己的优缺点,在现在市面上广泛使用的数控系统也有很多种,譬如西门子的 SINUMERIK、富士通公司的 FANUC 系统、三菱公司的 MELDAS 系统、海德汉公司的 Heidenhain 数控系统、华中数控系统等。这几种数控系统中尤以 FANUC、SINUMERIK 市场占有率最高。本节主要介绍几种常见数控系统的简要情况。

3.2.1 FANUC 数控系统

日本 FANUC 公司自 20 世纪 50 年代开始生产数控产品以来,至今已经开发了数十个系列,成为世界上产品占有率最大、最有影响的数控厂家,其数控系统具有高质量、高性能、全功能,适用于各种机床和生产机械的特点,在市场的占有率远远超过其他的数控系统。目前主要产品系列如下:

(1) 高可靠性的 PowerMate 0 系列:用于控制 2 轴的小型车床,取代步进电机的伺服系统;可配画面清晰、操作方便、中文显示的 CRT/MDI,也可配性价比高的 DPL/MDI。

(2) 普及型 CNC 0 – D 系列:0 – TD 用于车床,0 – MD 用于铣床及小型加工中心,0 – GCD 用于圆柱磨床,0 – GSD 用于平面磨床,0 – PD 用于冲床。

(3) 全功能型的 0 – C 系列:0 – TC 用于通用车床、自动车床,0 – MC 用于铣床、钻床、加工中心,0 – GCC 用于内、外圆磨床,0 – GSC 用于平面磨床,0 – TTC 用于双刀架 4 轴车床。

(4) 高性价比的 0i 系列:整体软件功能包,高速、高精度加工,并具有网络功能。0i – MB/MA 用于加工中心和铣床,4 轴 4 联动;0i – TB/TA 用于车床,4 轴 2 联动,0i – Mate MA 用于铣床,3 轴 3 联动;0i – MateTA 用于车床,2 轴 2 联动。

(5) 具有网络功能的超小型、超薄型 CNC 16i/18i/21i 系列:控制单元与 LCD 集成于一体,具有网络功能,超高速串行数据通信。其中 FS16i – MB 的插补、位置检测和伺服控制以纳米为单位。16i 最大可控 8 轴,6 轴联动;18i 最大可控 6 轴,4 轴联动;21i 最大可控 4 轴,4 轴联动。

1. FANUC 0 系统

1) 基本构成

FANUC 0 系统由数控单元本体、主轴和进给伺服单元以及相应的主轴电机和进给电机、CRT 显示器、系统操作面板、机床操作面板、附加的输入/输出接口板、电池和手摇脉冲发生器等部件组成。

FANUC 0 系统的数控单元采用大板式结构,其基本配置有主印制电路板、存储器板、图形显示板、可编程机床控制器板、伺服轴控制板、输入/输出接口板、子 CPU 板、扩展的轴控板、数控单元电源和 DNC 控制板等,各个板卡都在主印制电路板上,与 CPU 的总线连接。其结构示意图如图 3 – 5 所示。

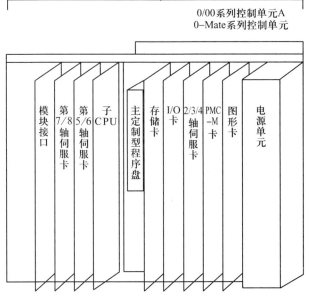

图3-5 FANUC 0系统数控单元结构示意图

(1) 主PCB板:主PCB板(主印制电路板)是系统的主控制板,由主CPU及其外围电路组成,也是安装其他PCB板的基板,是FANUC 0系统的基本组成部分。系统控制单元有A、B两种型号。A、B单元的选择是根据机床的需要来确定的,一般A规格主要用于4轴之内的系统,B规格用于5轴以上的系统。主PCB板与控制单元相同,也分为A、B两种规格,与控制单元配合使用。

(2) 电源单元:电源单元是FANUC 0系统的基本组成部分,主要为各个部分提供电源。根据输出功率的不同有A、A1、B2三种型号,其中电源单元A1包含了输入单元,是最常用的一种。

(3) 存储卡:存储卡是FANUC 0系统的基本组成部分,是程序、数据存储的关键部分。另外,存储卡上还有串行主轴接口、模拟主轴接口、主轴位置编码器接口、手摇脉冲发生器接口、CRT/MDI接口、阅读机/穿孔机接口等。

(4) 输入/输出卡:输入/输出卡是FANUC 0系统的基本组成部分,是连接CNC与机床侧开关信号的中间部分。根据输入/输出点数的不同,有I/OC5卡(I/O点数:40/40)、I/OC6卡(I/O点数:80/56)、I/OC7卡(I/O点数:104/72)几种。

(5) 1~4轴控制卡:1~4轴控制卡是FANUC 0系统的基本组成部分。FANUC 0系统采用全数字式伺服控制,其控制的核心(位置环、速度环、电流环)都在轴卡上。根据控制轴数的不同,轴卡分2轴卡、3/4轴卡几种。

(6) PMC-M控制卡:PMC-M卡是FANUC 0系统的选择部分。如果内装PMC-L不能满足要求,需要选择此控制卡。

(7) 图形控制及2/3手脉接口卡:图形控制及2/3手摇脉冲发生器接口卡是FANUC 0系统的选择部分,当系统需要图形显示功能、伺服波形显示功能或要连接2/3手摇脉冲发生器时,必须选择此控制卡。

(8) 宏程序 ROM 卡:宏程序 ROM 卡是 FANUC 0 系统的选择部分。系统使用宏程序执行器时,用户的宏程序固化在宏程序卡的 ROM 中。

(9) 子 CPU 卡和远程缓冲卡:子 CPU 卡和远程缓冲卡是 FANUC 0 系统的选择部分。使用远程缓冲/DNC1/DNC2 控制功能时,应选择此卡。该卡主要在系统与外设之间进行数据通信和 DNC 控制时使用,通过选择不同的子 CPU 软件来实现不同的控制目的。

(10) 5/6 轴控制卡:5/6 轴控制卡是控制单元 B 的 FANUC 0 系统才可选择的部分。使用 5/6 轴控制时,要选择此卡。该卡只能用于 PMC 控制轴,不能用于伺服控制轴。

(11) 7/8 轴控制卡:7/8 轴控制卡是控制单元 B 的 FANUC 0 系统才可选择的部分。与 5/6 轴控制卡一样,该卡只能用于 PMC 控制轴,不能用于伺服控制轴。而与 5/6 轴卡不同的是该控制卡不包括子 CPU。

(12) 模拟输入/输出接口卡:模拟输入/输出接口卡是控制单元 B 的 FANUC 0 系统才可选择的部分。当用户使用多主轴模拟指令控制或者需要将模拟信号转换为数字信号时,可以选择此卡。

2) FANUC 0 系统的连接

图 3-6 为 FANUC 0 系统基本轴控制板(AXE)与伺服放大器、伺服电机和编码器连接图。M184~M199 为轴控制板上的插座编号,其中 M184、M187、M194、M197 为控制器指令输出端;M185、M188、M195、M198 是内装型脉冲编码器输入端,在半闭环伺服系统中为速度/位置反馈,在全闭环伺服系统中作为速度反馈;M186、M189、M196、M199 只作为在全闭环伺服系统中的位置反馈,可以接分离型脉冲编码器或光栅尺。H20 表示 20 针 HONDA 插头,M 表示"针",F 表示"孔"。如果选用绝对编码器,CPA9 端连接相应电池盒。

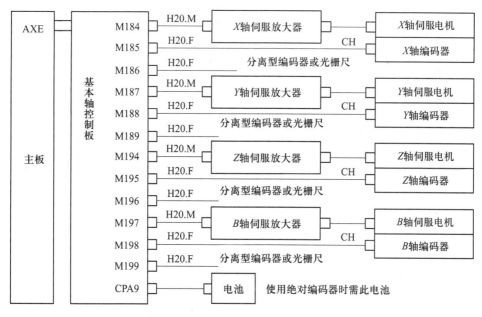

图 3-6 FANUC 0 系统轴控制板连接图

存储器板存放着工件程序、偏移量和系统参数,系统断电后由电池单元供电保存。同时连接着 CRT/MDI 单元、RS232C 串行通信接口手摇脉冲发生器、电池、主轴控制器和主轴位置编码器等单元,如图 3-7 所示。

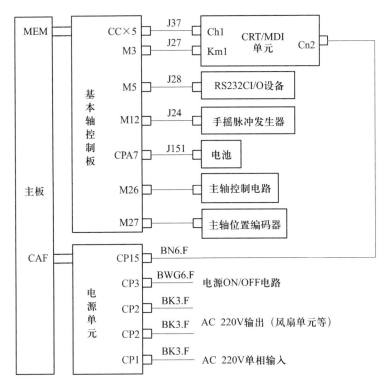

图 3-7 FANUC 0 系统存储器板、电源单元连接图

在电源单元中，CP15 为 DC 24V 输出端，供显示单元使用，BN6.F 为 6 针棕色插头；CP1 是单相 AC 220V 输入端，BK3.F 为 3 针黑色插头；CP3 接电源开关电路；CP2 为 AC 220V 输出端，可以接冷却风扇或其他需要 AC 220V 设备。

图 3-8 为内置 I/O 接口连接图，其中 M1、M18 为 I/O 输出插座，共计 80 个 I/O 输入点；M2、M19 为 I/O 输出插座，共计 56 个 I/O 输出点；M20 包括 24 个 I/O 输入点和 16 个 I/O 输出点。这些 I/O 点可以用于强电柜中的中间继电器控制，机床控制面板的按钮和指示灯、行程开关等开关量控制。

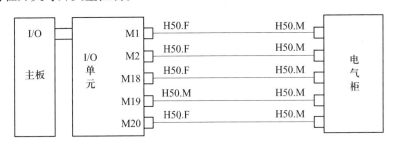

图 3-8 FANUC 0 系统 I/O 板连接图

3）伺服系统的基本配置

（1）进给伺服系统的基本配置。常用的 S 系列交流伺服放大器分 1 轴型、2 轴型和 3 轴型三种。其电源电压为 AC(200～230)V，由专用的伺服变压器供给，AC 100V 制动电源由 NC 电源变压器供给。

图 3-9、图 3-10 分别为 FANUC 0 系统 1 轴型和 2 轴型伺服单元的基本配置和连接方法。

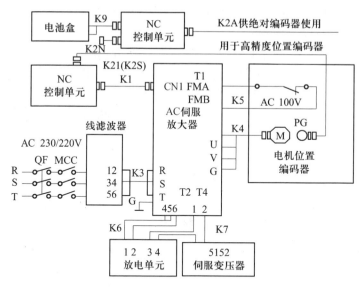

图 3-9 FANUC 0 系统 1 轴型伺服单元

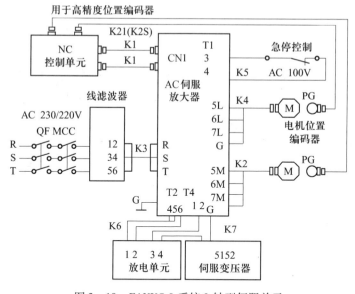

图 3-10 FANUC 0 系统 2 轴型伺服单元

图 3-9、图 3-10 中电缆 K1 为 NC 到伺服单元的指令电缆,K2S 为脉冲编码器的位置反馈电缆,K3 为 AC(200~230)V 电源输入线,K4 为伺服电机的动力线电缆,K5 为伺服单元的 AC 100V 制动电源电缆,K6 为伺服单元到放电单元的电缆,K7 为伺服单元到放电单元和伺服变压器的温度接点电缆。QF 和 MCC 分别为伺服单元的电源输入断路器和主接触器,用于控制伺服单元电源的通和断。

伺服单元的接线端 T2-4 和 T2-5 之间有一个短路片,如果使用外接型放电单元,则应将它取下,并将伺服单元印制电路板上的短路棒 S2 设置到 H 位置,反之则设置到 L

位置。

伺服单元的连接端 T4-1 和 T4-2 为放电单元和伺服变压器的温度接点串联后的输入点,上述两个接点断开时将产生过热报警。如果使用这对接点,应将伺服单元印制电路板上的短路棒 S1 设置到 L 位置。

在 2 轴型伺服单元中,插座 CN1L、CN1M、CN1N 可分别用电缆 K1 和数控系统的轴控制板上的指令信号插座相连,而伺服单元中的动力线端子 T1-5L、T1-6L、T1-7L 和 T1-5M、T1-6M、T1-7M 以及 T1-5N、T1-6N、T1-7N 则应分别接到相应的伺服电机,从伺服电机的脉冲编码器返回的电缆也应一一对应地接到数控系统的轴控制板上的反馈信号插座(即 L、M、N 分别表示同一个轴)。

图 3-11 是 FANUC 的 CNC 与 Alpha 系列 2 轴交流驱动单元组成的伺服系统结构简图,伺服电机上的脉冲编码器作为位置检测元件也作为速度检测元件,它将检测信号反馈到 CNC 中,由 CNC 完成位置处理和速度处理。CNC 将速度控制信号、速度反馈信号以及使能信号输出到伺服放大器的 JVB1 和 JVB2 端口。

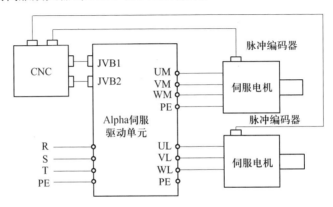

图 3-11 FANUC 的 CNC 与 Alpha 系列 2 轴伺服系统连接

(2) S 系列主轴伺服系统的基本配置。图 3-12 是 S 系列主轴伺服系统的连接方法,其中 K1 为从伺服变压器副边输出的 AC 220V 三相电源电缆,应接到主轴伺服单元的 U、V、W 和 G 端,输出到主轴电机的动力线,应与接线盒盖内面的指示相符。K3 为从主轴伺服单元的端子 T1 上的 R0、S0 和 T0 输出到主轴风扇电机的动力线,应使风扇向外排

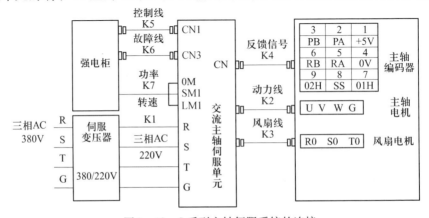

图 3-12 S 系列主轴伺服系统的连接

风。K4 为主轴电机的编码器反馈电缆,其中 PA、PB、RA 和 RB 用做速度反馈信号,01H 和 02H 为电机温度接点,SS 为屏蔽线。K5 为从 NC 和 PMC(Programmable Machine Controller)输出到主轴伺服单元的控制信号电缆,接到主轴伺服单元的 50 芯插座 CN1。

2. FANUC 0i 系统

FANUC 0i 系统与 FANUC 16/18/21 等系统的结构相似,均为模块化结构。0i 的主 CPU 板上除了主 CPU 及外围电路之外,还集成了 FROM&SRAM 模块、PMC 控制模块、存储器 & 主轴模块、伺服模块等,其集成度较 FANUC 0 系统(FANUC 0 系统为大板结构)的集成度更高,因此 0i 控制单元的体积更小。图 3-13 所示为 FANUC 0i 的系统配置。

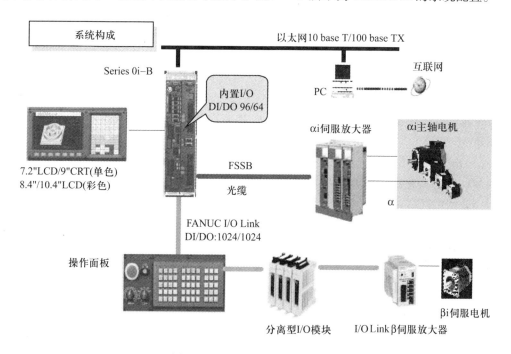

图 3-13 FANUC 0i 的系统配置

(1)显示器。系统的显示器可接 CRT 或 LCD(液晶),可以是单色也可是彩色。用光缆与 LCD 连接。

(2)进给伺服。经 FANUC 串行伺服总线 FSSB,用一条光缆与多个进给伺服放大器（αi 系列）相连,放大器有单轴型和多轴型,多轴型放大器最多可接三个小容量的伺服电机,从而可减小电柜的尺寸。放大器本身是逆变器和功率放大器,位置控制部分在 CNC 单元内。

进给伺服电机使用 αi 系列。最多可接 4 个进给轴电机。

伺服电机上装有脉冲编码器,编码器既用做速度反馈,又用做位置反馈。系统支持外接(分离型)编码器(如装在滚珠丝杠的某一侧)的半闭环控制和使用直线光栅尺(装在工作台上)的全闭环控制。分离型位置检测器的接口有并行口(A/B 相脉冲)和串行口两种。位置检测器无论用回转式编码器还是用直线尺均可用增量式或绝对式。

(3)主轴电机控制。主轴电机控制有两种接口。一种是模拟接口,CNC 根据编程的主轴速度值输出 0~10V 模拟电压,可使用市售的变频器及相配的主轴电机;另一种接口是串行口,此时,CNC 将主轴电机的转数值通过该口以二进制数据的形式输出给主轴电机的驱动器。因为是串行数据传送,故接线少、抗干扰性强、可靠性高、传输速率高。串行口只能用 FANUC 主轴驱动器和主轴电机,用 αi 系列。

FANUC 主轴电机上装有磁性传感器,用做速度反馈。

切螺纹,刚性攻丝,C 轴轮廓控制或主轴定位、定向时需要在主轴上装位置编码器。

(4) 机床强电的 I/O 接口。0i - B 的 I/O 口用的是 I/O Link 口。I/O Link 是符合日本 JPCN - 1 标准的现场网路。经由该口可实时地控制 CNC 的外部机械或 I/O 点,其传输速度相当高。在 0i - B 上有两种 I/O Link 口硬件:①CNC 单元内的 I/O 板,上面有 96 点输入,64 点输出。对于机床上的一般 I/O 点控制(如 M 功能、T 功能等),用这块板可满足中小型加工中心或车床的要求。②I/O 模块。最多可连 1024 个输入点和 1024 个输出点。因此这种模块除用于上述机床的普通 I/O 点控制外,多用于生产线上,控制连接于现场网路的多个外部机械,与其他 CNC 设备共享这些资源。

为了方便用户,FANUC 设计了标准的机床操作面板,用户可以选用。面板上有急停按钮和速度倍率波段开关,并留有用户自己可定义的空白键。面板用 I/O Link 口与 CNC 单元连接。

(5) I/O Link β 伺服。为了驱动外部机械(如换刀、交换工作台、上下料等),可以使用经 I/O Link 口连接的 β 伺服放大器驱动的 βi 伺服电机。最多可接 7 台。

(6) 网络接口。经该口可连接车间或工厂的主控计算机。FANUC 开发了相应软件,可将 CNC 侧的各种信息(加工程序、位置、参数、刀偏量、运行状态、报警、诊断信号以至于梯形图等)传送至主机并在其上显示。

(7) 数据输入/输出口。0i - B 有 RS - 232C 和 PCMCIA 口。经 RS - 232C 可与计算机等连接。在 PCMCIA 口中可插 ATA 存储卡。

3. 系统连接

FANUC 0i 系统的系统控制单元接口示意图如图 3 - 14 所示,FANUC 0i 系统连接图如图 3 - 15 所示。

图 3 - 15 中,系统输入电压为 DC42(1 ± 10%)V,约 7A。伺服电机和主轴电机为 AC 200V(不是 220V)输入。这两个电源的通电及断电顺序是有要求的,不满足要求会出现报警或损坏驱动放大器。原则是要保证通电和断电都在 CNC 的控制之下。

其他系统如 0 系统,系统电源和伺服电源均为 AC 200V 输入。

伺服的连接分 A 型和 B 型,由伺服放大器上的一个短接棒控制。A 型连接是将位置反馈线接到 CNC 系统;B 型连接是将其接到伺服放大器。0i 和近期开发的系统用 B 型。0 系统大多数用 A 型。两种接法不能任意使用,与伺服软件有关。连接时最后的放大器的 JX1B 需插上 FANUC 提供的短接插头,如果遗忘会出现#401 报警。另外,若选用一个伺服放大器控制两个电机,应将大电机电枢接在 M 端子上,小电机接在 L 端子上,否则电机运行时会听到不正常的嗡嗡声。

FANUC 系统的伺服控制可任意使用半闭环或全闭环,只需设定闭环型式的参数和改变接线,非常简单。

主轴电机的控制有两种接口:模拟(DC 0 ~ 10V)和数值(串行传送)输出。模拟口需用其他公司的变频器及电机。

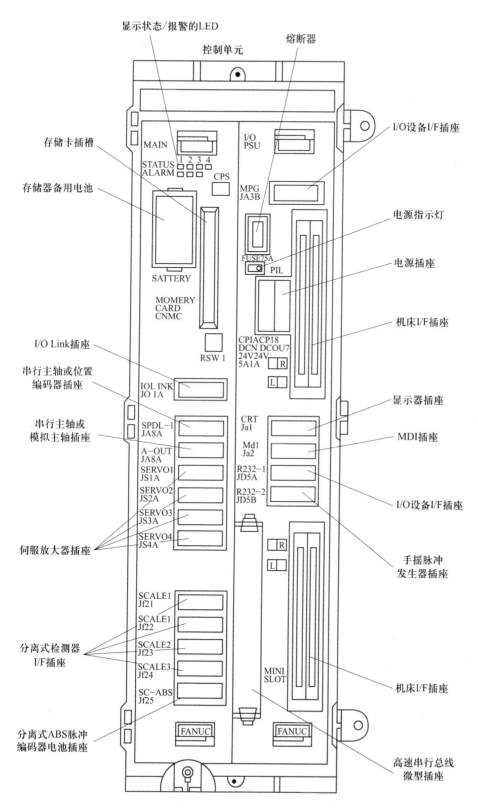

图 3-14 FANUC 0i 系统的系统控制单元接口示意图

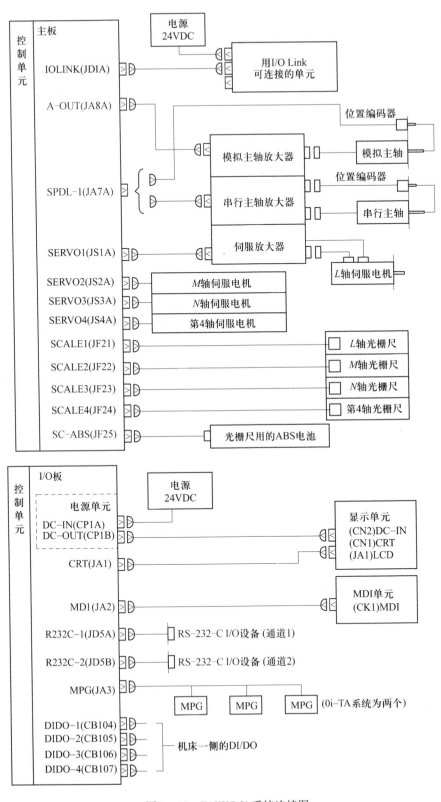

图 3-15 FANUC 0i 系统连接图

用 FANUC 主轴电机时,主轴上的位置编码器(一般是 1024 条线)信号应接到主轴电机的驱动器上(JY4)。驱动器上的 JY2 是速度反馈接口,两者不能接错。

目前使用的 I/O 硬件有两种:内装 I/O 印制电路板和外部 I/O 模块。I/O 板经系统总线与 CPU 交换信息;I/O 模块用 I/O Link 电缆与系统连接,数据传送方式采用串行格式,所以可远程连接。编梯形图时这两者的地址区是不同的。而且 I/O 模块使用前需首先设定地址范围。

为了使机床运行可靠,应注意强电和弱电信号线的走线、屏蔽及系统和机床的接地。电平 4.5V 以下的信号线必须屏蔽,屏蔽线要接地。连接说明书中把地线分成信号地、机壳地和大地,请遵照执行连接。另外,FANUC 系统、伺服和主轴控制单元及电机的外壳都要求接大地。为了防止电网的干扰,交流的输入端必须接浪涌吸收器(线间和对地)。如果不处理这些问题,机床工作时会出现#910、#930 报警或不明原因的误动作。

3.2.2 SIEMENS 数控系统的基本配置

德国西门子(SIEMENS)公司是生产数控系统的世界著名厂家。20 世纪 70 年代,西门子公司生产出 SINUMERIK 6T、6M、7T、7M 系统;80 年代初期又推出了 SINUMERIK 8T、8M、8MC 系统;后又相继推出 SINUMERIK 850T、850M 和 850/880 系统。到现在,市面上常用的数控系统有 802 系列、840 系列、810 系列等。西门子公司目前比较普及的数控系统产品结构如图 3-16 所示。

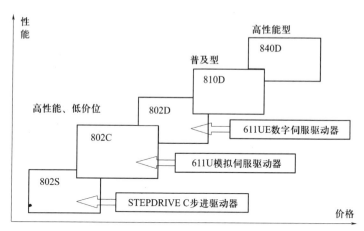

图 3-16 西门子数控系统产品结构

每一个数控厂家生产的数控系统在产品更新换代过程中,都有一定的继承性。不仅包括硬件的功能还包括软件的特点,如参数设置、接口设置、基本操作界面等。西门子不同系列的数控产品也不例外,其产品具有较高的通用性。本节将以西门子 840D 系统为例来学习西门子数控系统。

SINUMERIK 840D 是由数控及驱动单元(Compact Control Unit,CCU)或 NCU(Numerical Control Unit)、人机界面(Man Machine Communication,MMC)、可编程控制器(PLC)模块三部分组成。由于在集成系统时,总是将驱动单元 SIMODRIVE 611D 和数控单元(CCU 或 NCU)并排放在一起,并用设备总线互相连接,因此在说明时将两者划归一处。840D 数控系统基本配置如图 3-17 所示。

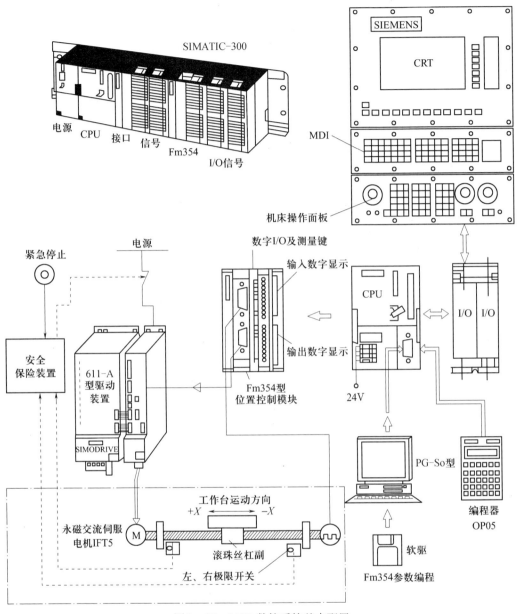

图 3-17 840D 数控系统基本配置

1) 数控及驱动单元

(1) 数控单元 NCU。SINUMERIK 840D 的数控单元被称为 NCU 单元,负责 NC 所有的功能、机床的逻辑控制以及和 MMC 的通信等功能。它由一个 COM CPU 板、一个 PLC CPU 板和一个 DRIVE 板组成。

根据选用硬件如 CPU 芯片等和功能配置的不同,NCU 分为 NCU561.2、NCU571.2、NCU572.2、NCU573.2(12 轴)、NCU573.2(31 轴)等若干种,NCU 单元中也集成 SINUMERIK 840D 数控 CPU 和 SIMATIC PLC CPU 芯片,包括相应的数控软件和 PLC 控制软件,并且带有 MPI 或 Profibus 接口、RS232 接口、手轮及测量接口、PCMCIA 卡插槽等,所不同的是 NCU 单元很薄,所有的驱动模块均排列在其右侧,如图 3-18 所示。

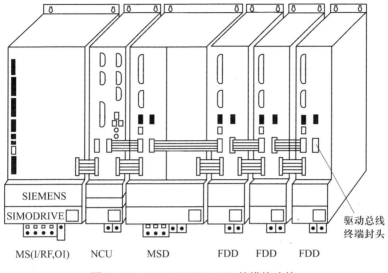

图 3-18 SINUMERIK 840D 的模块连接

（2）数字驱动。SINUMERIK 840D 配置的驱动一般都采用 SIMODRIVE 611D，它包括两部分：电源模块和驱动模块（也称功率模块）。

电源模块主要为 NC 和驱动装置提供控制和动力电源，产生母线电压，同时监测电源和模块状态。根据容量不同，凡小于 15kW 均不带馈入装置，记为 U/E 电源模块；凡大于 15kW 均需带馈入装置，记为 I/RF 电源模块，通过模块上的订货号或标记可识别。

611D 数字驱动是新一代数字控制总线驱动的交流驱动，它分为双轴模块和单轴模块两种，相应的进给伺服电机可采用 1FT6 或者 1FK6 系列，编码器信号为 1Vpp 正弦波，可实现全闭环控制。主轴伺服电机为 1PH7 系列。

2）人机交换界面

人机交换界面负责 NC 数据的输入和显示，完成数控系统和操作者之间的交互，它由 MMC 和操作面板（Operation Panel，OP）组成。

MMC 包括 OP 单元、MMC、机床控制面板（Machine Control Panel，MCP）三部分。MMC 实际上就是一台计算机，有自己独立的 CPU，还可以带硬盘，带软驱；OP 单元正是这台计算机的显示器，而西门子 MMC 的控制软件也在这台计算机中。

（1）MMC。最常用的 MMC 有两种：MMC100.2 和 MMC103，其中 MMC100.2 的 CPU 为 486，不能带硬盘；而 MMC103 的 CPU 为奔腾，可以带硬盘。一般地，用户为 SINUMERIK 810D 系统配 MMC100.2，而为 SINUMERIK 840D 配 MMC103。

PCU（PC UNIT）是专门为配合西门子最新的操作面板 OP10、OP10S、OP10C、OP12、OP15 等而开发的 MMC 模块，目前有三种 PCU 模块——PCU20、PCU50、PCU70。PCU20 对应于 MMC100.2，不带硬盘，但可以带软驱；PCU50、PCU70 对应于 MMC103，可以带硬盘。与 MMC 不同的是：PCU50 的软件是基于 WINDOWS NT 的。PCU 的软件被称作 HMI，HMI 又分为两种：嵌入式 HMI 和高级 HMI。一般标准供货时，PCU20 装载的是嵌入式 HMI，而 PCU50 和 PCU70 则装载高级 HMI。

（2）OP。OP 单元一般包括一个 10.4″TFT 显示屏和一个 NC 键盘。根据用户不同的要求，西门子为用户选配不同的 OP 单元，如 OP010、OP010C、OP030、OP031、OP032、

OP032S 等,如图 3-19 所示。

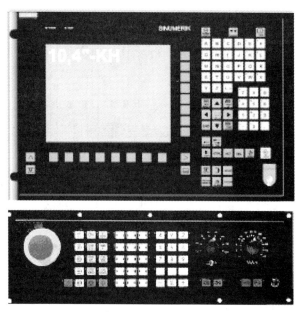

图 3-19 OP010 操作面板外形图

(3) MCP。MCP 是专门为数控机床而配置的,它也是 OPI(Operator Panel Interface)上的一个节点,根据应用场合不同,其布局也不同,目前,有车床版 MCP 和铣床版 MCP 两种。

SINUMERIK 840D 应用了 MPI(Multiple Point Interface)总线技术,传输速率为 187.5KB/s,OP 单元为这个总线构成的网络中的一个节点。对 810D 和 840D,MCP 的 MPI 地址分别为 14 和 6,用 MCP 后面的 S3 开关设定。为提高人机交互的效率,又有 OPI 总线,它的传输速率为 1.5MB/s。

3) PLC 模块

SINUMERIK 840D 系统的 PLC 部分使用的是西门子 SIMATIC S7-300 的软件及模块,在同一条导轨上从左到右依次为电源模块、接口模块和信号模块,如图 3-20 所示。

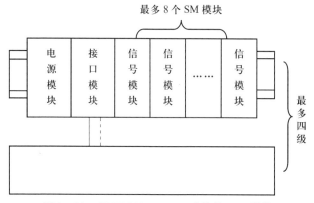

图 3-20 SINUMERIK 840D 系统的 PLC 模块

电源模块(PS)是为 PLC 和 NC 提供电源的,有 +24V 和 +5V。

接口模块(IM)是用于各级之间互连的。

信号模块(SM)是机床 PLC 的输入/输出模块,有输入型和输出型两种。
SINUMERIK 840D 系统连接图如图 3-21 所示。

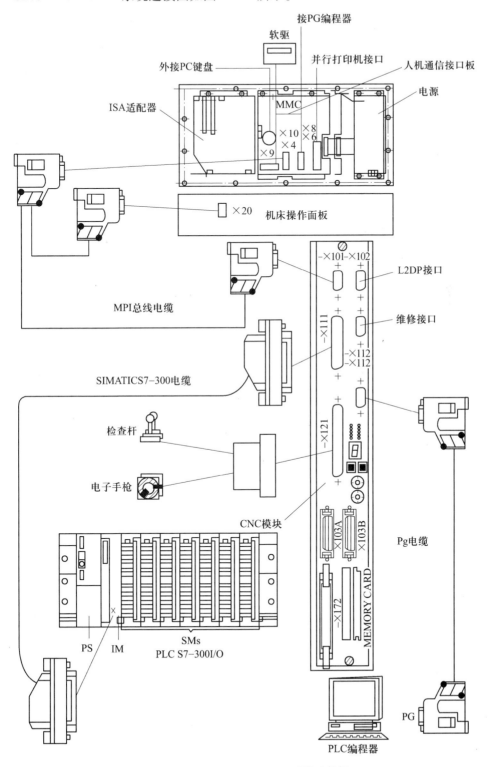

图 3-21　SINUMERIK 840D 系统连接图

3.2.3 华中数控系统

武汉华中数控股份有限公司是从事数控系统及其装备研发、生产的高科技企业,公司以华中科技大学和国家数控系统工程技术研究中心为技术依托,拥有强大的科研、开发和产业化实力。目前华中数控已经派生出了十多种系列、三十多个产品,广泛应用于车、铣、加工中心、磨、锻、齿轮、仿形、激光加工、玻璃加工、纺织机械等设备。

1. 华中数控各数控装置简介

1) 华中Ⅰ型

华中数控最早的数控装置为 PC 直接数控。华中 1 型数控系统采用了以工业 PC 为硬件平台、DOS 及其丰富的支持软件为软件平台的技术路线,具有性价比高、维护方便、更新换代和升级快速、配套能力强、开放性好等优点。

2) 华中 2000 型数控系统

华中 2000 型数控系统(HNC - 2000)是在华中Ⅰ型(HNC - 1)高性能数控系统的基础上开发的高档数控系统。该系统采用通用工业 PC 机、TFT 真彩色液晶显示器,具有多轴多通道控制能力和内装式 PLC,可与多种伺服驱动单元配套使用。具有开放性好、结构紧凑、集成度高、可靠性好、性价比高、操作维护方便的优点,是适合中国国情的新一代高性能、高档数控系统。

3) 华中世纪星 HNC - 21/22 数控单元

世纪星系列数控系统(HNC - 21/22T、HNC - 21/22M)采用先进的开放式体系结构,内置嵌入式工业 PC,配置 8.4 英寸或 10.4 英寸彩色 TFT 液晶显示屏和通用工程面板,集成进给轴接口、主轴接口、手持单元接口、内嵌式 PLC 接口于一体,支持硬盘、电子盘等程序存储方式以及软驱、USB、DNC、以太网等程序交换功能,具有低价格、高性能、配置灵活、结构紧凑、易于使用、可靠性高的特点。主要应用于车、铣、加工中心等数控机床的控制。

4) 世纪星 HNC - 210 系列数控单元

该系列产品是华中数控系统中的高端产品,采用一体化模具设计,工程操作面板采用独立安装的形式。集成进给轴接口、主轴接口、手持单元接口、内嵌式 PLC 接口于一体,支持远程 I/O 扩展功能,采用电子盘程序存储方式以及 CF 卡、USB 盘、DNC、以太网等程序扩展及数据交换功能,TFT 彩色液晶显示屏有 8.4 英寸、10.4 英寸、15 英寸三种规格。最大控制轴数 32 轴(4 通道,6 轴联动),主要应用于车床、车削加工中心、数控铣床和加工中心。

5) HNC - 32 全数字现场总线数控单元

世纪星 HNC - 32 全数字现场总线数控单元是华中数控系统中的高端产品,是华中数控依托 IT 行业和现场总线技术最新开发出的新一代总线型高档数控系统。该系统基于工业 PC,采用多位处理器及总线结构为硬件平台,以实时操作系统为开放式软件平台,利用硬件高处理速度与软件开放灵活的优势,实现多轴、多通道、高精度运动控制。最大支持 4 通道、32 个进给轴、四个主轴;每个通道最大支持 9 轴联动。

6) HNC-28 总线式数控单元

世纪星 HNC-28 总线式数控单元采用稳定可靠的工控机、高速以太网、运动控制器、MACRO 光纤总线、I/O、A/D 及接口板、电源、外壳组成。控制系统和 HMI 采用上下位机形式通过高速以太网连接,控制系统到驱动系统采用 MACRO 光纤总线进行连接,具有高性能、灵活配置、结构紧凑、可靠性高的特点。

世纪星 HNC-28 总线式控制单元不仅具有普通精密铣削、车削加工中心的功能,而且还具有加工重叠部分的功能,利用车铣功能复合的特点,实现大型工件的一次装夹多表面的加工,如螺旋桨定位孔、安装定位面等的加工,使零件的型面加工精度、各加工表面的相互位置精度得以保证。目前主要用于车铣复合加工中心,大型车、铣加工中心,双通道双刀架车、双电机驱动龙门加工中心。

7) HNC-18i/19i 系列数控装置

HNC-18i/19i 系列数控装置是华中世纪星系列的精简版,采用先进的开放式体系结构,内置嵌入式工业 PC 机、高性能 32 位中央处理器,配置 7 英寸液晶显示屏和标准机床工程面板,集成进给轴接口、主轴接口、手持单元接口、内嵌式 PLC 接口于一体,采用大容量电子盘程序存储方式,支持 CF 卡、USB 等程序交换功能,主要适用于数控车、铣床和简易加工中心的控制。具有高性能、结构紧凑、易于使用、可靠性高、价格低的特点。

8) 华中 8 型数控系统

华中 8 型数控系统是全数字总线式高档数控装置,基于具有自主知识产权的 NCUC 工业现场总线技术。主要有 HNC-848 高档数控系统、HNC-818 标准型数控系统和 HNC-808 普及型数控系统。

HNC-808 主要应用于精简型数控系统,适用于数控车床、数控铣床等;HNC-818 属于标准型数控系统,具有高速高精度、龙门同步控制等功能,适用于全功能数控车床、数控铣床、钻孔中心、加工中心等;HNC-848 是高档数控系统,采用双 CPU 模块的上下位机结构,模块化、开放式体系结构,具有多通道控制技术、五轴加工、高速高精度、车铣复合、同步控制等高档数控系统的功能。主要应用于高速、高精、多轴、多通道的立式、卧式加工中心,车铣复合,5 轴龙门机床等。

2. 典型华中数控系统的系统结构

在上述华中各系列数控系统中,华中世纪星系列数控系统已派生出多个型号的产品,其中世纪星 HNC-21 数控单元的应用比较常见。世纪星 HNC-21 系统结构框图如图 3-22 所示。

华中数控世纪星 HNC-21 数控单元最大联动轴数为 4 轴,除标准机床控制面板外,配置 40 路开关量输入和 32 路开关量输出接口、手持单元接口、主轴控制与编码器接口。还可扩展远程 128 路输入/128 路输出端子板,可选配各种类型的脉冲式(HSV-16 系列全数字交流伺服驱动单元)、模拟式交流伺服驱动单元或步进电机驱动单元以及 HSV-11 系列串行接口伺服驱动单元。其系统连接图如图 3-23 所示。

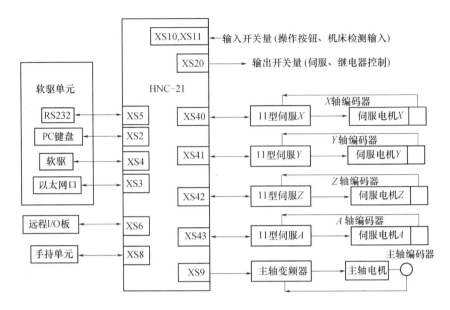

图 3-22 世纪星 HNC-21 系统结构框图

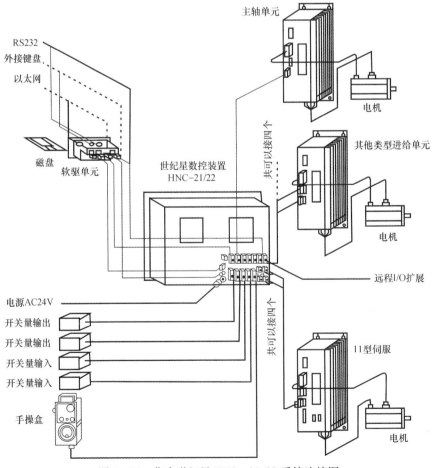

图 3-23 华中世纪星 HNC-21/22 系统连接图

3.2.4 广州数控系统

1. 广州数控系统简介

广州数控设备有限公司(简称:广州数控、GSK)是国内技术领先的专业成套机床数控系统供应商,生产车床、铣床、加工中心、磨床等 GSK 全系列数控系统。部分产品如表 3-2 所列。

表 3-2 广州数控系统一览表

类型	型号	简介
车床数控系统	GSK 988T 车床数控系统	GSK 988T 是针对斜床身数控车床和车削中心而开发的 CNC 产品,具有竖式和横式两种结构。采用 400MHz 高性能微处理器,可控制 5 个进给轴(含 Cs 轴)、2 个模拟主轴,通过 GSK Link 串行总线与伺服单元实时通信,配套的伺服电机采用高分辨率绝对式编码器,实现 0.1μm 级位置精度,可满足高精度车铣复合加工的要求。GSK 988T 具备网络接口,支持远程监视和文件传输,可满足网络化教学和车间管理的要求。GSK 988T 是斜床身数控车床和车削中心的最佳选择
	GSK 980TDb 车床数控系统	GSK 980TDb 是基于 GSK 980TDa 升级软硬件推出的产品,可控制 5 个进给轴(含 C 轴)、2 个模拟主轴,2ms 高速插补,0.1μm 控制精度,显著提高了零件加工的效率、精度和表面质量。新增 USB 接口,支持 U 盘文件操作和程序运行。 作为 GSK 980TDa 的升级产品,GSK980 TDb 是经济型数控车床技术升级的最佳选择
	GSK 981T 车床数控系统	GSK 981T 车床数控系统,采用 32 位高性能工业级 CPU 构成控制核心,实现微米级精度运动控制,系统功能强,性能稳定,界面显示直观简明,操作方便。 本系统在操作、安全、加工精度及加工效率方面具有突出特点,可与广州数控设备有限公司自主开发制造的交流伺服驱动装置(驱动单元、伺服电机)匹配使用,也可按客户需求配置其他的驱动装置
	GSK 928TCa 车床数控系统	GSK 928TCa 采用 32 位高性能 CPU 和超大规模可编程器件 CPLD 构成控制核心,实现微米级精度运动控制。在操作上沿袭了 GSK 928TE 方便、简明、直观的界面风格,具有较强的功能及稳定的性能。在系统操作、安全、加工精度及加工效率方面具有突出特点。可与本公司生产的交流伺服驱动装置相匹配,也可根据客户的要求配置其他驱动装置
	GSK 928TEⅡ 车床数控系统	GSK 928TEⅡ 车床数控系统是广州数控设备有限公司在 GSK 928TE 车床数控系统的基础上推出的一款产品。本系统功能更加强大,性能更加稳定,与本公司生产的交流伺服驱动单元、交流伺服电机等匹配,构成了一款性能高的普及型数控系统。本系统也可按客户要求配置其他驱动装置
	GSK 980TA1 车床数控系统	GSK 980TA1 是 GSK 980 系列的最新产品之一,采用了 32 位嵌入式 CPU 和超大规模可编程器件 FPGA,运用实时多任务控制技术和硬件插补技术,实现微米级精度的运动控制,确保高速、高效率加工。在保持 980 系列外形尺寸及接口不变的前提下,采用 7 英寸彩色宽屏 LCD 及更好的显示界面,加工轨迹实时跟踪显示,增加了系统时钟和报警日志。 在操作编程方面,采用 ISO 国际标准数控 G 代码,同时兼容日本发那科(FANUC)数控系统,国内主流的编程方式,方便操作者更快、更容易使用本系统。 GSK 980TA1 以最高的集成度、简易的操作、简单的编程命令,实现高速、高精及高可靠性,可匹配手脉(电子手轮)及手持单元、伺服主轴、六鑫刀架(带就近换刀)等,具有中高性能数控系统的性能和经济型数控系统的价格,是经济型数控车床的最佳选择

(续)

类型	型号	简介
车床数控系统	GSK 983T-H/V 车床数控系统	GSK 983T-H/V 采用8.4/10.4英寸800×600高分辨率、高亮度彩色LCD显示屏；采用超大规模高集成电路，全贴片工艺，极大提高性能；60000mm/min 快速定位速度，30000mm/min 切削进给速度
	GSK 980TDa 车床数控系统	GSK 980TDa 是在GSK 980TD 基础上改进设计的新产品，在保持外形尺寸、接口不变的同时，显示器升级为7英寸彩色宽屏LCD，并增加了PLC轴控、Y轴控制、抛物线/椭圆插补、语句式宏指令、自动倒角、刀具寿命管理和刀具磨损补偿等功能。新增G31/G36/G37代码，可实现跳转和自动刀具补偿。增加了系统时钟，可显示报警日志。在支持中文、英文显示的基础上增加了西班牙文显示。作为GSK 980TD 的升级换代产品，GSK 980TDa 是普及型数控车床的最佳选择
	GSK 980TB/GSK 980TB1 车床数控系统	GSK 980TB/GSK 980TB1 为广州数控设备有限公司研制的新一代普及型车床数控系统。GSK 980TB/GSK 980TB1 车床数控系统采用32位高性能的CPU和超大规模可编程器件FPGA，运用实时多任务控制技术和硬件插补技术，实现了微米级精度的运动控制。GSK 980TB1 采用 350×234 彩色液晶（TFT）显示器，GSK 980TB 采用 320×240 蓝底单色液晶（LCD）显示器
	GSK 980TD1 车床数控系统	GSK 980TD1 是 GSK 980TD 的升级产品，采用7.4英寸LCD显示器，具备PLC梯形图显示、实时监控功能，提供操作面板I/O接口，可由用户设计、选配独立的操作面板。GSK 980TD1 具有卓越的性价比，是中档数控车床的最佳选择
	GSK 980TD 车床数控系统	新一代的普及型车床数控系统，采用32位高性能CPU和超大规模可编程器件FPGA，运用实时多任务控制技术和硬件插补技术，实现微米级精度运动控制和PLC逻辑控制
	GSK 928TEa 车床数控系统	GSK 928TEa 车床数控系统采用32位高性能CPU和超大规模可编程器件CPLD构成控制核心，实现微米级精度运动控制。在操作上沿袭了GSK 928TE 方便、简明、直观的界面风格。该产品功能更加强大，性能更加稳定，与本公司生产的交流伺服驱动装置相匹配，构成了一款高性能的普及型数控系统。该系统也可根据客户的要求配置其他驱动装置
	GSK 928TC-2 车床数控系统	经济型微米级车床数控系统，采用国际标准ISO代码，24种G指令，可满足多种加工需要；加减速时间参数可调，可适配步进驱动系统、交流伺服系统构成不同档次车床数控系统，具有更高性能价格比
	GSK 928TC 车床数控系统	经济型微米级车床数控系统，采用大规模门阵列进行硬件插补，真正实现高速微米级控制。中文菜单及刀具轨迹图形显示，升降速时间可调，可适配反应式步进驱动器、混合式步进驱动器或交流伺服驱动器
	GSK 928TB 车床数控系统	经济型车床控制系统，采用液晶画面，中/英文菜单显示，双CPU构成控制核心，单头、多头螺纹、单面进刀自动切深等自动循环加工指令，内外圆柱面、端面、锥面、球面、切槽等粗加工循环指令
	GSK 928TA 车床数控系统	经济型车床控制系统，采用液晶画面，中文菜单显示，可控三轴，可实现钻孔和攻牙自动循环，实现任意转角的抛物线、椭圆、双曲线等一般二次曲线切削

(续)

类型	型号	简介
钻、铣床数控系统	GSK 990MA 铣床数控系统	GSK 990MA 为广州数控自主研发的普及型铣床数控系统,适配加工中心及数控铣床,采用32位高性能的CPU和超大规模可编程器件FPGA,实时控制和硬件插补技术保证了系统微米级精度下的高效率,可编辑的PLC使逻辑控制功能更加灵活强大
	GSK 980MDa 钻铣床数控系统	GSK 980MDa 钻铣床数控系统是基于GSK 980MD的软硬件升级而推出的新产品。本系统可控制5个进给轴(含C轴)、2个模拟主轴,2ms高速插补,0.1μm控制精度,零件加工的效率、精度和表面质量得到了显著提高。同时,新增了USB接口,支持U盘文件操作和程序运行,提供刚性攻丝、钻、镗、铣等26条循环指令,支持语句式宏指令和带参数的宏程序调用,指令功能强大,编程方便、灵活。作为GSK 980MD的升级产品,GSK 980MDa是数控钻床、数控铣床技术升级的最佳选择
	GSK 980MD 钻铣床数控系统	GSK 980MD是GSK 980MC的升级产品,采用了32位高性能CPU和超大规模可编程器件FPGA,运用实时多任务控制技术和硬件插补技术,实现微米级精度运动控制和PLC逻辑控制
	GSK 928MA 铣床数控系统	可控四个坐标轴:X、Y、Z及附加轴C;四轴直线插补、二轴圆弧插补、Z轴可攻牙;22种铣、钻、攻牙循环加工指令,编程更方便;中英文显示界面;参数编程功能,可满足特殊需求
加工中心数控系统	GSK 218M 加工中心数控系统	GSK 218M 加工中心数控系统为广州数控自主研发的普及型数控系统,采用32位高性能的CPU和超大规模可编程器件FPGA。本系统实时控制和硬件插补技术保证了系统微米级精度下的高效率,PLC在线编辑使逻辑控制功能更加灵活强大。本系统适用于各种铣削类机床、加工中心以及其他自动化领域机械的数控化应用
	GSK 25i 铣床加工中心数控系统	GSK 25i 系统是广州数控自主研发的多轴联动的功能齐全的高档数控系统,并且配置广数自主研发的最新DAH系列17位绝对式编码器的高速高精伺服驱动单元,实现全闭环控制功能,在国内处于领先水平。25i 系统基于Linux的开放式系统,提供远程监控、远程诊断、远程维护、网络DNC功能及G代码运行三维仿真功能,有丰富的通信接口:具有RS232、USB接口、SD卡接口、基于TCP/IP的高速以太网接口,I/O单元可以灵活扩展,开放式的PLC,支持PLC在线编辑、诊断、信号跟踪。25i 系统与DAH系列驱动器之间采用基于100M工业以太网总线作为数据通信方式,实现伺服参数在线上传与下行,伺服诊断信息反馈以及伺服报警监测等功能,使安装调试维护方便、控制精度高、抗干扰能力强
	GSK 983M-S/V 加工中心数控系统	GSK 983M-S/V 是为了实现机械加工所要求的高速、高精度和高效率加工而专门开发的高性价比、高可靠性数控系统。采用了多个高速微处理器和高速高精度的伺服系统以及丰富的CNC功能和高速PLC功能
磨床数控系统	GSK 928GE 外/内圆磨床数控系统	GSK 928GE 外/内圆磨床数控系统是广州数控设备有限公司自主开发的一款外圆磨床专用数控系统,并可以扩展到内圆磨床、刀具磨床用数控系统。 系统整体采用LCD蓝屏液晶显示,内置有软件PLC,使用国际标准数控语言——ISO代码标准,并开发有数控平面磨床专用磨削指令,简化了编程步骤,操作简单直观,维护方便。另外,GSK 928GE针对数控磨床安全高精的特点,可与多种高精伺服驱动单元配套,并采用半闭环(可实现全闭环)控制方式实现最高0.1μm级精度控制,保证了控制的稳定及加工的高精度

(续)

类型	型号	简介
磨床数控系统	GSK 928GA平面磨床数控系统	GSK 928GA平面磨床数控系统是广州数控设备有限公司自主开发的一款平面磨床专用数控系统。 系统整体采用LCD蓝屏液晶显示,内置有软件PLC,使用国际标准数控语言——ISO代码标准,并开发有数控平面磨床专用磨削指令,简化了编程步骤,操作简单直观,维护方便。另外,GSK 928GA针对数控磨床安全高精的特点,可与多种高精伺服驱动单元配套,并采用半闭环(可实现全闭环)控制方式,实现最高0.1μm级精度控制,保证了控制的稳定及加工的高精度

2. 典型广州数控数控装置的结构与硬件连接

GSK 218M加工中心数控系统硬件结构如图3-24所示。主CPU部分由ARM9及其周边的存储芯片构成,ARM9采用三星S3C2440A,内核工作频率400MHz,外部总线频率100MHz。从CPU部分采用TI公司的TMS6713B,TMS6713B为TI公司的6000系列DSP,具有浮点处理器,运算能力非常强,最高处理能力可达2400MIPS,DSP主频工作在225MHz,外部总线工作频率100MHz。ARM9和DSP之间可以通过DSP的HPI接口进行数据交换,也可以同FPGA内建的双口RAM进行数据交换。

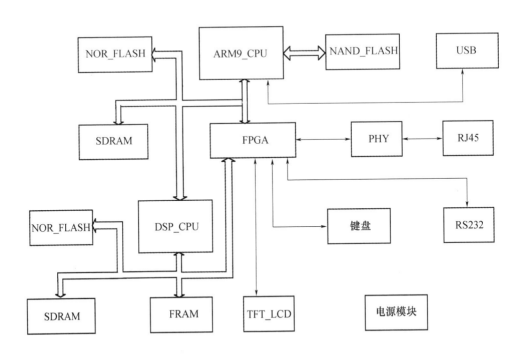

图3-24 GSK 218M数控系统结构

GSK 218M数控系统采用μC/OS实时操作系统保证插补任务的实时性,多任务的操作系统也使得系统模块清晰,功能裁减简单,能够及时响应市场需求。系统总体结构框图如图3-25所示。

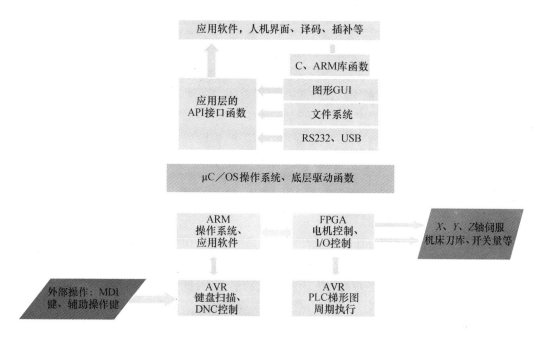

图 3-25　系统总体结构框图

GSK 218M 数控系统连接简图如图 3-26 所示。

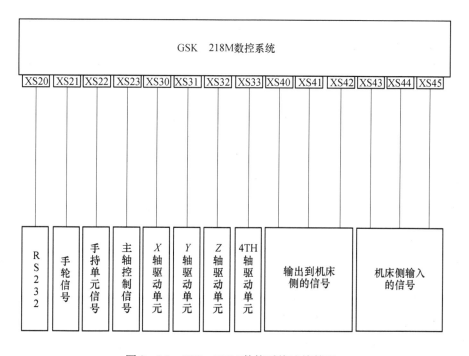

图 3-26　GSK 218M 数控系统连接简图

67

3.3 数控系统的参数与调试

3.3.1 数控系统的参数

数控系统的参数是数控系统用来匹配机床及数控功能的一系列数据。参数的设定依据主要有两方面：一是系统生产厂家根据机床生产厂家所需要的 CNC 功能，对系统的基本功能进行的设定；二是机床生产厂按各机床的实际工作情况，对标准 CNC 进行的设定与调整。

如在 FANUC 系统中，参数可分为系统参数、PMC 参数。系统参数又按照一定功能进行分类，大概有 40 多种。PMC 参数是数控机床的 PMC 程序中使用的数据，如计数器、定时器、保持型继电器的数据。在 802D 中，机床主要参数可分为机床显示参数、通用机床参数、通道数据、轴参数等，具体的定义可参考系统相关的手册。

与系统功能有关的机床参数直接决定了系统的配置和功能，设定错误可能会导致系统功能的丧失；与机床调整有关的机床参数设定错误，可能会影响机床的主要参数与动、静态性能，定位精度等。因此，机床参数是机床维修的重要依据与参考，维修时必须保证机床参数的正确设定。

一般来说，系统与机床生产厂家在提供系统与机床时，已经将所采用的 CNC 系统设置了许多初始参数来配合、适应相配套的每台数控机床的具体情况，部分参数还需要在机床安装时经过实际调试来确定。但最终均应向用户提供最终的机床参数设定表。在进行维修工作时，维修人员应随时参考系统"机床参数"的设置情况，对机床进行必要的调整与维修。特别是在更换 CNC 模块前，一定要事先记录机床的原始设置参数，以便机床功能的恢复。但是，由于种种原因，机床使用单位在维修时无法提供机床参数设定表的情况亦经常发生。因此，维修人员必须对全部机床参数有完整、正确、清晰的了解，才能进行迅速、正确的维修。

1. 系统数据的备份

数控机床的参数存放在不同的存储器中。数控系统中常用的存储器有随机存取存储器(Random Access Memory, RAM)和闪存(Flash Read Only Memory, FROM)。RAM 用于存储用户数据，通过电池进行数据保存，当电池的能量耗尽后，数据将丢失。FROM 和电可擦除只读寄存器(Electrical Erasable Programmable Read Only Memory, EPROM)一样是一种长寿命的非易失性(在断电情况下仍能保持所存储的数据信息)的存储器。FROM 与 EPROM 不同的是，它能在字节水平上进行删除和重写而不是整个芯片的擦写，这样闪存就比 EPROM 的更新速度更快。由于其断电时仍能保存数据，因此应将数据保存在闪存中。

根据信息存放的存储器类型不同，可将数据分为易失性的数据和非易失性的数据。易失性的数据包括系统参数、加工程序、补偿参数、用户变量、螺距补偿、PMC 参数等，这些参数保存在 SRAM 静态寄存器中；非易失性的数据包括 PMC 程序、C 语言的执行程序、宏执行程序(机床厂二次开发软件)等保存在 FROM 中。此外 FROM 还保存有 CNC 系统软件、数字伺服软件、PMC 系统软件、其他 CNC 控制软件等。FROM 存储器内文件名及用户文件的对应关系见表 3-3。

表 3-3 FROM 存储器内文件名及用户文件的对应关系

文件名	内容	文件类型
NC BASIC	CNC 软件	系统文件
NCn OPTN	CNC 软件	
DG SERVO	数字伺服软件	
DG2SERVO	数字伺服软件	
GRAPHIC	图形软件	
PMM	Power Mate 管理软件	
OCS	Fapt LINK 软件	
PMCn****	PMC 控制软件	
MINFO	维护信息软件	用户文件
CEX****	C 语言执行软件	
PCD****	P-CODE 宏文件	
PDn****	P-CODE 宏文件	
PMC-****	梯形图程序	

在发生故障或遭遇意外情况(如电池电量低)时可能会丢失数据。用户也可能因为误操作而将系统参数改错。系统参数设定不正确或机床数据丢失将会造成机床定位不准、运行紊乱等严重的后果。所以将机床的数据备份就显得非常重要。需要备份的数据包括系统参数、加工程序、PMC 程序、C 语言的执行程序等,表 3-4 列出了西门子 802D 需要备份的数据。

表 3-4 西门子 802D 系统数据的构成

数据类型	说明	文件类型
零件程序和子程序	主程序目录内的所有零件程序文件	文本文件
标准循环	固定循环目录内的所有固定循环文件	文本文件
其他数据	机床数据	文本文件
	设定数据	文本文件
	刀具数据	文本文件
	R 参数	文本文件
	零件偏移	文本文件
	丝杠误差补偿	文本文件
试车数据	试车所需的数据、文件	二进制文件
PLC 应用	PLC 应用程序(含报警文本)	二进制文件
显示机床数据	所有的显示机床数据	二进制文件
PLC 选择报警文本	所有 PLC 用户报警文本	二进制文件

一般的数控系统都提供有多种数据备份的方法,可在系统内部或 PC 卡备份,也可以

在计算机的硬盘上备份。

（1）数据的内部备份　802D 数据内部备份可以通过"数据存储"菜单键轻而易举地实现,内部备份的数据不包括 PLC 应用程序和用户报警文本。

（2）数据的外部备份　802D 中数据可以通过 RS232 串行接口备份到个人计算机或 PC 卡上。

要将数据备份到计算机上,可以按照以下的操作步骤及方法：

① 通过 RS232 电缆将计算机和 802D 的 COM1 接口连接起来。

② PC 侧：从 WINDOWS 的"开始"中找到通信工具软件 WINPCIN,并启动。

③ PC 侧：WINPCIN 中选择文件类型,然后按接收数据键"Receive Data"。

④ 802D 侧：选择所需传输的数据,然后按菜单键"读出",启动数据输出。

注意：通信双方的通信参数（如波特率）应匹配；备份或恢复"试车数据"时,波特率应小于等于 19200；通信的双方,接收方首先进入接收数据状态。

要将数据备份到 PC 卡的操作步骤及方法：

802D 使用的 PC 卡为 8M 字节,5V。

① PC 卡插入 802D 的 PC 卡插槽中。

② 802D 上电。

③ 802D 进入"SYSTEM"菜单,选择"数据读入/出"菜单键。

④ 选择需要传输的数据。

⑤ 按菜单键"读出",可将数据备份到 PC 卡上。

2. 系统数据的恢复

当由于电池耗尽、用户修改错误等原因引发机床故障时,可通过修改系统参数或重新回装机床数据来排除故障。不同的系统厂家、不同的数控系统其数据恢复方法不一,维修人员需详细阅读系统说明书并熟练掌握内部数据恢复、存储卡数据恢复及通过计算机进行数据恢复等不同的操作方法。

3.3.2　数控系统的调试

数控系统的调试分强电调试和弱电调试两大步。数控系统外围的调试,称为强电调试；数控系统为适应具体数控机床需要而调整机床参数,调试 PLC 用户程序,称为弱电调试。维修人员熟练掌握机床的连接、调试方法有助于后期的故障诊断与排除工作。数控系统的调试步骤大同小异,下面仅以 FANUC 0 系统为例进行简要说明。不同的数控系统应以系统连接调试说明书为准。

1. 接线

按照设计的机床电柜接线图和系统连接说明书（硬件）中绘出的接线图仔细接线。

2. 通电

拔掉 CNC 系统和伺服（包括主轴）单元的保险,给机床通电。如无故障,装上保险,给机床和系统通电。此时,系统会有#401 等多种报警。这是因为系统尚未输入参数,伺服和主轴控制尚未初始化。

3. 设定参数

（1）系统功能参数（即所谓的保密参数）：这些参数是订货时用户选择的功能,系统出厂时 FANUC 已经设好,0C 和 0i 系统不必设定。但是 0D(0TD 和 0MD)系统须根据实际机床功能设定#932—#935 的参数位。机床出厂时系统功能参数表必须交给机床用户。

(2) 进给伺服初始化:将各进给轴使用的电机的控制参数调入 RAM 区,并根据丝杠螺距和电机与丝杠间的变速比配置 CMR 和 DMR。设参数 SVS,使显示器画面显示伺服设定屏(Servo Set)。0 系统设参数#389/0 位 = 0;0i 系统设参数#3111/0 位 = 1。然后在伺服设定屏上设下列各项:

① 初始化位置 0。此时,显示器将显示 P/S 000 报警,其意义是要求系统关机,重新启动。但不要马上关机,因为其他参数尚未设入,应返回设定屏继续操作。

② 指定电机代码(ID)。根据被设定轴实际使用的电机型号在"伺服电机参数说明书(B – 65150)"中查出其代码,设在该项内。

③ AMR 设 0。

④ 设定指令倍比 CMR。CMR = 命令当量/位置检测当量。通常设为 1。但该项要求设其值的 1 倍,所以设为 2。

⑤ 设定柔性变速比(N/M)。根据滚珠丝杠螺距和电机与丝杠间的降速比设定该值。计算公式如下:

$$\frac{N}{M} = \frac{电机每转进给轴移动脉冲数}{1000000}$$

计算中 1 个脉冲的当量为 1μm。式中的分子实际就考虑了电机轴与丝杠间的变速比。将该式约为真分数,其值即为 N 和 M。该式适用于经常用的伺服半闭环接法,全闭环和使用分离型编码器的半闭环另有算法。

⑥ 设定电机的转向。111 表示电机正向转动,– 111 为反向转动。

⑦ 设定转速反馈脉冲数。固定设为 8129。

⑧ 设定位置反馈脉冲数。固定设为 12500。

⑨ 设定参考计数器容量。机床回零点时要根据该值寻找编码器的一转信号以确定零点。该值等于电机转一转的进给轴的移动脉冲数。

按上述方法对其他各轴进行设定,设定完成后系统关机并重新开机,伺服初始化完成。

(3) 设定伺服参数:0 系统#500—#595 的有关参数;0i 系统#1200—#1600 的有关参数。这些是控制进给运动的参数,包括位置增益,G00 的速度,F 的允许值,移动时允许的最大跟随误差,停止时允许的最大误差,加/减速时间常数等。参数设定不当,会产生#4x7 报警。

(4) 主轴电机的初始化:设定初始化位和电机的代码。只有 FANUC 主轴电机才进行此项操作。

(5) 设定主轴控制的参数:设定各换挡挡次的主轴最高转速、换挡方法、主轴定向或定位的参数、模拟主轴的零漂补偿参数等。

(6) 设定系统和机床的其他有关参数。

4. 编梯形图,调机

要想主轴电机转动,必须把控制指令送到主轴电机的驱动器,＊SSTP 是这一指令的控制信号,因此在梯形图中必须把它置1。

不同的 CNC 系统使用不同型式的 PMC,不同型式的 PMC 用不同的编程器。可以在 CNC 系统上现场编制梯形图,也可以把编程软件装入 PC 机,编好后传送给 CNC。近期的系统中梯形图是存储在 FROM 中,因此编好的或传送来的梯形图应写入 FROM,否则关机后梯形图会丢失。编梯形图最重要的注意点是一个信号的持续(有效)时间和各信号的时序(信号的互锁)。在 FANUC 系统的连接说明书(功能)中对各控制功能的信号都有详细的时序图。调机时或以后机床运行中如发现某一功能不执行,应首先检查接线然后检查梯形图。

调机实际上是把 CNC 的 I/O 控制信号与机床强电柜的继电器、开关、阀等输入/输出信号一一对应起来,实现所需机床动作与功能。

综上所述,调机有三个要素:接线、编梯形图和设置参数。调试中出现问题应从这三个方面着手处理,不要轻易怀疑系统。梯形图调好后应写入 ROM。0 系统用的是 EPROM,所以需要专用的写入器;0i 等其他系统用 FROM,只需在系统上执行写入操作即可。

3.4 数控系统故障诊断技术与实例

3.4.1 数控系统硬件故障诊断

目前数控系统一般采用超大规模集成电路技术和模块化结构,其本身使用寿命较长、抗干扰强,所以数控装置硬件故障一般较少,大部分硬件故障集中在外围器件上。然而正是因为数控机床的控制系统比较复杂,而且各单元模块之间的关联关系比较紧密,当数控机床的硬件系统出现故障时,很难准确地确定故障部位与故障原因。要解决数控系统的硬件故障,不仅要求维修人员有较高的电子技术水平,熟练掌握控制系统中各模块/单元的作用以及工作原理,还要能熟练运用各种故障诊断方法综合分析。

1. 常见硬件故障形成的原因

硬件故障的产生原因众多,常见的硬件故障可能有以下几个方面:

(1) 由于电源质量引起系统故障。

(2) 系统接插件松动引起。

(3) 检测元件如编码器、光栅污垢引起。

(4) 电缆断裂引起。

(5) 执行元件损坏引起,如接触器损坏、电机烧毁等。

(6) 板卡上元件老化或烧毁。

(7) 机械部件引起故障。

2. 硬件故障排除方法

数控系统出现硬件故障后,要充分调查分析找出故障产生原因,排故过程中可穿插运用绪论中所述方法,综合分析,逐个排除。

1) 常规检查法

常规检查法指依靠人的五官等感觉器官并借助于一些简单的仪器来寻找机床故障的

原因。这种方法中要充分利用望、闻、问、切各种手段,仔细检查有无熔断丝烧断、元器件烧焦、烟熏、开裂现象,有无异常声响的声源、有无焦糊味等异味,检查各连接线、电缆是否正常等。

例 3-1 龙门式加工中心在安装调试后不久,Z 轴运动时偶尔出现报警,指示实际位置与指令不一致。采用直观法发现 Z 轴编码器外壳因被撞而变形,故怀疑该编码器已损坏,调换一个新编码器后上述故障排除。

例 3-2 某数控线切割机床采用 XK-80A 数控系统。该机床所配微机显示器使用半年后出现故障。开机约 30min 后,光栅右侧边线较亮,光栅抖动,且稍有点缩小,屏幕显示字符无异常。持续约 1min 后黑屏。关机时,屏幕中心有瞬间消失的亮斑,说明有高压。根据故障现象分析,问题可能出在显示器行输出部分。

打开显示器后盖检修时,发现后盖右上侧有烧焦的痕迹。移开后盖后,发现对应后盖烧焦处的元件是行输出管 BU508。分析 BU508 发热的原因有两个:①行输出变压器不良或输出有轻微的短路;②行输出管 BU508 质量不良或装配不良。先将 BU508 拆下,用万用表测量正常。在拆下 BU508 散热片时,发现压紧螺钉松动。

分析原 BU508 由于严重发热,参数可能有变化,重新换一只新的 BU508,散热片紧固时,用平垫及弹簧垫片防松,并在螺母上涂胶,防止振动时松动。经处理后,开机正常,使用至今已九个月,未发生任何故障。

该故障的原因是装配时行输出管的散热片没压紧。由于行输出管的发热,当散热不良时,温升更高。随着温度的升高,散热片压紧弹簧垫片疲劳变形失效,散热片和行输出管间隙变大,散热效果更差,造成恶性循环,当温升超过 BU508 允许界限后,就出现了上述故障。

2) 备件替换法

现代数控系统大都采用模块化设计,按功能不同划分为不同的模块,随着现代数控技术的发展,电路的集成规模越来越大,技术也越来越复杂,按照常规的方法,很难把故障定位在一个很小的区域,而一旦系统发生故障利用此方法可缩短停机时间,快速找到故障板。

将具有相同功能的两块板互相交换(一块好的,一块被怀疑是坏的),观察故障现象是否随之转移,还是故障依旧。这些板是指印制电路板、模块、集成电路芯片或元器件。若没有备用电路板或组件,可把故障区与无故障区的相同的电路板或组件互相交换,然后观察故障排除及转移情况,也可得到确诊。注意:①必须断电后才能更换电路板或组件;②有些电路板,例如 PLC 的 I/O 板上有地址开关,交换时要相应改变设置值;③有些电路板上有跳线及桥接调整电阻、电容,也应与原板相同,方可交换。④模块的输入/输出必须相同。以驱动器为例,型号要相同,若不同,则要考虑接口、功率的影响,避免故障扩大。

应用场合:数控机床的进给模块,检测装置有多套,当出现进给故障,可以考虑模块互换。例如爬行、窜动、抖动、加速度不平稳、只向一个方向运动等。

例 3-3 某数控加工中心,X 轴不动,其他功能正常。故障判断采用交换法进行。系统框图如 3-27 所示。

图 3-27 数控维修例子的图形

故障可能在系统、驱动器或电机,将步进电机驱动电缆交换,X 向正常,Y 向电机不动,说明电机正常,系统到驱动器信号也正常。由此判断原 X 轴驱动器损坏,需拆开机箱检修。闭环和半闭环数控还应考虑位置和速度反馈。

"替换"是电气中修理中常用的一种方法,主要优点是简单和方便。在查找故障的过程中,如果对某部分有怀疑,只要有相同的替换件,换上后故障范围大都能分辨出来,所以在电气维修中经常采用。但是如果使用不当,也会带来许多麻烦,以致造成人为故障。因此,正确认识和掌握"替换"的使用范围和操作方法,是提高维修工作效率和避免人为故障发生的最好方法。

(1)"替换"方法的使用范围。在电气修理中,采用"替换"方法来检查判断故障应注意应用场合。对一些比较简单的电器,如接触器、继电器、开关、保护电器及其他各种单一电器,在对其有怀疑而一时又不能确定故障部位的情况下,使用效果较好。而在由电子元件组成的各种电路板、控制器、功率放大器及所接的负载,替换时应小心谨慎,如果无现成的备件替换,需从相同的其他设备上拆卸时更应慎重从事,以避免故障没找到,替换上的新部件又损坏,造成新的故障。

(2)"替换"中的注意点。

① 低压电器的替换应注意电压、电流和其他有关的技术参数,并尽量采用相同规格的替换。

② 电子元件的替换,如果没有相同的,应采用技术参数相近的,而主要参数性能最好高于原来的。

③ 拆卸时应对各部分做好记录,特别是接线较多的地方,可防止反馈错误引起的人为故障。

④ 在有反馈环节的线路中,更换时要注意信号的极性,以防反馈错误引起其他的故障。

⑤ 在需要从其他设备上拆卸相同的备件替换时,要注意方法,不要在拆卸中造成被拆件损坏。如果替换电路板,在新板换上前要检查一下使用的电压是否正常。

(3)"替换"前应做的工作。在确定对某一部分要进行替换前,应认真检查与其连接的有关线路和其他相关的电器。确认无故障后才能将新的替换上去,防止外部故障引起替换上去的部件损坏。

3) 测量比较法

这种方法是利用印制电路板上预先设置的检查用端子,确定该部分电路工作是否正常,通过实测这些端子的电压值或波形与正常时的电压值及波形比较,来分析故障原因和部位。甚至,可在正常电路板上人为地制造一些故障(如断开连线或短路,拔去插组件等),以判断真正的故障原因。

为此,要求维修人员必须平时注意观察印制电路板上关键部位或易出故障部位正常时的电压值和波形。

3.4.2 数控系统软件故障原因与排除方法

1. 软件故障形成原因

软件故障是由软件变化或丢失形成的。机床软件存储于 RAM 当中,以下情况可能造成软件故障:

(1) 调试的误操作。可能删除了不该删除的软件的内容或写入了不该写入的软件内容,使软件丢失或发生变化。

(2) 用于对 RAM 供电的电池电压降到额定值以下,机床停电状态下拔下电池或从系统中拔出不含电池但要电池供电才能保持数据的 RAM 插件。电池电路断路或出现短路,电池夹出现接触不良,使 RAM 得不到维持的电压,造成软件丢失或变化。前一种情况多发生于长期旋转后重新启动的机床和验收后使用多年没有更换过电池的机床,也多发生于频繁停电的地区的机床;第二种情况多发生于硬件维修中误操作之后;第三种情况多由电池接触不良,特别是电池夹出现锈蚀之后,由于电化学作用引起的。系统往往是由电池电压监控,但很多系统在电池报警之后仍然能维持工作一段时间。若在此期间仍然还不更换电池,就有可能再经过一段时间,系统就不能保持正常工作了,甚至连报警也给不出来。还应知道电池在正常状态下耗电量是很小的,有的系统工作中还会对它充电。因此,使用寿命是很长的。在维修中很容易忽视对它的检查。而且,设备关机或取下电池后等待较长时间,才能检查出电池电压的真实情况。

(3) 电源干扰脉冲窜入总线,引起时序错误,导致数控装置或程控装置停止运行。

(4) 运行过程中复杂的大型程序由于是大量运算条件的组合,可能导致计算机进入死循环,或机器数据及处理中发生了引起中断的运算结果,或者是以上两种情况引起错误的操作,从而破坏了预先写入 RAM 区的标准控制数据。

(5) 操作不规范时亦可能由于各种连锁作用造成报警、停机,从而使后继操作失效。

(6) 程序中包含有语法错误、逻辑错误、非法数据,在输入中或运行中出现故障报警。已经长期运行过的准确无误的软件,是鉴别软件错误还是硬件故障最好资料,而且应注意到,在新编程序输入及调整过程中,程序出错率是非常高的。

2. 软件故障排防方法

其基本原则就是把出错的软件改过来。但查出问题是不容易的,所以有时就是消掉,重新输入。

(1) 对于软件丢失或变化造成的运行异常、程序中断、停机故障,可采取对数据、程序更改补充方法,亦可采用清除、重新输入法。这类故障,主要是指存储在 RAM 中的 NC 数据、设定数据、PLC 机床程序、零件程序的丢失或出错。这些数据是确定系统功能的依据,是系统适配于机床所必须的,出错后造成系统故障或某些功能失效。PLC 机床程序出错也可能造成机床停机,对于这种情况,找出出错位置或丢失的位置,更改补充之后,故障就可以排除。若出错较多,丢失较多,采用清除、重写入的方法来恢复更好一些。但要注意到许多系统在清除系统所有软件后会使报警消失。但执行清除前应有充分准备,必须把现行可能被清除的内容记录下来,以便清除后恢复它们。

有关利用参数解决软件故障可参考 3.4.4 节内容。

例 3-4 一台采用 FANUC OT 系统的数控车床,开机之后出现死机,任何操作不起作用。将内存全部清除后,重新输入机床参数,系统恢复正常。该故障是由机床数据混乱造成的。

(2) 对于机床程序和数据处理中发生了引起中断的运行结果而造成的故障停机,可采取硬件复位的方法,即关后再开系统电源来排除。

NC Reset 和 PLC Reset 分别可对系统、PLC 复位,使后继操作重新开始,但它们不会破坏有关的软件及正常的中间处理结果,不管任何时候都允许这样做,以消除报警。亦可采用清除法,但对 NC 和 PLC 采用清除时,可能会使数据和程序全部丢失,这时应注意保护不想清除的部分。

开关系统电源一次的作用与使用 Reset 法相类似。系统出现故障后,有必要这样做。

例 3-5 有一台 TC1000 型加工中心,故障现象是 CRT 显示混乱,重新输入机床数据,机床恢复正常,但停机断电后数小时再启动时,故障现象再一次出现。经检查是 MS140 电源板上的电池电压降到下限以下,换电池重新输入数据后,故障消失。

3.4.3 数控系统自诊断技术的应用

大型的 CNC、PLC 装置都配有故障诊断系统,可以由各种开关、传感器等把油位、温度、油压、电流、速度等状态信息,设置成数百个报警提示信息,诊断故障的部位和地点。所以要首先利用自诊断提示进行故障处理。

自诊断系统的思想是:向被诊断的部件或装置写入一串成为测试码的数据,然后观察系统相应的输出数据(称为校验码),根据事先已知的测试码、校验码与故障的对应关系,通过对观察结果的分析以确定故障。系统自诊断的运行机制是:系统开机后,一般自动诊断整个硬件系统,为系统的正常工作做好准备;另外就是在运行或输入加工程序过程中,一旦发现错误,则数控系统自动进入自诊断状态,通过故障检测,定位并发出故障报警信息。

故障自诊断技术是当今数控系统一项十分重要的技术,它的强弱是评价数控系统性能的一个重要指标。随着微处理器技术的发展,数控系统的自诊断能力越来越强,从原来简单的诊断朝着多功能和智能化的方向发展。例如,西门子公司的 810T/M 系统故障报警就分为系统硬件、操作、NC 报警、PLC 报警等多种类别。当数控系统一旦发生故障,借助系统的自诊断功能,往往可以迅速、准确地查明原因并确定故障部位。因此,对维修人员来说,熟悉和运用系统的自诊断功能是十分重要的。

CNC 系统自诊断程序一般分为三套,即启动诊断、在线诊断和离线诊断。

1. 启动诊断

启动诊断是指 CNC 系统每次从通电开始进入到正常的运行准备状态为止,系统内部诊断程序自动执行的诊断。启动自诊断主要的诊断内容有 CPU、ROM、RAM、EPROM(电控可改写只读存储器)、I/O 接口单元、CRT/MDI 单元(手动数据输入)、纸带阅读机、软盘单元等装置或外部设备。每当数控系统通电开始,系统内部自诊断软件对系统中最关键的硬件和控制软件,如装置中的 CPU、RAM、ROM 等芯片、MDI、CRT、I/O 等模块及监控软件、系统软件等逐一进行检测,并将检测结果在 CRT 上显示出来。一旦检测通不过,即在

CRT 上显示出报警信息或报警号,指出哪个部分发生了故障。只有当全部开机诊断项目都正常通过后,系统才能进入正常运行准备状态。启动诊断通常在 1min 内结束,有些采用硬盘驱动器的数控系统,如 SINUMERIK 840C 系统因要调用硬盘中的文件,时间要略长一些。上述启动诊断有些可将故障原因定位到电路板或模块上,有些甚至可定位到芯片上,如指出哪块 EPROM 出现了故障,但在很多情况下仅将故障原因定位在某一范围内,维修人员需要通过维修手册中所提供的多种可能造成的故障原因及相应排除方法中找到真正的故障原因并加以排除。

例 3-6 FAGOR8025 系统开机后,屏幕显示 076 Y - FEEDBACK ERROR。通过查询安装调试手册可得知位置检测编码器输出信号错误。维修人员检查接插件及电缆后,发现一处电缆被拉坏,经调查了解,是由于运输时拆卸电机不当造成的。

启动诊断技术几乎在所有现代数控系统中得到了广泛应用和发展。如德国 SIEMENS、美国 A-B 公司、日本 FANUC 公司 20 世纪 70 年代以后推出的 CNC 系统,在自诊断技术的实现上,大都采用了启动诊断方式。启动诊断为数控系统的正常运行提供了可靠的保证。

2. 在线诊断

在线诊断是指通过 CNC 系统的内装程序,在系统处于正常运行状态时,实时自动对数控装置、伺服系统、外部的 I/O 及与数控装置相连的其他外部装置进行自动测试、检查,并显示有关状态信息和故障。系统不仅能在屏幕上显示报警号及报警内容,而且还能实时显示 NC 内部关键标志寄存器及 PLC 内操作单元的状态。在线诊断包括 CNC 系统内部设置的自诊断功能和用户单独设计的对加工过程状态的监测与诊断系统,都是在机床正常运行过程中,监视其运行状态的。除监视 CNC 系统内部的各种状态外,还监视与 CNC 系统相连接的机床各执行部件,如主轴和进给伺服系统、坐标位置、接口信号、ATC、APC、外部设备等。只要系统不断电,在线诊断就一直进行而不停止。

一旦监视的信息超限,诊断系统就通过显示器或指示灯等发出报警信号,提供报警号,配以适当注释,并显示在屏幕上。维修人员根据这些故障信息,经过分析处理,确诊故障点并及时排除故障。

当然,实际诊断中并不是那么容易的,因为所提供的报警信息,并非唯一准确的,而仅仅是故障可能原因的诸因素((2~5)个),即仅仅提供了一些查找故障原因的线索。有待维修人员结合机床结构,查阅机床维修手册,凭借自己的实践经验,逐一排除故障假象,找出真正的故障所在。另外,故障现象与故障原因并非一一对应关系,而往往是一种故障所引发出的现象是由几种原因引起的,或一种原因引起几种故障。即大部分故障是以综合故障形式出现的。

各种 CNC 机床的自诊断功能报警编号不尽完全相同,只能根据具体机床的使用说明书、维修手册进行分析、诊断。不过报警编号的分类方法大同小异,一般是按机床上各元器件的功能分类分别编号的。

例 3-7 某机床的 CNC 系统的报警信号编组如下:

与 CNC 系统硬件(如存储器、伺服系统等)有关的报警编号为 1~99;

与机械控制有关的报警编号为 100~399;

与操作失误有关的报警编号为 400~499;

与外部通信对话有关的报警编号为 500～599；

与加工程序编制错误有关的报警编号为 600～699；

此外，还有与可编程控制器故障，连接方面的故障，温度、压力、液位等不正常，行程开关（或接近开关）状态不正常等都应有对应的编号。在每一类报警范围内，又按故障分类报警。如过热报警类、系统故障报警类、存储器故障报警类、伺服系统故障报警类、行程开关故障报警类、印制电路板间的连接故障报警类、编程/设定错误报警类、误操作故障报警类等。

机床自诊断功能的故障报警显示给维修带来了极大的方便。故在使用和维修过程中，一定要充分重视，并利用故障报警显示的状态信息，经分析或加一些必要的测试，最后找出真正的故障原因。

为此，要特别重视、注意保护系统软件及系统数据，特别是 CNC 与 PLC 机床数据、PLC 用户程序、报警文本等以及随机所带的 CNC 系统的关键技术资料，它们是用电池保持存储于 RAM 中。

例 3-8 从德国沙尔曼公司引进的一台数控镗铣床，NC 系统为西门子的 SINUMERIK 8MC，在数控模块 MS100 上的四个红色发光二极管 M、I/O、S、PC 指示故障存在的原因。同时，操作盘上的 CRT 监视器显示报警号，指出故障原因。

(1) 故障现象。Z 轴运行抖动，瞬间出现 NC123 号报警，机床随即停止运行。根据报警号查阅报警内容表，显示报警原因是跟踪误差超出了机床数据设定的规定值，同时提示造成此报警的可能原因有：

① 位置测量系统检测元件与机械位移部分连接不良；

② 传动部件出现间隙；

③ 位置闭环放大系数 K_V（即增益）不匹配。

(2) 检查分析。经检查，初步定为②、③原因，使得 Z 轴（方滑枕）运行过程中产生负载扰动而造成位置闭环振荡。照此分析排除故障如下：修改原 Z 轴的机床设定环节(TEN152)的数据，将原值 S1333 改为 S800，即降低了放大系数，有助于位置闭环的稳定性。经试运行发现虽振动现象明显减弱，但未彻底消除。这说明是第②种原因，即机械传动出现间隙的可能性增大，可能是滑枕楔铁松动造成滚珠丝杠或螺母窜动。这时，对机床各部位采取先易后难，先外后内逐一否定的办法，最后找到真正的故障源：滚珠丝杠螺母背帽松动，使传动出现间隙。当 Z 轴运动时，由于间隙造成负载扰动，导致位置闭环振荡而出现抖动现象。

(3) 故障排除。调整好间隙，紧固松动的背帽，并将机床设定环节 TEN152 的数据恢复到原值，故障消除。

例 3-9 TH6350 卧式加工中心出现故障。

(1) 故障现象。机床工作过程中突然发生 Y、Z 轴不能动作，发出 401 号报警。后来关机后再启动，还能继续工作，此后关机也不能动作了。检查 401 号报警内容表：X,Y,Z 轴的速度控制"READY"信号断开。由此检查 X,Y,Z 轴的速度控制单元板，发现 Y 轴速度控制单元板(A06B-6045-C001)的 TGLS 报警灯亮，说明是 Y 轴伺服系统的故障。提示可能原因有：

① 印制电路板设定不合适；

② 速度反馈电压没有或是断续的；

③ 电机动力电缆没有接到速度控制单元 T1 板的 5,6,7,8 端子上或动力电缆短路。

(2) 故障排除。经检查电机动力电缆已被烧断,更换电刷,故障排除。

3. 离线诊断

当 CNC 系统出现故障或要判断系统是否真正有故障时,往往要停机检查,此时称为离线诊断(或脱机诊断)。其主要目的和任务是最终查明故障和进行故障定位,力求把故障定位在尽可能小的范围内,如缩小到某一模块上、某个电路板上或板上的某部分电路,甚至某个芯片或元器件上。这种诊断方法属于高层次诊断,其诊断程序存储及使用方法一般不相同。如美国 A－B 公司 8200 系统离线诊断时,才把专用的诊断程序读入 CNC 中运行检查故障。而有的系统将这些诊断程序与 CNC 控制程序一同存入 CNC 中,维修人员可随时用键盘调用这些程序并使之运行,在 CRT 上观察诊断结果。离线诊断可以在现场、维修中心或 NC 系统制造厂进行操作和控制。

具体做法是:将运行控制计算机和与之相连的外部设备断开,启动运行各控制部分的自诊断程序(与系统运行控制程序分开的程序),有时还需要专门设计一些检测线路。诊断时,把整个系统划分为若干个诊断区(基本上按功能划分,有时也根据线路插件板划分),由诊断计算机向诊断区发送测试码,然后观测被诊断对象的响应,并与标准比较,判断有无故障及进行故障定位。离线诊断所用的仪器、软件和硬件有:

① 专用诊断纸带(早期的 NC 装置),它主要提供诊断所需要的数据。诊断时,将纸带内容输入 NC 系统的随机存取存储器(RAM)中,系统中的 CPU 则根据相应的输出数据,分析判断得出有无故障和故障位置的结论。可以诊断读入装置、CPU、RAM、I/O 接口等。

例 3－10 德国 MAHO 公司的 CNC432 系统离线专用程序内容包括对显示单元,控制面板上各键及旋钮功能,CPU 插件内部各电路、接口电路、RAM 功能,存储器插件(RAM、EPRAM)功能,X,Y,Z,B 轴伺服电机的插件功能,主轴伺服电机插件功能,输入/输出插件功能,辅助输入/输出插件,调用受过专门训练的维修专家诊断功能等。

② 工程师面板。

③ 改装过的 CNC 系统通过专用测试装置进行测试。

由于计算机技术及网络通信技术的飞速发展,自诊断系统也在朝着两个方向发展:一方面依靠系统资源发展人工智能专家故障诊断系统,另一方面将利用网络技术发展网络远程通信自诊断系统。例如,SINUMERIK 840D,FANUC 16 均可支持网络功能。

3.4.4 利用机床参数来维修系统

数控机床在出厂前,已将所采用的 CNC 系统设置了许多初始参数来配合、适应相配套的每台数控机床的具体状况,部分参数还要经过调试来确定。这些具体参数的参数表或参数纸带应该交付给用户。在数控维修中,有时要利用机床某些参数调整机床,有些参数要根据机床的运行状态进行必要的修正,所以维修人员要熟悉机床参数。

以日本 FANUC 公司的 10,11,12 系统为例,在软件方面共设有 26 个大类的机床参数。它们是:与设定有关的参数、定时器参数、与控制器有关的参数、坐标系参数、进给速度参数、加/减速控制参数、伺服参数、DI/DO(数据输入/输出)参数、CRT/MDI 及逻辑参数、程序参数、I/O 接口参数、行程极限参数、螺距误差补偿参数、倾斜角补偿参数、平直度补偿参数、主轴控制参数、刀具偏移参数、固定循环参数、缩放及坐标旋转参数、自动拐角倍率参数、单方向定位参数、用户宏程序、跳步信号输入功能、刀具自动偏移及刀具长度自动测量,刀具寿命管理、维修等有关的参数。

用户买到机床后,首先应将这份参数表复制存档。一份存放在机床的文件箱内,供操作者或维修人员在使用和维修机床时参考。另一份存入机床的档案中。这些参数设定的正确与否将直接影响到机床的正常工作及机床性能的充分发挥。维修人员必须了解和掌握这些参数,并将整机参数的初始设定记录在案,妥善保存,以便维修时使用。

数控机床在使用过程中,在一些情况下会出现使数控机床参数全部丢失或个别参数改变的现象,主要原因如下:

1) 数控系统后备电池失效

后备电池失效将导致全部参数丢失。因此,在机床正常工作时应注意 CRT 上是否显示有电池电压低的报警。如发现该报警,应在一周内更换符合系统生产厂要求的电池。更换电池的操作步骤应严格按系统生产厂的要求操作。如果机床长期停用,最容易出现后备电池失效的现象。应定期为机床通电,使机床空运行一段时间。这样不但有利于后备电池使用寿命的延长和及时发现后备电池是否失效,更重要的是对机床数控系统、机械系统等整个系统使用寿命的延长有很大益处。

2) 操作者的误操作

误操作在初次接触数控机床的操作者中是经常出现的问题。由于误操作,有的将全部参数清除,有的将个别参数改变。为避免出现这类情况,应对操作者加强上岗前的业务技术培训及经常性的业务培训,制定可行的操作规章并严格执行。

3) 机床在 DNC 状态下加工工件或进行数据通信过程中电网瞬间停电

由上述原因可以看出,数控机床参数改变或丢失的原因,有的是可以通过采取措施减少或杜绝的,有些则是无法避免的。当参数改变或机床异常时,首先要进行的工作就是数控机床参数的检查和恢复。

由于数控机床所配用的数控系统种类繁多,参数重装的操作步骤也因系统而异,就是同一厂家的产品,也因系列不同而有所差别,所以维修人员应当熟悉机床所用系统的参数含义并掌握系统参数修改、备份、重装的方法和手段,以便当机床参数错误或丢失时能尽快恢复。

例 3-11 某配套 FANUC 0M 系统的加工中心,在加工过程中程序不能正常执行,换刀和 Z 轴功能丧失,同时出现 910 报警。

分析及处理过程:910 报警意为"RAM 存储板出错",因此按以下方法排除:①首先检查后备电池电压正常;②将系统内存参数记录下来然后全部清除;③利用 RS-232 接口将以前备份的机床参数文件调入系统;④机床参数恢复完毕后断电重新启动机床,故障消除。

例 3-12 一台带 FANUC 0MC 控制系统的数控加工中心,由于机床的控制装置出现偶发性故障,引起了机床的加工坐标轴 Z 方向发生偏移,偏移量为 3mm,导致 ATC 自动换刀不到位,使加工出来的零件在 Z 方向的尺寸不合格。但是机床的运转状况良好无反映,CRT 显示屏也无任何报警信息。维修人员在认真调查了发生异常现象的前后状况,得出几种可能的原因:①ATC 机械手进行刀具交换中没有到位;②机床 Z 轴坐标位置原点有偏移;③机床异常状况与 CNC 数控装置参数有关。通过检查,排除了①、②两项因素。于是,根据这类数控机床的特点,分析检查了与坐标位移有关的参数,发现第 510 号参数是 Z 坐标轴的栅格位移量(GRDSZ),其设定值在$(0 \sim +32767)\mu m$ 或 $(0 \sim -32767)\mu m$。机床在执行返回参考原点时,首先会碰到减速限位开关,一旦减速信号发出,机床变为低速移动,当移动部位到达栅格位置时进给也就停止,回参考点工作才完成。由于机床的异常原因使 Z 轴参考原点偏移约 3mm,这个偏移量是与坐标轴栅格位移量有关的,查看 CRT 画面510 号参数,它的原始设定值是 $-6907\mu m$,由于加工的工件是过切削而超差,现将这一数据修改为 $-9907\mu m$。再重新开机,先做机床回原点、自动交换刀具等一系列动作都正常后,再进行加工试验,将加工完成的工件送检后证实合格。这种方法对维修人员来说,不同于以往的只忙于查找损坏器件的维修处理,而是对 CNC 控制装置的数据变化去分析和查找数控机床故障。

第4章 伺服系统的故障诊断与维修

4.1 伺服系统概述

4.1.1 伺服系统概念及其作用

在自动控制系统中,通常把输出量能够以一定准确度随输入量变化而变化的系统称为随动系统,亦称伺服系统或拖动系统。数控机床的伺服系统是指以机床移动部件的位移和速度作为控制量的自动控制系统,主要用于控制机床的进给运动和主轴转速。

数控机床的伺服系统是机床主体和CNC装置的联系环节,是数控机床的重要组成部分,是关键部件,故称伺服系统为数控机床的三大组成部分之一。

(1) 伺服系统的作用。它接收来自数控装置(CNC系统)的指令信号,经过放大和转换,驱动机床执行件跟随指令脉冲运动,实现预期的运动,并保证动作的快速和准确。

(2) 伺服系统的性能。在很大程度上决定了数控机床的性能和加工精度。例如,数控机床的最高移动速度、跟踪精度、定位精度及重复定位精度等重要指标,均直接取决于伺服系统的静态和动态性能。所以伺服系统被视为一个独立部分,研究与开发高性能的伺服系统一直是现代数控机床的关键技术之一。

4.1.2 伺服系统的组成与工作原理

数控机床的伺服系统按一般理解可分为进给伺服系统和主轴伺服系统。

数控机床的进给伺服系统一般以精确的位置控制为目的,主要由伺服驱动控制系统与数控机床进给机械传动机构两大部分组成。机床进给机械传动机构通常由减速齿轮、滚珠丝杠、机床导轨和工作台拖板等组成。对于伺服驱动控制系统,按其反馈信号的有无分为开环、半闭环和全闭环三种控制方式。对于开环伺服系统一般由步进电机驱动,它由步进电机驱动电源与步进电机组成。闭环伺服系统则分为直流电机和交流电机两种驱动方式,并且均为双闭环系统,内环是速度环,外环是位置环。速度环中用作速度反馈的检测装置为测速发电机、脉冲编码器等。速度控制单元是一个独立的单元部件,它由速度调节器、电流调节器及功率驱动放大器等部分组成。位置环由数控系统装置中的位置控制模块、速度控制单元、位置检测及反馈控制等部分组成。根据其位置检测信号所取部位的不同,闭环伺服系统又分为半闭环与全闭环两种,如图4-1所示。

1. 电流环

电流环是为伺服电机提供转矩的电路。一般情况下它与电机的匹配调节已由制造者做好了或者指定了相应的匹配参数,其反馈信号一般在伺服系统内连接完成,因此不需接线与调整。

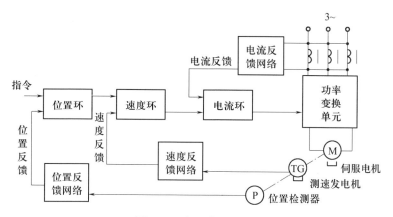

图 4-1 闭环伺服系统

2. 速度环

速度环是控制电机转速亦即坐标轴运行速度的电路。速度调节器是比例积分(PI)调节器,其 P、I 调整值完全取决于所驱动坐标轴的负载大小和机械传动系统(导轨、传动机构)的传动刚度与传动间隙等机械特性,一旦这些特性发生明显变化时,首先需要对机械传动系统进行修复工作,然后重新调整速度环(PI)调节器。速度环的最佳调节是在位置环开环的条件下完成的,这对于水平运动的坐标轴和转动坐标轴较容易实现,而对于垂直运动坐标轴,位置开环时会自动下落而发生危险,可以采取先摘下电机空载调整,然后再装好电机与位置环一起调整或者直接带位置环一起调整,这时需要有一定的经验和耐心。

3. 位置环

位置环是控制各坐标轴按指令位置精确定位的控制环路。位置环将影响坐标轴的位置精度及工作精度,其中有两方面的工作:①位置测量元件的精度与数控系统脉冲当量的匹配问题。测量元件单位移动距离发出的脉冲数目经过外部倍频电路、数控系统内部倍频系数的倍频后,要与数控系统规定的分辨率相符。例如,位置测量元件数为 10 脉冲/mm,数控系统分辨率即脉冲当量为 0.001mm,则测量元件送出的脉冲必须经过 100 倍频方可匹配。②位置环增益系数 K_V 正确设定与调节。通常 K_V 值是作为数控机床数据设置的,数控系统中对各个坐标轴分别指定了 K_V 值的设置地址和数值单位。在速度环最佳化调节后,K_V 值的设定则成为反映机床性能好坏、影响最终精度的重要因素。K_V 值是数控机床运动坐标自身性能优劣的直接表现,而并非可以任意放大。关于 K_V 值的设置要注意两个问题。首先要满足下式:

$$K_V = V/\Delta$$

式中:V 为坐标运行速度;Δ 为跟踪误差。

不同的数控系统采用的单位可能不同,设置时要注意数控系统规定的单位。例如,坐标运行速度的单位是 m/min,则 K_V 值单位为 m/(mm·min),若 V 的单位为 mm/s,则 K_V 的单位应为 mm/(mm·s);其次要满足各联动坐标轴的 K_V 值必须相同,以保证合成运动时的精度。通常是以 K_V 值最低的坐标轴为准。

4. 位置反馈

位置反馈有三种情况:

(1) 第一种是没有位置测量元件,为位置开环控制,无位置反馈。步进电机驱动一般即为开环。

(2) 第二种是半闭环控制,位置测量元件不在坐标轴最终运动部件上,也就是说还有部分传动环节在位置闭环控制之外,这种情况要求环外传动部分应有相当的传动刚度和传动精度,加入反向间隙补偿和螺距误差补偿之后,可以得到很高的位置控制精度。

(3) 第三种是全闭环控制,即位置测量元件安装在坐标轴的最终运动部件上,理论上这种控制的位置精度情况最好,但是它对整个机械传动系统的要求更高,如若不然,则会严重影响两坐标的动态精度,而使得机床只能在降低速度环和位置精度的情况下工作。测量元件的精确安装与否将影响全闭环控制精度。

5. 前馈控制

前馈控制与位置反馈相反,它是将指令值取出部分预加到后向的调节电路,其主要作用是减小跟踪误差以提高动态响应特性从而提高位置控制精度。要注意的是,前馈控制的加入必须是在上述三个控制环均最佳调试完毕后方可进行。

主轴伺服系统以转速和切削功率、转矩为主要控制目标,与进给伺服系统相比在结构上有所区别,但一般也包含速度环和电流环。

4.2 主轴驱动系统故障及诊断

主轴伺服系统主要完成切削加工时主轴刀具旋转速度的控制,要求在很宽范围内转速连续可调,恒功率范围宽。当要求机床有螺纹加工功能、准停功能和恒线速度加工等功能时,就要对主轴提出相应的进给控制和位置控制要求。此时,主轴驱动系统也可称为主轴伺服系统,相应的主轴电机装配有编码器作为主轴位置检测;另一种方法就是在主轴上直接安装外置式的编码器,这在机床改造和经济型数控车床中用得较多。

主轴驱动变速目前主要有两种形式:①主轴电机带齿轮换挡,目的在于降低主轴转速,增大传动比,放大主轴功率以适应切削的需要;②主轴电机电气调速。主轴电机通过同步齿形带或皮带驱动主轴,该类主轴电机又称宽域电机或强切削电机,具有恒功率宽的特点。由于无需机械变速,主轴箱内省去了齿轮和离合器,主轴箱实际上成为主轴支架,简化了主传动系统,从而提高了传动链的可靠性。

主轴伺服系统分为直流主轴系统和交流主轴系统。

直流主轴电机的结构和永磁式电机不同,由于要输出较大的功率,所以一般采用他励式。直流主轴控制系统要为电机提供励磁电压和电枢电压,在恒转矩区励磁电压恒定,通过增大电枢的电压来提高电机的速度;在恒功率区,保持电枢电压恒定,通过减少励磁电压来提高电机转速。为了防止直流主轴电机在工作中过热,常采用轴向强迫风冷或采用热管冷却技术。直流电机的功率一般比较大,因此直流主轴驱动多半采用三相全控晶闸管调速。

交流主轴伺服电机大多数采用感应异步电机的结构形式,这是因为永磁式电机的容量还不能做得很大,对主轴电机的性能要求还没有对进给伺服电机的性能要求那么高。

感应异步电机是在定子上安装一套三相绕组,各绕组之间的角度相差是120°,其中转子是用合金铝浇铸的短路条与端环。这样的结构简单,与普通电机相比,它的机械强度和电气强度得到了加强。在通风结构上已有很大的改进,定子上增加了通风孔,电机外壳使用成形的硅钢片叠片,有利于散热。电机尾部安装了脉冲编码器等位置检测元件。

交流主轴伺服最早采用的是矢量变换来控制感应异步电机,矢量变换主要包括:三相固定坐标系变换为两相固定坐标系,两相固定坐标系变换成两相旋转坐标系,直角坐标系变换成极坐标系以及这些变换的反变换。通过坐标变换,把交流电机模拟成直流电机来控制。现在交流主轴伺服正发展为直接转矩控制,主回路脉宽调制技术(PWM)从正弦PWM技术发展到优化PWM技术和随机PWM技术,功率元器件从可关断晶闸管(GTO)、电力晶体管(GTR)、绝缘栅双极型晶体管(IGBT)发展到IPM等智能模块。

数控机床对主轴一般有如下要求:

(1)输出功率大。

(2)在整个调速范围内速度稳定,尽可能在全速度范围内提供主轴电机的最大功率,即恒功率范围要宽。

(3)加减速时间短,主轴要具有四象限驱动能力。

(4)振动、噪声小。

(5)电机可靠性高,寿命长,容易维护。

(6)系统有螺纹加工、准停和线速度加工等功能时,主轴要具有进给轴控制和位置控制功能。

4.2.1 常用主轴驱动系统介绍

1. FANUC公司主轴驱动系统

从20世纪80年代开始,该公司已使用了交流主轴驱动系统,直流驱动系统已被取代。目前三个系列交流主轴电机为:S系列电机,额定输出功率范围(1.5~37)kW;H系列电机,额定输出功率范围(1.5~22)kW;P系列电机,额定输出功率范围(3.7~37)kW。该公司交流主轴驱动系统的特点为:

(1)采用微处理器控制技术,进行矢量计算,从而实现最佳控制。

(2)主回路采用晶体管PWM逆变器,使电机电流非常接近正弦波形。

(3)具有主轴定向控制、数字和模拟输入接口等功能。

2. SIEMENS公司主轴驱动系统

SIEMENS公司生产的直流主轴电机有1GG5、1GF5、1GL5和1GH5四个系列,与上述四个系列电机配套的6RA24、6RA27系列驱动装置采用晶闸管控制。

20世纪80年代初期,该公司又推出了1PH5和1PH6两个系列的交流主轴电机,功率范围为3~100kW。驱动装置为6SC650系列交流主轴驱动装置或6SC611A(SIMODRIVE 611A)主轴驱动模块,主回路采用晶体管SPWM变频控制的方式,具有能量再生制动功能。另外,采用微处理器80186可进行闭环转速、转矩控制及磁场计算,从而完成矢量控制。通过选件实现C轴进给控制,在不需要CNC的帮助下,实现主轴的定位控制。

4.2.2 主轴伺服系统的故障形式及诊断方法

当主轴伺服系统发生故障时,通常有三种表现形式:
(1) 在 CRT 或操作面板上显示报警内容或报警信息;
(2) 在主轴驱动装置上用报警灯或数码管显示主轴驱动装置的故障;
(3) 主轴工作不正常,但无任何报警信息。

主轴伺服系统常见故障有:

1. 外界干扰

由于受电磁干扰、屏蔽和接地措施不良,主轴转速指令信号或反馈信号受到干扰,主轴驱动出现随机和无规律性地波动。判别有无干扰的方法是:当主轴转速指令为零时,主轴仍往复转动,调整零速平衡和漂移补偿也不能消除故障。

2. 过载

切削用量过大,频繁正、反转等均可引起过载报警。具体表现为主轴电机过热、主轴驱动装置显示过电流报警等。

3. 主轴定位抖动

主轴准停用于刀具交换、精镗退刀及齿轮换挡等场合,有三种实现方式:
(1) 机械准停控制。由带 V 形槽的定位盘和定位用的液压缸配合动作。
(2) 磁性传感器的电气准停控制。发磁体安装在主轴后端,磁传感器安装在主轴箱上,其安装位置决定了主轴的准停点,发磁体和磁传感器之间的间隙为 (1.5 ± 0.5) mm。
(3) 编码器型的准停控制。通过主轴电机内置安装或在机床主轴上直接安装一个光电编码器来实现准停控制,准停角度可任意设定。

上述准停均要经过减速的过程,如减速或增益等参数设置不当,均可引起定位抖动。另外,准停方式(1)中定位液压缸活塞移动的限位开关失灵,准停方式(2)中发磁体和磁传感器之间的间隙发生变化或磁传感器失灵均可引起定位抖动。

4. 主轴转速与进给不匹配

当进行螺纹切削或用每转进给指令切削时,会出现停止进给、主轴仍继续运转的故障。要执行每转进给的指令,主轴必须有每转一个脉冲的反馈信号,一般情况下为主轴编码器有问题。可用以下方法来确定:
(1) CRT 画面有报警显示。
(2) 通过 CRT 调用机床数据或 I/O 状态,观察编码器的信号状态。
(3) 用每分钟进给指令代替每转进给指令来执行程序,观察故障是否消失。

5. 转速偏离指令值

当主轴转速超过技术要求所规定的范围时,要考虑下列因素:
(1) 电机过载。
(2) CNC 系统输出的主轴转速模拟量(通常为 $0 \sim \pm 10$ V)没有达到与转速指令对应的值。
(3) 测速装置有故障或速度反馈信号断线。
(4) 主轴驱动装置故障。

6. 主轴异常噪声及振动

首先要区别异常噪声及振动发生在主轴机械部分还是在电气驱动部分。

（1）在减速过程中发生，一般是由驱动装置造成的，如交流驱动中的再生回路故障。

（2）在恒转速时产生，可通过观察主轴电机自由停车过程中是否有噪声和振动来区别，如存在，则主轴机械部分有问题。

（3）检查振动周期是否与转速有关。如无关，一般是主轴驱动装置未调整好；如有关，应检查主轴机械部分是否良好，测速装置是否不良。

7. 主轴电机不转

CNC 系统至主轴驱动装置除了转速模拟量控制信号外，还有使能控制信号，一般为 DC+24V 继电器线圈电压。

（1）检查 CNC 系统是否有速度控制信号输出。

（2）检查使能信号是否接通。通过 CRT 观察 I/O 状态，分析机床 PLC 梯形图（或流程图），以确定主轴的启动条件，如润滑、冷却等是否满足要求。

（3）主轴驱动装置故障。

（4）主轴电机故障。

4.2.3 直流主轴驱动故障诊断

由于直流调速性能的优越性，直流主轴电机在数控机床的主轴驱动中得到广泛应用，主轴电机驱动多采用晶闸管调速的方式。

1. 主电路及其工作原理

数控机床主轴要求能正、反转，且切削功率尽可能大，并希望停止和改变转向迅速，故主轴直流电机驱动装置往往采用三相桥式反并联逻辑无环流可逆调速系统，其主电路如图 4-2 所示，其中 VT1 为正组晶闸管，VT2 为反组晶闸管。

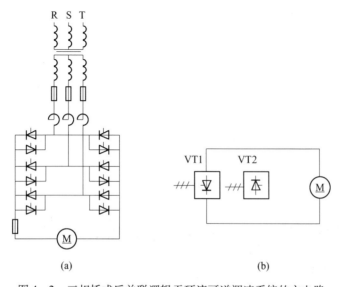

图 4-2 三相桥式反并联逻辑无环流可逆调速系统的主电路

反并联线路能实现电机正反向的电动和回馈发电制动,三相桥式反并联逻辑无环流可逆调速系统四象限运行示意图如图4-3所示。

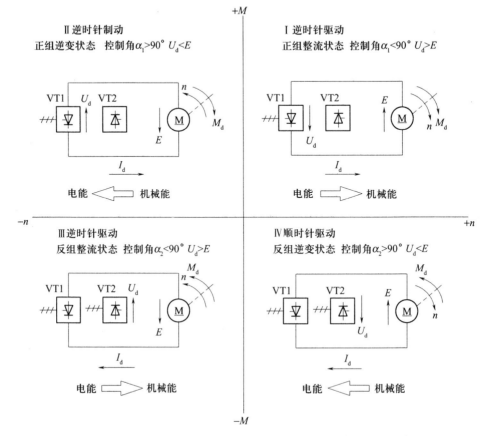

图4-3 三相桥式反并联逻辑无环流可逆调速系统四象限运行示意图

电机正向转动时,正组晶闸管 VT1 工作在整流状态,提供正向直流电流;电机反向转动时,则反组晶闸管 VT2 工作在整流状态,提供反向直流电流,正组晶闸管 VT1 工作在待逆变状态,为反向制动作准备。当电机需要从正向转动状态转到反向转动状态时,速度指令由正变负,电机电枢回路中的电感储能维持电流方向不变,电机仍处于转动状态,但电枢电流逐渐减小。当电枢电流减到零后,必须使正反组晶闸管都处于封锁状态,以避免控制失误造成短路,此时电机在惯性作用下自由转动。经过安全延时后,反组晶闸管进入有源逆变状态,电机工作在回馈发电制动状态,将机械能送回电网,转速迅速下降,转速到零后,反组晶闸管进入整流状态,电机反向启动,完成了从正转到反转的转换过程,也就完成了从第一象限到第三象限的工作转换。

电机从反转到正转的转换只不过是 VT1 和 VT2 的控制相反。

该电路的回馈发电制动也能实现电机的停车控制。

因此,反并联线路除了能缩短制动和正反向转换的时间外,还能将主轴旋转的机械能转换成电能反馈电网,提高工作效率。

2. 主电路控制要求

为了保证两组晶闸管不同时工作,避免造成短路,可采用逻辑无环流可逆控制系统。

它是利用逻辑电路,检测电枢电路的电流值是否达到零,并判断旋转方向,提供正组或反组的允许开通信号,使一组晶闸管在工作时,另一组晶闸管的触发脉冲被封锁,从根本上切断了正、反两组晶闸管之间的直流环流通路。

因此逻辑电路必须满足下述条件:①任何时刻只允许向一组晶闸管提供触发脉冲。②只有当工作的那一组晶闸管电流为零后,才能撤销其触发脉冲,以防止当晶闸管逆变时,电流没有为零就撤销触发脉冲,而出现逆变颠覆现象,造成故障。③只有当工作的那一组晶闸管完全关断后,才能再向另一组晶闸管提供触发脉冲,以防止出现大的环流。④任何一组晶闸管导通时,都要防止其输出电压与电机电动势方向一致,而导致电流过大。

3. 励磁控制回路

图4-4为FANUC直流主轴电机驱动控制示意图。直流电机的励磁绕组控制回路由励磁电流设定回路、电枢电压反馈回路及励磁电流反馈回路组成。

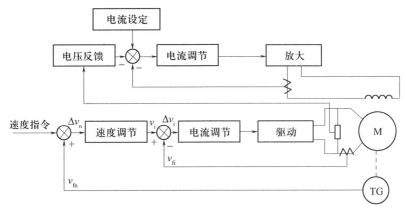

图4-4 FANUC直流主轴电机驱动控制示意图

当电枢电压低于210V时,磁场控制回路中的电枢电压反馈环节不起作用,只有励磁电流的反馈作用维持励磁电流不变,从而实现额定转速以下的恒转矩调压调速;当电枢电压高于210V后,励磁电流反馈不起作用,而引入电枢反馈电压。随着电枢电压的提高,磁场电流减小,使转速上升,实现额定转速以上的恒功率弱磁调速。

4. 每组晶闸管的控制系统

电枢绕组的每一组晶闸管控制均采用双闭环调速系统,其中内环是电流环,外环是速度环,如图4-4所示。根据速度指令的模拟电压信号v_g与实际转速反馈电压v_{fn}的差值Δv_n,经速度调节器输出,作为电流调节器的给定信号v_i,然后,电流调节器的给定信号v_i与实际驱动电机电枢电流反馈信号综合比较后,差值为Δv_i,根据Δv_i的大小,按偏差控制电机的电流和转矩。速度差值大时,电机转矩大,系统加速度也大,电机能较快达到转速给定值;当转速比较接近给定值时,电机转矩自动减小,又可以避免过大的超调,避免稳定时间过长。

电流环的作用是当系统受到外来干扰时,能迅速地做出抑制响应,以保证系统具有最佳的加速和制动时间特性。另外,双闭环调速系统中速度调节器的输出限幅也限定了电流环中的电流。在电机启动过程中,电机转矩和电枢电流急剧增加,达到限定值,使电机以最大转矩加速,转速直线上升。当电机的转速达到甚至超过了给定值时,速度反馈电压大于速度给定电压,速度调节器的输出低于限幅值时,电流调节器使电枢电流下降,转矩也随之下降,电机减速。当电机的转矩小于负载转矩时,电机又会加速,直到重新回到速度给定值,因此,双闭环直流调速系统对主轴的快速启停、保持稳定运行等都起到了相当重要的作用。

另外,直流主轴驱动装置一般还具有速度到达设定值、零速检测等辅助信号输出,并具有速度反馈消失、速度偏差过大、过载及失磁等多项报警保护措施,以确保系统安全可靠地工作。

例 4-1 某数控龙门镗铣床,数控系统采用 SIEMENS SM,主轴电机为 55kW。机床在几年的运行中一直较稳定,但在一次电网拉闸停电后,主轴转动只能以手动方式 10r/min 的速度运行;当启动主轴自动运行方式时,转速一旦升高,主轴伺服装置三相进线的 A、C 两相保险立即烧断。在主轴手动方式运转时转速很不稳定,在(3~12)r/min 的范围内变化,电枢电流也很大,多次产生功率过高报警。经过两次维修后又重复出现类似的故障。

故障检查与分析:就上述故障分析如下:

(1) 机床主轴在高速运转时,电网忽然停电,在电机电枢两端产生一个很高的反电动势(大约是额定电压的(3~5)倍),将晶闸管击穿。

(2) V5 伺服单元晶闸管上对偶发性浪涌过电压保护能力不够,对较大能量过电压不能完全抑制。

(3) 晶闸管工作时有正向阻断状态、开通过程、导通状态、阻断能力恢复过程、反向阻断状态 5 个过程。在开通过程和阻断能力恢复过程中,当发生很大能量的过电压时,晶闸管很容易损坏;拉闸停电随机性很大,而且伺服单元内部控制电路处于失控状态。

(4) 晶闸管有时被高电压冲击后并没有完全损坏,用数字式万用表测量时有 1.2MΩ 电阻值(正常情况不应在 10MΩ 以上),所以还能在很低的电压值下运行。

(5) 如图 4-5 所示。

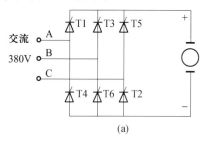 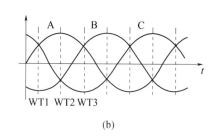

(a) (b)

图 4-5 三相桥全控整流原理及波形图

三相桥全控整流电路在 WT1~WT2 期间,A 相电压为正,B 相电压低于 C 相电压,电流从 A 相流出经 T1、负载 D、T4 流回 B 相,负载电压为 A、B 两相间的电位差;在 WT2~WT3 期间,A 相电压仍为正,但 C 相电压开始比 B 相更负,T6 导通,并迫使 T4 承受反向电压关断,电流从 A 相流出经 T1、负载 D、T6 流回 C 相,负载电压为 A、C 两相间的电位差,在 WT2 为 B、C 相换相点,其他依此类推。停电时,如果 T1 被击穿,T4 或 T6 将遭受很大的冲击,可能使其达到临界状态,也可能使它被击穿。

故障处理：

（1）一次更换两只相同型号的晶闸管；

（2）在 V5 直流伺服单元的晶闸管上安装 6 只压敏电阻。

在晶闸管的两端加上压敏电阻后，运行 2 年一直没有出现故障（包括多次停电）。

4.2.4 交流主轴驱动故障诊断

随着交流调速技术的发展，目前数控机床的主轴驱动多采用交流主轴电机配变频器控制的方式。变频器的控制方式从最初的电压空间矢量控制（磁通转迹法）到矢量控制（磁场定向控制），发展至今为直接转矩控制，从而能方便地实现无速度传感器化；脉宽调制（PWM）技术从正弦 PWM 发展至优化 PWM 技术和随机 PWM 技术，以实现电流谐波畸变小、电压利用率最高、效率最优、转矩脉冲最小及噪声强度大幅度削弱的目标；功率器件由 GTO、GTR、IGBT 发展到智能模块 IPM，使开关速度快、驱动电流小、控制驱动简单、故障率降低、干扰得到有效控制及保护功能进一步完善。

1. 6SC650 系列交流主轴驱动装置

1）驱动装置的组成

图 4-6 为西门子 6SC650 系列交流主轴驱动装置原理图。

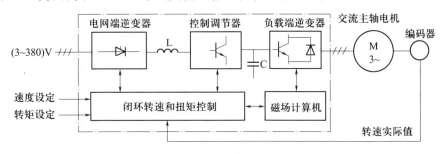

图 4-6 西门子 6SC650 系列交流主轴驱动装置原理图

6SC650 系列交流主轴驱动装置为晶体管脉宽调制变频器，与 1PH5、1PH6 系列交流主轴电机组成数控机床的主轴驱动系统，可实现主轴的自动变速、主轴定位控制和主轴 C 轴进给。

从图 4-6 可知，电网端逆变器由六只晶闸管组成的三相桥式全控整流电路，通过对晶闸管导通角的控制，既可工作在整流方式，向中间电路直接供电，也可工作于逆变方式，完成能量反馈电网的任务。

控制调节器可将整流电压从 535V 上调到 575V + 575V × 2%，并提供足够的恒定磁通变频电压源，并在变频器能量回馈工作方式时实现能量回馈的控制。

负载端逆变器是由带反并联续流二极管的六只功率晶体管组成。通过磁场计算机的控制，负载端逆变器输出三相正弦脉宽调制（SPWM）电压，使电机获得所需的转矩电流和励磁电流。输出的三相 SPWM 电压幅值控制范围为 0～430V，频率控制范围为 0～300Hz。在回馈制动时，电机能量通过变流器的六只续流二极管向电容器 C 充电，当电容器 C 上的电压超过 600V 时，就通过控制调节器和电网端变流器把电容器 C 上的电能经过逆变器回馈给电网。六只功率晶体管有六个互相独立的驱动级，通过对各功率晶体管 U_{be} 和 U_{ce} 的监控，可以防止电机超载以及对电机绕组匝间短路进行保护。

电机的实际转速是通过装在电机轴上的编码器进行测量的。闭环转速和扭矩控制以及磁场计算机是由两片 16 位微处理器(80186)所组成的控制组件完成的。图 4-7 所示为 6SC650 系列主轴驱动系统结构组成。

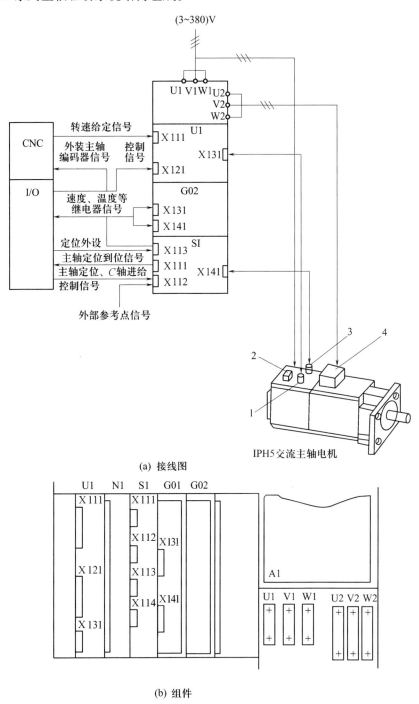

图 4-7　6SC650 系列交流主轴驱动系统结构组成

1—编码器(1024 脉冲/r)及电机温度传感器插座；2—主轴电机冷却风扇接线盒；
3—用于主轴定位及 C 轴进给的编码器；4—主轴电机三相电源接线盒。

6SC650 系列交流主轴驱动变频器主要组件基本相同。对于较小功率的 6SC6502/3 变频器(输出电流 20/30A),其功率部件是安装在印制电路板 A1 上的,如图 4-7(b)所示,对于大功率的 6SC6504~6SC6520 变频器(输出电流 40/200A),其功率部件是安装在散热器上的。

(1) 控制模块(N1):包括两片 80186,五片 EPROM。完成电网端逆变器的触发脉冲控制、矢量变换计算以及对变频器进行 PWM 调制。

(2) I/O 模块(U1):通过 U/f 变换器为 N1 组件处理各种 I/O 模拟信号。

(3) 电源模块(G01)和中央控制模块(G02):除供给控制电路所需的各种电源外,在 G02 上还输出各种继电器信号至数控系统进行控制。

(4) 选件(S10):配置主轴定位电路板或 C 轴进给控制电路板。通过内装轴端编码器(18000 脉冲/r)或外装轴端编码器(1024 脉冲/r 或 9000 脉冲/r)对主轴进行定位或 C 轴控制。

2) 故障诊断

(1) 故障代码。当 6SC650 系列交流主轴驱动变频器在运行中发生故障,变频器面板上的数码管就会以代码的形式提示故障的类型,如表 4-1 所列。

表 4-1 6SC650 系列变频器部分故障代码

故障代码	故障名称	故 障 原 因
F11	转速控制开环, 无实际转速	① 编码器电缆未接好; ② 编码器接线中断; ③ 编码器有故障; ④ 电机缺相工作; ⑤ 电机处于机械制动状态; ⑥ U1 模块故障; ⑦ 触发电路故障; ⑧ 驱动电路模块电源故障; ⑨ 中间电路熔断丝故障
F12	过电流	① 变频器上存在短路或故障; ② U1 模块故障; ③ N1 模块故障; ④ 功率晶体管故障; ⑤ 转矩设定值过高; ⑥ 电流检测用互感器故障
F14	电机过热	① 电机过载; ② 电机电流过大; ③ 电机上的 NTC 热敏电阻故障; ④ U1 模块有故障; ⑤ 电机绕组匝间短路

(2) 辅助诊断。除了以代码形式表示故障信息外,在控制模块(N1)和I/O模块(U1)上还有测试插座,作为辅助诊断的手段。如图4-8为I/O模块上的测试插座。

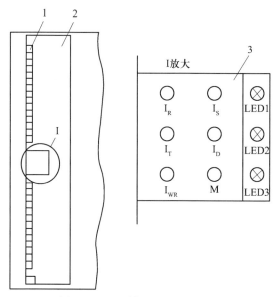

图4-8 I/O模块上的测试插座
1—接线端子;2—I/O模块;3—电流测试插孔。

该测试插座用于电流的调试。其中I_R、I_S和I_T用于测量电机的R、S、T相电流,I_D用于测量直流回路电流,I_{WR}用于测量电机总电流,M为参考电位。通过测试,可进一步判断变频器是否缺相、过电流等故障。

例4-2 西门子6SC6508交流变频调速系统停车时出现F41报警。

故障现象:该变频调速系统安装在CWK800卧式加工中心作主轴驱动用。在主轴停车时出现F41报警,报警内容为"中间电路过电压",按复位后消除,加速时正常。试验几次后出现F42报警(内容为"中间电路过电流")并伴有响声,断电后打开驱动单元检查,发现A1板(功率晶体管的驱动板)有一组驱动电路严重烧坏,对应的V1模块内的大功率晶体管基射极间电阻明显大于其他模块,而且并联在模块两端的大功率电阻R100(3.9Ω、50W)烧断、电容C100、C101(22P、1000V)短路,中间电路熔断器F7(125A、660V)烧断。

故障检查与分析:通过查阅6SC6508调速系统主回路电路图,知道该系统为一个高性能的交流调速系统,采用交—直—交变频的驱动形式,中间的直流回路电压为600V,而制动则采用最先进、对元件要求最高的能馈制动形式。在制动时,以主轴电机为发电机,将能量回馈电网。而大功率晶体管模块V1和V5就在制动时导通,将中间直流回路的正负端逆转,实现能量的反向流动。因此该系统可实现转矩和转向的4个象限的工作状态,以及快速的启动和制动,该系统出厂时内部参数设置中加速时间和减速时间均为0。估计故障发生的过程如下:由于V1内的大功率三极管基射极损坏而无法在制动时导通,制动时能量无法回馈电网,引起中间电路电容组上电压超过允许的最大值(700V)而出现

F41 报警,在作多次启停试验后,中间电路的高压使电容 C100、C101、V1 内的大功率三极管集射结击穿,导致中间电路短路,烧断熔断器 F7、电阻 R100,在主回路中流过的大电流通过 V1 中大功率三极管串入控制回路引起控制回路损坏。

故障处理:更换大功率模块 V1、V5,电容 C100、C101,电阻 100,熔断器 F7 及驱动板 A1 后,调速器恢复正常。为保险起见,把启动和制动时间(参数 P16、P17)均改为 4s,以减少对大功率器件的冲击电流,降低这一指标后对机床的性能并无影响。

说明:交流调速系统出现故障后一定要马上停机仔细检查,找出故障原因,切忌对大功率电路进行大的电流或电压冲击,以免造成进一步的损坏。

2. 主轴通用变频器

随着数字控制的 SPWM 变频调速系统的发展,数控机床主轴驱动采用通用变频器控制也越来越多。"通用"包含着两方面的含义:①可以和通用的笼型异步电机配套应用;②具有多种可供选择的功能,可应用于各种不同性质的负载。图 4-9 为三菱 FR-A500 系列变频器的配置及接线端子。

三菱 FR-A500 系列变频器既可以通过 2、5 端,用 CNC 系统输出的模拟信号来控制电机的转速,也可通过拨码开关的编码输出或 CNC 系统的数字信号输出至 RH、RM 和 RL

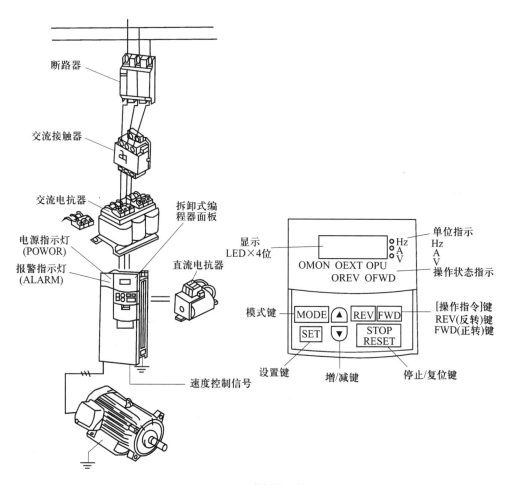

(a) 变频器系统组成

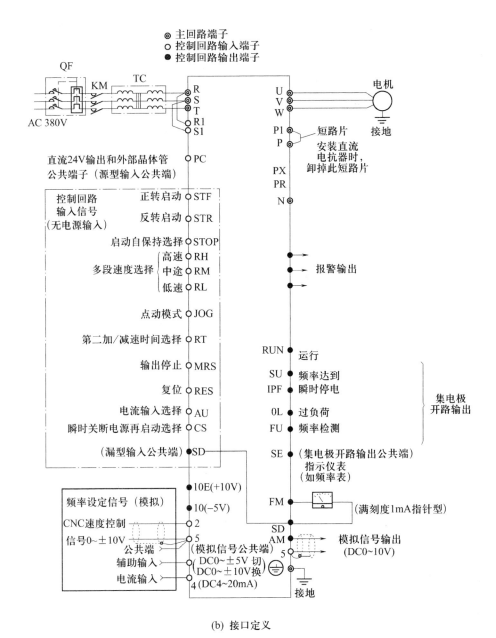

(b) 接口定义

图 4-9 三菱 FR-A500 系列变频器的配置及接线端子

端,通过变频器的参数设置,实现从最低速到最高速的变速。图 4-10 为数字控制的开环变频调速系统方框图。

这是一个速度开环控制系统,为提高速度控制精度,有些变频器可通过电机上的编码器来实现速度的闭环控制。同时,通过附加的定位模块来实现主轴的定位控制或 C 轴进给控制。

在图 4-9(a)中,电源侧交流电抗器的目的是减小输入电流的高次谐波,直流电抗器是用于功率因数校正,有时为了减小电机的振动和噪声,在变频器和电机之间加入降低噪声用的电抗器。为防止变频器对周围控制设备的干扰,必要时在电源侧选用无线电干扰

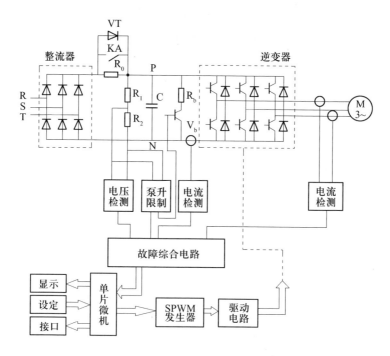

图 4-10 数字控制的开环变频调速系统方框图

(RFI)抑制电抗器。在图 4-10 中,R_0 的作用是限制启动时的大电流,合上电源后,延时触点 KA 闭合或晶闸管 VT 导通(图中虚线部分),将 R_0 短路。R_b 为能耗制动电阻,制动时,异步电机进入发电状态,通过逆变器的续流二极管向电容 C 充电,当中间直流回路电压(通称泵升电压)升高到一定限制值时,通过泵升限制电路使开关器件 V_b 导通,将电机释放的动能消耗在制动电阻 R_b 上,为了便于散热,制动电阻器常作为附件单独装在变频器外。定子电流或直流回路电流检测是为了补偿定子电压。

1)变频器的电源显示

变频器的电源显示也称充电显示,它除了表明是否已经接上电源外,还显示了直流高压部分滤波电容器上的充、放电状况。这一点之所以十分重要,是因为在切断电源后,高压滤波器的放电速度较慢,由于电压较高,故对人体有危险。所以,在调试和维修时,每次关机后,必须等电源显示完全熄灭后,方可触摸接线部分。

2)变频器的故障显示

各种变频器对故障原因的显示有以下三种方式:

(1)发光二极管显示。不同的故障原因由各自的发光二极管来显示。如 AC200S 交流主轴驱动装置上的 LED1 灭,说明欠电压、过电压及贯通性过电流;LED2 灭,说明过热;LED3 灭,说明过电流等。

(2)代码表示。不同的故障原因由不同的代码来显示。如三肯(SANKEN)SVF 系列变频器中,代码 5 表示过电压报警;代码 3 表示过载过电流;代码 4 表示冲击过电流等。

(3)字符显示。针对各种故障原因,用缩写的英文字符来显示。如过电流为 OC

(Over Current),过电压为 OV(Over Voltage),欠电压为 LV(Low Voltage),过载为 OL(Over Load),过热为 OH(Over Heat)等。如三菱 FR-A500 系列变频器,E.OC1 表示加速时过电流报警;E.OV3 表示减速时再生过电压报警。

3) 变频器的预置设定

变频器和主轴电机配用时,需根据主轴加工的特性和要求,预先进行一系列的设定,如加减速时间等。设定的方法是通过编程器上的键盘和数码管显示将参数输入或修改。

(1) 首先按下模式转换开关,使变频器进入编程模式。

(2) 按数字键或数字增减键(△键和▽键),选择需进行预置的功能码。

(3) 按读出键或设定键,读出该功能的原设定数据(或数据码)。

(4) 如需修改,则通过数字键或数字增减键来修改设定数据。

(5) 按写入键或设定键,将修改后的数据写入。

(6) 如预置尚未结束,则转入步骤(2),对其他功能进行设定。如预置已经完了,则按模式选择键,使变频器进入运行模式,电机就可以启动了。

4) 变频控制的故障诊断

(1) 过电压。

主要有两种情况:①电源电压过高。变频器一般允许电源电压向上波动的范围是+10%,超过此范围时,就进行保护。②降速过快。如果将减速时间设定得太短,在再生制动过程中制动电阻来不及将能量放掉,致使直流回路电压过高,形成高电压。

(2) 欠电压。

电源方面:①电源电压低于额定值电压的 10%。②电源缺相。

主电路方面:①整流器件损坏。如果六个整流二极管中有部分损坏,整流后的电压将下降。②限流电阻 R_0 未"切出"电路。如果延时触点 KA 未动作、触点接触不良或晶闸管 VT 未导通,使电阻 R_0 长时间接入电路,将导致直流侧欠电压。

(3) 过电流。

非短路性过电流:①电机严重过载。②电机加速过快。

短路性过电流:①负载侧短路。②负载侧接地。③变频器逆变桥同一桥臂的上下两晶体管同时导通,形成"直通"。因为变频器在运行时,同一桥臂的上下两晶体管总是处于交替导通状态,在交替导通的过程中,必须保证只有在一个晶体管完全截止后,另一个晶体管才开始导通。如果由于某种原因,如环境温度过高等,使之器件参数发生漂移,就可能导致直通。

5) 变频器的测量

(1) 测绝缘。将接至电源和电机的连线断开,然后将所有的输入端和输出端都连接起来,如图 4-11 所示,再用兆欧表测量绝缘电阻。

(2) 测电流。变频器的输入和输出电流都含有各种高次谐波,应选用电磁式仪表,因为电磁式仪表所指示的是电流的有效值。

(3) 测电压。变频器输入侧的电压是电网的正弦波电压,可用任意类型的仪表测量。输出侧的电压是方波脉冲序列,含有许多高次谐波成分,由于电机的转矩主要和电压的基波有关,故应选用整

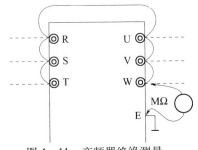

图 4-11 变频器绝缘测量

流式仪表进行测量。有些数字式万用表、钳形表的交流电压挡内含滤波环节,如 DM-6015、DM-815 型可直接用于测量。

(4)测波形。用示波器测主电路的电压和电流波形时,必须使用高压探头。如使用低压探头,需用互感器或其他隔离器件进行隔离。

(5)整流器和逆变器的故障判断。参阅图 4-11,变频器的主要接线端子有 8 个:进线端的 R、S、T;出线端的 U、V、W;直流正端 P 和直流负端 N,用万用表进行判断的方法如表 4-2 所列。

表 4-2 整流器和逆变器的故障判断

整流元件	VD1		VD2		VD3		VD4		VD5		VD6	
黑笔位置	R	P	N	R	S	P	N	S	T	P	N	T
红笔位置	P	R	R	N	P	S	S	N	P	T	T	N
正常状态	通	不通	通	不通	通	不通	通	不通	通	不通	通	不通
逆变组件	V1		V2		V3		V4		V5		V6	
黑笔位置	U	P	N	U	V	P	N	V	W	P	N	W
红笔位置	P	U	U	N	P	V	V	N	P	W	W	N
正常状态	通	不通	通	不通	通	不通	通	不通	通	不通	通	不通

在表 4-2 中,黑笔和红笔是指普通指针式万用表的表笔,黑笔为电源"+",红笔为电源"-"。

值得注意的是,变频器的冷却方式都采用风扇强迫冷却。如果通风不良,器件的温度将会升高,有时即使变频器并没有跳闸,但器件的使用寿命已经下降。所以,应注意冷却风扇的运行状况是否正常,经常清拭滤网和散热器的风道,以保证变频器的正常运行。

4.3 进给伺服系统故障及诊断

进给伺服系统由各坐标轴的进给驱动装置、位置检测装置及机床进给传动链等组成,进给伺服系统的任务就是要完成各坐标轴的位置控制。数控系统根据输入的程序指令及数据,经插补运算后得到位置控制指令,同时,位置检测装置将实际位置检测信号反馈于数控系统,构成全闭环或半闭环的位置控制。经位置比较后,数控系统输出速度控制指令至各坐标轴的驱动装置,经速度控制单元驱动伺服电机带动滚珠丝杠传动进行进给运动。伺服电机上的测速装置将电机转速信号与速度控制指令比较,构成速度环控制。因此,进给伺服系统实际上是外环为位置环、内环为速度环的控制系统。对进给伺服系统的维护及故障诊断将落实到位置环和速度环上。组成这两个环的具体装置有:用于位置检测的光栅、光电编码器、感应同步器、旋转变压器和磁栅等;用于转速检测的测速发电机或光电编码器等。进给驱动系统由直流或交流驱动装置及直流和交流伺服电机组成。

4.3.1 常见进给驱动系统及其结构形式

1. 常见进给驱动系统

1)直流进给驱动系统

(1) FANUC 公司直流进给驱动系统。从 1980 年开始,FANUC 公司陆续推出了小惯量 I 系列、中惯量 M 系列和大惯量 H 系列的直流伺服电机。中、小惯量伺服电机采用 PWM 速度控制单元,大惯量伺服电机采用晶闸管速度控制单元。驱动装置具有多种保护功能,如过速、过电流、过电压和过载等。

(2) SIEMENS 公司直流进给驱动系统。SIEMENS 公司在 20 世纪 70 年代中期推出了1HU 系列永磁式直流伺服电机,规格有 1HU504、1HU305、1HU307、1HU310 和 1HU313。与伺服电机配套的速度控制单元有 6RA20 和 6RA26 两个系列,前者采用晶体管 PWM 控制,后者采用晶闸管控制。驱动系统除了各种保护功能外,另具有热效应监控等功能。

(3) MITSUBISHI 公司直流进给驱动系统。MITSUBISHI 公司的 HD 系列永磁式直流伺服电机,规格有 HD21、HD41、HD81、HD101、HD201 和 HD301 等。配套的 6R 系列伺服驱动单元,采用晶体管 PWM 控制技术,具有过载、过电流、过电压和过速保护,带有电流监控等功能。

2)交流进给驱动系统

(1) FANUC 公司交流进给驱动系统。FANUC 公司在 20 世纪 80 年代中期推出了晶体管 PWM 控制的交流驱动单元和永磁式三相交流同步电机,电机有 S 系列、I 系列、SP 系列和 T 系列,驱动装置有 α 系列交流驱动单元等。

(2) SIEMENS 公司交流进给驱动系统。1983 年以来,SIEMENS 公司推出了交流驱动系统。由 6SC610 系列进给驱动装置和 6SC611A(SIMODRIVE 611A)系列进给驱动模块、1FT5 和 1FT6 系列永磁式交流同步电机组成。驱动采用晶体管 PWM 控制技术,带有 I^2t 热监控等功能。另外,SIEMENS 公司还有用于数字伺服系统的 SIMODRIVE 611D 系列进给驱动模块。

(3) MITSUBISHI 公司交流进给驱动系统。MITSUBISHI 公司的交流驱动单元有通用型的 MR - J2 系列,采用 PWM 控制技术,交流伺服电机有 HC - MF 系列、HA - FF 系列、HC - SF 系列和 HC - RF 系列。另外,MITSUBISHI 公司还有用于数字伺服系统的 MDS - SVJ2 系列交流驱动单元。

(4) A - B 公司交流进给驱动系统。A - B 公司的交流驱动系统有 1391 系列交流驱动单元和 1326 型交流伺服电机。另外,还有 1391 - DES 系列数字式交流驱动单元,相应的伺服电机有 1391 - DESl5、1391 - DES22 和 1391 - DES45 三种规格。

3)步进驱动系统

在步进电机驱动的开环控制系统中,典型的产品有 KT400 数控系统及 KT300 步进驱动装置,SINUMERIK 802S 数控系统配 STEPDRIVE 步进驱动装置及 IMP5 五相步进电机等。

2. 伺服系统结构形式

伺服系统不同的结构形式,主要体现在检测信号的反馈形式上,以带编码器的伺服电

机为例进行介绍:

1) 方式一(图4-12)

转速反馈信号与位置反馈信号处理分离,驱动装置与数控系统配接有通用性。图4-12(b)为SINUMERIK 800系列数控系统与SIMODRIVE 611A进给驱动模块和IFT5伺服电机构成的进给伺服系统。数控系统位置控制模块上X141端口的25针插座为伺服输出口,输出0~±10V的模拟信号及使能信号至进给驱动模块上56、14速度控制信号接线端子和65、9使能信号接线端子;位控模块上的X111、X121和X131端口的15针插座为位置检测信号输入口,由1FT5伺服电机上的光电脉冲编码器(ROD320)检测获得;速度反馈信号由1FT5伺服电机上的三相交流测速发电机检测反馈至驱动模块X311插座中。

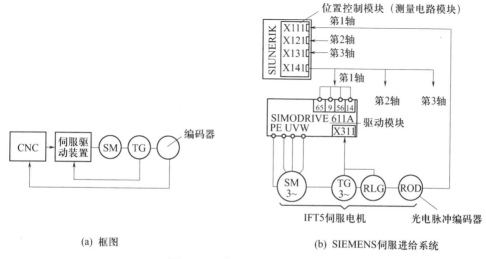

(a) 框图　　　　　　　(b) SIEMENS伺服进给系统

图4-12　伺服系统(方式一)

2) 方式二(图4-13)

伺服电机上的编码器既作为转速检测,又作为位置检测,位置处理和速度处理均在数控系统中完成。图4-13(b)为FANUC数控系统与用于车床进给控制的α系列2轴交流驱动单元的伺服系统,伺服电机上的脉冲编码器将检测信号直接反馈于数控系统,经位置处理和速度处理,输出速度控制信号、速度反馈信号及使能信号至驱动单元JV1B和JV2B端口中。

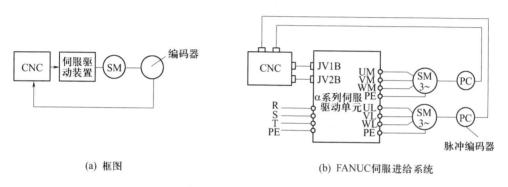

(a) 框图　　　　　　　(b) FANUC伺服进给系统

图4-13　伺服系统(方式二)

101

3) 方式三(图4-14)

伺服电机上的编码器同样作为速度和位置检测,检测信号经伺服驱动单元一方面作为速度控制,另一方面输出至数控系统进行位置控制,驱动装置具有通用性。图4-14(b)为由 MR-J2 伺服驱动单元和伺服电机组成的伺服系统。数控系统输出速度控制模拟信号(0~±10V)和使能信号至驱动单元 CN1B 插座中的1、2针脚和5、8针脚,伺服电机上的编码器将检测信号反馈至 CN2 插座中,一方面用于速度控制,另一方面再通过 CN1A 插座输出至数控系统中的位置检测输入口,在数控系统中完成位置控制。该类型控制同样适用于由 SANYODENKIP 系列交流伺服驱动单元和 P6、P8 伺服电机组成的伺服系统。

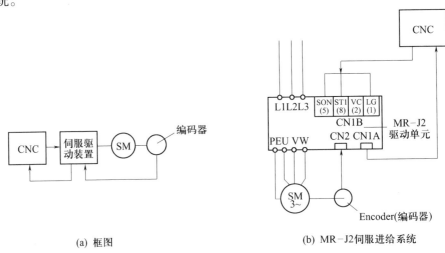

图4-14 伺服系统(方式三)

在上述三种控制方式中,共同的特点是位置控制均在数控系统中进行,且速度控制信号均为模拟信号。

4) 方式四(图4-15)

图4-15(a)所示为数字式伺服系统。在数字式伺服系统中,数控系统将位置控制指令以数字量的形式输出至数字伺服系统,数字伺服驱动单元本身具有位置反馈和位置控制功能,能独立完成位置控制。数控系统和数字伺服驱动单元采用串行通行的方式,极大地减少了连接电缆,便于机床安装和维护,提高了系统的可靠性。由于数字伺服系统读取指令的周期必须与数控系统的插补周期严格保持同步,因此决定了数控系统与伺服系统之间必须有特定的通信协议。

就数字式伺服系统而言,CNC 系统与伺服系统之间传递的信息有:

(1) 位置指令和实际位置。
(2) 速度指令和实际速度。
(3) 扭矩指令和实际扭矩。
(4) 伺服驱动及伺服电机参数。
(5) 伺服状态和报警。
(6) 控制方式命令。

图4-15(b)为三菱 MELDAS 50 系列数控系统和 MDS-SVJ2 伺服驱动单元构成的

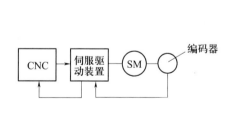
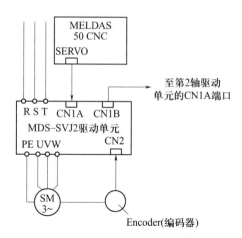

(a) 框图　　　　　　　　(b) MDS-SVJ2伺服进给系统

图 4-15　伺服系统(方式四)

数字式伺服系统。数控系统伺服输出口(SERVO)与驱动单元上的 CN1A 端口实行串行通信,通信信息经 CN1B 端口再输出至第 2 轴驱动单元上的 CN1A 端口,伺服电机上的编码器将检测信号直接反馈至驱动单元上的 CN2 端口中,在驱动单元中完成位置控制和速度控制。

能实现数字伺服控制的数控系统有三菱 MELDAS 50 系列数控系统、FANUC 0D、SINUMERIK 810D 和 840D 等。

4.3.2　进给伺服系统的故障形式及诊断方法

1. 故障形式

当进给伺服系统出现故障时,通常有三种表现方式:
(1) 在 CRT 或操作面板上显示报警内容或报警信息;
(2) 在进给伺服驱动单元上用报警灯或数码管显示驱动单元的故障;
(3) 进给运动不正常,但无任何报警信息。

进给伺服系统常见的故障有:

1) 超程

当进给运动超过由软件设定的软限位或由限位开关决定的硬限位时,就会发生超程报警,一般会在 CRT 上显示报警内容,根据数控系统说明书,即可排除故障,解除报警。

2) 过载

当进给运动的负载过大,频繁正、反向运动以及进给传动链润滑状态不良时,均会引起过载报警。一般会在 CRT 上显示伺服电机过载、过热或过流等报警信息。同时,在强电柜中的进给驱动单元上,用指示灯或数码管提示驱动单元过载、过电流等信息。

3) 窜动

在进给时出现窜动现象:① 测速信号不稳定,如测速装置故障、测速反馈信号干扰等。② 速度控制信号不稳定或受到干扰。③ 接线端子接触不良,如螺钉松动等。窜动发生在由正向运动向反向运动的瞬间时,一般是由于进给传动链的反向间隙或伺服系统增益过大所致。

4) 爬行

爬行通常发生在启动加速段或低速进给时,一般是由于进给传动链的润滑状态不良、伺服系统增益过低及外加负载过大等因素所致。尤其要注意的是,伺服电机和滚珠丝杠连接用的联轴器,由于连接松动或联轴器本身的缺陷,如裂纹等,造成滚珠丝杠转动和伺服电机的转动不同步,从而使进给运动忽快忽慢,产生爬行现象。

5) 振动

分析机床振动周期是否与进给速度有关。① 如与进给速度有关,振动一般与该轴的速度环增益太高或速度反馈故障有关。② 若与进给速度无关,振动一般与位置环增益太高或位置反馈故障有关。③ 如振动在加减速过程中产生,往往是系统加减速时间设定过小造成的。

6) 伺服电机不转

数控系统至进给驱动单元除了速度控制信号外,还有使能控制信号,一般为 DC +24V 继电器线圈电压。① 检查数控系统是否有速度控制信号输出。② 检查使能信号是否接通。通过 CRT 观察 I/O 状态,分析机床 PLC 梯形图(或流程图),以确定进给轴的启动条件,如润滑、冷却等是否满足。③ 对带电磁制动的伺服电机,应检查电磁制动是否释放。④ 进给驱动单元故障。⑤ 伺服电机故障。

7) 位置误差

当伺服轴运动超过位置允差范围时,数控系统就会产生位置误差过大的报警,包括跟随误差、轮廓误差和定位误差等。主要原因:① 系统设定的允差范围太小。② 伺服系统增益设置不当。③ 位置检测装置有污染。④ 进给传动链累积误差过大。⑤ 主轴箱垂直运动时平衡装置(如平衡油缸等)不稳。

8) 漂移

当指令值为零时,坐标轴仍移动,从而造成位置误差。通过漂移补偿和驱动单元上的零速调整来消除。

9) 回参考点故障

在全数字式的数控系统中,由于数控系统与伺服系统的通信联系,伺服系统的状态可通过数控系统的 CRT 来监控。图 4-16 所示为 MELDAS 50 系列数控系统 CRT 的伺服监

```
[SERVO MONITOR]                          ALARM/DIAGN 2.1/5
                    <X>      <Y>      <Z>      <C>
GAIN      (1/sec)    0        0        0        0
DROOP     (i)        0        0        0        0
SPEED     (rpm)      0        0        0        0
CURRENT   (%)        2        2        2        0
MAX CUR1  (%)       52       37       29       14
MAX CUR2  (%)        2        2        3        0
OVER LOAD (%)        0        0        0        0
OVER REG  (%)        0        0        0        0
AMP DISP            D1       D2       D2       D4
 ALARM



  ALARM   |  SERVO  |  SPINDLE  |  PLC-I/F  |  MENU
```

图 4-16 伺服监控页面

控页面,表4-3为伺服控制页面中各项参数的含义。

表4-3 伺服监控参数的含义

名　　称	含　　义
增益(GAIN)	位置环增益
偏移量(DROOP)	实际位置与指令位置的误差
转速(SPEED)	伺服电机实际转速
电流(CURRENT)	伺服电机暂停期间的连续电流
最大电流1(MAX CUR1)	用百分比表示伺服电机的驱动电流与电流极限值
最大电流2(MAX CUR2)	伺服电机驱动电流峰值的最大值
过载(OVER LOAD)	实际负载与额定负载的比值
再生回路(OVER REG)	用于监控再生电阻的负载状态
驱动装置显示(AMP DISP)	显示驱动装置上7段发光二极管的状态
报警(ALARM)	显示驱动装置以外的报警

2. 故障定位

由于伺服系统是由位置环和速度环组成的,当伺服系统出现故障时,为了快速定位故障的部位,可以采用如下两种方法:

1)模块交换法

数控机床有些进给轴的驱动单元具有相同的当量,如立式加工中心,X轴和Y轴的驱动单元往往是一致的,当其中的某一轴发生故障时,可以用另一轴来替代,观察故障的转移情况,快速确定故障的部位,图4-17为采用模块交换法故障诊断的方法。

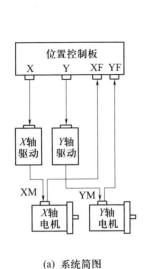

(a) 系统简图　　　　　　　　　(b) 诊断流程图

图4-17 模块交换法故障诊断

其中,X 和 Y 针型插座为 CNC 系统位置控制模块至 X 轴和 Y 轴驱动模块的控制信号,包括速度控制信号和伺服使能信号等;XM 和 YM 为伺服电机动力线端子;XF 和 YF 针型插座为伺服电机上检测装置的反馈信号。

2) 外接参考电压法

当某轴进给发生故障时,为了确定是否为驱动单元和伺服电机故障,可以脱开位置环,检查速度环。如图 4-18 为 SIMODRIVE611A 进给驱动模块接线图。

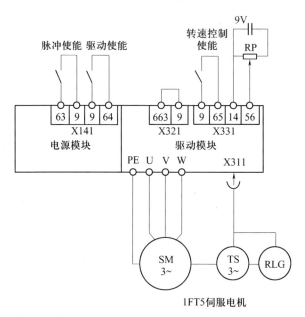

图 4-18　SIMODRIVE611A 进给驱动模块接线图

首先断开闭环控制模块上 X331-56 速度给定输入正端和 X331-14 速度给定输入负端两接点,外加 9V 电压于电池和电位器组成的直流回路中;再短接该模块上 X331-9 使能电压 +24V 和 X331-65 使能信号两接点。接通机床电源,启动数控系统,再短接电源和监控模块上 X141-63 脉冲使能和 X141-9 使能电压 +24V 两接点,X141-64 驱动使能和 X141-9 使能电压 +24V。使能信号时序如图 4-19 所示。

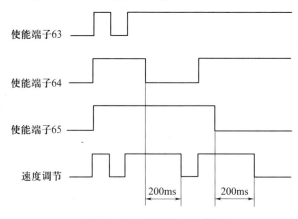

图 4-19　时能信号时序图

从图4-19可知,只有当三个使能信号都有效时,电机才能工作。当使能端子63无效时,驱动装置立即禁止所有进给轴运行,伺服电机无制动地自然停止;当使能端子64无效时,驱动装置立即置所有进给轴的速度定值为零,伺服电机进入制动状态,200ms后电机停转;当使能端子65无效时,对应轴的速度给定值立即置零,伺服电机进入制动状态,200ms后电机停转。正常情况下,伺服电机就在外加的参考电压控制下转动,调节电位器可控制电机的转速,参考电压的正、负则决定电机的旋转方向。这时可判断驱动装置和伺服电机是否正常,以判断故障是在位置环还是在速度环。

4.3.3 进给驱动的故障诊断

进给驱动的任务是:驱动装置接收数控系统的速度控制等信号,拖动伺服电机带动滚珠丝杠实现工作台、刀架或主轴箱的直线位移。驱动装置在结构上有:① 模块式。图4-20为SIMODRIVE611A驱动装置简图,整个装置由电源模块、功率模块和闭环控制模块等组成。② 单元式。图4-21为三菱MR-J2驱动装置简图,整个装置集电源、控制和功率驱动为一体,组成一个单元。

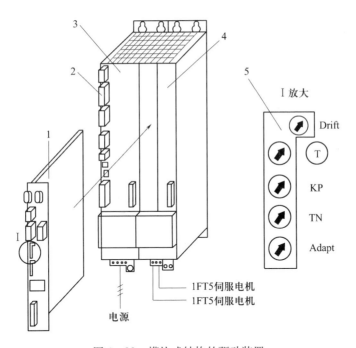

图4-20 模块式结构的驱动装置

1—2轴型标准闭环控制模块;2—接线端子;3—电源模块;4—功率模块;5—电位器参数调节。

在驱动方式上有:① 直流PWM和晶闸管驱动方式。② 交流同步电机变频控制方式。③ 步进电机驱动方式。由于进给驱动装置在伺服系统中进行的是速度环控制,故进给驱动装置也称速度控制单元。

1. 直流进给驱动

PWM调速是利用脉宽调制器对大功率晶体管的开关时间进行控制。将速度控制信号转换成一定频率的方波电压,加到直流伺服电机的电枢两端,通过对方波宽度的控制,

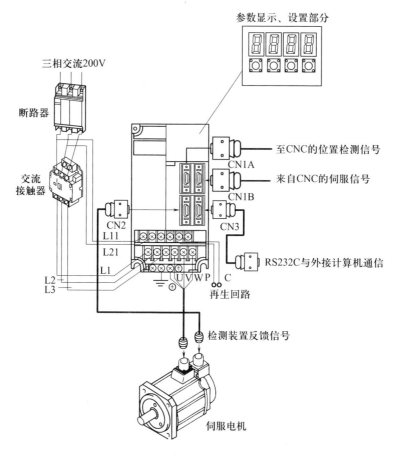

图 4-21 单元式结构的驱动装置

改变电枢两端的平均电压,从而达到控制电枢电流,进而控制伺服电机转速的目的。晶闸管调速则是利用速度调节器对晶闸管的导通角进行控制,通过改变导通角的大小来改变电枢两端的电压,从而达到调速的目的。图 4-22 为 FANUC 系统采用 PWM 进给驱动的控制简图。

图 4-22 中,位置和转速检测采用脉冲编码器。该系统也可采用旋转变压器或感应同步器和测速发电机作为位置和转速检测元件。

数控系统中的 CPU 发出的信号经过 DDA 插补器输出一系列均匀脉冲,这些脉冲经过指令倍率器 CMR 后,与位置反馈脉冲比较所得的差值,送到误差寄存器,然后与位置增益和偏移量补偿运算后送到脉宽调制器 PWM 进行脉宽调制,随后经 D/A 变换成模拟电压,作为速度控制信号 VCMD 送到速度控制单元。伺服电机旋转时,脉冲编码器发出的脉冲经断线检查器确认无信号断线后,送到鉴相器,对两组脉冲 PA、PB 进行鉴相,以确定电机的旋转方向。从鉴相器分两路输出,一路经 F/V 变换器,将脉冲变换电压,作为速度反馈信号 TSA 送速度控制单元,并与 VCMD 进行比较,从而完成速度环控制;另一路输出经检测倍率器 DMR,再送到位置比较器完成位置控制。参考点计数器及一转信号 PC 用于栅格法回参考点的操作。设置 CMR 和 DMR 的目的是为适应各种丝杠螺距的场合,使指令的每个脉冲移动量和实际的每个脉冲移动量一致。

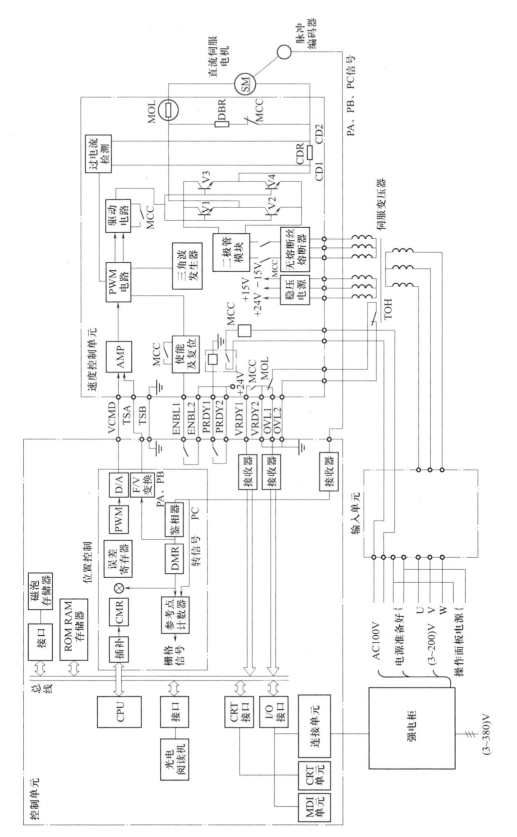

图4-22 FANUC系统PWM进给驱动

109

驱动电路采用 PWM 控制方式,由 V1～V4 功率开关晶体管组成 H 型驱动电路。其中,CDR 用于检测电枢电流,作为电流反馈,其压降由 CD1 和 CD2 端输出;MOL 热继电器,串联于电枢电路,用于电机的过载保护;DBR 为能耗制动电阻,并联于电枢,当主回路电源切断时,MCC 常闭触点闭合,实现电机的能耗制动。图 4-23 为 PWM 驱动控制线路简图。

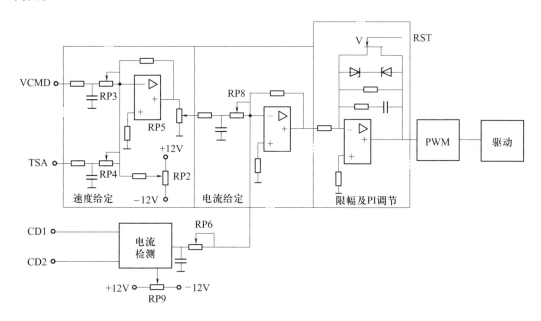

图 4-23 PWM 驱动控制线路简图

在 FANUC PWM 进给驱动系统中,RP2、RP9 为零飘调整,RP3 为速度给定调整,RP4 为速度反馈系数调整,RP5 为速度增益调整,RP6 为电流反馈系数调整,RP8 为电流给定调整。场效应晶体管 V 处于开关工作状态。当电机正常工作时,复位信号 RST 为低电平,场效应晶体管处于关断状态,PI 调节器正常工作;当停机或出现故障时,RST 为高电平,场效应晶体管处于饱和导通状态,PI 调节器的 RC 网络短接,使其只能工作在比例状态。场效应晶体管的饱和内阻很小,故比例放大倍数很小,输出电压很低,使 PWM 的脉宽减小,电枢电压大大降低。

CNC 系统与速度控制单元的连接信号如下:

(1) VCMD 信号为 CNC 至速度控制单元用来控制伺服电机转速的模拟电压控制信号。

(2) TSA、TSB 信号为 CNC 至速度控制单元的伺服电机转速的反馈信号。

(3) PRDY1、PRDY2 信号为位置准备好控制信号。当 PRDY1 和 PRDY2 短接时,速度控制单元主回路接通。

(4) ENBL1、ENBL2 信号为能使控制信号。当 ENBL1 和 ENBL2 短按时,速度控制单元开始正常工作,并接收 VCMD 信号的控制。

(5) VRDY1、VRDY2 信号为速度控制单元通知 CNC 其正常工作的触点信号。当速度控制单元出现报警时,VRDY1 和 VRDY2 立即断开,系统封闭。

(6) OVL1、OVL2 信号为过载信号。当速度控制单元中的过载继电器 MOL 或变压器内的热控开关 TOH 动作时,通知 CNC 产生过热报警。

图 4-24 为信号时序图及信号失效原因。

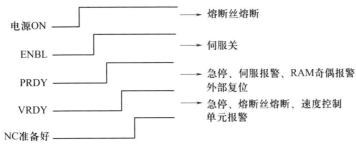

图 4-24 信号时序图及信号失效原因

FANUC 系统进给驱动故障有如下表示方式:

1) CRT 有报警显示的故障

对于 FANUC 系统,CRT 显示的伺服报警为(400~457)号伺服系统错误报警和(702~704)号过热报警。引起过热报警的原因有:① 机床切削条件苛刻及机床摩擦力矩增大,引起主回路中的过载继电器动作。② 切削时伺服电机电流太大或变压器本身故障,引起伺服变压器热控开关动作。③ 伺服电机电枢内部短路或绝缘不良、电机永久磁钢去磁或脱落及电机制动器不良,引起电机内的热控开关动作。

2) 报警指示灯指示的报警

速度控制单元中的印制电路板上有 7 个报警灯,其功能如下:

(1) BRK 报警:无熔断丝断路器切断报警。故障原因及排除方法:①如果断路器已跳起,则先关断电源,再将断路器按钮按下使其复位,待 10min 后再合上电源。②如合上电源后断路器又跳起,应检查整流二极管模块或电路板上的其他元件是否已损坏。③检查机械负载是否过大,以确认电机负载电流是否超过额定值。

(2) HVAL 报警:高电压报警。故障原因:①输入的交流电源电压过高。②伺服电机的电枢和机壳间的绝缘电阻下降,可通过清洁电机电刷和换向器来排除。③印制电路板不良。

(3) HCAL 报警:大电流报警。如同时伴有 401 号报警,则多为速度控制单元上的功率晶体管损坏。用万用表测量 V1~V4 晶体管的集电极、发射极之间的电阻,如果阻值小于等于 10Ω,则表明该晶体管已损坏。

(4) OVC 报警:过载报警。故障原因:①确认机械负载是否正常。②如果在 OVC 报警的同时,CRT 上显示 401 或 702 等报警,则有可能是伺服电机的故障。

(5) LVAL 报警:电源电压下跌报警。故障原因:①交流电源电压太低,如低于正常值的 15%。②伺服变压器与速度控制单元的连接不良。

(6) TGLS 报警:速度反馈信号断线报警。故障原因:①印制电路板设定错误,如将测速发电机设定为脉冲编码器,就会产生断线报警。②确认是否有速度反馈电压或反馈信号线断线。

(7) DCAL 报警:放电报警。故障原因:①如果系统一接通电源,立即出现 DCAL 报警,则多为续流二极管损坏。②印制电路板设定错误,如速度控制单元外接再生放电单元,应重新设定有关的短路棒。③伺服系统的加减速频率太高,通常情况下,快速移动定位次数每秒不应超过1~2次。

3) 无报警显示的故障

(1) 机床失控。速度反馈信号为正反馈信号,多发生在维修调试过程中,通常是电缆信号线连接错误所致。

(2) 机床振动。

① 与位置控制有关的系统参数设定错误,如指令倍率CRM和检测倍率DMR的设定错误等。

② 检查机床振动周期,如机床振动周期随进给速度变化,特别是快速移动时,伴有大的冲击,多为测速装置有故障,如伺服电机上的测速发电机电刷接触不良;如机床振动周期不随进给速度变化,调节增益电位器,使增益降低,观察振动是否减弱,如减弱,且振动周期是几十到几百赫兹,也即机床的固有振动频率,则可通过印制电路板上的有关设定来解决,如振动不减弱,则是印制电路板有故障。

(3) 定位精度低。除机床进给传动链误差大外,还与伺服系统增益太低有关,调节增益电位器,增大增益,以确认能否消除故障。

(4) 电机运行时噪声过大:

① 伺服电机换向器的表面粗糙度不好或有损伤。

② 油液、灰尘等侵入电刷或换向器。

③ 电机轴向存在窜动。

(5) 伺服电机不转。

① 电机永久磁钢脱落。

② 带电磁制动器的伺服电机,制动器失灵,通电后未能脱开。

例4-3 配备FANUC数控系统的数控机床,进给驱动为直流伺服电机和晶闸管逻辑无环流可逆调速装置。故障现象为:Y轴正向进给正常,反向进给时有时移动,有时停止,采用手摇脉冲发生器进给时也是如此。通过用交换法诊断,将故障定位在Y轴的驱动位置上。图4-25(a)为FANUC系统晶闸管逻辑无环流可逆调速装置控制线路简图。

用手摇脉冲发生器让Y轴正、反向进给,将示波器测试捧接CH19和CH20两测试端,观察电机电流波形,如图4-25(b)所示。从图中可以看出,反向波形有时为一条直线,偶尔闪出几个负向波形,可见电机负向供电不正常。用万用表测量速度调节器输出端CH8点电压,其极性随正、反向进给而改变,无断续现象。测方向控制电路脚电压,正向进给时为0V,反向进给时为6.6V,方向控制输入电压正常。再测该电路输出脚9和10端电压,正向进给时SGA为低电平,SGB为高电平;反向进给时SGA为高电平,SGB为低电平,但有时会出现SGA和SGB皆为高电平的异常现象,这时反向就停止。

如前所述,对逻辑无环流可逆控制系统,不允许正、反两组晶闸管同时导通,在该逻辑切换电路中,切换过程是电源向电容C20充电产生延时而获得的。可见故障是由于M7电路板外围电容C20不良引起的,从而产生SGA和SGB同时为高电平的异常现象。

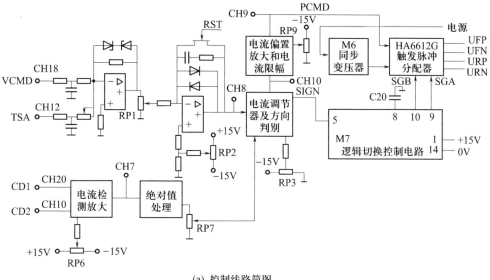

(a) 控制线路简图

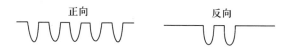

(b) 电机电流波形

图 4-25 FANUC 晶闸管逻辑无环流可逆调速装置

2. 交流进给驱动

由于交流伺服电机通常采用交流永磁式同步电机,因此,交流进给驱动装置从本质说是一个电子换向的直流电机驱动装置。虽然电路形式同变频器电路相似,但在控制上不产生旋转磁场的内部节拍,各种调节是建立在直流电压特性上的。图 4-26 所示为西门

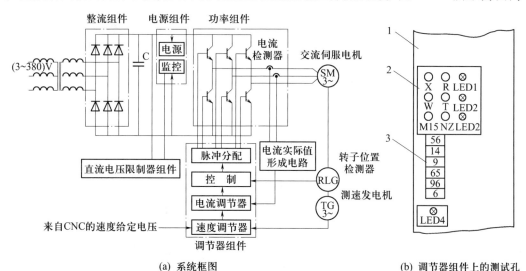

(a) 系统框图   (b) 调节器组件上的测试孔

图 4-26 西门子 6SC610 交流进给驱动系统
1—调节器组件;2—测试孔及 LED;3—接线端子。

子6SC610交流进给驱动装置和1FT5系列三相交流永磁式同步伺服电机组成的交流进给驱动系统。

图4-26(a)中TG为1FT5伺服电机上的三相交流测速发电机,RLG为霍耳式转子位置检测器。图4-26(b)中,测试孔X为转速实际值,R为转速给定值,W为电流实际值,T为电流给定值,M15为±24V和±15V的参考地,NZ为转速辅助给定值。发光二极管LED1不用,LED2为速度调节器,200ms 监控有效时亮,LED3 为 I^2t 监控有效时亮,LED4为电机过热监控有效时亮。在有些交流伺服电机中,也有采用光电编码器作为转速和转子位置检测器的。综合各类交流进给驱动装置的常见故障,如表4-4所列。

表4-4 交流进给驱动常见故障

故障	检查
伺服使能	(1) 查询机床I/O接口信息,确认使能条件是否满足; (2) +24V是否加到使能端
伺服电机低速时速度不稳定,负载惯量大及伺服电机振动	检查驱动装置增益设定情况
欠电压	(1) 电源电压太低; (2) 电源容量不够; (3) 整流器件损坏
过电压	(1) 电源电压过高,整流器直流母线电压超过了规定值; (2) 内装或外接的再生制动电阻接线断开或破损; (3) 加减速时间过小,在降速过程中引起过电压
过电流	(1) 驱动装置输出U,V,W之间短路; (2) 伺服电机过载; (3) 功率开关晶体管损坏; (4) 加速过快
伺服电机过热	(1) 伺服电机的环境温度超过了规定值; (2) 伺服电机过载; (3) 编码器内的热保护器故障
过载	(1) 负载过大; (2) 加减速时间设定过小; (3) 负载有冲击现象; (4) 编码器故障,编码器反馈脉冲与电机转角不成比例变化,有跳跃
编码器	编码器电缆破损或短路,引起编码器与驱动装置之间的通信错误

3. 步进电机驱动

如图4-27为KT400-T数控系统与KT300步进驱动电机的连接图。

图4-27中,A1和A3是KT400-T数控系统上分别用于X轴、Z轴步进电机脉冲输出连接插座,CW和$\overline{CW}$分别为正转和正转非信号,DIR和$\overline{DIR}$分别为方向和方向非信号,FRAME为屏蔽接地。CN1为KT300步进驱动器脉冲输入连接插座。

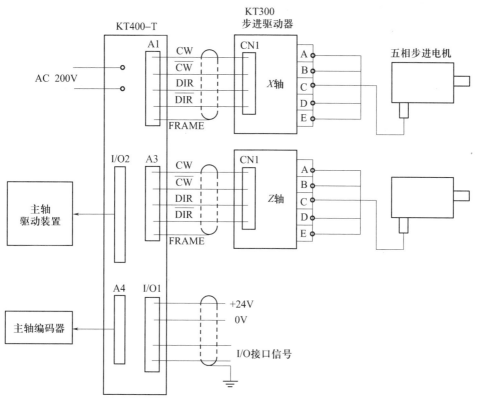

图 4-27 KT400-T 数控系统与 KT300 步进电机的连接

步进电机驱动常见的故障见表 4-5。

表 4-5 步进电机驱动常见故障

项目	故障现象	故障原因	排除方法
驱动器故障	电机尖叫不转	输入脉冲频率太高引起堵转	降低输入脉冲频率
		输入脉冲的突跳频率太高	降低输入脉冲的突跳频率
		输入脉冲的升速曲线不够理想引起堵转	调整输入脉冲的升速曲线
	电机旋转时噪声特大	电机低频旋转时有进二退一现象,电机高速上不去	检查相序
数控系统故障	步进电机失步	升降频曲线设置不合适,或速度设置过高	修改升降频曲线降低速度
	显示时有时无或抖动	通常是由于干扰造成,检查系统接地是否良好,是否采用屏蔽线	正确接地

例 4-4 某立式加工中心,配备 FANUC 0 系统及 α 系列伺服驱动单元。故障时,CRT 显示 414 号报警。同时伺服驱动单元报警显示号码 "9"。查阅机床技术资料可知:414 号报警为 "X 轴的伺服系统有错误,当错误的信息输出至 DGN N0720 时,伺服系统报警。" 根据报警显示内容,用机床自我诊断功能检查机床参数 DGN N0720 上的信息,发现第 4 位为 "1"。正常情况下,该位应为 "0",现该位由 "0" 变 "1",则为异常电流报警,同时 α 系列伺服驱动单元报警显示号码 "9" 表示伺服轴过电流报警。检查伺服驱动单元晶体

管模块,用万用表测得电源输入端阻抗只有6Ω,远低于正常值的10Ω,因而诊断伺服驱动单元晶体管模块损坏。

例 4-5 一台配有 FANUC FS-11M 系统的加工中心,产生 SV023 和 SV009 报警。SV023 报警表示伺服电机过载,产生的原因:①电机负载太大。②速度控制单元的热继电器设定错误,如热继电器设定值小于电机额定电流。③伺服变压器热敏开关不良,如变压器表面温度低于60℃时,热敏开关动作,说明此开关不良。④再生反馈能量过大,如电机的加减速频率过高或垂直轴平衡调整不良。⑤速度控制单元印制电路板上设定错误。

SV009 报警表示移动时误差过大,产生的原因:①数控系统位置偏差量设定错误。②伺服系统超调。③电源电压太低。④位置控制部分或速度控制单元不良。⑤电机输出功率太小或负载太大等。

综合上述两种报警产生的原因,电机负载过大的可能性最大。测定机床空运行时的电机电流,结果超过电机的额定电流。将该伺服电机拆下,在电机不通电的情况下,用手转动电机输出轴,结果转动很费劲,这表明电机的磁钢有部分脱落,造成了电机超载。

4.3.4 进给伺服电机的维护

1. 直流伺服电机的维护

直流伺服电机带有数对电刷,电机旋转时,电刷与换向器摩擦而逐渐磨损。电刷异常或过度磨损,会影响电机工作性能,所以对直流伺服电机进行定期检查和维护是相当必要的。图 4-28 为直流伺服电机电刷安装部位示意图。

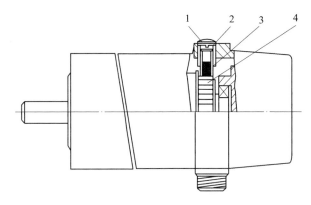

图 4-28 直流伺服电机电刷安装部位
1—橡胶刷帽;2—刷盖;3—电刷;4—换向器。

数控车床、铣床和加工中心中的直流伺服电机应每年检查一次,频繁加、减速的机床(如冲床等)中的直流伺服电机应每两个月检查一次,检查步骤如下:

(1) 在数控系统处于断电状态且电机已经完全冷却的情况下进行检查。

(2) 取下橡胶刷帽,用螺钉旋具刀拧下刷盖取出电刷。

(3) 测量电刷长度,如 FANUC 直流伺服电机的电刷由 10mm 磨损到小于 5mm 时,必须更换同型号的新电刷。

(4) 仔细检查电刷的弧形接触面是否有深沟或裂痕,以及电刷弹簧上有无打火痕迹。如有上述现象,则要考虑电机的工作条件是否过分恶劣或电机本身是否有问题。

(5) 用不含金属粉末及水分的压缩空气导入装电刷的刷握孔,吹净粘在刷孔壁上的电刷粉末。如果难以吹净,可用螺钉旋具尖轻轻清理,直至孔壁全部干净为止,但要注意不要碰到换向器表面。

(6) 重新装上电刷,拧紧刷盖。如果更换了新电刷,应使电机空运行跑合一段时间,以使电刷表面和换向器表面相吻合。

2. 交流伺服电机的维护

交流伺服电机与直流伺服电机相比,最大的优点是不存在电刷维护的问题。应用于进给驱动的交流伺服电机多采用交流永磁同步电机,其特点是磁极是转子,定子的电枢绕组与三相交流电机电枢绕组一样,但它由三相逆变器供电,通过电机转子位置检测器产生的信号去控制定子绕组的开关器件,使其有序轮流导通,实现换流作用,从而使转子连续不断地旋转。转子位置检测器与电机转子同轴安装,用于转子的位置检测,检测装置一般为霍耳开关或具有相位检测的光电脉冲编码器。交流伺服电机常见的故障有:

(1) 接线故障。由于接线不当,在使用一段时间后就可能出现一些故障,主要为插座脱焊、端子接线松开引起接触不良。

(2) 转子位置检测装置故障。当霍耳开关或光电脉冲编码器发生故障时,会引起电机失控,进给有振动。

(3) 电磁制动故障。带电磁制动的伺服电机,当电磁制动器出现故障时,会出现得电不松开、失电不制动的现象。

交流伺服电机故障判断的方法有:

(1) 用万用表或电桥测量电枢绕组的直流电阻,检查是否断路,并用兆欧表查绝缘是否良好。

(2) 将电机与机械装置分离,用手转动电机转子,正常情况下感觉有阻力,转一个角度后手放开,转子有返回现象;如果用手转动转子时能连续转几圈并自由停下,则该电机已损坏;如果用手转不动或转动后无返回,则电机机械部分可能有故障。

由交流伺服电机故障引起的机床故障,主要表现为机床振动和紧急制动等。

例 4-6 配备西门子 1FT5 系列交流伺服电机的数控机床,当机床坐标轴快速移动时,有紧急制动现象,并伴有很大的响声。1FT5 系列交流伺服电机采用霍耳开关组件和磁性感应盘进行转子位置检测,如图 4-29 所示为 1FT5 系列交流伺服电机的结构简图。

在排除机床机械装置可能产生的故障因素后,将电机拆开进行检查,发现固定感应盘的螺钉有松动,这样使触发信号不正常,引起电机换向失灵,造成电机故障。

例 4-7 配备三菱 HA 系列交流伺服电机的数控机床,工作时出现振动,并伴有伺服报警。该电机采用光电脉冲编码器作为位置检测装置。在排除机床机械装置可能产生的故障因素后,拆开电机检查光码盘,发现光码盘上粘有尘粒,从而造成脉冲丢失引起机床报警。

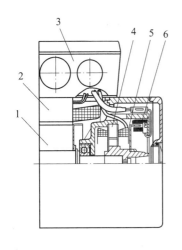 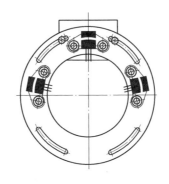 

(a) 结构简图　　　　　　(b) 霍耳开关元件　　　　　　(c) 带磁条的感应盘

图 4-29　1FT5 系列交流伺服电机的结构简图

1—转子；2—定子；3—接线盒；4—测速发电机；5—感应盘；6—霍耳开关组件。

在检查交流伺服电机时，对采用编码器控制换向的，如原连接部分无定位标记的，编码器不能随便拆离，不然会使相位错位；对采用霍耳元件换向的应注意开关的出线顺序。平时，不应敲击电机上安装位置检测装置的部位。另外，伺服电机一般在定子中埋设热敏电阻，当出现过热报警时，应检查热敏电阻是否正常。

4.4　位置检测装置故障及诊断

位置检测元件是由检测元件（传感器）和信号处理装置组成的，是数控机床闭环伺服系统的重要组成部分。它的作用是检测工作台的位置和速度的实际值，并向数控装置或伺服装置发送反馈信号，从而构成闭环控制。检测元件一般利用光或磁的原理完成对位置或速度的检测。

位置检测元件按照检测方式分为直接测量元件和间接测量元件。对机床的直线移动测量时一般采用直线型检测元件，称为直接测量，所构成的位置闭环控制称为全闭环控制。其测量精度主要取决于测量元件的精度，不受机床传动精度的影响。由于机床工作台的直线位移与驱动电机的旋转角度有精确的比例关系，因此可以采用驱动检测电机或丝杠旋转角度的方法间接测量工作台的移动距离。这种方法称为间接测量，所构成的位置闭环控制称为半闭环控制。其测量精度取决于检测元件和机床进给传动链的精度。闭环数控机床的加工精度在很大程度上是由位置检测装置的精度决定的，数控机床对位置检测元件有十分严格的要求，其分辨率通常在 0.001～0.01mm 之间或者更小。通常要求快速移动速度达每分钟数十米，并且抗干扰能力要强，工作可靠，能适应机床的工作环境。在设计数控机床进给伺服系统，尤其是高精度进给伺服系统时，必须精心选择位置检测装置。

数控机床上，除位置检测外还要有速度检测，用以形成速度闭环控制。速度检测元件可采用与电机同轴安装的测速发电机完成模拟信号的测速，测速发电机的输出电压与电机的转速成正比。另外,也可以通过与电机同轴安装的光电编码器进行测量,通过检测单位时间内光电编码器所发出的脉冲数量或检测所发出的脉冲周期完成数字测速。数字测速的精度更高,可与位置检测共用一个检测元件,而且与数控装置和全数字式伺服装置的接口简单,因此应用十分广泛。速度闭环控制通常由伺服装置完成。

进给伺服系统对位置测量装置有着很高的要求:
(1)受温度、湿度的影响小,工作可靠,精度保持性好,抗干扰能力强;
(2)能满足精度、速度和测量范围的要求;
(3)使用维护方便,适应机床工作环境;
(4)成本低;
(5)易于实现高速的动态测量和处理,易于实现自动化。

位置检测装置按照不同的分类方法可分成不同的种类。按输出信号的形式分类可分为数字式和模拟式;按测量基点的类型分类可分为增量式和绝对式;按位置检测元件的运动形式分类可分为回转式和直线式(表4-6)。

表4-6 常用位置检测装置分类表

	数 字 式		模 拟 式	
	增量式	绝对式	增量式	绝对式
回转式	脉冲编码器 圆光栅	绝对式脉冲编码器	旋转变压器 圆感应同步器 圆磁尺	三速圆感应同步器
直线式	直线光栅 激光干涉仪	多通道透射光栅	直线感应同步器 磁尺	三速圆感应同步器 绝对磁尺

4.4.1 常用检测装置的维护

1. 光栅

光栅有两种形式:①透射光栅,即在一条透明玻璃片上刻有一系列等间隔密集线纹;②反射光栅,即在长条形金属镜面上制成全反射或漫反射间隔相等的密集线纹。光栅输出信号有:两个相位信号输出,用于辨向;一个零标志信号,用于机床回参考点的控制。对光栅尺的维护要注意:

1)防污

光栅尺由于直接安装于工作台和机床床身上,因此,极易受到冷却液的污染,从而造成信号丢失,影响位置控制精度。

(1)冷却液在使用过程中会产生轻微结晶,这种结晶在扫描头上形成一层薄膜,透光性差,不易清除,故在选用冷却液时要慎重。

(2)加工过程中,冷却液的压力不要太大,流量不要过大,以免形成大量的水雾进入光栅。

(3)光栅最好通入低压压缩空气(10^5Pa左右),以免扫描头运动时形成的负压把污物吸入光栅。压缩空气必须净化,滤芯应保持清洁并定期更换。

(4)光栅上的污物可以用脱脂棉蘸无水酒精轻轻擦除。

2）防振

光栅拆装时要用静力,不能用硬物敲击,以免引起光学元件的损坏。

2. 光电脉冲编码器

光电脉冲编码器是在一个圆盘的边缘上开有间距相等的缝隙,在其两边分别装有光源和光敏元件。当圆盘转动时,光线的明暗变化,经光敏元件变成电信号的强弱,从而得到脉冲信号。编码器的输出信号有:两个相位信号输出,用于辨向;一个零标志信号(又称一转信号),用于机床回参考点的控制。另外还有+5V电源和接地端。编码器的维护主要注意两个问题:

1）防振和防污

由于编码器是精密测量元件,使用环境或拆装时要与光栅一样注意防振和防污问题。污染容易造成信号丢失,振动容易使编码器内的紧固件松动脱落,造成内部电源短路。

2）连接松动

脉冲编码器用于位置检测时有两种安装形式,一种是与伺服电机同轴安装,称为内装式编码器,如西门子1FT5、1FT6伺服电机上的ROD320编码器;另一种是编码器安装于传动链末端,称为外装式编码器,当传动链较长时,这种安装方式可以减小传动链累积误差对位置检测精度的影响。不管是哪种安装方式,都要注意编码器连接松动的问题。由于连接松动,往往会影响位置控制精度。另外,在有些交流伺服电机中,内装式编码器除了位置检测外,同时还具有测速和交流伺服电机转子位置检测的作用,如三菱HA系列交流伺服电机中的编码器(ROTARY ENCODER OSE253S)。因此,编码器连接松动还会引起进给运动的不稳定,影响交流伺服电机的换向控制,从而引起机床的振动。

例4-8 一数控机床出现进给轴飞车失控的故障。该机床伺服系统为西门子6SC610驱动装置和1FT5交流伺服电机带ROD320编码器,在排除数控系统、驱动装置及速度反馈等故障因素后,将故障定位于位置检测控制。经检查,编码器输出电缆及连接器均正常,拆开ROD320编码器,发现一紧固螺钉脱落并置于+5V与接地端之间,造成电源短路,编码器无信号输出,数控系统处于位置环开环状态,从而引起飞车失控的故障。

3. 感应同步器

感应同步器是一种电磁感应式的高精度位移检测元件,它由定尺和滑尺两部分组成且相对平行安装,定尺和滑尺上的绕组均为矩形绕组,其中定尺绕组是连续的,滑尺上分布着两个励磁绕组,即正弦绕组和余弦绕组,分别接入交流电。对感应同步器的维护应注意:①安装时,必须保持定尺和滑尺相对平行,且定尺固定螺栓不得超过尺面,调整间隙在0.09~0.15mm为宜。②不要损坏定尺表面耐切削液涂层和滑尺表面一层带绝缘层的铝箔,否则会腐蚀厚度较小的电解铜箔。③接线时要分清滑尺的正弦绕组和余弦绕组,其阻值基本相同,这两个绕组必须分别接入励磁电压。

4. 旋转变压器

旋转变压器输出电压与转子的角位移有固定的函数关系,可用作角度检测元件,一般用于精度要求不高或大型机床的粗测及中测系统。对旋转变压器的维护应注意:①接线时,定子上有相等匝数的励磁绕组和补偿绕组,转子上也有相等匝数的正弦绕组和余弦绕组,但转子和定子的绕组阻值却不同,一般定子电阻阻值稍大,有时补偿绕组自行短接或接入一个阻抗。②由于结构上与绕线转子异步电机相似,因此,炭刷磨损到一定程度后要更换。

5. 磁栅尺

磁栅尺由磁性标尺、磁头和检测电路三部分组成。磁性标尺是在非导磁材料,如玻璃、不锈钢等材料的基体上,覆盖上一层 $10\sim20\mu m$ 厚的磁性材料,形成一层均匀有规则的磁性膜。对磁栅尺的维护应注意:①不能将磁性膜刮坏,防止铁屑和油污落在磁性标尺和磁头上,要用脱脂棉蘸酒精轻轻地擦其表面。②不能用力拆装和撞击磁性标尺和磁头,否则会使磁性减弱或使磁场紊乱。③接线时要分清磁头上激磁绕组和输出绕组,前者绕在磁路截面尺寸较小的横臂上,后者绕在磁路截面尺寸较大的竖杆上。

检测元件是一种极其精密和容易受损的器件,一定要从下面几个方面注意,进行正确的使用和维护保养。

(1) 不能受到强烈振动和摩擦以免损伤代码板,不能受到灰尘油污的污染,以免影响正常信号的输出。

(2) 工作环境周围温度不能超标,额定电源电压一定要满足,以便于集成电路芯片的正常工作。

(3) 要保证反馈线电阻、电容的正常,保证正常信号的传输。

(4) 防止外部电源、噪声干扰,要保证屏蔽良好,以免影响反馈信号。

(5) 安装方式要正确,如编码器连接轴要同心对正,防止轴超出允许的载重量,以保证其性能的正常。

4.4.2 检测装置故障的常见形式及诊断方法

1. 机械振荡(加/减速时)

(1) 脉冲编码器出现故障,此时检查速度单元上的反馈线端子电压是否在某几点电压下降,如有下降表明脉冲编码器不良,更换编码器。

(2) 脉冲编码器十字联轴节可能损坏,导致轴转速与检测到的速度不同步,更换联轴节。

(3) 测速发电机出现故障,修复、更换测速机。

2. 机械暴走(飞车)

在检查位置控制单元和速度控制单元的情况下,应检查:

(1) 脉冲编码器接线是否错误,检查编码器接线是否为正反馈,A 相和 B 相是否接反。

(2) 脉冲编码器联轴节是否损坏,更换联轴节。

(3) 检查测速发电机端子是否接反和励磁信号线是否接错。

3. 主轴不能定向或定向不到位

在检查定向控制电路设置和调整,检查定向板,主轴控制印制电路板调整的同时,应检查位置检测器(编码器)是否不良。

4. 坐标轴振动进给

在检查电机线圈是否短路,机械进给丝杠同电机的连接是否良好,检查整个伺服系统是否稳定的情况下,检查脉冲编码是否良好、联轴节连接是否平稳可靠、测速机是否可靠。

5. NC 报警中因程序错误、操作错误引起的报警

如 FAUNUC 6ME 系统的 NC 报警 090、091。出现 NC 报警,有可能是主电路故障和进给速度太低引起。同时,还有可能是:

(1) 脉冲编码器不良。

(2) 脉冲编码器电源电压太低(此时调整电源电压为 15V,使主电路板的 +5V 端子上的电压值在 4.95~5.10V 内)。

(3) 没有输入脉冲编码器的一转信号因而不能正常执行参考点返回。

6. 伺服系统的报警

如 FAUNUC 6ME 系统的伺服报警:416、426、436、446、456,SIEMENS 880 系统的伺服报警:1364,SIEMENS 8 系统的伺服报警:114、104 等。当出现如上报警号时,有可能是:

(1) 轴脉冲编码器反馈信号断线、短路和信号丢失,用示波器测 A 相、B 相一转信号。

(2) 编码器内部受到污染、太脏,信号无法正确接收。

总之,在数控设备的故障中,检测元件的故障比例是比较高的,只要正确地使用并加强维护保养,对出现的问题进行深入分析,就一定能降低故障率,并能迅速解决故障,保证设备的正常运行。

4.4.3 检测装置故障的诊断与排除

检测元件出现故障的概率与数控装置相比还是比较高的,常常会出现线缆损坏、元件污损、碰撞变形的现象。对于怀疑是检测元件的故障要首先检查有无线缆折断、污损、变形等,还可以通过测量其输出来确定检测元件的好坏,这就要求我们必须熟练掌握检测元件的工作原理及输出信号。下面以 SIEMENS 系统为例进行说明。

1. 输出信号

如图 4-30 为 SIEMENS 数控系统位置控制模块与位置检测装置的连接关系。

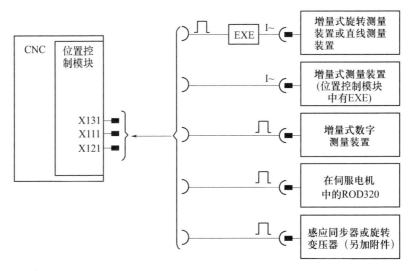

图 4-30 位置控制模块与位置检测装置的连接

图 4-30 中,增量式旋转测量装置或直线测量装置的输出信号有两种形式:① 电压或电流正弦信号,其中 EXE 为脉冲整形插值器;② TTL 电平信号。以 HEIDENHAIN 公司

正弦电流输出型的光栅尺为例,该光栅由光栅尺、脉冲整形插值器(EXE)、电缆及接插件等部件组成,如图4-31所示。

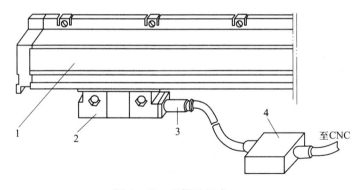

图4-31 光栅尺组成
1—光栅尺;2—扫描头;3—连接电缆;4—EXE电路。

如图4-32所示,机床在运动过程中,从扫描单元输出三组信号:两组增量信号由4个光电池产生,把两个相差180°的光电池接在一起,它们的推挽就形成了相位差90°、幅值为11μA左右的I_{e1}和I_{e2}两组近似正弦波,一组基准信号也由两个相差180°的光电池接成推挽形式,输出为一尖峰信号I_{e0},其有效分量约为5.5μA,此信号只有经过基准标志时才产生。基准标志,是在光栅尺身外壳上装有一块磁铁,在扫描单元上装有一只干簧管,在接近磁铁时,干簧管接通,基准信号才能输出。

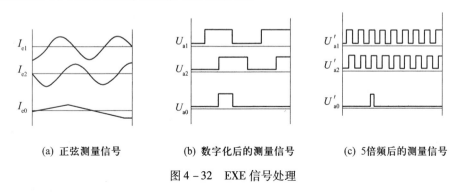

(a) 正弦测量信号　　(b) 数字化后的测量信号　　(c) 5倍频后的测量信号

图4-32 EXE信号处理

两组增量信号I_{e1}、I_{e2}经传输电缆和插接件进入EXE,经放大、整形后,输出两路相位差90°的方波信号U_{a1}、U_{a2}及参考信号U_{a0},这些信号经适当组合处理,即可在一个信号周期内产生5个脉冲,即5倍频处理,经连接器送至CNC位置控制模块。

2. EXE信号处理

脉冲整形插值器(EXE)的作用是将光栅尺或编码器输出的增量信号I_{e1}、I_{e2}和I_{e0}进行放大、整形、倍频和报警处理,输出至CNC进行位置控制。EXE由基本电路和细分电路组成,如图4-33所示。

基本电路印制电路板内含通道放大器、整形电路、驱动和报警电路等,细分电路作为一种任选功能单独制成一块电路板,两板之间通过J3连接器连接。

(1) 通道放大器。当光栅检测产生正弦波电流信号I_{e1}、I_{e2}和I_{e0}后,经通道放大器,输出一定幅值的正弦电流电压。

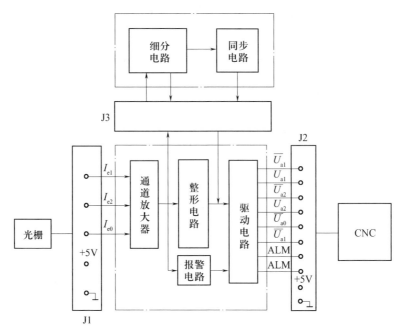

图 4-33 EXE 电路组成

(2) 整形电路。在对 I_{e1}、I_{e2} 和 I_{e0} 放大的基础上,经整形电路转换成与之相对应的三路方波信号 U_{a1}、U_{a2} 及 U_{a0},其 TTL 高电平大于等于 2.5V,低电平小于等于 0.5V。

(3) 报警电路。当光栅由于输入电缆断裂、光栅污染或灯泡损坏等原因,造成通道放大器输出信号为零,这时报警信号经驱动电路驱动后,由连接器 J2 输出至 CNC 系统。

(4) 细分电路。在某些精度很高的数控机床,如数控磨床的位置控制中,要求位置测量有较高的分辨率,如仅靠光栅尺本身的精度不能满足,为此必须采用细分电路来提高分辨率,以适应高精度机床的需求。基本电路通道放大器的输出信号经连接器 J3 接入细分电路,经细分电路处理后,又通过连接器 J3 输出在一个周期内两路相位差 90°、占空比为 1:1 的五细分方波信号。这两路方波信号经基本电路中的驱动电路驱动后,即为对应的 U_{a1} 和 U_{a2} 通道信号,由连接器 J2 输出至 CNC 系统。

另外,同步电路的目的是为了获得与 U_{a1} 和 U_{a2} 两路方波信号前、后沿精确对应的方波参考脉冲。

3. 故障诊断

当出现位置环开环报警时,将 J2 连接器脱开,在 CNC 系统的一侧,把 J2 连接器上的 +5V 线同报警线 ALM 连在一起,合上数控系统电源,根据报警是否再现,便可迅速判断出故障的部位是在测量装置还是在 CNC 系统的接口板上。若问题出现在测量装置,则可测 J1 连接器上有无信号输入,这样便可将故障定位在光栅尺或 EXE 脉冲整形电路。

例 4-9 一卧式加工中心,采用 SINUMERIK 8 系统,带 EXE 光栅测量装置。运行中出现 114 号报警,同时伴有 113 号报警。

从报警产生的原因看,由于 114 号的报警,引起 113 号报警,故障部位定位在位置测量装置。114 号报警有两种可能:①电缆断线或接地;②信号丢失。前者可通过外观检查和测量来诊断,对后者主要是信号漏读,如果由于某种原因,使光栅尺输出的正弦信号幅度降低,在信号处理过程中,影响到被处理信号过零的位置,严重时会使输出脉冲挤在一起,造成丢失。因为光电池产生的信号与光照强度成正比,信号幅度下降无非是因为光源亮度下降或光学系统脏污所致。从尺身中抽出扫描单元,分解后看到,灯泡下的透镜表面呈毛玻璃状,指示光栅表面也有一层雾状物,灯泡和光电池上也有这种污物,这些污物导致了光源发光率下降和输出信号降低,通过对光栅的清洗可消除故障。

例 4-10 某数控立铣,配备 FANUC 3MA 数控系统,位置检测装置为与伺服电机同轴连接的编码器。在运行过程中,Z 轴产生 31 号报警。查维修手册,31 号报警为误差寄存器的内容大于规定值。根据 31 号报警提示,把误差设定值放大,将 31 号报警对应的机床参数由 2000 改为 5000,然后用手摇脉冲发生器驱动 Z 轴,31 号报警消除,但又产生了 32 号报警。32 号报警表示为 Z 轴误差寄存器的内容超过 ±32767,或数模转换的命令值超出了 -8192～+8191 的范围。为此将设定的机床参数由 5000 再改为 3000,32 号报警消除,但 31 号报警又出现,反复修改机床参数,均不能排除故障。

误差寄存器是用来存放指令值与位置反馈值之差的,当位置检测装置或位置控制单元故障时,就会引起误差寄存器的超差,为此,将故障定位在位置控制上。位置控制信号可以用诊断号 800(X 轴)、801(Y 轴)和 802(Z 轴)来诊断。将三个诊断号调出,发现 800 号 X 轴的位置偏差在 -1 与 -2 间变化,801 号 Y 轴的位置偏差在 +1 与 -1 间变化,而 802 号的 Z 轴位置偏差为 0,无任何变化,说明 Z 轴位置控制有故障。为进一步定位故障是在 Z 轴控制单元还是在编码器上,采用交换法进行诊断。将 Z 轴和 Y 轴驱动装置和反馈信号同时互换,Z 轴和 Y 轴伺服电机不动,此时,诊断号 801 号数值变为 0,802 号数值有了变化,这说明 Z 轴位置控制单元没有问题,故障出在与 Z 轴伺服电机同轴连接的编码器上。

4.5 实例分析

实例 1

故障现象:主轴启动时有剧烈的抖动,并有很大的响声,1～2s 后主轴报警。

故障设备:机床配 FANUC -0TD 系统,S 系列主轴驱动,机床已使用 4 年。

故障检查与分析:数控系统有强大的自诊断功能,有丰富的报警内容,且 S 系列主轴驱动也有报警信息,因此这类故障只需按照系统的维修说明书去检查维修即可解决问题。

故障处理:系统报警号是 750,查维修手册,含义是串行主轴异常,检查电柜里主轴模块的数码管显示,报警显示 27,含义是编码器信号错误,需要检查连接电缆和编码器。这种主轴驱动有两个编码器,一个在主电机内,一个与主轴 1:1 用同步带连接。先检查与主轴直接连接的编码器,这种编码器是脉冲编码器,一转是 1024 个脉冲,检查电缆,没有问题,更换编码器,故障依旧,说明不是这个编码器的问题。着重检查主轴电机内的编码器,检查外部电缆正常,把主轴电机后面打开检查编码器,这种编码器是磁感应的,由一个感应头和一个有 128 或 256 齿的齿盘组成。这种编码器盘一般不会有问题,更换一个感应头,调整好感应头与齿盘的间隙,开机后机床正常运转。说明是感应头问题,更换后机床正常。

实例 2

故障现象：当用 M03 指令启动时有"咔咔"的冲击声,电机换向片上有轻微的火花,启动后,无明显的异常现象;用 M05 指令使主轴停止运转时,换向片上出现强烈的火花,同时伴有"叭叭"的放电声,随即交流回路的熔断丝熔断。火花的强烈程度与电机的转速有关,转速越高,火花越大,启动时的冲击声也越明显。用急停方式停止主轴,换向片上没有任何火花。

故障设备：某加工中心采用直流主轴电机、逻辑无环流可逆调速系统。

故障检查与分析：该机床的主轴电机有两种制动方式:① 电阻能耗制动,只能用于急停;② 回馈制动,用于正常停机(M05)。主轴直流电机驱动系统是一个逻辑无环流可逆控制系统,任何时候不允许正、反两组晶闸管同时工作,制动过程为"本桥逆变－电流为零－他桥逆变制动"。根据故障特点,急停时无火花,而用 M05 时有火花,说明故障与逆变电路有关。他桥逆变时,电机运行在发电状态,导通的晶闸管始终承受着正向电压,这时晶闸管触发控制电路必须在适当时刻使导通的晶闸管受到反压而被迫关断。若是漏发或延迟了触发脉冲,已导通的晶闸管就会因得不到反压而继续导通,并逐渐进入整流状态,其输出电压与电动势成顺极性串联,造成短路,引起换向片上出现火花、熔断丝熔断的故障。同理,启动过程中的整流状态,若漏发触发脉冲,已导通的晶闸管会在经过自然换向点后自行关断,这将导致晶闸管输出断续,造成电机启动时的冲击。

故障处理：本故障是由晶闸管的触发电路故障引起的,更换同型号配件后机床正常。

实例 3

故障现象：启动机床时,Y 轴窜动,并发出 SV011"LSI OVERFLOW"报警信息。

故障设备：机床为一台二手机床,系统为 FANUC-12M,技术资料不全。

故障检查与分析：根据故障现象和报警内容,初步断定在 Y 轴伺服系统内。根据先易后难的原则,打开电气柜,确认了 X、Y 轴伺服单元具有互换性。记录了两块控制电路板的开关设定后,将 X、Y 控制板进行互换,开机通电后,故障依旧。接下来检查伺服电机,将 Y 轴电机拆下,手动旋转电机的转子,感觉有轻微的摩擦声,并且在一转内力量不均匀;测量绝缘和绕组阻值正常,将 X、Y 轴电机对调,开机后,故障出现在 X 轴上,进一步证实 Y 轴电机故障。

故障处理：检查 Y 轴电机,发现电机内部存在锈蚀,且转子位置检测传感器位置出现错误,经过专业公司在试验台重新调整后,电机正常,再安装到机床上,报警不再发生,机床恢复正常。

实例 4

故障现象：机床出现 401 报警。

故障设备：济南第一机床厂 MJ-50 型数控车床,采用 FANUC 0TE-A2 数控系统。

故障检查与分析：X 轴伺服板 PRDY(位置准备)绿灯不亮,OV(过载)、TG(电机暴走)两报警红灯亮,CRT 显示 401 号报警;通过自诊断 DGNOS 功能,检查诊断数据 DGN23.7 为"1"状态,无"VRDY"(速度准备)信号;DGN56.0 为"0"状态,无"PRDY"信号,X 轴伺服不走。断电后,NC 重新送电,DGN23.7 为"0",DGN56.0 为"1",恢复正常,CRT 上无报警。按 X 轴正、负方向点动,能运行。但走后 2~3s,CRT 又出现 401 号报警。因每次送电时 CRT 不报警,说明 NC 系统主板不会有问题,怀疑故障在数控系统;采用交换法,先更换伺服电路板,即 X 轴与 Z 轴伺服板交换(注意短路棒 S 的位置)。交换后,X 轴可走,但不久出现 401 号报警,而 Z 轴不报警。说明故障在 X 轴上;继续更换驱动部分(MCC)后,X 轴正、负方向走动正常并能加工零件,但加工第二个零件时,出现 401 号报警。检查 X 轴机械负载,卸传动带,查丝杠润滑,用手可转动刀架上下运动,确认机械负载正常。检查伺服电机,绝缘正常。电机电缆及插接头绝缘正常,用钳形电流表测量 X 轴伺服电机电流,电流值在 6~11A 范围内活动;查阅说明书,X 轴伺服电机为 A06B-0512-B205 型电机,额定电流为 6.8A。空载电流已大于 6A,但机械负载正常,判断可能的原因是电机制动器未松开。用万用表进一步检查制动器电源,发现制动器 DC90V 输入为"0",检查熔断器又未熔断,再查,发现熔座锁紧螺母松动,板后熔座的引线脱落,造成无刹车电源。

故障处理:将所述部位修复后,故障排除。提示:由于 X 轴电机抱闸还能转动,容易误认为抱闸已松开。可实际是过载,因伺服电机电流过大,造成电流环报警,引起 NC 系统没有出现"PRDY"(位置准备好)信号,接触器 MCC 不吸合使"VRDY"(速度准备)信号没有出现,从而出现 401 号报警及 OV 和 TG 红灯亮,当电流大到一定程度会出现 400 号报警。

实例 5

故障现象:刀库轴定位不准,存在偏移。

故障设备:德国 HECKET 公司生产的加工中心,系统为西门子 840C,伺服采用 611A 驱动单元。

故障检查与分析:该机床一开始的故障现象为自动加工过程机床进给停止,经检查发现机床的刀库轴停止时位置偏差过大(10),走出了在位宽度(8)。由于这个偏差下可以满足机床的定位,所以将系统参数中该轴的在位宽度放大到 14,并且进行了漂移补偿,机床也正常工作了一段时间。后来,又出现了同样的故障,此时停止时的位置偏差已超过 14。这时再放大在位宽度,刀库定位就已不能满足要求,需要排除造成停止时偏差过大这个原因了。在这个系统中包括数控系统、驱动单元、刀库电机、刀库旋转机构等环节。先从简单的部分开始,调节伺服单元的 Kv、Tn,不能解决问题,更换驱动单元问题依旧。再从机械部分检查,整个传动机构运转平滑、正常。最后考虑到数控系统的测量单元,因为控制指令是由此板发出,用万用表检查该单元发出的控制指令。对照各轴的测量情况发现,其他轴在停止时,即系统没有发出控制指令的情况下,控制指令电压为 0V,而同样条件下刀库轴的指令电压为 30mV,这说明在系统没有发出控制指令的情况下,该板存在一个漂移电压。

故障处理:更换该电路板后,机床再运行时,停止时的位置偏差恢复到正常情况(不超过 ±2),之后将在位宽度参数设定回机床出厂值。

实例 6

故障现象:机床 X 轴行程一超过 70 就出现 414 X 轴过电流报警。

故障设备:N084 数控车床,配 FANUC 系统,伺服是 α 系列,机床已使用 3 年。

故障检查与分析:414 报警的含义就是伺服电机过载,按照 FANUC 维修说明书上的说明,可能是驱动模块、电机或机床传动有问题。但机床 X 轴只要不移动到坐标 70 以前,就不会有问题,所以应该是传动的问题。打开机床 X 轴的移动防护罩壳,就发现了问题所在,安装丝杠的导轨中间有大量的切屑,在长期的挤压下已经非常坚硬,可以说明就是这些切屑使电机堵转而出现过电流报警,查找切屑进入到导轨里面的原因,检查移动防护罩。

故障处理:清理切屑以后,机床恢复正常。同时发现防护罩有一节的接头处铜镶条掉落,出现了约 20mm 的缝隙。重装镶条,机床运行 1 年没有出现问题。

实例 7

故障现象:机床回参考点不准。

故障设备:N084 数控车床,配 FANUC-0TD 系统,机床使用了 6 个月。

故障检查与分析:故障刚开始是偶尔发生一次,故障出现的频率很低,现在比较频繁,有时开机要回 5、6 次参考点才能回到正确的位置上。机床加工的精度很好,没有问题。FANUC 系统回参考点的动作是首先拖板高速向参考点逼近,当梯形回参考点挡块压上回参考点减速行程开关后,拖板降速,当回参考点挡块与回参考点减速行程开关脱开时,伺服电机以恒定的速度继续旋转,寻找伺服电机内编码器的零标志线,找到后再移动系统参数中的参考点补偿距离,停止,回参考点完成。像这种故障一般都是因为行程开关性能下降或挡块移位造成的,当减速行程开关脱开的时候,正好在伺服电机编码器零标志线的旁边,有时开关在零标志线左边脱开,有时在右边,这样回参考点的位置就会差整整一个螺距。

故障处理:故障解决很简单,只要向前或向后移动 1~2mm,半个螺距,错开零标志线位置,然后开机回参考点检查,机床恢复正常。

实例 8

故障现象:X 轴加工尺寸不稳,电机反复振动。

故障设备:N084/32 数控车床,配 FANUC 0TD 系统。

故障检查与分析:操作人员反映 X 轴加工尺寸不稳,调整塞铁,更换丝杠轴承完毕,安装电机时发现电机异响,在圆周方向上反复振动,影响加工精度。检查初期怀疑伺服驱动器有故障,将 X 轴与 Z 轴的电缆与编码器交换,发现 X 轴的抖动状况减弱,判断 X 轴驱动器有问题,将该驱动器与同型号伺服驱动器交换,开机后发现故障依然。将 X 轴伺服电机安装到同型号的机床上,电机抖动情况依然。其后开始从参数方面着手调试,调试伺服参数,降低环路增益等各项增益都没有效果,提高环路增益到 3500 及 4000 位置,电机抖动情况消失(仍有电机响声),可以满足生产加工的需要。

故障处理:更改伺服参数,提高环路增益到 3500。

实例 9

故障现象:空载运行 2h 后,主轴偶然发生停车,且显示 AL-12 或 AL-2 报警。

故障设备:日本本田公司的数控铣床,配置有 FANUC-11M-A4 系统。

故障检查与分析:从所发生的报警号来看,引起本故障的原因可能是电机速度偏离指令值(如电机过载、再生性故障、脉冲发生器故障等)以及直流回路电流过大(如电机绕组短路、晶体管模块损坏等)。但从机床运行情况看,又不像上述问题,因为电机处于空载,故障并不发生在加、减速期间,并且运行 2h 后才出故障。经检查,上述原因均可排除。再从偶发性停车现象着手,可分析出有些器件工作点处于临界状态,有时正常,有时不正常,而这与器件的电源电压有关,所以着重检查直流电源电压。发现 +5V、±15V 均正常,而 +24V 却在 18～20V,处于偏低状态。进一步检查发现,交流输入电压为 190～200V,而电压开关却设定在 220V 一挡。

故障处理:将电压开关设定在 200V 之后系统即恢复正常。造成报警号与实际故障不一致的原因是该主轴伺服单元的报警信号还不全面,没有 +24V 电压太低的报警,而只有 +24V 电压太高的报警。所以只好用其他报警号来显示伺服单元处于不正常的状态。

实例 10

故障现象:机床出现 Z 轴误差过大报警,像是承受很大的负载,只要移动 Z 轴,就会出现 Z 轴误差过大报警,特别是往下时,Z 轴会往下冲,然后报警停止。

故障设备:XK716 数控铣床,机床配 802D 系统,1FK6 伺服电机,机床使用 6 个月。

故障检查与分析:故障是突然发生的,发生时操作者好像听到立柱里有碰撞声。出现这种情况,一般都是伺服系统或伺服电机有故障,但出现在垂直的 Z 轴上,就有可能是机械故障。先排除机械问题,根据操作者的描述,首先检查立柱上的各个机械部件,发现 Z 轴平衡块的键条断裂,Z 轴失去平衡,所以电机要拉住 Z 轴,就要承受很大的拉力,移动时因为有加减速度,承受的拉力就大于电机最大转矩产生的拉力,引起电机过载而报警。

故障处理:更换平衡块链条,机床恢复正常。

实例 11

故障现象:机床 Y 轴无法回参考点,回参考点时总是以很慢的速度移动,压上挡块没有反应,Y 轴继续移动直到 Y 轴正方向硬限位报警。

故障设备:XK716 数控铣床,机床配 FANUC - 0iA 系统,α 系列伺服驱动。

故障检查与分析:此种故障以前出现过几次,重新回参考点,有时就正常了,现在无法完成回参考点的动作,但机床精度正常。机床上的回参考点减速行程开关一般接常闭触点(信号 = 1),这是安全措施,一旦出现断线或开关损坏,信号断开(信号 = 0),机床就会以压上回参考点减速行程开关后的速度运行,而不是"信号 = 1"时的高速运行,防止高速碰撞硬限位而减速不及引发更大的故障。像这种情况,应该是回参考点减速行程开关损坏或信号断线所致。

故障处理:检查减速开关,发现因防护未做好,开关内进水,里面触点已经被腐蚀,更换开关后,机床恢复。

实例 12

故障现象:经过半年多的运行,X 轴运行中突然停车,监视器显示 1020#报警。

故障设备:德国进口二手卧式加工中心 CBFK - 90/1,FANUC 6MB 系统。

故障检查与分析:查看诊断说明是 X 轴伺服单元报警。同样根据电气原理图可知,X 轴伺服单元与工作台旋转轴(A 轴)伺服相同,故将两者调换。这时 X 轴伺服单元恢复正常,而 A 轴出现了上述故障。因为没有伺服单元的电气图样,所以只好把两块伺服单元控制板对照测量,终于查出是一个滤波电容击穿。

故障处理:更换同型号电容后故障排除。

实例 13

故障现象:工作台在旋转时,出现 440、441 位置偏差太大报警,且旋转时有较大的电流噪声。

故障设备:MCH - 500D 卧式加工中心,采用 FANUC - 0MF 控制系统。

故障检查与分析：根据故障现象，逐步检查可能引起故障的环节或部位。检查结果如下：位置偏差参数设定值正常，伺服电机输入线正常，位置反馈线正常，伺服放大器正常无报警。在检查了上述环节后，判断是工作台旋转部分卡位。拆下工作台罩，发现转盘卡住，由于操作者保养不善，长期切屑积累所致。

故障处理：采取措施，清理切屑，修光毛刺后故障消除。

实例 14

故障现象：在加工过程中发现 Z 轴加工尺寸不稳定。

故障设备：THY5640 加工中心。

故障检查与分析：该机床 Z 轴方向的反馈元件为旋转编码器，为半闭环反馈系统。首先检查反馈环以外的机械传动链，未发现异常。于是检查编码器，发现其联轴器上的弹簧钢片已裂开，该联轴节为 BL-3 型弹性联轴器，可能由于频繁地启、停及正反转，使得弹簧钢片疲劳而开裂，因一时找不到同样的联轴器，用弹性较好的磷铜片替代，也取得了较好的效果。但使用寿命不长，基本上半年就会开裂，还需更换。

故障处理：换上同样的联轴器，故障排除。

实例 15

故障现象：一台加工中心出现将所有的孔都镗偏的故障。具体表现为在精镗加工中，连续有两套零件在 X 轴方向镗偏，而且机床无任何报警。对工件进行检查后得知，所有孔在 X 轴方向都偏 0.2~0.3mm，且误差一致。

故障设备：THM6340 卧式精密加工中心，使用 6 年。八台同样设备用于摩托车箱体自动生产线上，精加工箱体的部分孔。

故障检查与分析：首先对故障现象进行了分析，这种故障相当于零件朝着 X 轴负方向偏移了 0.2~0.3mm。起初以为是夹具定位不好（以前有过这种情况，是定位吹气压力不够，导致定位面有切屑，造成定位偏移），于是对机床夹具定位面和吹气压力都作了检查，确保定位面没有切屑，吹气压力正常。再试切工件，结果是未出现镗偏。联线加工后的第三天又出现一套零件镗偏，问题变得复杂起来。对孔偏的情况进行了仔细分析，先排除了 X 轴机械间隙问题（因 X 轴采用全闭环反馈系统），总结出有以下几个原因可能导致该故障：

（1）夹具定位问题；

（2）夹具本身问题；

（3）装夹工件有时没夹紧，导致粗加工时受力偏向一边（概率很小）；

（4）数控系统故障；

（5）光栅尺固定不牢，因切削振动导致光栅尺整体移动；

（6）光栅尺反馈电路或光栅尺故障。

接下来对以上六种可能因素进行逐项排除：

（1）夹具定位用螺栓、销子经检查后确认正常；

（2）对出现镗偏的夹具作标记、跟踪，结果是在另外七台加工中心加工的零件都合格，而且在该台加工中心加工出来的零件有时也是合格的，显然，夹具有问题不成立；

（3）要求上料操作工在装夹每一零件时都按照工艺文件上所要求的转矩（30N·m）紧固零件。试验结果表明该加工中心还是偶尔镗偏，由此可以排除装夹问题；

(4) 把整套数控系统(包括主板、轴板、PLC 板、底板等)与另一台完好的加工中心的数控系统对换,故障依然存在;

(5) 为了防止光栅尺的挂脚松动,把 X 轴的防护罩打开,把固定光栅尺两头的螺栓紧了一下(实际螺栓已经很紧了),再进行试加工,结果还出现镗偏;

(6) 检查反馈电路系统,先检查光栅尺到轴卡的线路接头,未发现接触不良之处;再检查光栅尺的电源电压,实测值为 5.95V,也在正常范围 $(6±0.3)$V 内。用双踪示波器对光栅尺的反馈电压波形进行检查,波形都很正常。由此基本上排除了光栅尺信号传送故障和光栅尺脏污。为了排除整形器的问题,把 X 轴光栅尺整形器与 Y 轴的整形器对换,结果还有镗偏问题。为了彻底排除光栅尺的故障,决定把 X 轴与 Z 轴的光栅尺对换。当把 X 轴光栅尺拆下时,发现一个挂脚断裂,造成光栅尺来回微小移动,从而导致加工的零件尺寸不稳。

故障处理:按照原挂脚尺寸用铜料(原为铝合金)制作新件,装配后试加工,故障消失,运行半年来未再出现镗偏故障,显然故障是由光栅尺挂脚断裂造成的。

第 5 章　PLC 模块的故障诊断

5.1　概　　述

在数控机床中,控制信息有两类:①对机床各坐标轴的位置进行连续控制的信息,如数控机床工作台的各方向运动、主轴箱的上下移动及围绕某一坐标轴的旋转运动等;②对数控机床诸如主轴正转和反转、启动和停止、刀库及换刀机械手控制、工件夹紧松开、工作台交换、气液压、冷却和润滑等辅助动作进行顺序控制。第一类控制信息是由 CNC 系统(专用计算机)进行处理的,属数字控制。而顺序控制的信息主要是 I/O 控制,如控制开关、行程开关、压力开关和温度开关等输入元件,继电器、接触器和电磁阀等输出元件;同时还包括主轴驱动和进给伺服驱动的使能控制和机床报警处理等。现代数控机床均采用可编程逻辑控制器 PLC 来完成上述功能,由于 PLC 在数控机床中的特殊作用,FANUC 系统中将这一功能模块称为可编程机床控制器 PMC。

5.1.1　数控机床中 PLC 的形式

数控机床 PLC 的形式有两种(图 5-1):①PLC 从属于 CNC 装置,PLC 与 NC 之间信

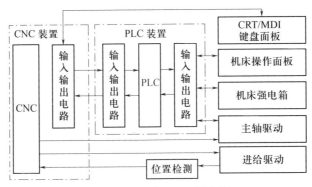

(a) 独立型 PLC 的 CNC 系统框图

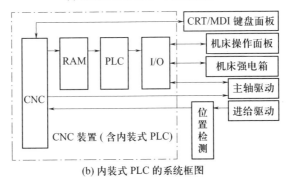

(b) 内装式 PLC 的系统框图

图 5-1　PLC 在数控机床中的两种形式

号的传送在 CNC 内部就可完成,而 PLC 与机床侧的信息传送则要通过输入/输出接口来完成;②配有专门的 PLC,PLC 独立于 CNC 装置,具有完备的硬件和软件,能独立完成规定控制任务的装置,称为独立型 PLC 或外装型 PLC 或通用型 PLC。

5.1.2 PLC 与外部信息的交换

PLC、CNC 和机床三者之间的信息交换包括四部分,如图 5-2 所示。

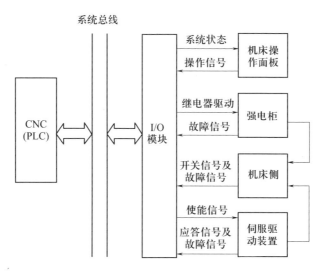

图 5-2 内装式 PLC 输入/输出信息

1) 机床至 PLC

机床侧的开关量信号通过 I/O 单元接口输入至 PLC 中,除极少数信号外,绝大多数信号的含义及所占用 PLC 的地址均可由 PLC 程序设计者自行定义,如在 SINUMERIK 810 数控系统中,机床侧的某一开关信号通过 I/O 端子板输入至 I/O 模块中。设该开关信号用 I10.2 来定义,在软键功能 DIAGNOSIS 的 PLC STATUS 状态下,通过观察 IB10 的第 2 位"0"或"1"来获知该开关信号是否有效。

2) PLC 至机床

PLC 控制机床的信号通过 PLC 的开关量输出接口送到机床侧,所有开关量输出信号的含义及所占用 PLC 的地址均可由 PLC 程序设计者自行定义。如在 SINUMERIK 810 数控系统中,机床侧某电磁阀的动作由 PLC 的输出信号来控制,设该信号用 Q1.4 来定义。该信号通过 I/O 模块和 I/O 端子板输出至中间继电器线圈,继电器的触点又使电磁阀的线圈得电,从而控制电磁阀的动作。同样,Q1.4 信号可在 PLC STATUS 状态下,通过观察 QB1 的第 4 位"0"或"1"来获知该输出信号是否有效。

3) CNC 至 PLC

CNC 送至 PLC 的信息可由 CNC 直接送入 PLC 的寄存器中,所有 CNC 送至 PLC 的信号含义和地址(开关量地址或寄存器地址)均由 CNC 厂家确定,PLC 编程者只可使用,不可改变和增删。如数控指令的 M、S、T 功能,通过 CNC 译码后直接送入 PLC 相应的寄存器中。如在 SINUMERIK 810 数控系统中,M03 指令经译码后,送入 FY27.3 寄存器中。

4) PLC 至 CNC

PLC 送至 CNC 的信息也由开关量信号或寄存器完成,所有 PLC 送至 CNC 的信号地址与含义由 CNC 厂家确定,PLC 编程者只可使用,不可改变或增删。如 SINUMERIK 810 数控系统中,Q108.5 为 PLC 至 CNC 的进给使能信号。

5.1.3 数控机床 PLC 的功能

PLC 在现代数控系统中有着重要的作用,综合来看主要有以下几个方面的功能。

1. 机床操作面板控制

将机床操作面板上的控制信号直接送入 PLC,以控制数控系统的运行。

2. 机床外部开关输入信号控制

将机床侧的开关信号送入 PLC,经逻辑运算后,输出给控制对象。这些控制开关包括各类按制开关、行程开关、接近开关、压力开关和温控开关等。

3. 输出信号控制

PLC 输出的信号经强电柜中的继电器、接触器,通过机床侧的液压或气动电磁阀,对刀库、机械手和回转工作台等装置进行控制,另外还对冷却泵电机、润滑泵电机及电磁制动器等进行控制。

4. 伺服控制

控制主轴和伺服进给驱动装置的使能信号,以满足伺服驱动的条件,通过驱动装置,驱动主轴电机、伺服进给电机和刀库电机等。

5. 报警处理控制

PLC 收集强电柜、机床侧和伺服驱动装置的故障信号,将报警标志区中的相应报警标志位置位,数控系统便显示报警号及报警文本以方便故障诊断。

6. 软盘驱动装置控制

有些数控机床用计算机软盘取代了传统的光电阅读机。通过控制软盘驱动装置,实现与数控系统进行零件程序、机床参数、零点偏置和刀具补偿等数据的传输。

7. 转换控制

有些加工中心的主轴可以立/卧转换,当进行立/卧转换时,PLC 完成下述工作:

(1)切换主轴控制接触器。

(2)通过 PLC 的内部功能,在线自动修改有关机床数据位。

(3)切换伺服系统进给模块,并切换用于坐标轴控制的各种开关、按键等。

不同厂家生产的数控系统中或同一厂家生产的不同数控系统中 PLC 的具体功能与作用有着具体的区别,在进行数控系统故障诊断时一定要具体分析、具体对待。熟练掌握相应数控系统中 PLC 的功能、结构、连接线路与使用编程是进行数控系统故障诊断的基本要求之一。

5.2 PLC 在数控机床中的应用实例

5.2.1 数控机床工作状态开关 PMC 控制

1. 系统的工作状态

1) 编辑状态(EDIT)

在此状态下,编辑存储到 CNC 内存中的加工程序文件。编辑操作包括插入、修改、删除和字的替换。编辑操作还包括删除整个程序和自动插入顺序号。扩展程序编辑功能包括拷贝、移动和程序的合并。

2）存储运行状态(MEM)

又称自动运行状态(AUTO)。在此状态下，系统运行的加工程序为系统存储器内的程序。当选择了这些程序中的一个并按下机床操作面板上的循环启动按钮后，启动自动运行，并且循环启动灯点亮。存储器运行在自动运行中，当机床操作面板上的进给暂停按钮被按下后，自动运行被临时中止。当再次按下循环启动按钮后，自动运行又重新进行。

3）手动数据输入状态(MDI)

在此状态下，通过 MDI 面板可以编制最多 10 行的程序并被执行，程序格式和通常程序一样。MDI 运行适用于简单的测试操作(在此状态下还可以进行系统参数和各种补偿值的修改和设定)。

4）手轮进给状态(HND)

在此状态下，刀具可以通过旋转机床操作面板上的手摇脉冲发生器微量移动。使用手轮进给轴选择开关选择要移动的轴。手摇脉冲发生器旋转一个刻度时刀具移动的最小距离与最小输入增量相等。手摇脉冲发生器旋转一个刻度时刀具移动的距离可以放大 1 倍、10 倍、100 倍或 1000 倍最小输入增量(通过手轮倍率开关选择)。

5）手动连续进给状态(JOG)

在此状态下，持续按下操作面板上的进给轴及其方向选择开关，会使刀具沿着轴的所选方向连续移动。手动连续进给最大速度由系统参数设定，进给速度可以通过倍率开关进行调整。按下快速移动开关会使刀具快速移动(由系统参数设定)，而不管 JOG 倍率开关的位置，该功能叫做手动快速移动。

6）机床返回参考点(REF)

即确定机床零点状态(ZRN)。在此状态下，可以实现手动返回机床参考点的操作。通过返回机床参考点操作，CNC 系统确定机床零点的位置。

7）DNC 运行状态(RMT)

在此状态下，可以通过阅读机(加工纸带程序)或 RS-232 通信口与计算机进行通信，实现数控机床的在线加工。DNC 加工时，系统运行的程序是系统缓冲区的程序，不占系统的内存空间，是目前数控机床的基本配置。

常用工作状态开关的操作面板如图 5-3 所示。

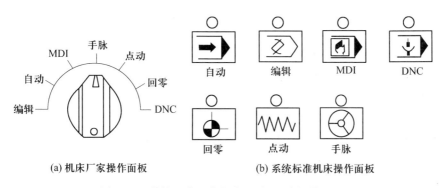

(a) 机床厂家操作面板　　(b) 系统标准机床操作面板

图 5-3　数控机床工作状态开关(机床操作面板)

2. 系统工作状态信号

系统的工作状态由系统的 PMC 信号通过梯形图指定 CNC 的状态。系统工作状态与信号的组合如表 5-1 所列。表中的"1"为信号接通,"0"为信号断开。

表 5-1 系统工作状态与信号的组合

工作状态	系统及系统状态显示		ZRN	DNC1	MD4	MD2	MD1
	FS-0C/0D		G120.7	G127.5	G122.2	G122.1	G122.0
	FS-16/18/21/0i FS-16i/18i/21i		G43.7	G43.5	G43.2	G43.1	G43.0
程序编辑	EDIT	EDIT	0	0	0	1	1
自动运行	MEM	AUTO	0	0	0	0	1
手动数据输入	MDI	MDI	0	0	0	0	0
手轮进给	HND	HND	0	0	1	0	0
手动连续进给	JOG	JOG	0	0	1	0	1
返回参考点	REF	ZRN	1	0	1	0	1
DNC 运行	RMT	RMT	0	1	0	0	1

3. 系统工作状态的 PMC 控制

下面以 FANUC-16/18/21/0iA 系统或 FANUC-16i/18i/21i/0iB/0iC 系统为例,且机床操作面板采用标准操作面板,设计 PMC 梯形图,如图 5-4 所示。

状态开关信号的输入/输出地址是由系统 I/O Link 模块进行分配的。

编辑状态:输入信号(面板操作开关)地址为 X4.1,输出信号(指示灯)地址为 Y4.1。

存储运行(又称自动运行):输入信号(面板操作开关)地址为 X4.0,输出信号(指示灯)地址为 Y4.0。

远程运行(又称 DNC):输入信号(面板操作开关)地址为 X4.3,输出信号(指示灯)地址为 Y4.3。

手轮进给(又称手摇脉冲进给):输入信号(面板操作开关)地址为 Y4.0。

手动数据输入:输入信号(面板操作开关)地址为 X4.2,输出信号(指示灯)地址为 Y4.2。

手动连续进给(又称点动进给):输入信号(面板操作开关)地址为 X6.5,输出信号(指示灯)地址为 Y6.5。

返回参考点(又称回零):输入信号(面板操作开关)地址为 X6.4,输出信号(指示灯)地址为 Y6.4。

信号 F3.6 表示系统处于编辑状态;信号 F3.5 表示系统处于自动运行状态;信号 F3.3 表示系统处于手动数据输入状态;信号 F3.4 表示系统处于 DNC 状态;信号 F3.2 表示系统处于手动连续进给状态;信号 F3.1 表示系统处于手轮控制状态;信号 F4.5 表示系统处于返回参考点状态。

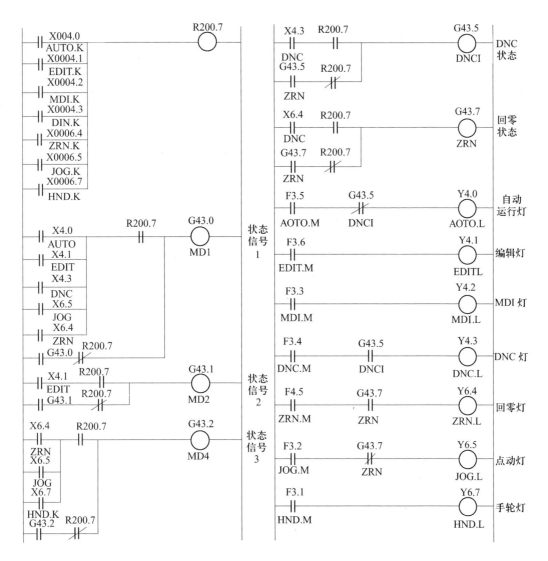

图 5-4 系统工作状态的 PMC 控制梯形图(FANUC-0i 系统)

5.2.2 数控机床加工程序功能开关 PMC 控制

1. 数控机床加工程序功能开关的用途及标准操作面板

1) 机床锁住

在自动运行状态下,按下机床操作面板上的机床锁住开关,执行循环启动时,刀具不移动,但是显示器上每个轴运动的位移在变化,就像刀具在运动一样。系统有两种类型的机床锁住:所有轴的锁住(停止沿所有轴的运动)和指定轴的锁住(如立式数控铣床或立式加工中心是 Z 轴锁住)。在机床锁住的状态下,可以执行 M,S,T 指令。FANUC-0C/0D 系统的机床所有轴锁住信号(MLK)为 G117.1,机床每个轴锁住信号(MLK1～MLK4)为 G128.0,G128.1,G128.2,G128.3。机床所有轴锁住状态信号(MMLK)为 F176.6。FANUC-0i 系统的机床所有轴锁住信号(MLK)为 G44.1,机床每个轴锁住信号(MLK1~MLK4)为G108.0、G108.1、G108.2、G108.3。机床所有轴锁住状态信号(MMLK)为F4.1。

2) 程序辅助功能的锁住

程序运行时,禁止执行M、S、T指令。一般与机床锁住功能一起使用,用于检查程序是否编制正确。M00、M01、M02、M30、M98和M99指令即使在辅助功能锁住的状态下也能执行。FANUC-0C/0D系统的辅助功能锁住信号(AFL)为G103.7,FANUC-0i系统的辅助功能锁住信号(AFL)为G5.6。

3) 程序的空运转

在自动运行状态下,按下机床操作面板上的空运行开关,刀具按参数(各轴快移速度)中指定的速度移动,而与程序中指令的进给速度无关。快速移动倍率开关也可以用来更改机床的移动速度。该功能用来在机床不装工件时检查刀具的运动,或通过坐标值的偏移功能(车床是X轴坐标值的偏移、数控立式铣床或立式加工中心是Z轴坐标值的偏移)来检查刀具的运动。FANUC-0C/0D系统的程序空运转信号(DRN)为G118.7,程序空运转状态信号(MDRN)为F176.7。FANUC-0i系统的程序空运转信号(DRN)为G46.7,程序空运转状态信号(MDRN)为F2.7。

4) 程序单段运行

按下单程序段方式开关进入单程序段工作方式。在单程序段方式中按下循环启动按钮后,刀具在执行完一段程序后停止。通过单段方式一段一段地执行程序,可仔细检查程序。FANUC-0C/0D系统的程序单段信号(SBK)为G116.1,程序单段状态信号(MSBK)为F176.5。FANUC-0i系统的程序单段信号(SBK)为G46.1,程序单段状态信号(MSBK)为F4.3。

5) 程序再启运行

该功能用于指定刀具断裂或者公休后重新启动程序时,将要启动程序段的顺序号,从该段程序重新启动机床,也可用于高速程序检查。程序的重新启动有两种方法:P型和Q型(由系统参数设定)。P型操作可以在任意地方重新启动,这种方法用于刀具破裂时的重新启动;Q型操作时,重新启动之前刀具必须移动到程序的起始点(加工起始点)。FANUC-0C/0D系统的程序再启动信号(SRN)为G130.0,程序再启动状态信号(SRNMV)为F188.4。FANUC-0i系统的程序再启动信号(SRN)为G6.0,程序再启动状态信号(SRNMV)为F2.4。

6) 程序段跳过

在自动运行状态下,当操作面板上的程序段选择跳过开关接通时,有斜杠(/)的程序段将被忽略。FANUC-0C/0D系统的程序段跳过信号(BDT1)为G116.0,程序段跳过状态信号(MBDT1)为F176.4。FANUC-0i系统的程序段跳过信号(BDT1)为G44.0,程序段跳过状态信号(MBDT1)为F4.0。

7) 程序选择停

在自动运行时,当加工程序执行到M01指令的程序段后也会停止。这个代码仅在操作面板上的选择停止开关处于通的状态时有效。

8) 程序循环启动运行

在存储器方式(MEM)、DNC运行方式(RMT)或手动数据输入方式(MDI)下,若按下循环启动开关,则 CNC 进入自动运行状态并开始运行,同时机床上的循环启动灯点亮。系统循环启动信号为下降沿触发(信号 ST 从 1 变 0)。FANUC-0C/0D 系统的循环启动信号 ST 为 G120.2,循环启动状态信号(STL)为 F148.5。FANUC-16/18/21/0iA 系统和 FANUC-0i 系统的循环启动信号(ST)为 G7.2,循环启动状态信号(STL)为 F0.5。

9）程序进给暂停

自动运行期间按下进给暂停开关时,CNC 进入暂停状态并且停止运行,同时,循环启动灯灭。如再重新启动自动运行时,需按下循环启动按钮开关。FANUC-0C/0D 系统的进给暂停信号(*SP)为 G121.5,进给暂停状态信号(SPL)为 F148.4。FANUC-0i 系统的进给暂停信号(*SP)为 G8.5,进给暂停状态信号(SPL)为 F0.4。

数控机床操作面板上的加工程序功能开关如图 5-5 所示。

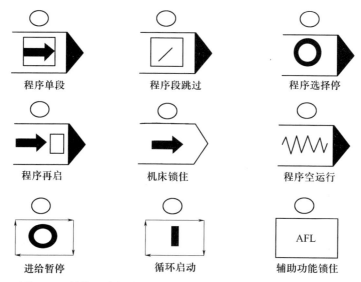

图 5-5　数控机床操作面板上的加工程序功能开关(标准面板)

2. 数控机床加工程序功能开关的 PMC 控制

输入/输出信号地址通过系统的 I/O Link 模块进行地址的分配。程序循环启动按钮的输入地址为 X6.1,程序循环启动指示灯的输出地址为 Y6.0。程序进给保持按钮的输入地址为 X6.0,程序进给保持指示灯的输出地址为 Y6.0。机床锁住按钮的输入地址为 X5.1,机床锁住指示灯的输出地址为 Y5.1。程序单段按钮的输入地址为 X4.4,程序单段指示灯的输出地址为 Y4.4。程序段跳过按钮的输入地址为 X4.5,程序段跳过指示灯的输出地址为 Y4.5。程序再启按钮的输入地址为 X5.0,程序再启指示灯的输出地址为 Y5.0。程序空运行按钮的输入地址为 X5.2,程序空运行指示灯的输出地址为 Y5.0。程序辅助功能锁住按钮的输入地址为 X5.3,程序辅助功能锁住指示灯的输出地址为 Y5.3。程序选择停按钮的输入地址为 X4.6,程序选择停指示灯的输出地址为 Y4.6。

如图 5-6 所示,循环启动按钮开关按下(X6.1 为 1)时,系统循环启动信号 G7.2 为 1,当松开循环启动按钮(X6.0 为 0)时,系统循环启动信号由 1 变成 0(信号的下降沿),系统执行自动加工,同时系统的循环启动状态信号 F0.5 为 1。程序自动运行中,按下进给暂停按钮(X6.0常闭点断开),系统进给暂停信号G8.5为0,程序停止运行,同时系统进给暂停状态信号F0.4为1,当系统暂停状态信号为1时,系统的循环启动状态信号为0。机床锁住、程序单段、程序段跳过、程序再启、程序空运行、辅助功能锁住及程序选择停功能开关的PMC控制逻辑关系是相同的,只是信号的地址不同。

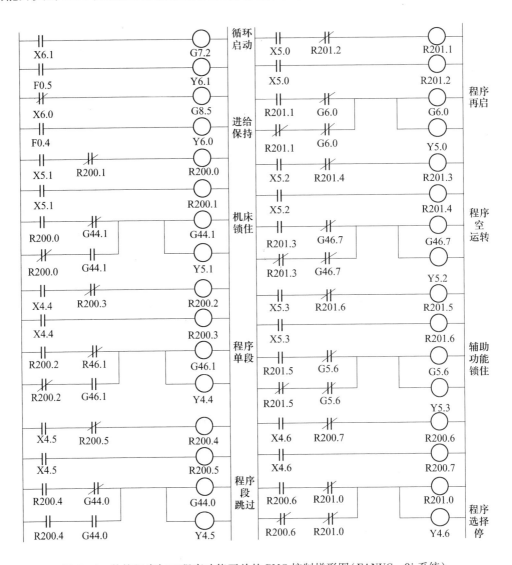

图5-6 数控机床加工程序功能开关的PMC控制梯形图(FANUC-0i系统)

下面以机床锁住功能开关为例,分析程序功能开关的PMC具体控制过程。当机床锁住功能开关X5.1按下,通过继电器R200.0和R200.1获得一个扫描周期的脉冲信号(R200.0),继电器R200.0的常开点闭合,机床锁住信号G44.1和机床锁住状态指示灯Y5.1为1并自保(松开机床锁住按钮时信号维持1不变)。当再次按下机床锁住按钮时,通过继电器R200.0的常闭点拉断机床锁住状态信号G44.1的自保回路,机床解除轴锁住状态,松开按钮后。机床锁住状态信号G44.1保持不变,仍然维持0状态。

5.2.3 数控机床倍率开关 PMC 控制

1. 数控机床面板上倍率开关的功能及信号地址

1) 进给速度倍率信号

通过进给倍率开关选择百分比(%)来增加或减少编程进给速度。一般用于程序检测。例如,当在程序中指定的进给速度为 100mm/min 时,将倍率设定为 50%,使机床以 50mm/min 的速度移动。切削进给速度倍率信号共有 8 个二进制编码信号(倍率值在范围 0%~254% 内以 1% 为单位进行选择),进给倍率信号为负逻辑信号,即位为 0 有效。FANUC-0i 系统进给倍率信号地址为 G12。

2) 主轴速度倍率信号

主轴速度倍率信号使加工程序中指令的主轴速度 S 乘以 0%~254% 的倍率。例如,当在程序中指定主轴速度为 1000r/min 时,将主轴倍率开关选择在 50%,使主轴的实际转速为 500r/min。但在进行攻丝循环加工或螺纹切削时,主轴倍率无效(强制为 100%)。主轴倍率值信号为 8 位二进制信号,倍率单位为 1%,FANUC-0i 系统主轴速度倍率信号的地址为 G30。

3) 快移速度倍率信号

数控机床无论自动运行快移速度还是手动快移速度都是在系统参数(如 FANUC-0i 系统参数为 1420)中设定各轴的快移速度(倍率 100% 的速度),而无需在加工程序中指定。自动运行中的快速移动包括所有的快速移动,如固定循环定位、自动参考位置返回等,而不仅仅对移动指令 G00 有效。手动快速移动也包含了参考位置返回中的快速移动。通过快速移动倍率信号可为快速移动速度施加倍率,快速移动速度倍率为 F0、25%、50% 和 100%,其中 F0 由系统参数(如 FANUC-0i 系统参数为 1421)设定各轴固定进给速度。FANUC-0i 系统快移速度倍率信号地址为 G14.0(R0V1)、G14.1(R0V2)。

如图 5-7 为某数控机床操作面板上的倍率开关图。

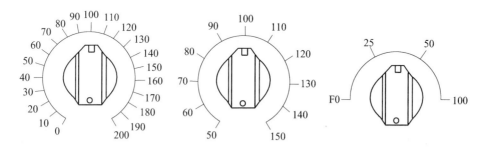

图 5-7 数控机床操作面板上的倍率开关图

2. 倍率开关的 PMC 控制

下面以进给倍率为例,分析 FANUC-0i 系统 PMC 控制过程。机床的进给倍率开关不仅控制自动运行(MEM、MDI、DNC)的进给速度的倍率(程序中进给速度的百分比),而且同时控制点动连续进给(JOG)的速度(手动连续进给速度,单位为 mm/min)。PMC 控制梯形图如图 5-8 所示。

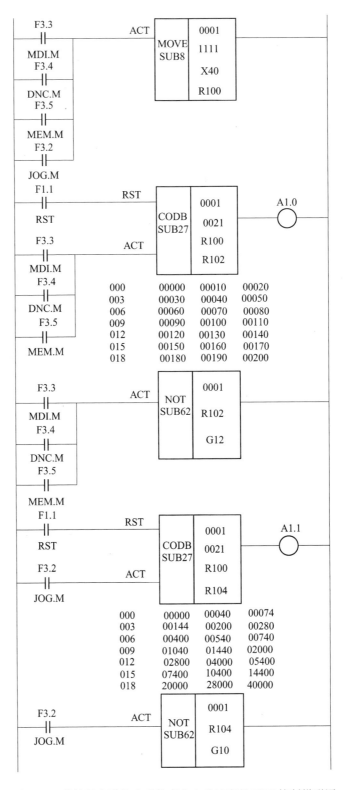

图 5-8 数控机床进给速度倍率和点动速度的 PMC 控制梯形图

倍率开关的输入信号地址为 X40.0,X40.1,X40.2,X40.3,X40.4(以二进制代码形式组成 21 种状态),通过逻辑与传输指令 MOVE 发送到继电器 R100 中。F3.2,F3.3,F3.4,F3.5 分别为系统的点动连续进给、手动数据输入(MDI)、在线加工(DNC)及自动运行(MEM)状态信号,该类信号作为功能指令的选通条件。通过代码转换指令 CODB 把开关位置指定表格的数据转换成二进制数值分别传送到继电器 R1.2(进给速度倍率)、R104(点动连续进给速度)中。由于系统的进给速度倍率和点动进给速度信号(二进制代码)为负逻辑控制,所以再通过逻辑非指令 NOT 分别把继电器 R102、R104 数值转换后输送到系统进给速度倍率信号 G12 和系统点动连续进给速度信号 G10 中,从而完成系统 PMC 控制。

5.2.4 数控机床润滑系统 PMC 控制

数控机床润滑系统主要包括机床导轨、传动齿轮、滚珠丝杠及主轴箱等润滑,其形式有电动间歇润滑泵和定量式集中润滑等,其中电动间歇润滑泵用得较多,其润滑时间和每次泵油量可根据要求进行调整或用参数设定。

1. 数控机床润滑系统的电气控制要求

(1)首次开机时,自动润滑 15s(2.5s 打油、2.5s 关闭)。
(2)机床运行时,达到润滑间隔固定时间(如 30min)自动润滑一次,而且润滑隔时间用户可以进行调整(通过 PMC 参数)。
(3)加工过程中,操作者根据实际需要还可以进行手动润滑(通过机床操作面板的润滑手动开关控制)。
(4)润滑泵电机具有过载保护,当出现过载时,系统要有相应的报警信息。
(5)润滑油箱油面低于极限时,系统要有报警提示(此时机床可以运行)。

2. 润滑系统 PMC 控制

润滑系统的电气控制原理图和 PMC 输入/输出信号接口如图 5-9 所示。

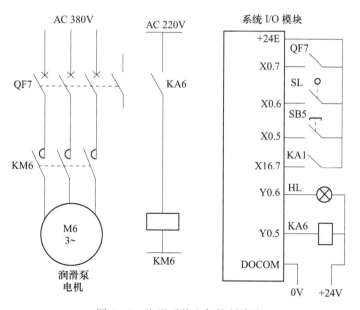

图 5-9 润滑系统电气控制线路

QF7 为润滑泵电机的短路器,实现电机的短路与过载保护,通过系统 PMC 控制输出继电器 KA6,继电器 KA6 常开触点控制接触器 KM6 线圈,从而实现机床润滑自动控制。系统 PMC 输入/输出信号中,QF7 为断路器的常开点,作为系统润滑泵过载与短路保护的输入信号;SL 为润滑系统油面检测开关(润滑油面下限到位开关),作为系统润滑油过低报警提示(需要添加润滑油)的输入信号;SB5 为数控机床面板上的手动润滑开关,作为系统手动润滑的输入信号;KA1 为机床就绪继电器(如机床液压泵控制继电器)的常开点,作为系统机床就绪的输入信号;HL 为机床润滑报警灯的输出信号。

润滑系统 PMC 控制梯形图如图 5-10 所示。机床自动润滑时间和每次润滑的间歇时间由于不需要用户修改,所以系统 PMC 采用固定时间定时器 12,13 来控制每次润滑的间歇时间(2.5s 打油、2.5s 关闭),固定定时器 14 来控制自动运行时的润滑时间(15s),固定定时器 15 用来控制机床首次开机的润滑时间(15s)。自动润滑的间隔时间根据机床实际加工情况不同,用户有时需要进行调整,所以自动润滑的间隔时间控制采用可变定时器,且采用两个可变定时器(TMR01 和 TMR02)的串联,来

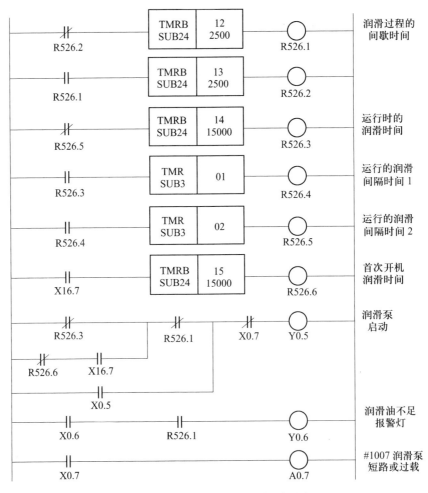

图 5-10 润滑系统 PMC 控制梯形图

扩大定时的时间,用户可通过 PMC 参数界面的定时器界面进行设定或修改,来改变自动润滑的间隔时间。

当机床首次开机时,机床准备就绪信号 X16.7 为 1,启动机床润滑泵电机(Y0.5 输出)同时启动固定定时器 15,机床自动润滑 15s(2.5s 打油、2.5s 关闭)后,固定定时器 15 的延时断开常闭点 R526.6 切断自动润滑回路,机床停止润滑,从而完成机床首次开机的自动润滑操作。机床运行过程中,通过可变定时器 TMR01 和 TMR02 设定的延时时间后,机床自动润滑一次,润滑的时间由固定定时器 14 设定(15s),通过固定定时器 14 的延时断开常闭点 R526.3 切断运行润滑控制回路,从而完成一次机床运行时润滑的自动控制,机床周而复始地进行润滑。当润滑系统出现过载或短路故障时,通过输入信号 X0.7 切断润滑泵输出信号 Y0.5,并发出润滑系统报警信息(#1007:润滑系统故障)。当润滑系统的油面下降到极限位置时,机床润滑系统报警灯闪亮,提示操作者需加润滑油。

5.2.5 数控车床自动换刀 PMC 控制

数控车床应用最多的是转塔式刀架(又称电动刀塔)。转塔式刀架是用转塔头刀座安装或夹持各种不同用途的刀具,通过转塔的旋转分度定位来实现机床的换刀动作。下面以常州电动刀架 BWD40-1 为例,分析数控车床自动换刀的 PMC 控制过程(系统采用 FANUC-0iTB)。

常州 BWD40-1 电动刀塔为 6 工位,采用蜗轮蜗杆传动,定位销进行粗定位,端齿啮合进行精定位。通过电机正转实现松开刀塔并进行分度,电机反转进行锁紧并定位,电机的正反转由接触器 KM3、KM4 控制,刀塔的松开和锁紧靠微动行程开关 SQ 进行检测。电动刀塔的分度由刀塔主轴后端安装的角度编码器进行检测和控制。具体控制电路如图 5-11 所示。

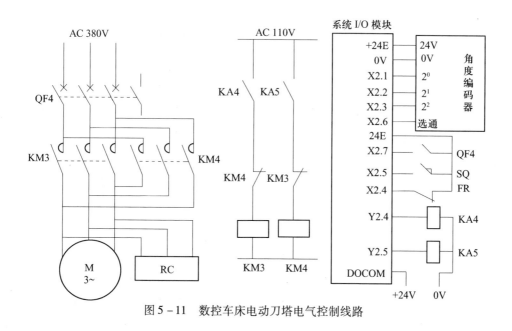

图 5-11 数控车床电动刀塔电气控制线路

对 BWD40-1 电动刀塔 PMC 控制的要求如下。

（1）机床接收到换刀指令（程序的 T 码指令）后，转塔电机正转进行松开并分度控制，分度过程中要有转位时间的检测，检测时间设定为 10s，每次分度时间超过 10s 系统就发出转塔分度故障报警。

（2）转塔进行分度并到位后，通过电机反转进行转塔的锁紧和定位控制，为了防止反转时间过长导致电机过热，要求转塔电机反转控制时间不得超过 0.7s。

（3）转塔电机正反转控制过程中，还要求有正转停止延时时间控制和反转开始的延时时间控制。

（4）自动换刀指令执行后，要进行转塔锁紧到位信号的检测，只有检测到该信号，才能完成 T 码功能。

（5）自动换刀控制过程中，要求有电机过载、短路及温度过高保护，并有相应的报警信息显示。自动运行中，程序的 T 码错误（$T=0$ 或 $T \geq 7$）时相应有报警信息显示。

图 5-12 中的 X2.1，X2.2，X2.3 为角度编码器的实际刀号检测输入信号地址，X2.6 为角度编码器位置选通输入信号（每次转到位就接通）地址，通过常数定义指令（NUME）把转塔当前实际位置的刀号写入到地址 D302 中。通过判别一致指令（COIN）把当前位置的刀号（D302 中的数值）与程序的 T 码选刀刀号（F26 中的数值）进行判别，如果两个数值相同，则 T 码辅助功能结束（说明程序要的刀号与当前实际刀号一致）；如果两个数值不相同，则进行转塔的分度控制。通过判别指令（COIN）和比较指令（COMP）与数字 0 和数字 7 进行比较，如果程序指令的 T 码为 0 或大于等于 7 时，系统要有 T 码错误报警信息显示，同时停止转塔分度指令的输出。当程序指令的 T 码与转塔实际刀号不一致时，系统发出转塔分度指令（继电器 R0.3 为 1），转塔电机正转（输出继电器 Y2.4 为 1），通过蜗轮蜗杆传动松开锁紧凸轮，凸轮带动刀盘转位，同时角度编码器发出转位信号（X2.1，X2.2，X2.3），当转塔转到换刀位置，系统判别一致指令（COIN）信号 R0.0 为 1，发出转塔分度到位信号（继电器 R0.4 为 1），转塔电机经过定时器 01 的延时（定时器 TMR01 为 50ms）后，切断转塔电机正转输出信号 Y2.4，同时接通反转运行开始定时器 02，经过延时后，系统发出转塔电机反转输出信号 Y2.5，电机开始反转，定位销进行粗定位、端齿盘啮合进行精定位，锁紧凸轮进行锁紧并发出转塔锁紧到位信号（X2.5），经过反转停止延时定时器 03 的延时（定时器 TMR03 设定为 0.6s）后，发出电机反转停止信号（R0.7 为 1），切断转塔电机反转运转输出信号 Y2.5。通过转塔锁紧到位信号 X2.5 接通 T 辅助功能完成指令（R1.1 为 1），继电器 R1.1 为 1 后，使系统辅助功能结束指令信号 G4.3 为 1，切断转塔分度指令 R0.3，从而完成换刀的自动控制。在换刀整个过程中，当换刀过程超时（TMR04）、电机温升过高（X2.4）及电机过载/短路保护断路器 QF4（X2.7）信号动作时，系统立即停止换刀动作并发出系统换刀故障信息。

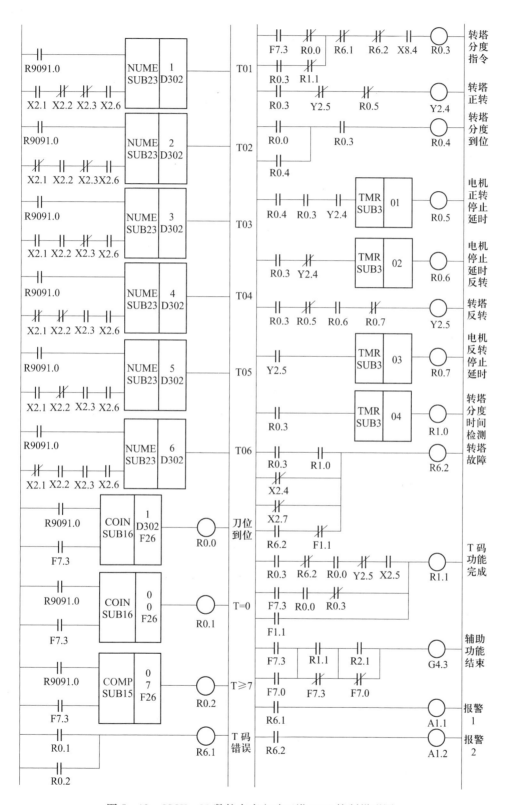

图 5-12　SSCK-20 数控车床电动刀塔 PMC 控制梯形图

5.2.6 数控机床辅助功能代码(M代码)PMC控制

数控机床的辅助功能代码包括 M 代码、T 代码及 S 代码。M 代码用来指定主轴的正转、反转、主轴停止及主轴定向停止,冷却液的供给和关闭,工件或刀具的夹紧和松开,刀具自动更换等功能的控制,表 5-2 为国际标准 M 代码的功能。当然机床厂家根据机床具体控制情况编写了辅助功能 M 代码,如主轴换挡功能、工作台的交换功能等。

表 5-2 数控机床标准 M 代码的功能

M 代码	功能	用途
M00	程序停	中断程序执行的功能。程序段内的动作完成后,主轴及冷却停止。这以前的状态信息被保护,按循环启动按钮时可重新启动程序运行
M01	程序选择停	只要操作者接通机床操作面板上的选择停按钮,就可进行与程序停相同的动作。选择停按钮断开时,此指令被忽略
M02	程序结束	指示加工程序结束。在完成该程序段的动作后,主轴及冷却停止,控制装置和机床复位
M03	主轴正转	驱动主轴正转旋转指令
M04	主轴反转	驱动主轴反转旋转指令
M05	主轴停	使主轴停止的指令
M06	换刀	执行换刀指令。有的数控机床为调换刀执行的指定宏程序
M07	冷却 1 开	打开冷却(冷却液)指令
M08	冷却 2 开	打开冷却(喷雾)指令
M09	冷却关	关闭冷却指令
M19	主轴定向停止	使主轴在预定角度停止的指令
M29	刚性攻丝	用主轴和进给电机进行插补攻丝加工。在攻丝循环(G84)或(G74)之前指令逆攻丝循环
M30	程序结束	指示加工程序结束指令。在完成该程序段的动作后,主轴及冷却停止,控制装置和机床复位。程序自动回到程序的开始
M98	子程序调用	调用系统内存的子程序
M99	子程序结束	回到调用系统内存子程序的程序段的下一个程序段
M198	子程序调用	调用系统外围设备(如外接计算机)的子程序
M199	子程序结束	回到调用系统外围设备子程序的程序段的下一个程序段

1. M 代码使用说明

通常,在 1 个程序段中只能指定 1 个 M 代码。但是,在某些情况下,对某些类型的机床最多可指定 3 个 M 代码。在 1 个程序段中指定的多个 M 代码(最多 3 个,如 FANUC -

0i 系统参数 3404#7 设定为"1")被同时输出到机床,这意味着与通常的一个程序段中仅有一个 M 指令相比,在加工中可实现较短的循环时间。通过 PMC 的译码后(第 1 个、第 2 个、第 3 个 M 代码输出的信号地址是不同的)同时输出到机床侧执行。

在一个程序段中同时指定了移动指令和辅助功能代码 M 码时,系统有两种处理情况:第一种是移动指令与 M 代码指令同时被执行,如 G00 X0 Y0 Z50,M03 S800,第二种是移动指令结束后才能执行 M 代码指令,如 G01 X100,Y50,F200 M05。两种情况的具体控制选择是由系统编制 M 代码译码或执行 M 代码(PMC 控制梯形图)时分配结束信号(DEN)决定的。

即使机床辅助功能锁住信号(AFL)有效,辅助功能 M00,M01,M02 和 M30 也可执行,所有的代码信号、选通信号和译码信号按正常方式输出。辅助功能 M98 和 M99 仍按正常方式执行,但不输出在控制单元中执行的结果。

2. M 代码控制时序

M 代码控制时序如图 5 – 13 所示。

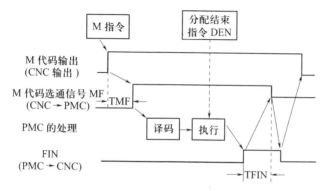

图 5 – 13 系统 M 代码控制时序图

系统读到程序中的 M 码指令时,就输出 M 代码指令的信息,FANUC – 0C/0D 系统 M 代码信息输出地址为 F151(两位 BCD 代码),FANUC – 16/18/21/0i 系统 M 代码信息输出地址为 F10 ~ F13(4 个字节二进制代码)。通过系统读 M 代码的延时时间 TMF(系统参数设定,标准设定时间为 16ms)后,系统输出 M 代码选通信号 MF,FANUC – 0C/0D 系统 M 代码选通信号为 F150.0,FANUC – 16/18/21/0i 系统 M 代码选通信号为 F7.0。当系统 PMG 接收到 M 代码选通信号(MT)后,执行 PMC 译码指令(DEC、DECB),把系统的 M 代码信息译成某继电器为 1(开关信号),通过是否加入分配结束信号(DEN)实现移动指令和 M 代码是否同时执行。

FANUC – 0C/0D 系统分配结束信号(DEN)为 F149.3,FANUC – 16/18/21/0i 系统分配结束信号(DEN)为 F1.3。M 功能执行结束后,把辅助功能结束信号(FIN)送到 CNC 系统中,FANUC – 0C/0D 系统辅助功能结束信号(FIN)为 G120.3,FANUC – 16/18/21/0i 系统辅助功能结束信号(FIN)为 G4.3。当系统接收到 PMC 发出的辅助功能结束信号(FIN)后,经过辅助功能结束延时时间 TFIN(系统参数设定,标准设定时间为 16ms),切断系统 M 代码选通信号 MF。当系统 M 代码选通信号 MF 断开后,切断系统辅助功能结束信号 FIN,然后系统切断 M 代码指令输出信息信号,系统准备读取下一条 M 代码指令信息。

3. M 代码 PMC 控制

图 5-14 为某数控铣床(系统采用 FANUC-0i 系统)的 M 码辅助功能执行的 PMC 控制。二进制译码指令 DECB 把程序中的 M 码指令信息(F10)转换成开关量控制,程序执行到 M00 时,R0.0 为 1;程序执行到 M01 时,R0.1 为 1;程序执行到 M02 时,R0.2 为 1;程序执行到 M03 时,R0.3 为 1;程序执行到 M04 时,R0.4 为 1;程序执行到 M05 时,R0.5 为 1;程序执行到 M08 时,R1.0 为 1;程序执行到 M09 时,R1.1 为 1。G70.5 为串行数字主轴正转控制信号,G70.4 为串行数字主轴反转控制信号,F0.7 为系统自动运行状态信号(系统在 MEM、MDI、DNC 状态),F1.1 为系统复位信号。当系统在自动运行时,程序执行到 M03 或 M04 主轴按给定的速度正转或反转,程序执行到 M05 或系统复位(包括程序的 M02、M30 代码),主轴停止旋转。在执行 M05 时,加入了系统分配结束信号 F1.3,如

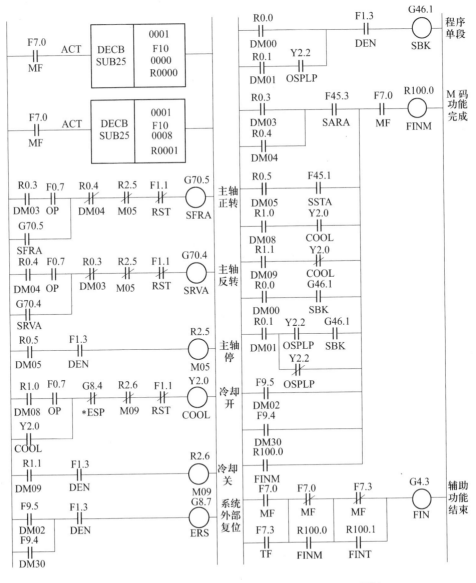

图 5-14 辅助功能 M 代码 PMC 控制(FANYC-0i 系统)

果移动指令和 M05 在同一程序段中,保证执行完移动指令后执行 M05 指令,进给结束后主轴电机才停止。当程序执行到 M08 时,通过输出信号 Y2.0 控制冷却泵电机打开机床冷却液,程序执行到 M09 时,关断机床冷却液,同理执行 M09 时也需要加入系统分配结束信号 F1.3。当程序执行到 M02 或 M30 时,系统外部复位信号 G4.3 为 1,停止程序运行并返回到程序的开头。当程序执行到 M00 或 M01(同时选择停输出信号 Y2.2 为 1),系统执行程序单段运行(G46.1 为 1)。图 5-14 中 F45.3 为主轴速度到达信号,F45.1 为主轴速度为零的信号,R100.0 为 M 码完成信号,R100.1 为 T 码完成信号。

5.3 常用数控系统的 PLC 状态的监控方法

现代数控机床使用的数控系统基本上都有 PLC 输入/输出状态显示的功能。如西门子 810 系统的 DIAGNOSIS(诊断)菜单下的 PLC STATUS(PLC 状态)功能、FUNAC 0 系统的 DGNOS PROGRAM(诊断参数)软件菜单下的 PMC 状态显示功能、日本 MITSUBISHI 公司 MELDAS L3 系统 DIAGN(诊断)菜单下的 PLC-I/F 功能、日本 OKUMA 系统的 CHECK DATA(检查数据)功能等。利用这些功能,可直接在线观察 PLC 的输入/输出的瞬时状态,或者观察内部寄存器的数值,如当前刀号等。这些状态或数值对诊断数控机床的很多故障是非常便利的。

5.3.1 西门子系统的 PLC 状态显示功能

1. 利用机床数控系统监控 PLC 状态

西门子数控系统的 PLC 状态变化可以通过数控系统的 DIAGNOSIS(诊断)功能进行监视(以下以西门子 810 系统为例)。

在任何操作状态下,找到 DIAGNOSIS(诊断)功能。例如在自动操作状态下,用菜单转换键 ⊟ 键和菜单扩展键 ⟩ 键,找到图 5-15 所示的画面,按 DIAGNOSIS(诊断)下面的软键,进入图 5-16 所示的诊断菜单。

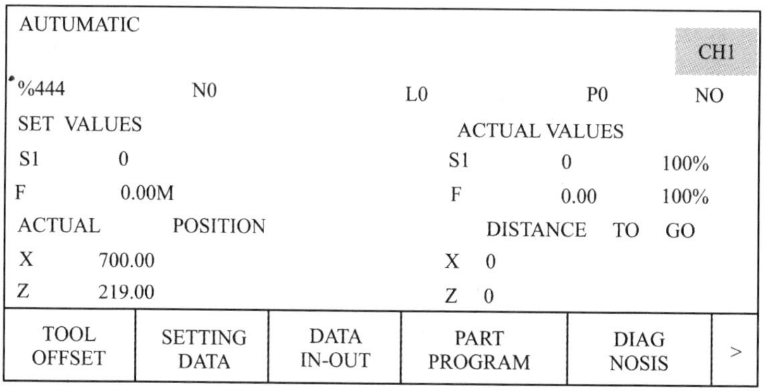

```
AUTUMATIC                                              CH1
 %444         N0           L0           P0      NO
SET VALUES                ACTUAL VALUES
 S1     0                  S1     0        100%
 F    0.00M                 F    0.00      100%
ACTUAL   POSITION         DISTANCE  TO  GO
 X    700.00               X    0
 Z    219.00               Z    0
┌─────────┬─────────┬─────────┬─────────┬─────────┬───┐
│  TOOL   │ SETTING │  DATA   │  PART   │  DIAG   │ > │
│ OFFSET  │  DATA   │ IN-OUT  │ PROGRAM │  NOSIS  │   │
└─────────┴─────────┴─────────┴─────────┴─────────┴───┘
```

图 5-15 PLC 状态显示菜单

在诊断(DIAGNOSIS)菜单中,按 PLC STATUS(PLC 状态)下面的软键,进入 PLC 状态显示菜单,如图 5-17 所示,按 IW 下面的软键进入 PLC 输入状态显示画面,可以实时显示 PLC 的输入状态;按 QW 下面的软键进入 PLC 输出状态显示画面,可以实时显示 PLC 的输出状态;另外还可以检查标志位和数据位等的状态。

151

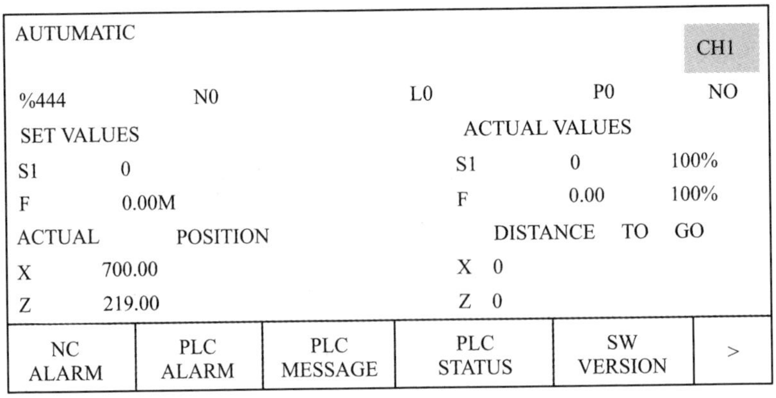

```
AUTUMATIC                                        CH1
%444        N0           L0          P0         NO
SET VALUES                   ACTUAL VALUES
S1      0                S1      0       100%
F       0.00M            F       0.00    100%
ACTUAL   POSITION            DISTANCE  TO  GO
X    700.00              X   0
Z    219.00              Z   0
```

| NC ALARM | PLC ALARM | PLC MESSAGE | PLC STATUS | SW VERSION | > |

图 5-16　DIAGNOSIS 诊断菜单

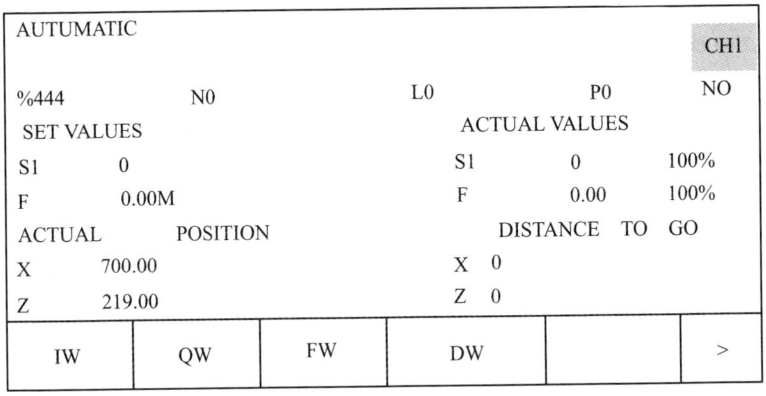

```
AUTUMATIC                                        CH1
%444        N0           L0          P0         NO
SET VALUES                   ACTUAL VALUES
S1      0                S1      0       100%
F       0.00M            F       0.00    100%
ACTUAL   POSITION            DISTANCE  TO  GO
X    700.00              X   0
Z    219.00              Z   0
```

| IW | QW | FW | DW | | > |

图 5-17　PLC 状态显示菜单

按 > 键进入 PLC 状态显示扩展菜单,如图 5-18 所示,可显示定时器和计数器的实时状态。

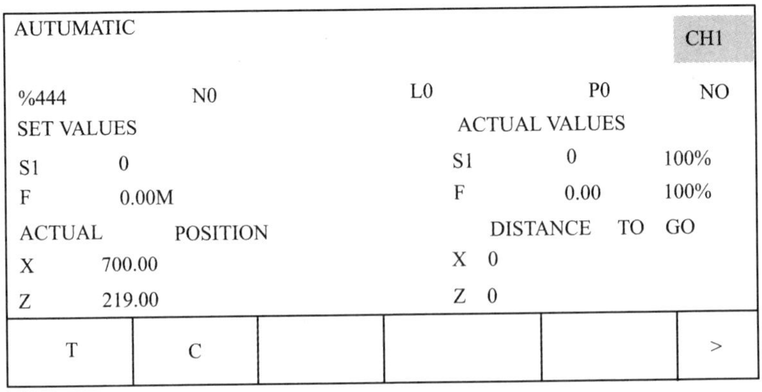

```
AUTUMATIC                                        CH1
%444        N0           L0          P0         NO
SET VALUES                   ACTUAL VALUES
S1      0                S1      0       100%
F       0.00M            F       0.00    100%
ACTUAL   POSITION            DISTANCE  TO  GO
X    700.00              X   0
Z    219.00              Z   0
```

| T | C | | | | > |

图 5-18　PLC 状态显示扩展菜单

例如在图 5-17 所示的 PLC 状态显示菜单中,按 IW(输入字)下面的软键,进入 PLC 输入状态显示画面(图 5-19),通过键盘上的方向键和翻页键,可以找到所要观察的 PLC 输入点的状态。

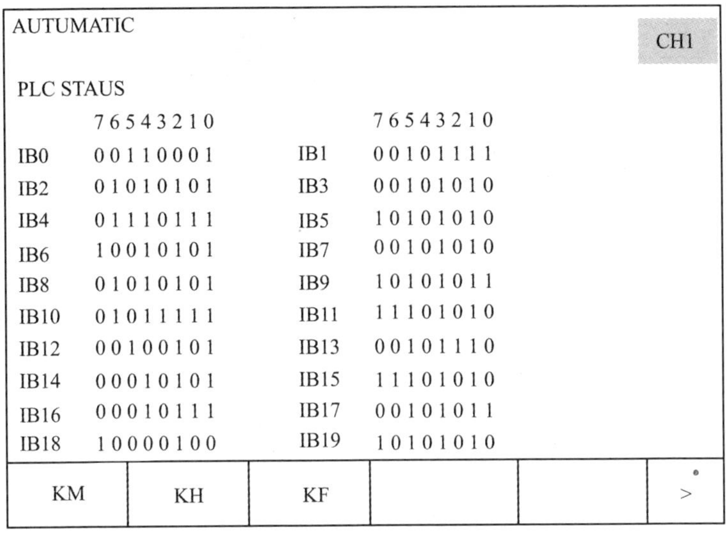

```
AUTUMATIC                                              CH1
PLC STAUS
        7 6 5 4 3 2 1 0              7 6 5 4 3 2 1 0
IB0     0 0 1 1 0 0 0 1     IB1      0 0 1 0 1 1 1 1
IB2     0 1 0 1 0 1 0 1     IB3      0 0 1 0 1 0 1 0
IB4     0 1 1 1 0 1 1 1     IB5      1 0 1 0 1 0 1 0
IB6     1 0 0 1 0 1 0 1     IB7      0 0 1 0 1 0 1 0
IB8     0 1 0 1 0 1 0 1     IB9      1 0 1 0 1 0 1 1
IB10    0 1 0 1 1 1 1 1     IB11     1 1 1 0 1 0 1 0
IB12    0 0 1 0 0 1 0 1     IB13     0 0 1 0 1 1 1 0
IB14    0 0 0 1 0 1 0 1     IB15     1 1 1 0 1 0 1 0
IB16    0 0 0 1 0 1 1 1     IB17     0 0 1 0 1 0 1 1
IB18    1 0 0 0 0 1 0 0     IB19     1 0 1 0 1 0 1 0

   KM         KH         KF                          >
```

图 5-19 PLC 输入状态显示

2. 利用机外编程器监控 PLC 状态

西门子数控系统大都采用的是 S5 系列或者 S7 系列可编程控制器。其可编程控制器的运行状态可以由安装有编程软件的计算机进行实时监控。以下以 S7-200 可编程控制器为例进行说明。

1) 所需工具与设备

(1) 一台 PC 机,要求 CPU 为 80586 以上,内存为 16MB 以上,硬盘 50MB 以上,安装有 STEP7-MICRO/WIN32 软件;或者是安装有 STEP7-MICRO/WIN32 的西门子编程器。

(2) 一根 PC/PPI 连接电缆线。

2) 监控步骤与方法

(1) 设置 PC/PPI 线缆上的 DIP 开关。在 DIP 开关上用 1,2,3 开关选择计算机所支持的波特率为 9600bit/s,用开关 4 选择 11 位,用开关 5 选择 DCE 模式。

(2) 将 PC/PPI 线缆的 RS-232 端(标有 PC)连接到计算机的串行通信口 COM1 或者 COM2。

(3) 将 PC/PPI 线缆的 RS-485(标有 PPI)连接到 CPU 的通信口。硬件连接如图 5-20 所示。

(4) 在计算机上安装 STEP7-MICRO/WIN32 编程软件(安装方法详见可编程控制器编程手册),进入编程环境,在菜单中选择 View→Communications→通信建立对话框"Communications Links"(图 5-21)→双击 PC/PPI 电缆图标→PG/PC 接口对话框→选择属性"Properties"按钮→接口属性对话框"Properties-PC/PPI Cable(PPI)"(图 5-22),检查相关属性并点击"确定"。

其中,在"PPI"按钮中:地址"Address"= 0 表示 PC 的默认地址,通信速率"Transmission Rate"= 9.6Kb/s。在"Local Connection"按钮中,检查 PC 连接通信口"1"或者"2",然后确定。

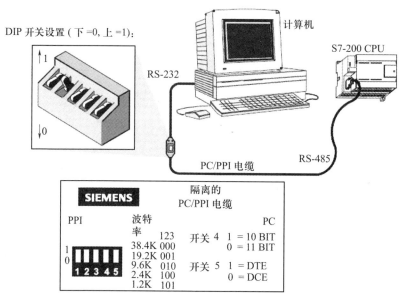

图 5-20 PLC 与计算机的通信

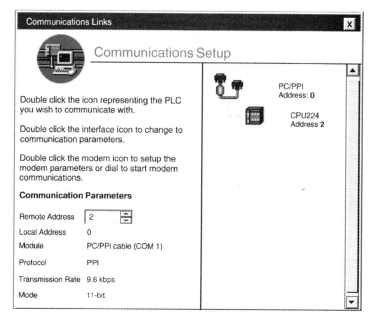

图 5-21 通信建立对话框

(5) 打开 STEP7 – MICRO/WIN32 编程软件的菜单"Debug→Programs Status"或按下工具条上的"Program Status"(程序状态)按钮,可启动在线监控程序的运行,如图 5-23 所示。

5.3.2 FANUC 系统的 PMC 状态监控

FANUC 0 系统具有 PMC 状态显示功能,可以显示 PMC 输入/输出接口的实时状态。按面板右侧的"DGNOS PARAM"按键,系统进入诊断初始画面,如图 5-24 所示。

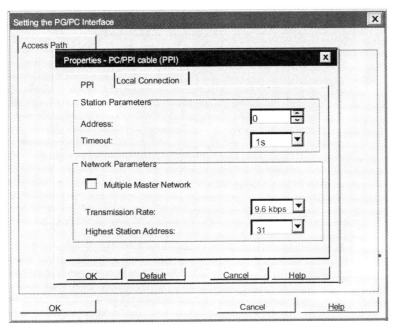

图 5-22 Properties - PC/PPI Cable(PPI)接口属性对话框

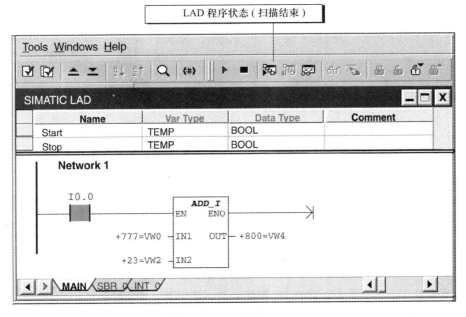

图 5-23 状态监控界面

按该画面最下一行"诊断"下面的软键,或者再按一次"DGNOS PARAM"按键,进入 PMC 状态显示画面,如图 5-25 所示,显示 20 个 PMC 状态字节,按面板右侧的上下箭头按键可以翻页,也可以用"No."键寻找所要观察的 PMC 的状态。FANUC 0 系统 PMC 中 X 代表 PMC 从机床侧接收的输入信号,Y 代表 PMC 到机床的输出信号,F 代表由 NC 向 PMC 的输出信号,G 代表 PMC 向 NC 的输出信号,R 是内部继电器,D 存储保持型存储器的数据。

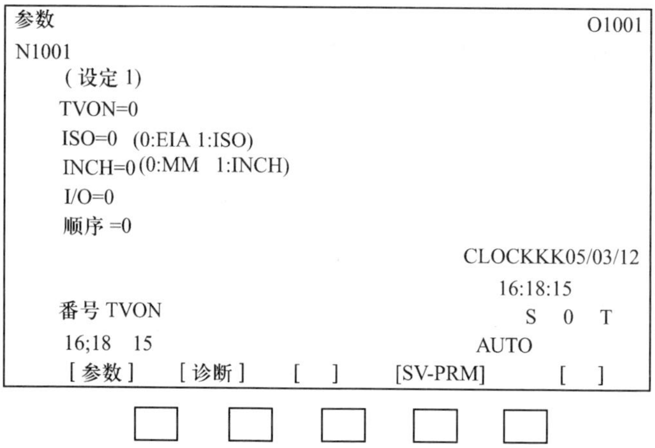

```
参数                                    O1001
N1001
    （设定1）
    TVON=0
    ISO=0   (0:EIA 1:ISO)
    INCH=0 (0:MM  1:INCH)
    I/O=0
    顺序 =0
                              CLOCKKK05/03/12
                                     16:18:15
    番号 TVON                         S  0  T
    16;18   15                        AUTO
    [参数]    [诊断]    [  ]    [SV-PRM]    [  ]
```

图5-24 FANUC 0C 系统诊断初始画面

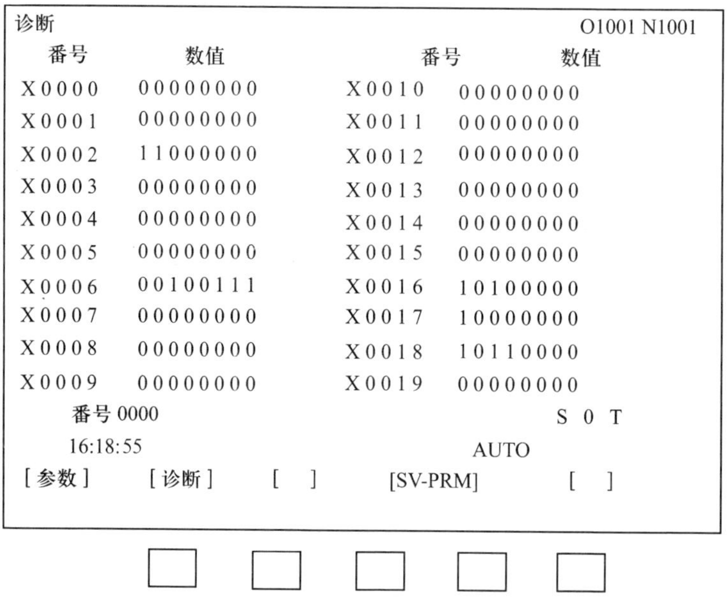

```
诊断                                    O1001 N1001
    番号       数值           番号       数值
    X0000   00000000       X0010   00000000
    X0001   00000000       X0011   00000000
    X0002   11000000       X0012   00000000
    X0003   00000000       X0013   00000000
    X0004   00000000       X0014   00000000
    X0005   00000000       X0015   00000000
    X0006   00100111       X0016   10100000
    X0007   00000000       X0017   10000000
    X0008   00000000       X0018   10110000
    X0009   00000000       X0019   00000000
    番号 0000                         S  0  T
    16:18:55                         AUTO
    [参数]    [诊断]    [  ]    [SV-PRM]    [  ]
```

图5-25 FANUC 0TC 系统 PMC 状态显示画面

操作方法1：按功能键"SYSTEM"切换屏幕→按"PMC"软键，再按相应的软键，便可分别进入"PMCLAD"梯形图程序显示功能、"PMCDGN"PMC 的 I/O 信号及内部继电器显示功能、"PMCPRM"PMC 参数和显示功能。

应用实例：一台日本立式加工中心使用 FANUC 18i 系统，报警内容是 2086 ABNORMAL PALLET CONTACT(M/C SIDE)，查阅机床说明书，意思是"加工区侧托盘座异常"，检测信号的 PMC 地址是 X6.2。该加工中心的 APC 机构是双托盘大转台旋转交换式，观察加工区内堆积了大量的铝屑，所以判断是托盘底部堆积了铝屑，以至托盘底座气检无法通过。但此时报警无法消除，不能对机床作任何的操作。在 FANUC 系统的梯形图编程语言中规定,要在屏幕上显示某一条报警信息,要将对应的信息显示请求位(A 线圈)置为"1",如果置为"0",则清除相应的信息。也就是说,要消除这个报警,就必须使与之对应的信息显示请求位(A)置为"0"。按"PMCDGN"→"STATUS"进入信号状态显示屏幕,查找为"1"的信息显示请求位(A)时,查得 A10.5 为"1"。于是,进入梯形图程序显示屏幕"PMCLAD",查找 A10.5 置位为"1"的梯形图回路,发现其置位条件中使用了一个保持继电器的 K9.1 常闭点,此时状态为"0"。查阅机床维修说明书,K9.1 的含义是:置"1"为托盘底座检测无效。

故障排除过程:在 MDI 状态下,用功能键"OFFSET SETTING"切换屏幕,按"SETTING"键将"参数写入"设为"1",再回到"PMCPRM"屏幕下,按"KEEPRL"软键进入保持型继电器屏幕,将 K9.1 置位为"1"。按报警解除按钮,这时可使 A10.5 置为"0",便可对机床进行操作。将大转台抬起旋转45°,拆开护板,果然有铝屑堆积,于是将托盘底部的铝屑清理干净。将 K9.1 和"参数写入"设回原来的值"0"。多次进行 APC 操作,再无此报警,故障排除。

操作方法 2:PMC 中的跟踪功能(TRACE)是一个可检查信号变化的履历,记录信号连续变化的状态,特别对一些偶发性的、特殊故障的查找、定位起着重要的作用。用功能键"SYSTEM"切换屏幕,按"PMC"软键→"PMCDGN"→"TRACE"可进入信号跟踪屏幕。

应用实例:某国产加工中心使用的是 FANUC 0i 系统。在自动加工过程中,NC 程序偶尔无故停止,上件端托盘已装夹好的夹爪自动打开(不正常现象),CNC 状态栏显示"MEM STOP＊＊＊",此时无任何报警信息,检查诊断画面,并未发现异常,按 NC 启动便可继续加工。经观察,NC 都是在执行 M06(换刀)时停止,主要动作是 ATC 手臂旋转和主轴(液压)松开/夹紧刀具。

故障排除过程:使用梯形图显示功能,追查上件侧的托盘夹爪(Y25.1)置为"1"的原因(估计与在自动加工过程,偶尔无故停止故障有关)。经查,怀疑与一加工区侧托盘夹紧的检测液压压力开关(X1007.4)有关。于是,使用"TRACE"信号跟踪功能,在自动加工过程中,监视 X1007.4 的变化情况。当 NC 再次在 M06 执行时停止,在"TRACE"屏幕上,跟踪到 X1007.4 在 CNC 无故停止时的一个采样周期从原来的状态"1"跳转为"0",再变回"1",从而确认该压力开关有问题。调整此开关动作压力,但故障依旧。于是将此开关更换,故障排除。事后分析,引起这个故障原因是主轴松开/夹紧工件时,液压系统压力有所波动(在合理的波动范围内),而此压力开关作出了反应以致造成在自动加工过程中,NC 程序偶尔无故停止的故障。

5.3.3 华中数控 PLC 状态监控

根据型号不同,华中数控系统的 PLC 状态监控操作也有所差异。一般在故障诊断时经常采用开关量输入输出状态监控和梯形图监控两种方法。

1. 开关量输入输出状态监控

开关量输入输出状态监控的目的是通过检查开关量输入输出的实时运行状态来判断引起系统故障的原因。通过这种方法可以快速、初步判断出故障的大致范围,从而减轻故障诊断的工作量。如某机床切削液喷淋故障,通过 PLC 监控发现 PLC 已发出切削液开的信号,但经过观察发现电气柜中继电器并没有动作,从而初步判断是继电器故障或是继电器到 I/O 扩展板端子之间的线路故障。以华中 HNC-21T3 系统为例简要说明其操作。

在系统主菜单界面下,按下"故障诊断 F6",即可进入系统诊断界面。按下"PLC F1"键进入 PLC 状态显示后,按下"输入输出 F3"即可看到开关量输入输出状态,如图 5-26 所示。按动"Pgup"、"Pgdn"可进行上下翻页。

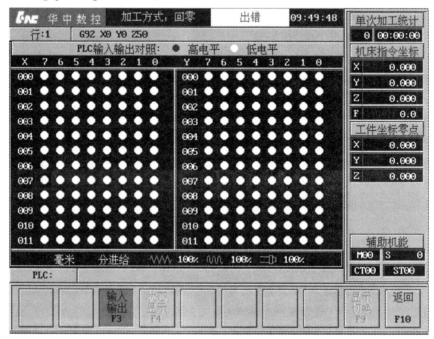

图 5-26 开关量输入输出状态监控画面

X、Y 为二进制显示。每八位为一组,每一位代表外部一位开关量输入或输出信号,例如 X[00]的八位数字量从右往左依次代表开关量输入的 X0.0~X0.7;同样 Y[00]的八位数字量即代表开关量输出的 Y0.0~Y0.7。

若所连接的输入元器件的状态发生变化(如某行程开关被压下),则所对应的开关量的数字状态显示也会发生变化。由此可检查输入/输出开关量电路的连接是否正确。

2. 梯形图监控

对于有些故障很难简单地从开关量的状态上判断故障原因,此时可以通过综合分析梯形图并实时监控,甚至通过强制接通或断开某些元器件来分析故障原因。

以华中-8 系列数控系统为例,系统本身提供有梯形图运行监控与在线修改功能。当系统发生故障时,可以通过监控 PLC 各元件的状态或数值来判断系统的故障原因。梯形图运行监控与在线修改功能是在数控系统的 PLC 编辑功能中提供的,它将实时监控着梯形图中每个元件的状态的改变以及可以通过强制的修改某个元件的状态来达到调试的目的。

按"诊断→梯图监控"即进入梯图监控操作界面,如图 5-27 所示。梯图监控操作界面上的按键包括梯图诊断、查找、修改、命令、载入、放弃、保存和返回。

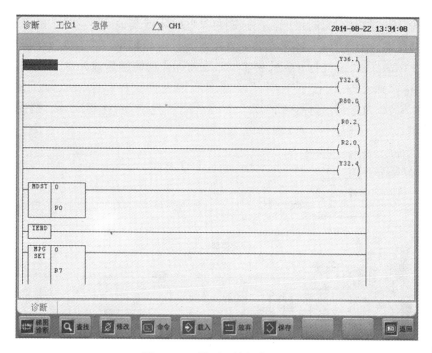

图 5-27　梯图监控操作界面

按"梯图诊断"功能键,即进入梯图诊断操作界面,如图 5-28 所示。梯图诊断操作界面包括禁止、允许、恢复、十进制、十六进制和返回六个按键。在此界面下可查看每个变量的值。用户可以上下移动光标查看每个变量的情况。图 5-28 中,元件变为绿色代表该元件接通或者有效。

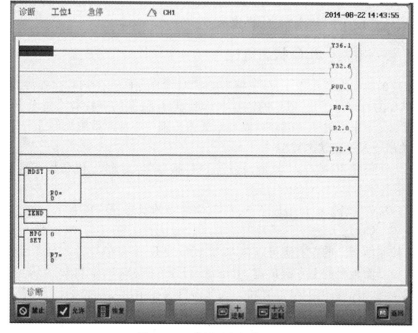

图 5-28　梯图诊断操作界面

159

在故障诊断过程中,有时可能需要强制将某些输入或其他元件接通或断开,此时不需要改动硬件线路,用户可以在操作界面上直接对元件进行禁止、允许、恢复等操作。

如图5-29所示,将光标移到元件上,按下"禁止"功能键后该元件变成红色,表示被屏蔽;将光标移到元件上,按下"允许"功能键后该元件变成绿色,表示该元件被激活。图5-29中X0.0为常开,光标移到X0.1上后,按下"允许"功能键后,该元件变成绿色,由开变成闭。

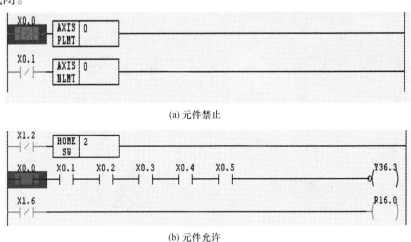

图5-29 元件使能和禁止

将光标移到元件上,按下恢复功能键,即可以撤消上述屏蔽或激活元件的操作。禁止功能后按下恢复键,元件红色显示消失,表示恢复元件功能。

系统在默认情况下,系统显示的值以"十进制"表示,用户可以按"十六进制"对应的功能键,系统显示的值将以"十六进制"表示。

5.3.4 广州数控PLC状态监控

广州数控的数控系统提供了友好、清晰的PLC操作界面。在PLC操作界面中可以方便地实现PLC的运行与停止、PLC的监视与诊断、PLC数据的查看和设置及PLC程序的传输等功能。接下来以GSK 988TD系列双通道车削中心数控系统为例进行简要说明。

1. 开关量输入输出状态监控

在梯形图页面集下,按">"软键,再按"PLC状态"软键进入PLC状态显示页面,如图5-30所示。

按"X.Y.F.G"软键,窗口中显示X,Y,F,G信号的状态;按"R.A.K"软键,窗口中显示R、A、K信号的状态。

按机床控制面板上的左右键可以在X,Y,F,G或R、A、K信号栏之间进行切换。

按机床控制面板上的上下翻页键、上下键,可以在X,Y,F,G和R,A,K各信号内进行选择查看。当光标移动到相应的位时,底部窗口会显示出当前位的注释信息。此信息是梯形图编程人员根据机床具体情况定义的。

按"转换CHG"软键切换到位查看状态,可以查看各信号位的状态。维修人员可根据输入输出元器件的状态进行分析、判断故障原因。

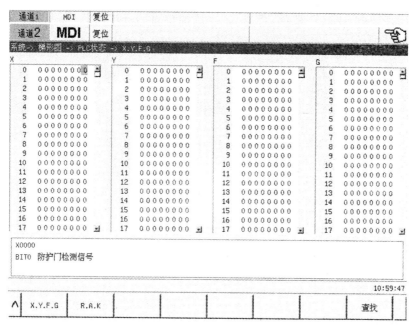

图 5-30 PLC 状态监控画面

2. 梯形图监控

按下"系统 SYS"功能键,再按"梯形图"软键进入梯形图界面。此页面主要包括版本信息、监视、PLC 数据、PLC 状态、程序目录等子页面,可以通过按动相应的软键来查看各页面下显示的内容。

进入梯形图页面集的同时显示版本信息的内容,如图 5-31 所示。版本信息页面显示了梯形图的版本信息、当前运行的梯形图程序及其运行状态等信息。

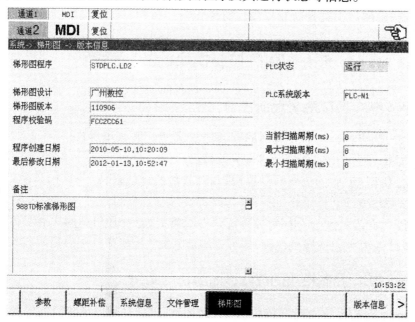

图 5-31 GSK 988TD 的 PLC 版本信息页面

在梯形图页面集下,按"监视"软键,进入当前运行的梯形图程序的运行监控显示页面,如图 5-32 所示。

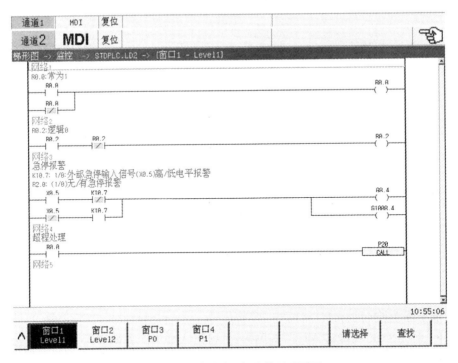

图 5-32 梯形图运行监控显示页面

监控页面可查看当前触点、线圈的导通/断开状态,以及定时器、计数器当前值。触点、线圈导通时以绿色显示底色,未导通时底色同窗口背景色。此时维修人员可以根据梯形图中各元件的状态及程序逻辑来进行故障分析。

5.4 PLC 控制模块的故障诊断

5.4.1 PLC 故障的表现形式

当数控机床出现有关 PLC 方面的故障时,一般有三种表现形式:
(1) 故障可通过 CNC 报警直接找到故障的原因。
(2) 故障虽有 CNC 故障显示,但不能反映故障的真正原因。
(3) 故障没有任何提示。
对于后两种情况,可以利用数控系统的自诊断功能,根据 PLC 的梯形图和输入/输出状态信息来分析和判断故障的原因,这种方法是解决数控机床外围故障的基本方法。

5.4.2 PLC 控制模块的故障诊断方法与实例

一般来说,数控系统出现与 PLC 相关的故障时,PLC 自身出现故障的概率很小,因为 PLC 本身有自诊断程序和必要的抗干扰措施,出现程序存储错误、硬件错误的时候都能报警。而且,数控机床生产厂家在数控机床投入使用之前已经经过了详细的安装调试,所以PLC相关部分出现故障的时候一般不用去考虑PLC本身的程序错误,这些故障大多是外围接口信号的故障,也就是说,PLC部分出现故障时要先从外部硬件元器件信号开始排查。

1. 根据报警号诊断故障

现代数控系统具有丰富的自诊断功能,能在CRT上显示故障报警信息,为用户提供各种机床状态信息,充分利用CNC系统提供的这些状态信息,就能迅速准确地查明和排除故障。

例5-1 某数控机床的换刀系统在执行换刀指令时不动作,机械臂停在行程中间位置上,CRT显示报警号,查手册得知该报警号表示:换刀系统机械臂位置检测开关信号为"0"及"刀库换刀位置错误"。

故障分析:根据报警内容,可诊断故障发生在换刀装置和刀库两部分,由于相应的位置检测开关无信号送至PLC的输入接口,从而导致机床中断换刀。造成开关无信号输出的原因有两个:①液压或机械上的原因造成动作不到位而使开关得不到感应;②电感式接近开关失灵。

首先检查刀库中的接近开关,用一薄铁片去感应开关,以排除刀库部分接近开关失灵的可能性;接着检查换刀装置机械臂中的两个接近开关,一个是"臂移出"开关SQ21,另一个是"臂缩回"开关SQ22。由于机械臂停在行程中间位置上,这两个开关输出信号均为"0",经测试,两个开关均正常。

机械装置检查:"臂缩回"的动作是由电磁阀YV21控制的,手动电磁阀YV21,把机械臂退回至"臂缩回"位置,机床恢复正常,这说明手控电磁阀能使换刀装置定位,从而排除了液压或机械上阻滞造成换刀系统不到位的可能性。

由以上分析可知,PLC的输入信号正常,输出动作执行无误,问题在PLC内部或操作不当。经操作观察,两次换刀时间的间隔小于PLC所规定的要求,从而造成FLC程序执行错误引起故障。

对于只有报警号而无报警信息的报警,必须检查数据位,并与正常情况下的数据相比较,明确该数据位所表示的含义,以采取相应的措施。

2. 根据动作顺序诊断故障

数控机床上刀具及托盘等装置的自动交换动作都是按照一定顺序来完成的,因此,观察机械装置的运动过程,比较正常时和故障时的情况,就可发现疑点,诊断出故障的原因。

例5-2 某立式加工中心自动换刀故障。

故障现象:换刀臂平移到位时,无拔刀动作。

ATC动作的起始状态是:①主轴保持要交换的旧刀具。②换刀臂在B位置。③换刀臂在上部位置。④刀库已将要交换的新刀具定位。

自动换刀的顺序为:换刀臂左移(B→A)→换刀臂下降(从刀库拔刀)→换刀臂右移(A→B)→换刀臂上升→换刀臂右移(B→C,抓住主轴中刀具)→主轴液压缸下降(松刀)→换刀臂下降(从主轴拔刀)→换刀臂旋转180°(两刀具交换位置)→换刀臂上升(装刀)→主轴液压缸上升(抓刀)→换刀臂左移(C→B)→刀库转动(找出旧刀具位置)→换刀臂左移(B→A,返回旧刀具给刀库)→换刀臂右移(A→B)→刀库转动(找下把刀具)。

换刀臂平移至 C 位置时,无拔刀动作,分析原因,有几种可能:

(1) SQ2 无信号,使松刀电磁阀 YV2 未激磁,主轴仍处抓刀状态,换刀臂不能下移。

(2) 松刀接近开关 SQ4 无信号,则换刀臂升降电磁阀 YV1 状态不变,换刀臂不下降。

(3) 电磁阀有故障,给予信号也不能动作。

逐步检查,发现 SQ4 未发信号,进一步对 SQ4 检查,发现感应间隙过大,导致接近开关无信号输出,产生动作障碍。

3. 根据控制对象的工作原理诊断故障

数控机床的 PLC 程序是按照控制对象的工作原理来设计的,通过对控制对象工作原理的分析,结合 PLC 的 I/O 状态是故障诊断很有效的方法。

例 5-3 一台数控车床卡盘工件卡不上。

数控系统: 日本 OKUMA OSP7000L 系统。

故障现象: 这台机床一次出现故障,卡盘工作不正常,卡不住工件。

故障分析与检查: 根据机床工作原理,卡盘的卡紧、松开是由电磁阀控制的,卡盘卡紧是 PLC 输出 Out3 的位 3 "CHCLO"控制的,松开是 PLC 输出 Out3 的位 2 "CHOPO"控制的。在手动操作方式下,试验卡盘的松开和卡紧,利用系统 CHECK DATA(检查数据)功能调用如图 5-33 所示的 PLC 状态显示画面,踩脚踏开关,信号"CHCLO"和"CHOPO"状态交替变化,说明 PLC 输出控制信号没有问题。检查卡紧电磁阀,发现线圈烧断。

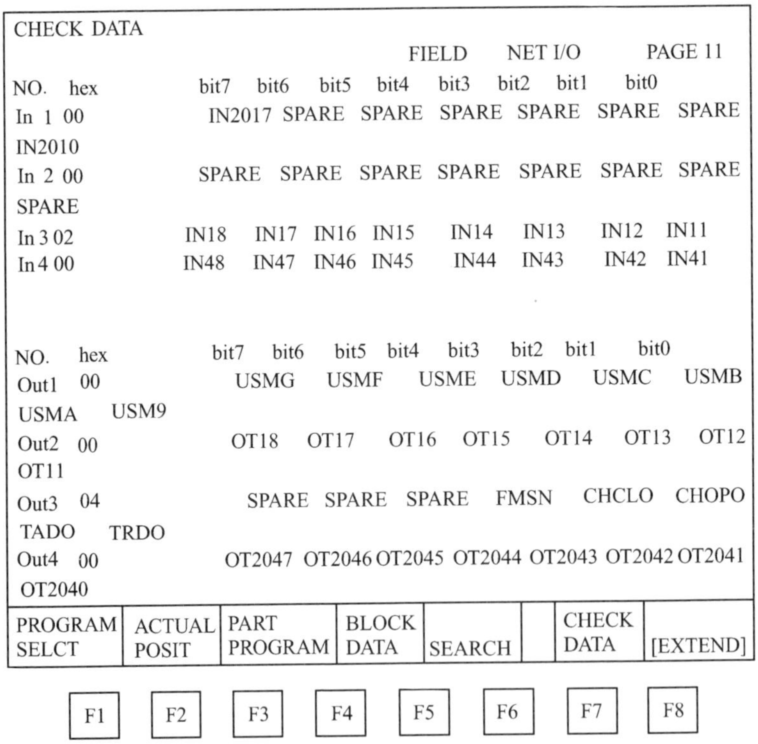

```
CHECK DATA
                                    FIELD    NET I/O      PAGE 11
NO.   hex         bit7   bit6   bit5   bit4   bit3   bit2   bit1   bit0
In 1  00          IN2017 SPARE  SPARE  SPARE  SPARE  SPARE  SPARE
IN2010
In 2  00          SPARE  SPARE  SPARE  SPARE  SPARE  SPARE  SPARE
SPARE
In 3  02          IN18   IN17   IN16   IN15   IN14   IN13   IN12   IN11
In 4  00          IN48   IN47   IN46   IN45   IN44   IN43   IN42   IN41


NO.   hex         bit7   bit6   bit5   bit4   bit3   bit2   bit1   bit0
Out1  00          USMG   USMF   USME   USMD   USMC   USMB
USMA  USM9
Out2  00          OT18   OT17   OT16   OT15   OT14   OT13   OT12
OT11
Out3  04          SPARE  SPARE  SPARE  FMSN   CHCLO  CHOPO
TADO  TRDO
Out4  00          OT2047 OT2046 OT2045 OT2044 OT2043 OT2042 OT2041
OT2040

| PROGRAM | ACTUAL | PART    | BLOCK |        | CHECK |          |
| SELCT   | POSIT  | PROGRAM | DATA  | SEARCH | DATA  | [EXTEND] |
|  F1     |  F2    |   F3    |  F4   |  F5    |  F6   |  F7  F8  |
```

图 5-33 日本 OKUMA OSP7000L 系统的 PLC 状态显示

故障处理： 更换电磁阀的电磁线圈,机床恢复正常工作。

例 5-4 一台数控车床工件卡不上。

数控系统： FANUC 0TC 系统。

故障现象： 踩下脚踏开关时,工件卡不上。

故障分析与检查： 根据机床工作原理,第一次踩下脚踏开关时,工件应该卡紧,第二次踩下脚踏开关时,松开工件。脚踏开关接入 PMC 输入 X2.2,如图 5-34 所示。首先利用系统 PMC 状态显示功能检查 X2.2 的状态,按下 DGNOS PARAM 键后,进入图 5-35 所示的 PMC 状态显示画面。在踩下脚踏开关时,观察 PMC 输入 X2.2 的状态,一直为"0",不发生变化。所以怀疑脚踏开关有问题。检查脚踏开关确实损坏。

故障处理： 更换脚踏开关后,机床恢复正常工作。

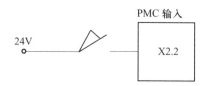

图 5-34 PMC 输入 X2.2 的连接图

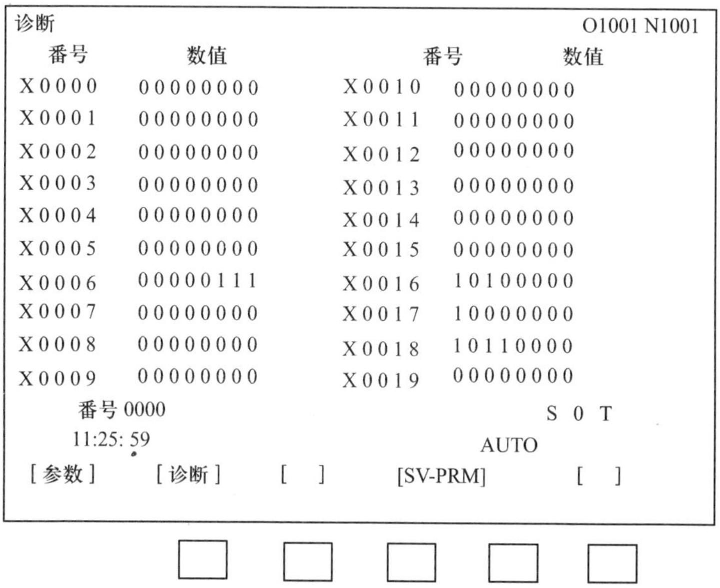

```
诊断                                          O1001 N1001
   番号      数值              番号      数值
  X0000   00000000          X0010   00000000
  X0001   00000000          X0011   00000000
  X0002   00000000          X0012   00000000
  X0003   00000000          X0013   00000000
  X0004   00000000          X0014   00000000
  X0005   00000000          X0015   00000000
  X0006   00000111          X0016   10100000
  X0007   00000000          X0017   10000000
  X0008   00000000          X0018   10110000
  X0009   00000000          X0019   00000000
     番号 0000                          S 0 T
     11:25:59                          AUTO
  [参数]    [诊断]    [  ]    [SV-PRM]    [  ]
```

图 5-35 FANUC 0TC 系统 PMC 状态显示画面

4. 根据 PLC 的 I/O 状态诊断故障

在数控机床中,输入/输出信号的传递,一般都要通过 PLC 的 I/O 接口来实现,因此,许多故障都会在 PLC 的 I/O 接口这个通道上反映出来。数控机床的这种特点为故障诊断提供了方便,只要不是数控系统硬件故障,可以不必查看梯形图和有关电路图,直接通过查询 PLC 的 I/O 接口状态,找出故障原因。这里的关键是要熟悉有关控制对象的 PLC 的 I/O 接口的通常状态和故障状态。

例 5-5 一台数控车床加工时没有冷却。

数控系统：西门子 810T 系统。

故障现象：在自动加工时,发现没有切削液喷淋。

故障分析与检查：在手动操作状态下,用手动按钮控制也没有切削液喷淋。根据机床控制原理,如图 5-36 所示,机床的切削液喷淋是通过 PLC 输出 Q6.2 控制切削液电机的,切削液电机带动冷却泵工作,产生流量和压力,进行喷淋。为了诊断故障,首先手动启动切削液电机,利用系统 DIAGNOSIS 功能检查 PLC 输出 Q6.2 的状态,如图 5-37 所示,发现"1"没有问题,接着检查 K62 也吸合了。因此怀疑切削液电机有问题,对切削液电机进行检查发现线圈绕组已经烧坏。

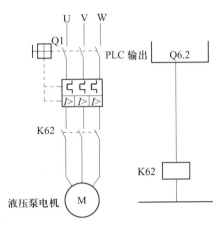

图 5-36 切削液电机电气控制原理图

```
JOG                                                              CH1

PLC STAUS
          7 6 5 4 3 2 1 0              7 6 5 4 3 2 1 0
QB0       0 0 1 1 0 0 0 1      IB1     0 0 1 0 1 1 1 1
QB2       0 1 0 1 0 1 0 1      IB3     0 0 1 0 1 0 1 0
QB4       0 1 1 1 0 1 1 1      IB5     1 0 1 0 1 0 1 0
QB6       1 0 0 1 0 1 0 1      IB7     0 0 1 0 1 0 1 0
QB8       0 1 0 1 0 1 0 1      IB9     1 0 1 0 1 0 1 1
QB10      0 1 0 1 1 1 1 1      IB11    1 1 1 0 1 0 1 0
QB12      0 0 1 0 0 1 0 1      IB13    0 0 1 0 1 1 1 0
QB14      0 0 0 1 0 1 0 1      IB15    1 1 1 0 1 0 1 0
QB16      0 0 0 1 0 1 1 1      IB17    0 0 1 0 1 0 1 1
QB18      0 0 0 1 0 1 1 1      IB19    0 0 1 0 1 0 1 1

   KM         KH         KF                              >
```

图 5-37 西门子 810T 系统 PLC 输出状态显示

例 5-6 一台数控车床刀塔不旋转。

数控系统：日本 MITSUBISHI MELDAS L3 系统。

故障现象：这台车床一次出现故障,启动刀塔旋转时,刀塔不转,也没有报警显示。

故障分析与检查:根据刀塔的工作原理,刀塔旋转时,首先靠液压缸将刀塔浮起,然后才能旋转。观察故障现象,当手动按下刀塔旋转的按钮时,刀塔根本没有反应,也就是说,刀塔没有浮起。根据电气原理图,如图 5-38 所示,PLC 的输出 Y4.4 控制继电器 K44 来控制电磁阀,电磁阀控制液压缸使刀塔浮起,首先通过系统 DIAGN 菜单下的 PLC-I/F 功能,如图 5-39 所示,观察 Y4.4 的状态,当按下手动刀塔旋转按钮时,其状态变为"1",没有问题,继续检查发现,是其控制的直流继电器 K44 的触点损坏了。

故障处理:更换新的继电器,刀塔恢复正常工作。

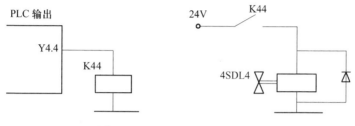

图 5-38 刀塔浮起控制原理图

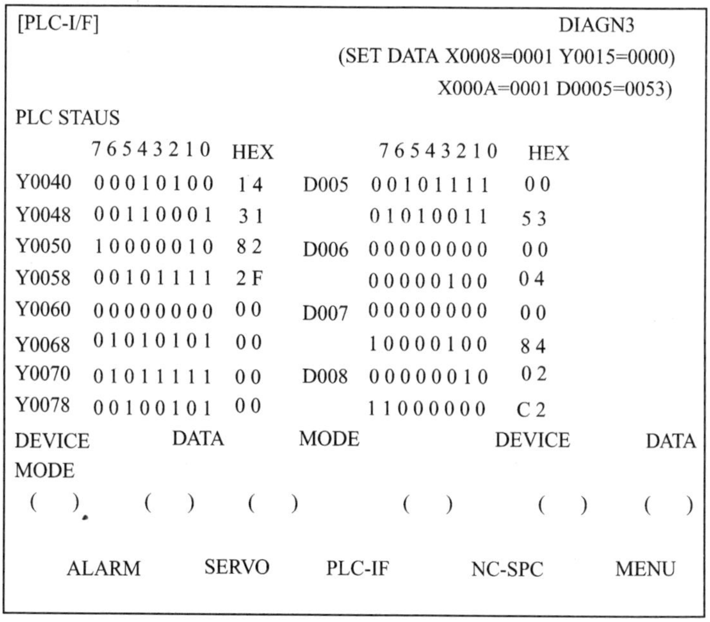

```
[PLC-I/F]                              DIAGN3
                        (SET DATA X0008=0001 Y0015=0000)
                                    X000A=0001 D0005=0053)
PLC STAUS
       76543210  HEX         76543210  HEX
Y0040  00010100  14    D005  00101111  00
Y0048  00110001  31          01010011  53
Y0050  10000010  82    D006  00000000  00
Y0058  00101111  2F          00000100  04
Y0060  00000000  00    D007  00000000  00
Y0068  01010101  00          10000100  84
Y0070  01011111  00    D008  00000010  02
Y0078  00100101  00          11000000  C2
DEVICE     DATA      MODE         DEVICE      DATA
MODE
(    )    (    )    (    )      (    )     (    )   (    )

  ALARM    SERVO    PLC-IF      NC-SPC     MENU
```

图 5-39 MITSUBISHI MELDAS L3 系统 PLC 输出显示

5. 通过 PLC 梯形图诊断故障

根据 PLC 的梯形图来分析和诊断故障是解决数控机床外围故障的基本方法。用这种方法诊断机床故障首先应该搞清机床的工作原理、动作顺序和联锁关系,然后利用 CNC 系统的自诊断功能或通过机外编程器,根据 PLC 梯形图查看相关的输入/输出及标志位的状态,从而确认故障的原因。

例 5-7 配备 SINUMERIK 810 数控系统的加工中心,出现分度工作台不分度的故障且无故障报警。根据工作原理,分度时首先将分度的齿条与齿轮啮合,这个动作是靠液压装置来完成的,由 PLC 输出 Q1.4 控制电磁阀 YV14 来执行,PLC 梯形图如图 5-40 所示。

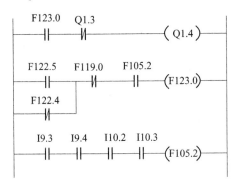

图 5-40 分度工作台 PLC 梯形图

通过数控系统的 DIAGNOSIS 中的"STATUS PLC"软键,实时查看 Q1.4 的状态,发现其状态为"0",由 PLC 梯形图查看 F123.0 也为"0",按梯形图逐个检查,发现 F105.2 为"0"导致 F123.0 也为"0",根据梯形图,查看 STATUS PLC 中的输入信号,发现 I10.2 为"0",从而导致 F105.2 为"0"。I9.3,I9.4,I10.2 和 I10.3 为四个接近开关的检测信号,以检测齿条和齿轮是否啮合。分度时,这四个接近开关都应有信号,即 I9.3,I9.4,I10.2 和 I10.3 应闭合,现 I10.2 未闭合,处理方法:①检查机械传动部分。②检查接近开关是否损坏。

上述方法是在已知 PLC 梯形图的情况下,通过 CNC 的自诊断功能中的 PLC STATUS 来查看输入/输出及标志状态,以此来诊断故障。对 SIEMENS 数控系统,也可通过机外编程器实时观察 PLC 的运行情况。

例 5-8 某卧式加工中心出现回转工作台不旋转的故障。根据故障对象,用机外编程器调出有关回转工作台的梯形图。

根据回转工作台的工作原理,旋转时首先将工作台气动浮起,然后才能旋转,气动电磁阀 YVl2 受 PLC 输出 Q1.2 的控制。因加工工艺要求,只有当两个工位的分度头都在起始位置,回转工作台才能满足旋转的条件,I9.7,I10.6 检测信号反映两个工位的分度头是否在起始位置,正常情况下,两者应该同步,F122.3 是分度头到位标志位。

从 PLC 的 PB20.10 中观察,由于 F97.0 未闭合,导致 Q1.2 无输出,电磁阀 YVl2 不得电。继续观察 PB20.9,发现 F120.6 未闭合导致 F97.0 低电平。向下检查 PB20.7,F120.4 未闭合引起 F120.6 未闭合。继续跟踪 PB20.3,F120.3 未闭合引起 F120.4 未闭合。向下检查 FB20.2,由于 F122.3 没满足,导致 F120.3 未闭合。观察 PB21.4,发现 I9.7,I10.6 状态总是相反,故 F122.3 总是"0"。

故障诊断结论是:两个工位分度头不同步。处理方法:①检查两个工位分度头的机械装置是否错位。②检查检测开关 I9.7,I10.6 是否发生偏移。

6. 动态跟踪梯形图诊断故障

有些 PLC 发生故障时,查看输入/输出及标志状态均为正常,此时必须通过 PLC 动态跟踪,实时观察输入/输出及标志状态的瞬间变化,根据 PLC 的动作原理作出诊断。

例 5-9 配备 SINUMERIK 810 数控系统的双工位、双主轴数控机床。

故障现象: 机床在 AUTOMATIC 方式下运行,工件在 1 工位加工完,2 工位主轴还没有退到位且旋转工作台正要旋转时,2 工位主轴停转,自动循环中断,并出现报警且报警内容表示 2 工位主轴速度不正常。

两个主轴分别由 B1、B2 两个传感器来检测转速,通过对主轴传动系统的检查,没发现问题。用机外编程器观察梯形图的状态。F112.0 为 2 工位主轴启动标志位,F111.7 为 2 工位主轴启动条件,Q32.0 为 2 工位主轴启动输出,I21.1 为 2 工位主轴刀具卡紧检测输入,F115.1 为 2 工位刀具卡紧标志位。

在编程器上观察梯形图的状态,出现故障时,F112.0 和 Q32.0 状态都为"0",因此主轴停转,而 F112.0 为"0"是由于 B1、B2 检测主轴速度不正常所致。动态观察 Q32.0 的变化,发现故障没有出现时,F112.0 和 F111.7 都闭合,而当出现故障时,F111.7 瞬间断开,之后又马上闭合,Q32.0 随 F111.7 瞬间断开其状态变为"0",在 F111.7 闭合的同时,F112.0 的状态也变成了"0",这样 Q32.0 的状态保持为"0",主轴停转。B1、B2 由于 Q32.0 随 F111.7 瞬间断开测得速度不正常而使 F112.0 状态变为"0"。主轴启动的条件 F111.7 受多方面因素的制约,从梯形图上观察,发现 F111.6 的瞬间变"0"引起 F111.7 的变化,向下检查梯形图 PB8.3,发现刀具卡紧标志 F115.1 瞬间变"0",促使 F111.6 发生变化,继续跟踪梯形图 PB13.7,观察发现,在出故障时,I21.1 瞬间断开,使 F115.1 瞬间变"0",最后使主轴停转。I21.1 是刀具液压卡紧压力检测开关信号,它的断开指示刀具卡紧力不够。由此诊断故障的根本原因是刀具液压卡紧力波动,调整液压使之正常,故障排除。

综上所述,PLC 故障诊断的关键是:

(1) 要了解数控机床各组成部分检测开关的安装位置,如加工中心的刀库、机械手和回转工作台,数控车床的旋转刀架和尾架,机床的气、液压系统中的限位开关、接近开关和压力开关等,弄清检测开关作为 PLC 输入信号的标志。

(2) 了解执行机构的动作顺序,如液压缸、气缸的电磁换向阀等,弄清对应的 PLC 输出信号标志。

(3) 了解各种条件标志,如启动、停止、限位、夹紧和放松等标志信号。借助必要的诊断功能,必要时用编程器跟踪梯形图的动态变化,搞清故障的原因,根据机床的工作原理做出诊断。

因此,作为用户来讲,要注意资料的保存,作好故障现象及诊断的记录,为以后的故障诊断提供数据,提高故障诊断的效率。当然,故障诊断的方法不是单一的,有时要用几种方法综合诊断,以得到正确的诊断结果。

第6章 数控机床机械结构的故障诊断及维修

现代数控机床较之传统机床,其传动系统和机械结构都相对简单,但这并不意味着对机械部件维护的重要性下降。现代数控机床为了满足高速、高精度和自动化的要求,机床机械结构的精度都大大地提高了,因此对机床的维护也提出了更高的要求;并且随着许多辅助设备的增加,数控机床机械维护的面更广。为了能迅速、准确地发现数控机床的机械结构故障,并进行及时、有效的处理,恢复数控机床运行的可靠性和稳定性,必须尽可能掌握数控机床机械故障诊断的基本方法和手段,熟悉机械故障的一些常见特征。

数控机床机械方面的故障主要发生在机床的各种运动执行机构中,如主轴系统、进给系统各坐标轴、刀架及自动换刀机械手、工作台自动交换装置,此外还有伺服电机、冷却和润滑装置、液压和气动系统、行程开关等。本章主要讲述以上各机构的故障特征及其诊断与维修方法,并讨论和分析机床启、停运动故障和机床运动质量特性故障。

6.1 机械故障的类型及诊断方法

6.1.1 机械故障的类型

数控机床是典型的机电一体化切削加工自动化设备。在切削加工过程中,各功能部分的执行部件需完成各种动作,如移动、转动、夹紧、松开、变速、换刀等。机床工作时,各项功能相互配合;发生故障时,各功能部件互相牵连耦合。故障现象和故障原因并非简单的一一对应关系,可能出现一种故障现象是由几种不同原因引起的,或一种原因引起几种故障,即大部分故障是以综合故障形式出现的,这就给故障诊断及排除带来很大困难。

一般说来,数控机床机械故障可划分为如下几种类型。

1. 功能性故障

主要指工件加工精度方面的故障,表现在加工精度不稳定、加工误差大、运动方向误差大、工件表面粗糙。

2. 动作型故障

主要指机床各执行部件动作故障,如主轴不转动、液压变速不灵活、工件或刀具夹不紧或松不开、刀架或刀库转位定位不太准确等。

3. 结构型故障

主要指主轴发热、主轴箱噪声大、切削时产生振动等。

4. 使用型故障

主要指由于使用和操作不当引起的故障,如由于过载引起的机件损坏或撞车等。

在机械故障发生以前,可以通过精心维护保养来延长机件的寿命。当故障发生以后,一般轻微的故障,可以采用调整法来解决,如调整配合间隙、供油量、液(气)压力、流量、轴承及滚珠丝杠的预紧力等。对于已磨损、损坏或丧失功能的零部件,则通过修复或更换的办法排除故障。

6.1.2 机械故障的诊断方法

机床在运行过程中,机械零件受到力、热、摩擦以及磨损等多种因素的作用,运行状态不断变化,一旦发生故障,往往会导致不良后果。因此,必须在机床运行过程中,对机床的运行状态进行监测,及时进行判断并采取相应措施。运行状态异常时,必须停机检修或停止使用,这样才能提高机床运行的可靠性和进一步提高机床的利用率。数控机床机械故障诊断包括机床运行状态的监视、识别和预测三个方面的内容。通过对数控机床机械装置的某些特征参数,如振动、噪声、温度等数据进行监测和测定,并将测定值与规定的正常值进行比较,可以判断机械装置的工作状态是否正常。若对机械装置进行连续或定期监测,还可获得机械装置状态变化的趋势性规律,从而对机械装置的运行状态进行预测和预报。当然,要做到这一点,需要具备丰富的实践经验和必要的测试技术和测试设备。

数控机床的诊断技术可以分为实用诊断技术和现代诊断技术两种。数控机床机械系统故障诊断的方法见表6-1。

表6-1 数控机床加工过程的监测与诊断技术

分类	诊断方法	原理及特征信息
实用诊断技术	听、触、看、问、嗅	借用简单工具、仪器,如:百分表、水准仪、万用表、示波器、便携式振动计和声纳计等,通过人的感官,根据设备的外观、声音、温度、气味和颜色等的变化来诊断。但这要求检查者有丰富的实践经验。目前这种方法广泛应用于现场诊断
	查阅技术档案资料	找规律、查原因、做判别
现代诊断技术	油液光谱分析	通过使用原子吸收光谱仪,对进入润滑油或液压油中磨损的各种金属微粒和外来沙粒、尘埃等残余物进行形状、大小、化学成分和浓度分析,判断结构件的磨损状态、机理和严重程度。从而有效掌握零件磨损情况
	振动监测	通过安装在机床某些特征点上的传感器,利用振动计巡回检测,测量机床上某些特征点的总振级大小,如位移、速度、加速度的幅频特征等,对故障进行预测和监测。但是要注意首先应进行振动强度测定,确认有异常时,再作定量分析
	噪声分析	用噪声测量计、声波计对机床齿轮、轴承运行中的噪声信号频谱的变化规律进行深入分析,识别和判断齿轮、轴承磨损时的故障状态,可做到非接触式测量,但要减少环境噪声干扰。要注意首先应进行强度测定,确认有异常时,再做定量分析
	故障诊断专家系统	将诊断所必需的知识、经验和规则等信息编成计算机可以识别的知识库,建立具有一定智能的专家系统。这种系统能对机床状态作常规诊断,解决常见的各种问题,并可自行修正和扩充已有知识库,不断提高诊断水平
	温度监测	用于机床运行中发热异常监测,利用各种测温热电阻探头,测量轴承、轴瓦、电机和齿轮箱等装置的表面温度,具有快速、正确、方便的特点
	非破坏性裂纹监测	通过超声波探伤仪、磁性探伤法、电阻法、声发射法等观察零件内部机体的缺陷,如裂纹等。测量不同性质材料的裂纹应采用不同方法

其中实用诊断技术是由维修人员使用一般的检查工具或凭感觉器官对机床进行问、看、听、触、嗅等诊断。它能快速确定故障部位,判断劣化趋势,以选择有疑难问题的故障进行精密诊断。实用诊断技术要求维修人员事先熟悉技术档案资料,通过查阅资料分析故障发生的原因和规律,从而缩短诊断时间,使数控机床尽快投入使用。

现代诊断技术是针对疑难故障由专职人员利用先进测试仪器进行定量检测与分析的精密诊断方法,其中一些典型的现代诊断技术将在下一章介绍。

6.2 数控机床的启、停运动故障

数控机床在启动和停止过程中常会出现主轴启动不了,启动后出现失控状态,机床在正常运转中突然停止转动等故障。

6.2.1 主轴不能启动

主轴启动运转的必备条件是:PLC 和 CNC 系统正常,机床准备信号 MRDY1 与 MRDY2 必须接通。而 MRDY1 与 MRDY2 接通必须具备以下两个条件:①PLC 输出至机床的不同信号分别控制启动信号接通和变频器接通;②机床电源开关的辅助触点接通。当出现主轴不能启动时,应按照启动主轴的必备条件一一检测,排除疑点,直至找出真正故障原因。

此外,还可能是由干扰信号引起,或插头接触不良,电缆有问题,或电缆屏蔽线虚焊等原因都可能导致启动故障。

6.2.2 机床启动后出现失控现象

数控系统接通后进入准备状态,无任何报警产生,屏幕显示也正常,各种操作开关、按钮也起作用,但是各种功能均处于不正常状态。如可以点动快移,但快移修调开关不起作用;循环启动按钮有效,但进给率都不正常等。机床启动后,运行速度及方向失去控制,直至出现超程报警,这种情况常称为失控现象。机床失控现象常出现在机床安装调试或大修后,也可能在系统运行中突然出现。实际操作中,应针对不同情况查找原因。

在安装调试后或大修后出现机床失控现象的可能原因有:从位置或速度检测出来的信号不正常,其中,最大可能是机床数据设定错误,造成位置控制环路将负反馈接成正反馈,或电机和位置检测传感器之间的连接异常,此时可以通过观察位置偏差的诊断号(如DNG3000)的值来确认。

若在运行中突然出现失控而停止运行,一般是由于机床移动而使信号反馈线被拉断,或数控系统的主控板及进给伺服单元的故障所致,如伺服电机内检测元件的反馈信号接反,或元件本身有故障。

另外可能的原因是:数控系统的故障,CNC 装置输至驱动单元的指令或极性有错误,相关参数设定的不匹配,或参数设置错误等。排除这类故障的方法是进行全机清零,然后重新输入正常的参数,系统就会进入正常状态。

6.2.3 机床出现"死机"而不能动作

CRT屏幕无显示而且机床不能动作,这类故障的最大可能原因是主控制印制电路板或存储系统控制软件的ROM板不良。

另外,从数控系统方面分析机床不能动作的原因,一般有两种情况:①系统处于不正常状态,如系统处于报警状态,或处于紧急停止状态,或是数控系统的复位按钮处于被接通的状态;②设定错误,如将进给速度设定为零值,或将机床设定为锁住状态。此时如果运行程序,虽然在CRT会有位置显示变化,但机床却不能运动。

6.2.4 机床返回基准点故障

数控机床基准点的坐标值是相对于机床零点设置的,是联系机床坐标系和工件坐标系的关系点,每次启动机床,都要进行返回基准点操作。目前,返回基准点主要有使用脉冲编码器(或光栅尺)的栅格法和使用磁感应开关的磁开关法两种。磁开关法因有定位漂移而较少应用,常用的是栅格法。

1. 栅格法返回基准点控制原理

采用增量式光电脉冲编码器或光栅尺返回基准点的方法称为增量栅格法。为保证准确定位,在到达基准点之前必须使数控机床的伺服系统自动减速,因此在数控机床工作台上安装有减速挡块及相应的检测元件。下面,以FANUC 0i系统的数控机床为例,简要叙述挡块式增量栅格法返回基准点的控制原理和工作过程,如图6-1所示。

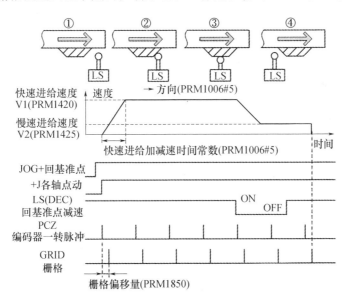

图6-1 栅格法返回基准点控制原理

快速进给速度参数(PRM1420)、慢速进给速度参数(PRM1425)、加减速时间常数(PRM1620)、栅格偏移量参数(PRM1850)等分别由数控系统的相应参数设定。编码器除产生反馈位移和速度的脉冲信号外,还每转产生一个零标志信号即基准信号PCZ。机床返回参考点的操作步骤如下。

(1) 将方式开关拨到"回零工作方式"挡,选择要返回基准点的轴,按下该轴正向点动按钮(+J),该轴先以快速移动速度(V1)移向基准点减速开关,如图6-1中①→②的过程。

(2) 当安装在工作台下面一起运动的减速挡块压下减速开关触点时,如图6-1中②→③的过程,减速信号(*DEC)由通(ON)转为断(OFF)状态,工作台进给减速,按参数设定的慢进给速度(V2)继续移动。减速可降低移动部件的运动惯量,使得停留位置准确。

(3) 栅格法是采用脉冲编码器上每转出现一次的栅格信号PCZ来确定基准点,该信号也称为一转脉冲信号,当减速挡块释放检测开关时,如图6-1中③→④的过程,减速信号由断(OFF)转为通(ON)后,数控系统将等待编码器上的第一个栅格信号的出现。该信号一出现,工作台运动就立即停止,以此位置作为机床基准点,同时数控系统发出基准点返回完成信号,基准点灯亮,表明机床该轴返回基准点成功。

需要注意的是,栅格信号(GRID)并不是编码器直接发出的信号,而是数控系统在一转信号PCZ和软件共同作用下产生的信号。FANUC公司使用栅格信号的目的,就是可以通过调整栅格偏移量(FANUC 0i中由PRM1850号系统参数设定),在一定范围内灵活调整机床基准点位置。数控机床使用中,只要不改变脉冲编码器与丝杠间的相对位置或不移动基准点挡块和检测开关调定的位置,栅格信号就会以很高的重复精度出现。

机床不能正确返回基准点是数控机床常见的故障之一。下面介绍几种机床在返回基准点时的故障。

2. 机床不能返回基准点

机床不能返回基准点,一般有三种情况:

(1) 偏离基准点一个栅格距离。造成这种故障的原因有三种:①减速(板)挡块位置不正确;②减速挡块的长度太短;③基准点用的接近开关的位置不当。该故障一般在机床大修后发生,可通过重新调整挡块位置来解决。

(2) 偏离基准点任意位置,即偏离一个随机值。这种故障与下列因素有关:①外界干扰,如电缆屏蔽层接地不良,脉冲编码器的信号线与强电电缆靠得太近;②脉冲编码器用的电源电压太低(低于4.75V)或有故障;③数控系统主控板的位置控制部分不良;④进给轴与伺服电机之间的联轴器松动。

(3) 微小偏移。其原因有两个:①电缆连接器接触不良或电缆损坏;②漂移补偿电压变化或主板不良。

例6-1 一台使用FANUC 0i TB系统的数控车床,Z轴方向加工尺寸不稳定,系统无报警显示。

故障分析与处理:检查传动系统间隙、伺服系统的稳定性、返回基准点动作以及编码器信号均正常。再检查相关机械结构,发现减速挡块紧固螺钉松动,挡块移动,导致返回基准点无规律漂移,Z轴方向加工尺寸超差,工件报废。调整、紧固减速挡块后故障消失。

3. 机床在返回基准点时发出超程报警

这种故障有两种情况:

(1) 无减速动作,无论是发生软件超程还是硬件超程,都不减速,一直移动到触及限位开关而停机。可能是返回基准点减速开关失效,开关触头压下后,不能复位,或减速挡块处的减速信号线松动,返回基准点脉冲不起作用,致使减速信号没有输入到数控系统。

(2)返回基准点过程中有减速,但低速移动到触及限位开关而停机。可能原因有:减速后,返回基准点标记指定的基准脉冲没出现。其中,一种可能是在返回基准点操作中没有发出返回基准点脉冲信号;或返回基准点标记失效;或由基准点标记选择的返回基准点脉冲信号在传送或处理过程中丢失;或测量系统硬件故障,对返回基准点脉冲信号无识别和处理能力。另一种可能是减速开关与返回基准点标记位置错位,减速开关复位后,未出现基准点标记。

4. 机床在返回基准过程中状态发生变化

机床在返回基准过程中数控系统突然变成"NOT READY"状态,但 CRT 画面却无任何报警显示。出现这种故障也多为返回基准点用的减速开关失灵。

5. 机床在返回基准点过程中报警

机床在返回基准点过程中发出"未返回基准点"报警,其原因可能是改变了设定参数所致。

例 6-2 某台数控加工中心,在 B 轴进行返回基准点操作时,也能够快速移动后转为低速移动,但找不到基准点。

根据故障现象,首先检测伺服系统和测量系统,经查均正常。数控系统返回基准点指令也正确。通过观察 I/O 接口状态,可见减速开关信号 *DEC 也正常。用显示器检查 B 轴测量系统所用的脉冲编码器信号,发现无零标志信号 PCZ 输出。由此可以确认故障是由于脉冲编码器零标志脉冲丢失所致。拆开脉冲编码器检查,发现油污染严重,用无水酒精清洗脉冲编码器后,重新装机试车,机床恢复正常工作。

6.3 主轴部件故障诊断与维修

机床主运动系统主要包括主轴部件、主轴箱、调速主轴电机等。其中主轴部件由主轴、主轴轴承、工件或刀具自动松夹机构组成,对加工中心还有主轴定向准停机构等。主轴箱内除主轴部件外,对标准型数控机床还有齿轮或带轮自动变速机构与无级调速的主轴伺服电机配合达到扩大变速范围的目的。

6.3.1 主轴部件的维护特点

数控机床主轴部件是影响机床加工精度的主要部件,它的回转精度影响工件的加工精度;它的功率大小与回转速度影响加工效率;它的自动变速、准停和换刀等装置影响机床的自动化程度。因此,要求主轴部件具有与本机床工作性能相适应的高回转精度、刚度、抗振性、耐磨性和低的温升。在结构上,必须很好地解决刀具和工件的装夹、轴承的配置、轴承间隙调整和润滑密封等问题。

主轴的结构根据数控机床的规格、精度采用不同的主轴轴承。一般,中、小规格数控机床的主轴部件多采用成组高精度滚动轴承;重型数控机床采用液体静压轴承;高精度数控机床采用气体静压轴承;转速达到 20000r/min 的主轴采用磁力轴承或氮化硅材料的陶瓷滚珠轴承。

1. 主轴润滑

为了保证主轴有良好的润滑,减少摩擦发热,同时又能把主轴组件的热量带走,通常采用循环式润滑系统。用液压泵供油强力润滑,在油箱中使用油温控制器控制油液温度。近年来有些数控机床的主轴轴承采用高级油脂密封方式润滑,通常采用迷宫式密封方式,每加一次油脂可以使用7~10年,简化了结构,降低了成本,且维护保养简单,但需防止润滑油和油脂混合。为了适应主轴转速向更高速化发展的需要,新的润滑冷却方式相继开发出来。这些新型润滑冷却方式不单要减少轴承温升,还要减少轴承内外圈的温差,以保证主轴的热变形小。

(1)油气润滑方式。这种润滑方式近似于油雾润滑方式,所不同的是,油气润滑是定时定量地把油雾送进轴承空隙中,这样既实现了油雾润滑,又不致于油雾太多而污染周围空气;油雾润滑方式则是连续供给油雾。

(2)喷注润滑方式。它用较大流量的恒温油(每个轴承3~4L/min)喷注到主轴轴承,以达到润滑、冷却的目的。这里特别指出的是,较大流量喷注的油,不是自然回流,而是用排油泵强制排油,同时,采用专用高精度大容量恒温油箱,油温变动控制在±0.5℃。

2. 防泄漏

在密封件中,被密封的介质往往是以穿漏、渗透或扩散的形式越界泄漏到密封连接处的彼侧。造成泄漏的基本原因是流体从密封面上的间隙中溢出,或是由于密封部件内外两侧密封介质的压力差或浓度差,致使流体向压力或浓度低的一侧流动。图6-2为卧式加工中心主轴前支承的密封结构。

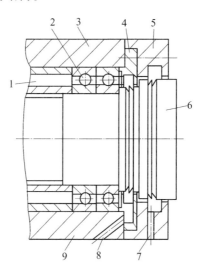

图6-2 主轴前支承的密封结构
1—进油口;2—轴承;3—套筒;4、5—法兰盘;
6—主轴;7—泄油孔;8—回油泄孔;9—泄油孔。

卧式加工中心主轴前支承处采用的是双层小间隙密封装置。主轴前端车出两组锯齿形护油槽,在法兰盘4和5上开沟槽及泄油孔,当喷入轴承2内的油液流出后被法兰盘4内壁挡住,并经其下部的泄油孔9和套筒3上的回油泄孔8流回油箱,少量油液沿主轴6流出时,主轴护油槽在离心力的作用下被甩至法兰盘4的沟槽内,经回油泄孔8流回油箱,达到防止润滑介质泄漏的目的。当外部切削液、切屑及灰尘等沿主轴6与法兰盘5之间的间隙进入时,经法兰盘5的沟槽由泄油孔7排出,少量的切削液、切屑及灰尘进入主轴前锯齿沟槽,在主轴高速旋转的离心作用下仍被甩至法兰盘5的沟槽内由泄油孔排出,达到了主轴端部密封的目的。

要使间隙密封结构能在一定的压力和温度范围内具有良好的密封防漏性能,必须保证法兰盘4和5与主轴及轴承端面的配合间隙。

(1) 法兰盘4与主轴6的配合间隙应控制在0.1~0.2mm(单边)范围内。如果间隙偏大,则泄漏量将按间隙的3次方扩大;若间隙过小,由于加工及安装误差,容易与主轴局部接触使主轴局部升温并产生噪声。

(2) 法兰盘4内端面与轴承端面的间隙应控制在0.15~0.3mm之间。小间隙可使压力油直接被挡住并沿法兰盘4内端面下部的泄油孔9经回油泄孔8流回油箱。

(3) 法兰盘5与主轴的配合间隙应控制在0.15~0.25mm(单边)范围内。间隙太大,进入主轴6内的切削液及杂物会显著增多,间隙太小,则易与主轴接触。法兰盘5沟槽深度应大于10mm(单边),泄油孔7应大于$\phi 6mm$,并位于主轴下端靠近沟槽内壁处。

(4) 法兰盘4的沟槽深度应大于12mm(单边),主轴上的锯齿尖而深,一般在5~8mm范围内,以确保具有足够的甩油空间。法兰盘4处的主轴锯齿向后倾斜,法兰盘5处的主轴锯齿向前倾斜。

(5) 法兰盘4上的沟槽与主轴6上的护油槽对齐,以保证主轴甩至法兰盘沟槽内腔的油液能可靠地流回油箱。

(6) 套筒前端的回油泄孔8及法兰盘4的泄油孔9流量为进油孔1的2~3倍,以保证压力油能顺利地流回油箱。

这种主轴前端密封结构也适合于普通卧式车床的主轴前端密封。在油脂润滑状态下使用该密封结构时,取消了法兰盘泄油孔及回油泄孔,并且有关配合间隙适当放大,经正确加工及装配后同样可达到较为理想的密封效果。

3. 刀具夹紧装置

在自动换刀机床的刀具自动夹紧装置中,刀具自动夹紧装置的刀杆常采用7:24的大锥度锥柄,既利于定心,也为松刀带来方便。用碟形弹簧通过拉杆及夹头拉住刀柄的尾部,使刀具锥柄和主轴锥孔紧密配合,夹紧力达10000N以上。松刀时,通过液压缸活塞推动拉杆来压缩碟形弹簧,使夹头胀开,夹头与刀柄上的拉钉脱离,即可拔出刀具进行新、旧刀具的交换。新刀装入后,液压缸活塞后移,新刀具又被碟形弹簧拉紧。

主轴锥孔的清洁十分重要。在活塞推动拉杆松开刀柄的过程中,压缩空气由喷气头经过活塞中心孔和拉杆中的孔吹出,将锥孔清理干净,防止主轴锥孔中掉入切屑和灰尘,把主轴锥孔表面和刀杆的锥柄划伤,同时保证刀具的正确位置。

6.3.2 主传动链的故障诊断

表6-2列出了主传动链常见故障的诊断及排除方法。

表6-2 主传动链的故障诊断

序号	故障现象	故障原因	排除方法
1	主轴发热	主轴前后轴承损伤或轴承不清洁	更换坏轴承,清除脏物
		主轴前端盖与主轴箱体压盖研伤	修磨主轴前端盖使其压紧主轴前轴承,轴承与后盖有0.02~0.05mm间隙
		轴承润滑油脂耗尽或润滑油脂涂抹过多	涂沫润滑油脂,每个轴承3mL
2	主轴在强力切削时停转	电机与主轴连接的皮带过松	移动电机座,张紧皮带,然后将电机座重新锁紧
		皮带表面有油	用汽油清洗后擦干净,再装上
		皮带使用过久而失效	更换新皮带
		摩擦离合器调整过松或磨损	调整摩擦离合器,修磨或更换摩擦片
3	主轴噪声	缺少润滑	涂抹润滑脂保证每个轴承涂抹润滑脂量不得超过3mL
		小带轮与大带轮传动平衡情况不佳	带轮上的动平衡块脱落,重进行动平衡
		主轴与电机连接的皮带过紧	移动电机座,皮带松紧度合适
		齿轮啮合间隙不均匀或齿轮损坏	调整啮合间隙或更换新齿轮
		传动轴承损坏或传动轴弯曲	修复或更换轴承,校直传动轴
4	主轴没有润滑油循环或润滑不足	油泵转向不正确,或间隙过大	改变油泵转向或修理油泵
		吸油管没有插入油箱的油面以下	将吸油管插入油面以下2/3处
		油管或滤油器堵塞	清除堵塞物
		润滑油压力不足	调整供油压力
5	润滑油泄漏	润滑油量过大	调整供油量
		检查各处密封件是否有损坏	更换密封件
		管件损坏	更换管件
6	刀具不能夹紧	碟形弹簧位移量较小	调整碟形弹簧行程长度
		检查刀具松夹弹簧上的螺母是否松动	顺时针旋转松夹弹簧上的螺母使其最大工作载荷为13kN
7	刀具夹紧后不能松开	松刀弹簧压合过紧	逆时针旋转松夹弹簧上的螺母使其最大工作载荷不得超过13kN
		液压缸压力和行程不够	调整液压力和活塞行程开关位置

下面通过实例进一步讨论主传动链中主要机构的故障诊断。

1. 主轴变速齿轮挂挡故障

数控机床通过齿轮换挡变速而获得宽的调速范围,以适应不同加工要求的需要。

例6-3 某加工中心主轴齿轮换挡是通过液压缸活塞带动拨叉来完成的,在执行M38或M39指令换刀时,出现滑移齿轮不能正确地与相应的齿轮啮合,以致挂不上挡的故障。

(1)故障分析。图6-3为该加工中心主轴变速的顺序框图。

图 6-3 主轴变速顺序框图

由图 6-3 可知,主轴变速齿轮的挂挡是与主轴的定向位置有直接关系的。主轴只有在接收齿轮挂挡信号后准确定向,挂挡工作方可顺利完成,新的 S 指令才能执行。主轴定向控制如图 6-4 所示。

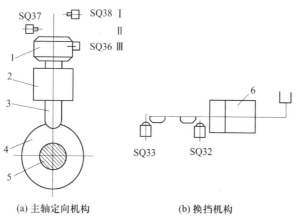

(a) 主轴定向机构　　(b) 换挡机构

图 6-4　主轴定向控制

1—撞块；2—定向液压缸；3—定向活塞；4—定位盘；5—主轴；6—换挡液压缸。

从主轴停到新的 S 指令执行,全部是由 CNC 系统控制,根据应答信号按顺序完成的。当发出齿轮挂挡指令后,定向液压缸上的撞块由Ⅰ位置到Ⅱ位置,开关 SQ38 释放,主轴停,主轴蠕动开关 SQ37 接通后,主轴开始蠕动直至到位后,撞块由Ⅱ位置到Ⅲ位置,液压缸活塞下端的定向销插入主轴定向机构的缺口内,主轴锁定,开关 SQ36 向数控系统发出定向完成的信号,主轴变速齿轮开始挂挡。完成挂挡后,撞块由Ⅲ位置返回至Ⅰ位置,主轴开始执行新的转速。主轴变速的执行机构是通过液压系统实现的,其动作及时序如图 6-5 所示。

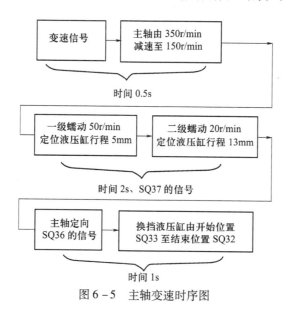

图 6-5　主轴变速时序图

从图 6-5 可知,从收到主轴变速信号 3.5s 后,新的 S 指令才开始执行。从表面上看,故障出现在主轴定向完成后,齿轮变速油缸的活塞本应经过 1s 后在新的齿轮挡位上,也就是换挡活塞从行程开关 SQ33 脱开到行程开关 SQ32 压上 1s 后,挂挡结束。但实际上活塞从开关 SQ33 脱开 0.6s 左右就突然停止,活塞距 SQ32 开关尚有 0.4s 左右的移动距离。造成这种状况的原因是由于主轴定向位置与齿轮挂挡位置出现了偏差。因此,在定向位置不改变的情况下,会出现变速齿轮相互干涉或顶齿现象,造成挂不上挡的故障。

(2) 主轴变速齿轮传动分析。主轴变速齿轮传动原理如图 6-6 所示。

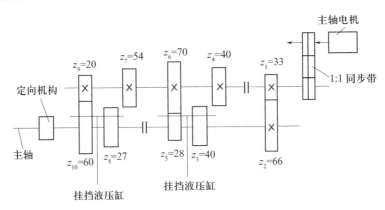

图 6-6 主轴变速齿轮传动原理图

主轴定向后,滑动齿轮在挂挡过程不会产生空挡位置。当 z_3 或 z_8 脱开 z_4 或 z_7,由 z_5 或 z_{10} 往 z_6 或 z_9 上挂挡时,在 z_3 或 z_8 没有完全脱开 z_4 或 z_7 时,z_5 或 z_{10} 就已经挂上了 z_6 或 z_9,这就是齿轮挂挡的"搭桥"现象。挂挡齿轮在主轴定向后的径向角度位置要正确,否则挂挡时就会出现"顶齿"故障。正是由于该机床的变速齿轮在主轴定向后径向角度出现了角度位置偏差,因而造成不挂挡。主轴变速系统共有 5 对传动齿轮,其中有 4 对是滑动变速齿轮,组成 4 个挡位的传动速度,其传动比分别为

$$i_1 = \frac{z_1}{z_2} \times \frac{z_3}{z_4} \times \frac{z_7}{z_8} = \frac{33}{66} \times \frac{40}{40} \times \frac{56}{28} = 1, \quad i_2 = \frac{z_1}{z_2} \times \frac{z_5}{z_6} \times \frac{z_7}{z_8} = \frac{33}{66} \times \frac{28}{70} \times \frac{56}{28} = \frac{2}{5}$$

$$i_3 = \frac{z_1}{z_2} \times \frac{z_3}{z_4} \times \frac{z_9}{z_{10}} = \frac{33}{66} \times \frac{40}{40} \times \frac{20}{60} = \frac{1}{6}, \quad i_4 = \frac{z_1}{z_2} \times \frac{z_5}{z_6} \times \frac{z_9}{z_{10}} = \frac{33}{66} \times \frac{28}{70} \times \frac{20}{60} = \frac{1}{15}$$

改变速比的主要齿轮是 $z_3 \sim z_{10}$。注意 i_1,i_2,i_3,i_4 由于挂挡必须是在主轴定向后才能进行,因此 z_3,z_5,z_8 和 z_{10} 在挂挡时,必须与主轴定向的角度位置相一致。例如速比为 i_3 时,z_3 转一周,z_{10} 转 120°后,定好向,主动轮 z_9 需转过 360°,被动轮 z_6 也转过 360°,那么主动轮 z_5 需转过 900°(2.5 周)。齿轮只有在这样正确的位置上才能搭桥变速,准确挂挡不出现"顶齿"现象。

因此,挂挡故障的原因有:①主轴换挡定向控制电路故障,造成挂挡信号发出后,主轴尚在蠕动时就发出了挂挡定向完成信号。由于主轴蠕动时的位置是任意的,因此很容易产生错误挂挡。②齿轮错位,挂挡位置与正确位置出现角度偏差,致使原挂的齿轮脱不开,却又与需挂的齿轮发生"顶齿",因而造成挂不上挡的故障。

2. 主轴不能转动

主轴不转既有数控系统(即 CNC、PLC 及主轴调节器等)方面的原因,也有机械方面的原因。如某加工中心的数控系统使用的是西门子 SINUMERIK8 系统,这里 CNC 负责提供主驱动的速度给定电压,而 PLC 负责主轴箱变挡逻辑及外部数据输入时的数字转速给定值及工作状态信号的传递。调速系统向 PLC 发出"调节器准备好"的信号,PLC 收到该信号后,即向主轴调节器发出"调节器释放信号",打开主轴调节器,准备接收来自 CNC 的转速定值。检测主轴实际转速值的脉冲传感器直接与 CNC 中的相应插座相连接。这里 CNC,PLC 和主轴调节器无论哪一部分有问题,都可能导致主轴不转,根据信号的传递顺序,发生故障,一般应按主轴调节器→PLC→CNC 的检修顺序来查寻故障。即首先查"调节器准备好"信号是否存在? 再查 PLC 发出"调节器释放"信号没有? 若这两种信号均正常,可测量 CNC 输出的转速给定电压,若没有转速给定电压,则可认定故障在 CNC。当然,测速发电机如有故障,可能导致转速不稳或失控,也会导致报警。如加上直流电压后主轴仍不能转动,则说明主轴调节器有问题。

此外,引起主轴不转的原因可能还有:①主轴速度指令不正常或无输出(这可能与主轴定向用的传感器安装不良,磁性传感器未发出检测信号有关);②印制电路板太脏;③触发脉冲电路故障(直流主轴控制单元多用晶闸管作驱动功率开关元件);④电机动力线断线,或主轴控制单元与电机间电缆连接不良,机床未给出主轴转速信号。

在机械方面,主轴不转常发生在强力切削下,可能原因有:①主轴与电机连接皮带过松,应调整;或皮带表面有油,造成打滑,应该用汽油清洗;皮带使用太久而失效,应更换。②主轴中的拉杆未拉紧夹持刀具的拉钉(在车床上就是卡盘未夹紧工件)。

3. 主轴转速不正常

造成这种故障的可能原因有:①装在主轴电机尾部的测速发电机故障;②速度指令给定错误;③数模(D/A)转换器故障等。

4. 主轴不定向或定向位置不准确

主轴定向准停装置是加工中心的一个重要装置,它直接影响到刀具能不能顺利交换。主轴不定向是指加工程序中有 M19 或手动输入了 M19 后,主轴不能在指定位置上停止,一直慢慢转动;或停的位置不正确,主轴无法更换刀具。主轴定向准停的信号流程图见图 6-7。

如图所示,M19 使主轴从给定转速沿滑行特性曲线①减速到切断转速,然后以切断转速继续转动②,在距目标位置小于 180°时,接通位置调节③,按位置调节曲线④进入主轴停止位置。CNC 向 PLC 报告"主轴已到位"。为了避免过冲的影响,要在主轴稳定后才允许 PLC 输出"主轴停"信号。这个延长时间 t_v 作为机床数据存放在存储器(如

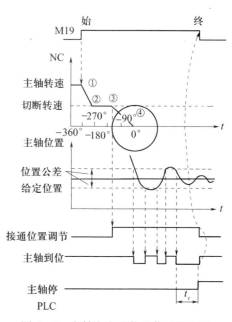

图 6-7 主轴定向准停的信号流程图

N353)下,该延迟时间一般设定为400ms。这个误差值作为机床数据存放在N348下,其设定值为10°~11°。由PLC的"主轴停"信号结束CNC系统的M19功能,切断位置调节回路,并发出"调节器封锁"信号(信号上有"＊"号的,表示低电平有效),至此定向过程结束。

(1) 主轴不定向。主轴旋转时,实际转速显示值由脉冲传感器提供,两组矩形脉冲的相位反映主轴的转向,脉冲的个数反映主轴的实际转速。在M19定向停时,主轴若一直缓慢转动,说明已执行了图6-7中的第①步和第②步,主轴已经进入切断转速,而没有执行第③步和第④步。而第③步和第④步是以脉冲传感器的基准脉冲作参考点的。因此,可以判断不定向故障多数是由脉冲传感器引起的。进而应对其进行检测以确诊故障。应首先检查接插件和电缆有无损坏或接触不良,必要时再检查传感器的固定螺栓和连接器上的螺钉是否良好、紧固。如果没有发现问题,则需对传感器进行检修或更换。

(2) 主轴停在不正确位置上。这种故障一般发生在重装和更换传感器后,此时传感器轴的位置不可能与原来一样。主轴定向的位置可以通过设定数据来调整,改变S值可以校正主轴的停止位置,调整时,要注意输入数据与要校正的方向有关。在校正偏移角度时,S后不能输入负角度值。调整过程往往要重复多次,只要调到在主轴的定位公差10°~11°度范围内就能顺利换刀。

5. 主轴转动时振动和噪声太大

这类故障也应从机械和电气两方面去找原因。

(1) 电气方面的可能原因:①在现场调查振动或噪声是在什么情况下发生的。振动或噪声如果是在减速过程中发生,则一般是再生回路的故障。此时,应查该回路处的熔断丝是否熔断,晶体管是否损坏。如果是在快速转动下发生,则应检查反馈电压是否正常? 如果正常,则突然切断电机,观察电机在自由停转过程中是否有异常噪声。若有噪声,则可以认定故障出在机械部分;否则,故障多数在印制电路板上。如果不正常,应检查振动周期是否与主轴的转速有关? 如果有关,则应检查主轴与主轴电机连接是否合适,主轴及装在交流主轴电机尾部的脉冲发生器是否良好,检查主轴机械部分是否良好,如果无关,则可能是速度控制回路的印制电路板不良或主轴驱动装置调整不当。②系统电源缺相或相序不对。③主轴控制单元上的电源频率开关(50/60Hz切换)设定错误。④控制单元上的增益电路调整不当。

(2) 机械方面的可能原因:①主轴箱与床身的连接螺钉是否松动。②轴承预紧力是否不够,或预紧螺钉松动,游隙过大,使主轴产生轴向窜动。这时应调整轴承后盖,使其压紧轴承端面,然后拧紧锁紧螺钉。③轴承拉毛或损坏,应更换轴承。④主轴部件上动平衡不好,如大、小带轮平衡不好,因平衡块脱落或移位等造成失衡,应重新做动平衡。⑤齿轮有严重损伤,或齿轮啮合间隙过大,应更换齿轮或调整啮合间隙。⑥润滑不良,因油不足,应改善润滑条件,使润滑油充足。⑦主轴与主轴电机的连接皮带过紧,应移动电机座调整皮带达松紧度合适,或连接主轴与电机的联轴器故障。⑧主轴负荷太大。

6. 主轴箱不能移动

主轴箱不能移动时,检查如下内容。

(1) 机床坐标轴上的联轴器是否松动,若松动,应拧紧紧固螺钉。

(2) 卸下压板,观察其是否研伤,调整压板与导轨的间隙,保证间隙为0.02~

0.03mm。

(3) 查主轴箱镶条。松开镶条上的止退螺钉,顺时针旋镶条螺栓,达到使坐标轴能灵活移动,塞尺不能进入后,锁紧止退螺钉。

(4) 观察主轴箱导轨面是否研伤,用细砂布修磨导轨研伤处的伤痕。

7. 主轴伺服系统的故障形式及诊断方法

当主轴伺服系统发生故障时,通常有三种形式:①在 CRT 或操作面板上显示报警内容或报警信息;②在主轴驱动装置上用报警灯或数码管显示主轴驱动装置的故障;③主轴工作不正常,但无任何报警信息。主轴伺服系统常见的故障有:

(1) 外界干扰　由于受电磁干扰,屏蔽或接地措施不良,主轴转速指令信号或反馈信号受到干扰,使主轴驱动出现随机和无规律性的波动。判别有无干扰的方法是:当主轴转速指令为零时,主轴仍往复摆动,调整零速平衡和漂移补偿也不能消除故障。

(2) 过载　切削用量过大,频繁正、反转等均可引起过载报警。具体表现为主轴电机过热、主轴驱动装置显示过电流报警等。

(3) 主轴定位抖动　主轴准停用于刀具交换、精镗退刀及齿轮换挡等场合,有三种实现方式:①机械准停控制:由带 V 形槽的定位盘和定位用的液压缸配合动作。②磁性传感器的电气准停控制:图 6-8 所示为机床主轴采用磁性传感器准停的装置。发磁体安装在主轴后端,磁传感器安装在主轴箱上,其安装位置决定了主轴的准停点,发磁体和磁传感器之间的间隙为 1.5 ± 0.5mm。③编码器型的准停控制:通过主轴电机内置安装或在机床主轴上直接安装一个光电编码器来实现准停控制,准停角度可任意设定。

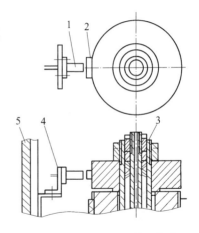

图 6-8　磁性传感器主轴准停装置
1—磁传感器;2—发磁体;3—主轴;
4—支架;5—主轴箱。

上述准停均要经过减速的过程,如图 6-7 所示,如减速或增益等参数设置不当,均可引起定位抖动。另外,准停方式①中定位液压缸活塞移动的限位开关失灵,准停方式②中发磁体和磁传感器之间的间隙发生变化或磁传感器失灵均可引起定位抖动。

(4) 主轴转速与进给不匹配　当进行螺纹切削或用每转进给指令切削时,会出现停止进给、主轴仍继续运转的故障。要执行每转进给的指令,主轴必须有每转一个脉冲的反馈信号,一般情况下为主轴编码器有问题。可用以下方法来确定:①CRT 画面有报警显示。②通过 CRT 调用机床数据或 I/O 状态,观察编码器的信号状态。③用每分钟进给指令代替每转进给指令来执行程序,观察故障是否消失。

(5) 转速偏离指令值　当主轴转速超过技术要求所规定的范围时,要考虑:①电机过载。②CNC 系统输出的主轴转速模拟量(通常为 0~10V)没有达到与转速指令对应的值。③测速装置有故障或速度反馈信号断线。④主轴驱动装置故障。

8. 主轴电机故障

目前多用交流主轴,所以下面就以交流主轴电机为例介绍其故障。直流电机故障报警内容与之基本相同,所以下面所述的分析方法也适用于直流主轴伺服单元。

(1) 主轴电机不转。CNC 系统至主轴驱动装置除了转速模拟量控制信号外,还有使能控制信号,一般为 DC +24V 继电器线圈电压。检查步骤和可能的原因为:①检查 CNC 系统是否有速度控制信号输出。②检查使能信号是否接通。通过 CRT 观察 I/O 状态,分析机床 PLC 梯形图(或流程图),以确定主轴的启动条件,如润滑、冷却等是否满足。③主轴驱动装置故障。④主轴电机故障。

(2) 电机过热。可能的原因有:电机负载太大,电机冷却系统太脏。电机内部风扇损坏,主轴电机与伺服单元间连线出现断线或接触不良。

(3) 电机速度偏离指令值。原因有:①电机过载,有时转速限值设定太小时也会造成电机过载。②如报警是在减速时发生,则故障多发生在再生回路,可能是再生控制不良或再生用晶体管模块损坏。如果只是再生回路的熔断丝烧断,则大多数是因为加速/减速频率次数太高所致。③如果报警是在电机正常旋转时产生的,可在急停后用手转动主轴,用示波器观察脉冲发生器的信号,如波形不变,则说明脉冲发生器有故障,或速度反馈断线。如波形有变化,则可能是印制电路板不良或速度反馈信号有问题。

(4) 电机速度超过最大额定速度值。引起本报警可能的原因:①印制电路板上设定的值有误或调整不良;②印制电路板上的 ROM 存储器不对;③印制电路板有故障。

(5) 电机速度超过最大额定速度(当采用数字检测系统时)原因同上述。

(6) 交流主轴电机旋转时出现异常噪声与振动。对这类故障可按下述方法进行检查和判断。①检查异常噪声和振动是在什么情况下发生的。如在减速过程发生,则再生回路可能有故障,此时应着重检查再生回路的晶体管模块及熔断丝是否已烧断。②是在稳速旋转时发生,则应确认反馈电压是否正常。如正常,可在电机旋转时拔下指令信号插头,观察电机停转过程中是否有异常噪声。如果有噪声,说明机械部分有问题。如无噪声,说明印制电路板有故障。③如果反馈电压不正常,则应检查振动周期是否与速度有关。如与速度无关,则可能是调整不好或机械问题或印制电路不良。④如果振动周期与速度有关,则应检查主轴与主轴电机的齿轮比是否合适,主轴的脉冲发生器是否不好。

(7) 交流主轴电机不转或达不到正常转速。检查步骤和可能的原因:①观察 NC 给出速度指令后,报警灯是否亮,如报警灯亮,则按显示的报警号处理。若不亮,则检查速度指令 VCMD 是否正常;②如 VCMD 不正常,则应检查指令是否为模拟信号。如果是模拟信号,则 NC 系统内部有问题。如果不是,则是 D/A 转换器有故障;③如果 VCMD 指令正常,应观察是否有准停信号输入:如果有这个信号输入,则应解除这个信号。否则,可能是设定错误,印制电路板调整不良或印制电路板不良;④主轴不能启动还可能是传感器安装不良,磁性传感器没有发出检测信号;⑤电缆连接不好也会引起此故障。

6.4 进给传动系统的故障诊断与维修

数控机床的进给传动系统的任务是实现执行机构(刀架、工作台等)的运动。机床的机械结构大为简化,大部分是由进给伺服电机经过联轴器与滚珠丝杠直接相连,只有少数早期生产的数控机床,伺服电机还要经过1级或2级齿轮或带轮降速再传动丝杠,最后由滚珠丝杠螺母副驱动刀架或工作台运动。这些执行部件的移动副或转动副大都用的是滚动导轨副,也有用静压导轨或塑料导轨副等。进给传动的故障直接影响到机床的正常运行和工件的加工质量。

进给传动系统的故障大部分是因运动质量下降造成的。如机械执行部件不能到达规定位置,运动中断,定位精度下降,反向间隙过大,机械出现爬行,轴承磨损严重,噪声过大,机械摩擦力过大等。所以,这类故障的诊断与排除,经常是通过调整各运动副的预紧力,调整松动环节,调整补偿环节等排除故障,达到提高运动精度的目的。

下面就数控机床进给传动中常见故障的分析思路和方法做简要介绍。

6.4.1 滚珠丝杠螺母副的故障及维护

滚珠丝杠螺母副是进给传动的主要部件,其运行正常与否,直接影响工件的加工质量。

1. 滚珠丝杠螺母副的维护

(1) 轴向间隙的调整。为了保证反向传动精度和轴向刚度,必须消除轴向间隙。双螺母滚珠丝杠副消除间隙的方法是,利用两个螺母的相对轴向位移,使两个滚珠螺母中的滚珠分别贴紧在螺旋滚道的两个相反的侧面上。用这种方法预紧消除轴向间隙时,应注意预紧力不宜过大,预紧力过大会使空载力矩增加,从而降低传动效率,缩短使用寿命。此外还要消除丝杠安装部分和驱动部分的间隙。常用的双螺母丝杠消除间隙的方法有①垫片调隙式;②螺纹调隙式;③齿差调隙式。

(2) 支承轴承的定期检查。应定期检查丝杠支承与床身的连接是否有松动以及支承轴承是否损坏等。如有以上问题,要及时紧固松动部位并更换支承轴承。

(3) 滚珠丝杠副的润滑。润滑剂可提高耐磨性及传动效率。润滑剂可分为润滑油和润滑脂两大类。润滑油一般为全损耗系统用油;润滑脂可采用锂基润滑脂。润滑脂一般加在螺纹滚道和安装螺母的壳体空间内,而润滑油则经过壳体上的油孔注入螺母的空间内。每半年对滚珠丝杠上的润滑脂更换一次,清洗丝杠上的旧润滑脂,涂上新的润滑脂。用润滑油润滑的滚珠丝杠副,可在每次机床工作前加油一次。

(4) 滚珠丝杠的防护。滚珠丝杠副和其他滚动摩擦的传动元件一样,应避免硬质灰尘或切屑污物进入,因此,必须装有防护装置。如滚珠丝杠副在机床上外露,应采用封闭的防护罩,如采用螺旋弹簧钢带套管、伸缩套管以及折叠式套管等。安装时将防护罩的一端连接在滚珠螺母的端面,另一端固定在滚珠丝杠的支承座上。如果处于隐蔽的位置,则可采用密封圈防护,密封圈装在螺母的两端。接触式的弹性密封圈系用耐油橡胶或尼龙制成,其内孔做成与丝杠螺纹滚道相配的形状,接触式密封圈的防尘效果好,但由于存在接触压力,使摩擦力矩略有增加。非接触式密封圈又称迷宫式密封圈,它用硬质塑料制成,其内孔与丝杠螺纹滚道的形状相反,并稍有间隙,这样可避免摩擦力矩,但防尘效果差。工作中应避免碰击防护装置,防护装置一有损坏应及时更换。

2. 滚珠丝杠副的故障诊断

表6-3为滚珠丝杠副故障诊断的方法。

表6-3 滚珠丝杠副的故障诊断

序号	故障现象	故障原因	排除方法
1	滚珠丝杠副噪声	丝杠支承轴承的压盖压合情况不好	调整轴承压盖,使其压紧轴承端面
		丝杠支承轴承可能破损	如轴承破损,更换新轴承
		电机与丝杠联轴器松动	拧紧联轴器锁紧螺钉
		丝杠润滑不良	改善润滑条件,使润滑油量充足
		滚珠丝杠副滚珠有破损	更换新滚珠
2	滚珠丝杠运动不灵活	轴向预加载荷太大	调整轴向间隙和预加载荷
		丝杠与导轨不平行	调整丝杠支座位置,使丝杠与导轨平行
		螺母轴线与导轨不平行	调整螺母座的位置
		丝杠弯曲变形	校直丝杠
3	滚珠丝杠副润滑状况不良	检查各滚珠丝杠副润滑	用润滑脂润滑的丝杠需移动工作台取下罩套,涂上润滑脂

6.4.2 进给传动系统的常见故障类型及诊断方法

进给伺服系统传动机构的常见故障有:

(1)超程。当进给运动超过由软件设定的软限位或由限位开关决定的硬限位时,就会发生超程报警,一般会在CRT上显示报警内容,根据数控系统说明书,即可排除故障,解除报警。

(2)过载。当进给运动的负载过大、频繁正反向运动以及传动链润滑状态不良时,均会引起过载报警。一般会在CRT上显示伺服电机过载、过热或过流等报警信息。同时,在强电柜中的进给驱动单元上,指示灯或数码管会提示驱动单元过载、过电流等信息。

(3)窜动。在进给时出现窜动现象:①测速信号不稳定,如测速装置故障、测速反馈信号干扰等。②速度控制信号不稳定或受到干扰。③接线端子接触不良,如螺钉松动等。当窜动发生在正向运动与反向运动的换向瞬间时,一般是由于进给传动链的反向间隙或伺服系统增益过大所致。

(4)爬行。发生在启动加速段或低速进给时,一般是由于进给传动链的润滑状态不良、伺服系统增益低及外加负载过大等因素所致。尤其要注意的是,伺服电机和滚珠丝杠连接用的联轴器,由于连接松动或联轴器本身的缺陷,如裂纹等,造成滚珠丝杠转动和伺服电机的转动不同步,从而使进给运动忽快忽慢,产生爬行现象。

(5)机床出现振动。机床高速运行时,可能产生振动,这时就会出现过流报警。机床振动问题一般与速度有关,所以就应去查找速度环。而机床速度的整个调节过程是由速度调节器来完成的,因此与速度有关的振动问题,应该去查找速度调节器,主要从给定信号、反馈信号及速度调节器本身这三方面去查找故障。

① 首先检查输给速度调节器的信号,即给定信号,这个给定信号是由位置偏差计数器出来经 D/A 转换器转换的模拟量 VCMD 送入速度调节器的,应查一下这个信号是否有振动分量,如它只有一个周期的振动信号,可以确认速度调节器没有问题,而是前级的问题,即应向 D/A 转换器或位置偏差计数器去查找问题。如果正常,就转向查测速发电机和伺服电机。

② 检查测速发电机及伺服电机。当机床振动时,说明机床速度在振荡,当然测速发电机反馈回来的波形一定也在振荡,观察它的波形是否出现有规律的大起大落。这时,最好能测一下机床的振动频率与电机旋转的速度是否存在一个准确的比例关系,如振动的频率是电机转速的四倍频率,这时就应考虑电机或测速发电机有故障。

因振动频率与电机转速成一定比例,首先要检查电机有无故障,查其炭刷、换向器表面状况,如果没有问题,就再检查测速发电机。

测速发电机是一台小型的永磁式直流发电机,它的输出电压应正比于转速,即两者呈线性关系。理论上,只要转速一定,它的输出电压波形应当是一条直线,但由于齿槽的影响及换向器换向的影响,在这条直线上附着一个微小的交变量。为此,测速反馈电路上都加了一个滤波电路,以削弱附在电压上的交流分量。测速发电机常出现的毛病就是炭刷磨下来的炭粉积存在换向片之间的槽内,造成测速发电机片间短路,一旦出现这种情况就避免不了振动问题。当有很多换向片被炭粉填平了,造成短路,这样就会出现更为严重的电压波动。由于出现了反馈信号的波动,必然会引起速度调节器的反方向调节,于是就引起机床的振动。

③ 位置控制系统或速度控制单元上的设定错误。如系统或位置环的放大倍数(检测倍率)过大,短路棒设定不当,最大轴速度、最大指令值等设置错误。

④ 速度调节器故障。如采用上述方法还不能完全消除振动,甚至无任何改善,就应考虑速度调节器本身的问题,应更换速度调节器板或换下后彻底检测各处波形。

⑤ 检查振动频率与进给速度的关系。如两者成比例,除机床共振原因外,多数是因为 CNC 系统插补精度太差或位置检测增益太高引起的,需进行插补调整和检测增益的调整;如果与进给速度无关,可能原因有:速度控制单元的设定与机床不匹配,速度控制单元调整不好,该轴的速度环增益太大,或是速度控制单元的印制电路板不良。

(6) 伺服电机不转。数控系统至进给驱动单元除了速度控制信号外,还有使能控制信号,一般为 DC+24V 继电器线圈电压。①检查数控系统是否有速度控制信号输出。②检查使能信号是否接通。通过 CRT 观察 I/O 状态,分析机床 PLC 梯形图(或流程图),以确定进给轴的启动条件,如润滑、冷却等是否满足。③对带电磁制动的伺服电机,应检查电磁制动是否释放。④进给驱动单元故障。⑤伺服电机故障。

(7) 位置误差。当伺服轴运动超过位置允差范围时,数控系统就会产生位置误差过大的报警,包括跟随误差、轮廓误差和定位误差等。主要原因有:①系统设定的允差范围小。②伺服系统增益设置不当。③位置检测装置有污染。④进给传动链累积误差过大。⑤主轴箱垂直运动时平衡装置(如平衡液压缸等)不稳。

(8) 漂移。当指令值为零时,坐标轴仍移动,从而造成位置误差。通过漂移补偿和驱动单元上的零速调整来消除。

例 6-4 某卧式加工中心 Y 轴运动时产生爬行,图 6-9 为其诊断流程图。

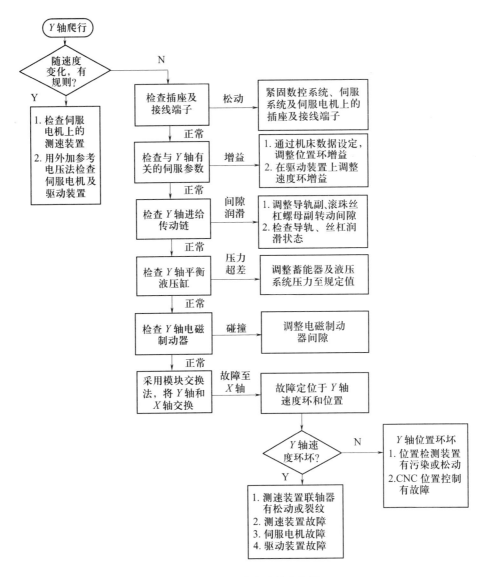

图 6-9 Y 轴故障诊断流程图

6.4.3 进给传动系统常见故障的报警形式

机床进给伺服系统的故障按机床提供的报警形式大致可分为三类:①在 CRT 或操作面板上显示报警内容,它是利用软件的诊断程序来实现;②利用进给伺服驱动单元上的硬件(如发光二极管或数码管指示,熔断丝熔断等)显示报警驱动单元的故障;③进给运动不正常,但没有任何报警指示。其中前两类,都可根据生产厂家或公司提供的产品《维修说明书》中有关"各种报警信息产生的可能原因"的提示进行分析判断,一般都能确诊故障原因、部位。对于第三类故障,则需要进行综合分析,这类故障往往是以机床上工作不正常的形式出现的,如机床失控、机床振动及工件加工质量太差等(后面将分别介绍)。

搞清上述各类故障的报警形式及其特点,对迅速确诊故障有很大帮助。下面将各类报警中的典型故障简述如下。

1. 软件报警(CRT 显示)故障

(1) 进给伺服系统出错报警故障。这类故障的起因,大多是速度控制单元方面的故障引起的,或是主控制印制电路板与位置控制或伺服信号有关部分的故障。

(2) 检测元件(测速发电机、旋转变压器或脉冲编码器等)或检测信号方面引起的故障。

例 6-5 某数控机床报警显示 SV000 TACHOGENERATION DISCONECT。

它表示测速发电机断线报警。引起故障的原因有:①电机动力线断线。如果伺服电源刚接通,尚未接到任何指令时,就发生这种报警,则由于断线而造成故障可能性最大。②伺服单元印制电路板上设定错误,如将检测元件脉冲编码器设定成了测速机等。③没有速度反馈电压或时有时断,这可用显示器来测量速度反馈信号来判断,这类故障除检测元件本身存在故障外,多数是由于连接电缆不良或接触不良引起的。

(3) 过热报警故障。这里所述的过热是指伺服单元、变压器及伺服电机等的过热。引起过热报警的原因有:①机床切削条件苛刻及机床摩擦力矩过大,引起主回路中的过热继电器动作。②切削时,伺服电机电流太大或变压器本身故障,引起伺服变压器热控开关动作。③伺服电机电枢内部短路或绝缘不良、电机永久磁钢去磁或脱落及电机制动器不良,引起电机的热控开关动作。

例 6-6 某直流伺服电机过热报警。可能原因有:①过负荷。可以通过测量电机电流是否超过额定值来判断。②电机线圈绝缘不良。可用 500V 绝缘电阻表检查电枢线圈与机壳之间的绝缘电阻。如果在 1MΩ 以上,表示绝缘正常。否则应清理换向器表面的炭刷粉末等。③电机线圈内部短路。可卸下电机,测电机空载电流,如果此电流与转速成正比变化,则可判断为电机线圈内部短路。应清扫换向器表面,如表面上有油更易引起此故障。④电机磁铁退磁。可通过快速旋转电机时,测定电机电枢电压是否正常。如电压低且发热,则说明电机已退磁。应重新充磁。⑤制动器失灵。当电机带有制动器时,如电机过热则应检查制动器动作是否灵活。⑥CNC 装置的有关印制电路板不良。

(4) 电机过载。引起过载的原因有:①机床负荷异常,引起电机电流超过额定值。这可以用检查电机电流来判断。此时需要变更切削条件,减轻机床负荷。②印制电路板设定错误。亦即应确定电机过载的设定是否正确。③印制电路板不良。④对于交流伺服来说,没有脉冲编码器反馈信号也会引起电机过载报警。

(5) 速度单元的断路器断开报警。引起报警的原因是:①干扰。有时速度单元受外界的干扰影响,断路器自动断开。此时只要关断电源后,复位一次自动断路器再合闸,单元又可自动运行。②机床负荷异常。这可用示波器检查机床在快速进给时的电机电流是否超过额定值来判断机床负荷是否有异常。③速度控制单元内整流用二极管模块不好。④印制电路板不好或印制板与速度控制单元之间的连接不好。

(6) 伺服单元过电流报警。引起该报警主要原因有:①晶体管模块不好。这时可用机械万用表检查晶体管模块集电极和发射极之间的阻值。如果只有数欧姆,则表示该模块已被击穿短路。②电机动力线连接错误。③电机线圈内部短路。④印制电路板有故障。

（7）伺服系统过压报警。其原因是：①交流输入电源电压过高。②伺服电机线圈有故障。③印制电路板有故障。④负载惯量过大。此时可采取加大加减速时间常数的办法来消除本报警。

（8）电机再生放电的电流过大报警。原因有：①再生放电用晶体管不良，或印制电路板不良。如有些原因引起的报警，则只要伺服单元一接通，就会出现这个报警。②印制电路板设定不对。③加/减速频率过高。

（9）速度单元的电源电压太低报警。引起本报警的原因是：①输入交流电压过低。②伺服变压器和印制电路连接不良。③如果不是上述二原因，则是印制电路板不良。④如果电路中有+5V电源，它的熔断丝熔断也引起报警。

（10）停机时误差过大和运行时误差过大报警。引起误差过大的原因有：①位置偏差设置错误。因此要认真检查参数的设定值。②超调。在数控系统中加/减速时间里，如果电机没有流过加减速时必要的电流，从而使位置控制回路的误差增加。当用示波器观察速度控制单元的指令波形，应使超调量在5%以下。为了消除本报警，可加大数控系统的加/减速时间和加大速度控制单元的增益。③输入电源电压太低。交流输入电源电压应在额定值的+10%~-15%的范围内。④连接不良。如测速机信号线、电机动力线等的连接不良均会引起误差过大。⑤数控系统的位置控制部分和速度控制部分的故障。⑥如果是直流伺服电机，则电机的炭刷接触不良也会引起误差过大。

（11）漂移补偿量过大报警。出现这种故障原因有：①连接不良。这里指的连接有两个方面。一是电机动力线连接不良，二是电机和检测元件之间的连接不良。②CNC系统中有关漂移量补偿的参数设定错误引起的。③速度控制单元CNC装置的主板的位置控制部分有故障。

2. 硬件报警故障

硬件报警是指速度控制单元上的报警指示灯（发光二极管）、熔断器熔断及各种保护用开关跳闸等报警的故障。这类报警除也能报警高电压、大电流、低电压、过载、速度反馈断线、再生放电等故障(这些故障可参照CRT显示报警信息去排除故障)外，还能报警如下故障：

（1）速度控制单元上的熔断丝熔断或断路器跳闸报警。发生这类故障的原因很多，除机械负载过大、接线错误(仅发生在重新接线之后)外，主要原因有：①速度控制单元的环路增益设定过高；②位置控制或速度控制部分的电压过高或过低引起振荡，如速度或位置检测元件故障，也可引起振荡；③电机故障，如电机去磁，将会引起过大的激磁电流；④当速度控制单元的加速或减速频率太高时，由于流经扼流圈的电流延迟，可能造成电源三相间短路，从而烧断熔断丝，此时需适当降低工作频率。

（2）保护开关动作报警。此时应首先分清是何种保护开关动作，然后再采取相应措施予以解决。如伺服单元上热继电器动作，应先检查热继电器的设定是否有误，然后再检查机床工作时的切削条件是否太苛刻或机床的摩擦力矩是否太大。如变压器热动开关动作,而变压器并不发热,则是热动开关失灵。如果变压器很热,用手只能接触几秒,则要检查电机负载是否过大。可以在减轻切削的条件下再检查热动开关是否动作。如仍发生动作,则应在空载低速进给的条件下测量电机电流,如已接近电流额定值,则需重新调整机床。产生上述故障的另一个原因是变压器内部短路。

3. 无报警显示的故障

这类故障多以机床处于不正常运动状态的形式出现,但故障的根源却在进给驱动系统。下面举几种常见故障的例子来说明。

(1) 机床失控。这是由伺服电机内检测元件的反馈信号接反或元件本身故障造成的。

(2) 机床振动。应首先确认振动周期与进给速度是否成比例变化。如果成比例的变化,则故障的起因或是机床、电机、检测器不良,或是系统插补精度差,检测增益太高。如果不成比例,且大致固定时,则大都是因与位置控制有关的系统参数设定错误,速度控制单元上短路棒设定错误或增益电位器调整不好,以及速度控制单元的印制电路板不好。

(3) 两轴联动加工外圆时圆柱度超差。如果加工时象限稍一变化,精度就不一样时,则是进给轴的定位精度太差,需要调整机床精度差的轴;如果是在坐标轴的45°方向超差,则多数情况是由位置环增益或检测增益调整不好造成的。

(4) 机床过冲。数控系统的参数——快速移动时间常数设定得太小,或速度控制单元上的速度增益设定太低,都会引起机床过冲。另外,如果电机和进给丝杠间的刚性太差,如间隙太大或传动带的张力调整不好也会造成此故障。

(5) 机床移动时噪声过大。如果噪声源来自电机,则可能的原因是:①电机换向器表面的粗糙度高或有损伤;②油、液、灰尘等侵入电刷槽或换向器;③电机有轴向窜动。

(6) 机床在快速移动时发生振动,甚至有大的冲击。其原因是伺服电机内的测速发电机电刷接触不良引起的。

6.4.4 进给传动系统故障实例

下面以FANUC系统进给驱动的故障报警为例,说明具体报警号及其所表示的内容。

1. CRT有报警显示的故障

对于FANUC系统,CRT显示的伺服报警为400~457号伺服系统错误报警和702~704号过热报警。

2. 报警指示灯指示的故障

速度控制单元中的印制电路板上有7个报警灯,其功能如下:

(1) BRK报警:无熔断丝断路器切断报警。故障原因及排除方法:①如果断路器已跳起,则先关断电源,再将断路器按钮按下使其复位,待10min后再合上电源。②如合上电源后断路器又跳起,应检查整流二极管模块或电路板上的其他元件是否已损坏。③检查机械负载是否过大,以确认电机负载电流是否超过额定值。

（2）HVAL 报警：高电压报警。故障原因及排除方法：①输入的交流电源电压过高。②伺服电机的电枢和机壳间的绝缘电阻下降，可通过清洁电机电刷和换向器来排除。③印制电路不良。

（3）HCAL 报警：大电流报警。故障原因及排除方法：如同时伴有 401 号报警，则多为速度控制单元上的功率晶体管损坏。用万用表测量 V1～V4 晶体管的集电极、发射极之间的电阻，如果阻值小于或等于 10Ω，则表明该晶体管已损坏。

（4）OVC 报警：过载报警。故障原因及排除方法：①确认机械负载是否正常。②如果在 OVC 报警的同时，CRT 上显示还有 401 或 702 等报警，则有可能是伺服电机的故障。

（5）LVAL 报警：电源电压下跌报警。故障原因及排除方法：①交流电源电压太低，如低于正常值的 15%。②伺服变压器与速度控制单元的连接不良。

（6）TCLS 报警：速度反馈信号断线报警。故障原因及排除方法：①印制电路板设定错误，如将测速发电机设定为脉冲编码器，就会发生断线报警。②确认是否有速度反馈电压或反馈信号线断线。

（7）DCAL 报警：放电报警。故障原因及排除方法：①如果系统一接通电源，立即出现 DCAL 报警，则多为续流二极管损坏。②印制电路板设定错误，如速度控制单元外接再生放电单元，应重新设定有关的短路棒。③伺服系统的加减速频率太高，通常情况下，快速移动定位次数每秒不应超过 1～2 次。

6.5 导轨副的故障及维护

导轨副是数控机床的重要执行部件，主要有滚动导轨、塑料导轨、静压导轨等；有直线移动导轨和回转运动导轨。影响机床正常运行和加工质量的主要环节有：①间隙调整装置，滚动导轨副的预紧环节；②润滑系统（包括润滑剂的种类、质量要求及润滑方式等的合理选择）；③导轨副的防护装置，目的是为防止切屑、磨粒或冷却液散落在导轨面上而引起磨损、擦伤和锈蚀等。这三个环节中任一环节出现异常都会影响到机床执行机构的正常运行。

表 6-4 为导轨故障诊断的方法。

表 6-4　导轨故障诊断

序号	故障现象	故障原因	排除方法
1	导轨研伤	机床经长期使用，地基与床身水平有变化，使导轨局部单位面积负荷过大	定期进行床身导轨的水平调整，或修复导轨精度
		长期加工短工件或承受过分集中的负荷，使导轨局部磨损严重	注意合理分布短工件的安装位置，避免负荷过分集中
		导轨润滑不良	调整导轨润滑油量，保证润滑油压力
		导轨材质不佳	采用电镀加热自冷淬火对导轨进行处理，导轨上增加锌铝铜合金板，以改善摩擦情况
		刮研质量不符合要求	提高刮研修复的质量
		机床维护不良，导轨里落入脏物	加强机床保养，保护好导轨防护装置

(续)

序号	故障现象	故障原因	排除方法
2	导轨上移动部件运动不良或不能移动	导轨面研伤	用180#砂布修磨机床与导轨面上的研伤
		导轨压板研伤	卸下压板调整压板与导轨间隙
		导轨镶条与导轨间隙太小,调得太紧	松开镶条止退螺钉,调整镶条螺栓,使运动部件运动灵活,保证0.03mm塞尺不得塞入,然后锁紧止退螺钉
3	加工面在接刀处不平	导轨直线度超差	调整或修刮导轨,允差0.015/500mm
		工作台塞铁松动或塞铁弯度太大	调整塞铁间隙,塞铁弯度在自然状态下小于0.05mm/全长
		机床水平度差,使导轨发生弯曲	调整机床安装水平,保证平行度、垂直度在0.02/1000mm之内

例 6-7 工作台 X、Y 向不能移动这种情况应检查机床各坐标上的伺服电机与丝杠联轴器上的连接螺钉是否松动,调整工作台移动导轨的间隙,直至使各坐标轴能灵活移动。检查导轨面上有无伤痕,如有,用砂布擦掉。检查导轨润滑情况,保证有充足的润滑油量。调整滚珠丝杠副的间隙,得到合适的预紧力,调整补偿精度。另外,机床进给轴不能运动的可能原因还有:①操作方式不对;②从 PLC 传到 CNC 的信号不正常;③位置控制板有故障;④测量系统的故障,如测量传感器太脏,位置环有硬件故障;⑤运动轴处于软件限位状态,这时只需将机床轴往相反方向运动即可解除;⑥机床处于机械夹紧状态。

例 6-8 XH750 加工中心,配有 FANUC-BESK6ME 系统,故障现象:回转工作台经常出现分度后不能落入鼠牙定位盘内,机床停止执行下面的指令,有时虽然落入,但分度不准,致使回转伺服单元产生 OVC 过载报警。

故障分析:根据故障现象,可能原因有回转伺服电机至回转工作台之间的传动链间隙过大,或转动累积间隙过大。拆下传动箱检查,发现齿轮、蜗轮与轴的键连接间隙过大,造成齿轮啮合间隙超差过多所致。

故障的排除:更换齿轮,重新组装,然后调整回转定位块和伺服增益可调电位器,故障排除。

6.6 ATC 及 APC 系统的故障诊断与维修

自动换刀装置(ATC)和工作台自动交换装置(APC)是数控机床加工中心的重要执行机构,它们的可靠性如何将直接影响机床的加工质量和生产率。

大部分数控机床的自动换刀是由带刀库的自动换刀系统,靠机械手在机床主轴与刀库之间自动交换刀具;也有少数数控机床是通过主轴与刀库的相对运动而直接交换刀具;数控车床及车削中心的换刀装置大多是依靠电动或液压回转刀架完成的,对于小直径零件,也有用排刀式刀架完成换刀。刀库的结构类型很多,大都采用链式、盘式结构。换刀系统的动力多采用电动、液动、气动等。

工作台自动交换装置是为了提高生产率,使机床的机动时间与工件装卸时间重合,在数控加工中心上设置的"双工作台装置"。它的动力大都采用电、液驱动。

ATC 和 APC 结构较复杂,且在工作中又频繁运动,所以,故障率较高,就目前的水平,机床上有 50% 以上的故障都与之有关。

ATC 的常见故障有:刀库运动故障,定位误差过大,机械手夹持刀柄不稳定,机械手动作误差过大等。这些故障最后都造成换刀动作卡位,整机停止工作。

对于机械、液压(或气动)方面的故障,主要应重视对现场设备操作人员的调查。由于 ATC 和 APC 装置都是由 PLC 可编程序控制器通过应答信号控制的,因此大多数故障出现在反馈环节(电路或反馈元件)上。需通过电路分析与信号—动作—定位—限位等有关环节的综合分析来判断故障所在,故障诊断的难度较大。

下面主要就刀库和换刀机械手的故障做简要介绍。

6.6.1 刀库及换刀机械手(ATC)的维护

(1)严禁把超重、超长的刀具装入刀库,防止在机械手换刀时掉刀或刀具与工件、夹具等发生碰撞。

(2)顺序选刀方式必须注意刀具放置在刀库中的顺序要正确。其他选刀方式也要注意所换刀具是否与所需刀具一致,防止换错刀具导致事故发生。

(3)用手动方式装刀时,要确保装到位、装牢靠。检查刀座上的锁紧是否可靠。

(4)经常检查刀库的回零位置是否正确,检查机床主轴回换刀点位置是否到位,并及时调整,否则不能完成换刀动作。

(5)要注意保持刀具、刀柄和刀套的清洁。

(6)开机时,应先使刀库和机械手空运行,检查各部分工作是否正常,特别是各行程开关和电磁阀能否正常动作。检查机械手液压系统的压力是否正常,刀具在机械手上锁紧是否可靠,发现不正常时应及时处理。

6.6.2 刀库的故障

刀库的主要故障有:刀库不能转动或转动不到位;刀库的刀套不能夹紧,刀具、刀库上下不到位等。

(1)刀库不能转动的可能原因:①联接电机轴与蜗杆轴的联轴器松动;②变频器故障,应查变频器的输入、输出电压正常与否;③PLC 无控制输出,可能是接口板中的继电器失效;④机械连接过紧,或黄油黏涩;⑤电网电压过低(不应低于 370V)。

(2)刀库转动不到位的可能原因:电机转动故障,传动机构误差。

(3)刀套不能夹紧刀具的可能原因:刀套上的调整螺母松动,或弹簧太松,造成卡紧力不足;刀具超重。

(4)刀套上下不到位可能原因:装置调整不当或加工误差过大而造成拨叉位置不正确;因限位开关安装不准或调整不当而造成反馈信号错误。

(5)刀套不能拆卸或停留一段时间才能拆卸:应检查操纵刀套 90°拆卸的气阀是否松动,气压足不足,刀套的转动轴锈蚀等。

6.6.3 换刀机械手的故障

(1) 刀具夹不紧:可能原因有风泵气压不足,增压漏气,刀具卡紧气压漏气,刀具松开弹簧上的螺母松动。例如某 VMC-65A 型加工中心使用半年出现主轴拉刀松动,无任何报警信息。分析主轴拉不紧刀的原因是:①主轴拉刀蝶簧变形或损坏;②拉力液压缸动作不到位;③拉钉与刀柄夹头间的螺纹连接松动。经检查,发现拉钉与刀柄夹头的螺纹连接松动,刀柄夹头随着刀具的插拔发生旋转,后退了约 1.5mm。该台机床的拉钉与刀柄夹头间无任何连接防松的锁紧措施。在插拔刀具时,若刀具中心与主轴锥孔中心稍有偏差,刀柄夹头与刀柄间就会存在一个偏心摩擦。刀柄夹头在这种摩擦和冲击的共同作用下,时间一长,螺纹松动退丝,出现主轴拉不住刀的现象。若将主轴拉钉和刀柄夹头的螺纹连接用螺纹锁固密封胶锁固及锁紧螺母锁紧后,故障消除。

(2) 刀具夹紧后松不开:可能原因有松锁刀的弹簧压合过紧,应逆时针旋松卡刀簧上的螺母,使最大载荷不超过额定数值。

(3) 刀具从机械手中脱落:应检查刀具是否超重,机械手卡紧锁是否损坏,或没有弹出来。

(4) 刀具交换时掉刀:换刀时主轴箱没有回到换刀点或换刀点漂移,机械手抓刀时没有到位,就开始拔刀,都会导致换刀时掉刀。这时应重新操作主轴箱运动,使其回到换刀点位置,重新设定换刀点。

(5) 机械手换刀速度过快或过慢:可能是因气压太高或太低和换刀气阀节流开口太大或太小。应调整气压大小和节流阀开口的大小。

下面通过一个典型例子说明如何从换刀装置的结构来分析和判断换刀过程中出现的故障。

例 6-9 某数控机床的换刀系统在执行换刀指令时不动作,机械臂停在行程中间位置上,CRT 显示报警号,查阅手册得知该报警号表示:换刀系统机械臂位置检测开关信号为"0"及"刀库换刀位置错误"。

根据报警内容,可诊断故障发生在换刀装置和刀库两部分,由于相应的位置检测开关无信号送至 PLC 的输入接口,从而导致机床中断换刀。造成开关无信号输出的原因有两个:①由于液压或机械上的原因造成动作不到位而使开关得不到感应;②电感式接近开关失灵。

首先检查刀库中的接近开关,用一薄铁片去感应开关,以排除刀库部分接近开关失灵的可能性;接着检查换刀装置机械臂中的两个接近开关,一是"臂移出"开关 SQ21,另一个是"臂缩回"开关 SQ22。由于机械臂停在行程中间位置上,这两个开关输出信号均为"0",经测试,两个开关均正常。

机械装置检查:"臂缩回"动作是由电磁阀 YV21 控制的,手动电磁阀 YV21 把机械臂退回至"臂缩回"位置,机床恢复正常,这说明手控电磁阀能使换刀装置定位,从而排除了液压或机械上阻滞造成换刀系统不到位的可能性。

由以上分析可知,PLC 的输入信号正常,输出动作执行无误,问题在 PLC 内部或操作不当。经操作观察,两次换刀时间的间隔小于 PLC 所规定的要求,从而造成 PLC 程序执行错误引起故障。

对于只有报警号而无报警信息的报警,必须检查数据位,并与正常情况下的数据相比较,明确该数据位所表示的含义,以采取相应的措施。

例6-10 图6-10为某立式加工中心自动换刀控制示意图。

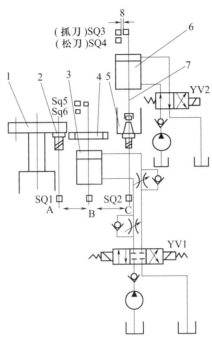

图6-10 自动换刀控制示意图

1—刀具库;2—新刀具;3—换刀油缸;4—换刀机械臂;5—主轴;6—刀夹拉杆油缸;
7—刀夹拉杆;8—刀杆上下位行程控制接近开关与挡块的距离。

故障现象:换刀臂平移至C时,无拔刀动作。

数控机床上刀具及托盘等装置的自动交换动作都是按照一定的顺序来完成的,因此,观察机械装置的运动过程,比较正常与故障时的情况,就可发现疑点,诊断出故障的原因。

ATC动作的起始状态是:①主轴保持要交换的旧刀具。②换刀臂在B位置。③换刀臂在上部位置。④刀库已将要交换的新刀具定位。

自动换刀的顺序为:换刀臂左移(B→A)→换刀臂下降(从刀库拔刀)→换刀臂右移(A→B)→换刀臂上升→换刀臂右移(B→C,抓住主轴中刀具)→主轴液压缸下降(松刀)→换刀臂下降(从主轴拔刀)→换刀臂旋转180°(两刀具交换位置)→换刀臂上升(装刀)→主轴液压缸上升(抓刀)→换刀臂左移(C→B)→刀库转动(找出旧刀具位置)→换刀臂左移(B→A,返回旧刀具给刀库)→换刀臂右移(A→B)→刀库转动(找下把刀具)。

换刀臂平移至C位置时,无拔刀动作,可能有几种原因:①SQ2无信号,使松刀电磁阀YV2未激磁,主轴仍处于抓刀状态,换刀臂不能下移。②松开接近开关SQ4无信号,则换刀臂升降电磁阀YV1状态不变,换刀臂不下降。③电磁阀有故障,给予信号也不能动作。

逐步检查,发现SQ4未发出信号,进一步对SQ4检查,发现感应间隙过大,导致接近开关无信号输出,产生动作障碍。

6.6.4 工作台自动交换装置的故障诊断

工作台自动交换(APC)装置是柔性加工单元重要的组成部分,它可以使工件加工和装卸同时进行,提高加工效率。APC的控制是顺序逻辑定位控制。图6-11为某柔性加工单元工作台自动交换装置的示意图。

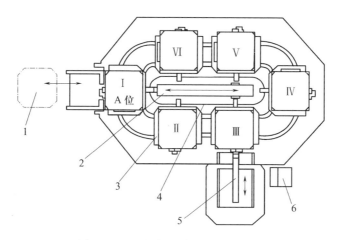

图6-11 柔性加工单元APC示意图
1—工作台;2—机床侧传感器;3—托盘;4—导向轨道;5—工作装卸式传感器;6—控制面板。

1. APC故障现象

设托盘交换器的起始位置如图6-11所示,现要求Ⅲ号工作台经托盘运动至A位。当按下控制面板上的托盘回转启动按钮后,托盘即顺时针转动,当Ⅱ号托盘高速经过A位时,交换器的旋转运动紧急停车,如再按启动按钮,交换器又顺时针转动,在Ⅲ号托盘将要到达A位时,就开始减速,然后慢速到A位置停止。若一开始就选择Ⅱ号托盘,则Ⅱ号托盘在到达A位前也开始减速,然后慢速到达A位停止,不出现上述故障。若需要Ⅳ号托盘到A位,则Ⅱ号、Ⅲ号托盘经过A位时将出现两次急停的故障。

2. APC故障诊断

(1)机械方面。由于托盘能够高速、减速运动及定位,故可以排除机械卡死的因素。

(2)电气方面。出现故障后再启动,托盘仍能回转,说明故障前后电气逻辑是满足的。

故障现象是一个很重要的特征,就是托盘高速回转到A位时,故障就产生,而减速定位时无故障产生,说明高速回转时,由于某逻辑条件没满足而产生保护动作,托盘紧急停止。分析托盘回转的动作过程,如图6-12所示。

托盘回转的条件是:拉杆3后退到"位停止"时,撞块5压上"位停止"行程开关4。由于托盘上的工作台1在回转时要产生向外的离心力,所以托盘上的工作台1在拐弯处是依靠导向轨道10回转,在托盘高速经过A位的瞬间,工作台1脱离导向转道,依靠拉杆3上的拉爪2导向回转,此时,工作台1对拉爪2产生一个向外的撞击力。如果拉杆3的制动不佳,则撞击力使拉杆3抖动,从而引起行程开关4的抖动,托盘回转条件失效,回转急停。

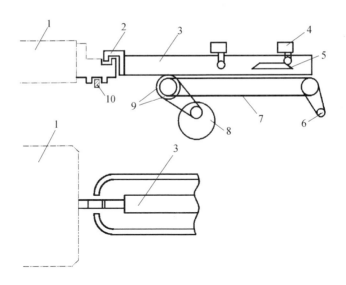

图 6-12 机床侧传感器传动示意图
1—工作台；2—拉爪；3—拉杆；4—行程开关；5—撞块；6—制动器；
7—链条；8—齿轮变速电机；9—链轮；10—导向轨道。

为确定判断,调用控制梯形图实时观察,发现由行程开关 4 输入的开关信号在故障出现前的瞬间闪烁了一下,这一现象与前述的判断分析相符。

为此,将故障诊断的重点放到拉杆 3 的制动问题上来,检查制动器 6 有何问题,并做相应的修理。由此可见:①数控机床有些装置的故障表面看起来是电气故障,但最终是机械上的故障引起的。②要多观察,熟悉机床各种运动的电气逻辑条件及机械运动过程,利用必要的检测手段作出相应的诊断。

6.7 液压与气动系统的故障诊断与维修

6.7.1 液压传动系统的原理与维护

液压传动系统在数控机床的机械控制与系统调整中占有很重要的位置,它所担任的控制、调整任务仅次于电气系统。液压传动系统被广泛应用到主轴的自动装夹、主轴箱齿轮的变挡和主轴轴承的润滑、自动换刀装置、静压导轨、回转工作台及尾座等结构中。例如数控机床的液压系统见图 6-13,从中可看出它所驱动控制的对象。如液压卡盘、主轴上的松刀液压缸、液压拨叉变速液压缸、液压驱动机械手、静压导轨、主轴箱的液压平衡液压缸等。

液压系统的维护及其工作正常与否对数控机床能否正常工作十分重要。

1. 液压系统的维护要点

(1) 控制油液污染,保持油液清洁,是确保液压系统正常工作的重要措施。据统计,液压系统的故障有 80% 是由于油液污染引发的,油液污染还加速了液压缸元件的磨损。

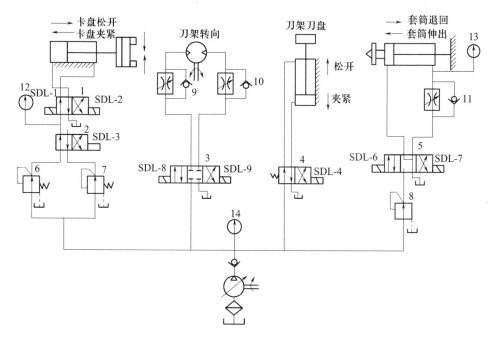

图 6-13 液压系统原理

（2）控制油压系统中油液的温升是减少能源消耗、提高系统效率的一个重要环节。一台机床的液压系统，若油温变化范围大，其后果是：①影响液压泵的吸油能力及容积效率。②系统工作不正常，压力、速度不稳定，动作不可靠。③液压元件内外泄漏增加。④加速油液的氧化变质。

（3）控制液压系统泄漏极为重要，因为泄漏和吸空是液压系统常见的故障。要控制泄漏，首先是提高液压元件零部件的加工精度和元件的装配质量以及管道系统的安装质量。其次是提高密封件的质量，注意密封件的安装使用与定期更换，最后是加强日常维护。

液压系统中管接头漏油是经常发生的。一般的 B 型薄壁管扩口式管接头的结构如图 6-14 所示。

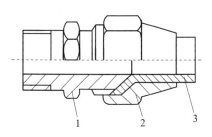

图 6-14 B 型薄壁管扩口式管接头

该管接头由具有 74°外锥面的接头体 1、带有 66°内锥孔的螺母 2、扩过口的冷拉纯铜管 3 等组成，具有结构简单、尺寸紧凑、质量小、使用简便等优点，适用于机床行业的中低压（3.5～16MPa）液压系统管路。使用时，将扩过口的管子置于接头体 74°外锥面和螺母 66°内锥孔之间，旋紧螺母，使管子的喇叭口受压并挤贴于接头体外锥面和螺母内锥孔的间隙中实现密封。在维修液压设备过程中，经常发现因管子喇叭口被磨损使接头处漏油或渗油，这往往是由于扩口质量不好或旋紧用力不当引起的。

(4)防止液压系统振动与噪声。振动影响液压件的性能,使螺钉松动、管接头松脱,从而引起漏油。因此要防止和排除振动现象。

(5)严格执行日常点检制度。液压系统故障存在着隐蔽性、可变性和难于判断性,因此,应对液压系统的工作状态进行点检,把可能产生的故障现象记录在日检维修卡上,并将故障排除在萌芽状态,减少故障的发生。

(6)严格执行定期紧固、清洗、过滤和更换制度。液压设备在工作过程中,由于冲击振动、磨损和污染等因素,使管件松动,金属件和密封件磨损,因此,必须对液压件及油箱等,实行定期清洗和维修,对油液、密封件执行定期更换制度。

2. 液压系统的点检

(1)各液压阀、液压缸及管子接头是否有外漏。
(2)液压泵或液压马达运转时是否有异常噪声等现象。
(3)液压缸移动时工作是否正常平稳。
(4)液压系统的各测压点压力是否在规定的范围内,压力是否稳定。
(5)油液的温度是否在允许的范围内。
(6)液压系统工作时有无高频振动。
(7)电气控制或撞块(凸轮)控制的换向阀工作是否灵敏可靠。
(8)油箱内油量是否在油标刻线范围内。
(9)行程开关或限位挡块的位置是否有变动。
(10)液压系统手动或自动工作循环时是否有异常现象。
(11)定期对油箱内的油液进行取样化验,检查油液质量,定期过滤或更换油液。
(12)定期检查蓄能器的工作性能。
(13)定期检查冷却器和加热器的工作性能。
(14)定期检查和紧固重要部位的螺钉、螺母、接头和法兰螺钉。
(15)定期检查更换密封件。
(16)定期检查清洗或更换液压件。
(17)定期检查清洗或更换滤芯。
(18)定期检查清洗油箱和管道。

6.7.2 液压传动系统的故障诊断及排除

1. 液压泵故障

液压泵主要有齿轮泵、叶片泵等。下面以齿轮泵为例介绍故障及其诊断。齿轮泵最常见的故障是泵体与齿轮的磨损、泵体的裂纹和机械损伤。出现以上情况,一般必须大修更换零件。在机器运转过程中,齿轮泵常见的故障有:①噪声严重及压力波动;②输油量不足;③油泵不正常或有咬死现象。

(1)噪声严重及压力波动可能原因及排除方法:①泵的滤油器被污物阻塞不能起滤油作用。用干净的清洗油将滤油器去除污物。②油位不足,吸油位置太高,吸油管露出油面。加油到油标位,降低吸油位置。③泵体与泵盖的两侧没有加上纸垫,产生硬物冲撞。泵体与泵盖不垂直密封,旋转时吸入空气。泵体与泵盖间加入纸垫,泵体用金刚砂在平板上研磨使泵体与泵盖平直度不超过0.005mm,紧固泵体与泵盖的联结,不得有泄漏现象。④泵的主动轴与电机联轴器不同心,有扭曲摩擦。调整泵与电机的联轴器的同心度,使其不超过0.2mm。⑤泵齿轮啮合精度不够。对研齿轮达到齿轮啮合精度。⑥泵轴的油封骨架脱落泵体不密封。更换合格泵轴油封。

(2) 输油量不足可能原因有:①轴向间隙与径向间隙过大。由于齿轮泵的齿轮两侧端面在旋转过程中,与轴承座圈产生相对运动会造成磨损,轴向间隙和径向间隙过大时必须更换零件。②泵体裂纹与气孔泄漏现象。泵体出现裂纹需要更换泵体,泵体与泵盖间加入纸垫,紧固各连接处螺钉。③油液黏度太高或油温过高。用20#机械油,选用适合的温度,一般20#机械油适用10～50℃的温度工作。如果三班工作,应装冷却装置。④电机反转。纠正电机旋转方向。⑤滤油器有污物,管道不畅通。清除污物,更换油液,保持油液清洁。⑥压力阀失灵。修理或更换压力阀。

(3) 油泵运转不正常或有咬死现象的可能原因及排除方法:①泵轴向间隙及径向间隙过小。轴向、径向间隙过小则应更换零件,调整轴向或径向间隙。②滚针转动不灵活。更换滚针轴承。③盖板与轴的同心度不好。更换盖板,使其与轴同心。④压力阀失灵。检查压力阀弹簧是否失灵,阀体小孔是否被污物堵塞,滑阀和阀体是否失灵。更换弹簧,清除阀体小孔污物或换滑阀。⑤泵与电机间联轴器同心度不够。调整泵轴与电机联轴器同心度使其不超过0.20mm。⑥泵中有杂质,可能在装配时,有铁屑遗留或油液中吸入杂质。用细铜丝网过滤机油去除污物。

2. 整体多路换向阀故障

整体多路换向阀常见故障的可能原因及排除方法如下。

(1) 工作压力不足:①溢流阀调定压力偏低,调整溢流阀压力。②溢流阀之滑阀卡死,拆开清洗重新组装。③调压弹簧损坏,更换新产品。④系统管路压力损失太大,更换管路或在许用压力范围内调整溢流阀压力。

(2) 工作流量不足:①系统供油不足,检查油源。②阀内泄漏量大,作如下处理:如油温过高,黏度下降,应采取降低油温措施;如油液选择不当,应更换油液;如滑阀与阀体配合间隙过大,应更换新产品。

(3) 复位失灵:复位弹簧损坏与变形,更换新产品。

(4) 外渗漏:①Y形圈损坏,更换件。②油口安装法兰面密封不良,检查相应部位的紧固和密封。③各结合面紧固螺钉、堵塞或调压螺钉背帽松动。紧固相应部件。

3. 电磁换向阀故障

电磁换向阀常见故障及可能原因和排除方法如下。

(1) 滑阀动作不灵活:①滑阀被拉坏。拆开清洗,或修整滑阀与阀孔的毛刺及拉坏表面。②阀体变形。调整安装螺钉的压紧力,安装扭矩不得大于规定值。③复位弹簧折断。更换弹簧。

(2) 电磁铁线圈烧损:①线圈绝缘不良。更换电磁铁。②电压太低。使用电压应在额定电压的90%以上。③工作压力和流量超过规定值调整工作压力,或采用性能更高的阀。④回油压力过高。检查背压,应在规定值16MPa以下。

4. 液压缸故障及排除方法

（1）外部漏油：①活塞杆碰伤拉毛。用极细的砂纸或油石修磨，不能修的，更换新件。②防尘密封圈被挤出和反唇。拆开检查，重新更新。③活塞和活塞杆上的密封件磨损与损伤。更换新密封件。④液压缸安装定心不良，使活塞杆伸出困难。拆下来检查安装位置是否符合要求。

（2）活塞杆爬行和蠕动：①液压缸内进入空气或油中有气泡。松开接头，将空气排出。②液压缸的安装位置偏移。在安装时必须检查使之与主机运动方向平行。③活塞杆弯曲。活塞杆全长校正直线度≤0.3/100mm 或更换活塞杆。④缸内锈蚀或拉伤。去除锈蚀和毛刺，严重时更换缸筒。

例 6-11 某数控镗铣床在主轴变速过程中出现Ⅰ、Ⅲ转速级挂不上挡的报警。其控制原理如图 6-15 所示。

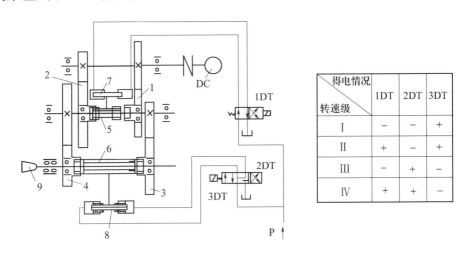

图 6-15 数控镗铣床主轴换挡液压系统控制原理图
1、2、3、4—齿轮；5、6—滑移齿轮；7、8—变速液压缸；9—主轴。

电磁换向阀 Y1 和 Y2 分别控制变速液压缸 1 和 2，带动拨叉使滑动齿轮 1 和 2 处于不同的工作位置，使主轴得到不同的转速。其中变速液压缸 1 有两个工作位置，液压缸 2 有三个工作位置。故障发生后，打开机床主轴箱检查发现，滑移齿轮 5 的左端因严重撞击而使倒角处打毛翻边，以至不能在拨叉推动下与齿轮 2 的内齿啮合，从而出现上述故障现象。

经过细致的观察，发现滑动齿轮 1 的右端以及滑移齿轮 6 的两端的倒角处并无上述现象。由此可见，滑移齿轮制造质量不是问题的关键。

分析图 6-15 可看出，机床在Ⅰ、Ⅲ转速级是在 1DT 失电时实现的。如果主轴处于Ⅱ或Ⅳ挡运行状态，某一外界因素致使电磁铁 1DT 突然失电，就会出现下列情况：1DT 失电，使阀 Y1 切换到左位，变换液压缸 1 带动滑动齿轮 1 迅速向左移动。而此时位于左端的齿转 2 正处于高速运转状态，两齿轮相遇必然会发生剧烈摩擦撞击。如果这种情况存在，滑动齿轮 1 的左端定会受损，上述故障就会发生。

通过分析机床的电气图可知，电磁铁 1DT 由 PLC 直接控制，并且该机床的保护功能较多。在加工过程中，若出现机床其他环节的保护，PLC 会封锁所有的输出点，这就给

1DT 的突然失电提供了机会。而在该变速系统中,Y1 阀又无失电保护功能。由此推断,Y1 意外失电,滑移齿轮 5 误动作是造成该故障的原因。

从现场操作规程情况看,机床出现该故障报警时,常伴有剧烈的撞击声,因此进一步验证了上述判断的正确性。另外,在故障处理中,还发现变速液压缸 7 和 8 运动速度过快,变速冲击较大。

故障排除:①将换向阀 Y1 换成带"记忆功能"的电磁换向阀 Y3;②在两换向阀的出油口处增加了节流阀,使变速液压缸 7、8 获得理想的运动速度;③对控制阀 Y3 的 PLC 的控制电路作了相应的变动。另外,对滑移齿轮 5 左端进行倒角修理,在采取上述措施后,机床主轴变速机构恢复正常。

6.7.3 气动系统的原理与维护

数控机床上的气动系统用于主轴锥孔吹气和开关防护门。有些加工中心依靠气液转换装置实现机械手的动作和主轴松刀。图 6-16 为加工中心的气动控制原理图,图 6-17 为压缩空气调理装置。

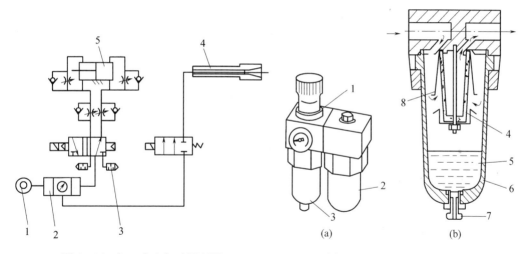

图 6-16 加工中心气动原理图
1—气源;2—压缩空气调理装置;3—消声器;
4—主轴;5—防护门气缸。

图 6-17 压缩空气调理装置

1. 气动系统维护的要点

(1) 保证供给洁净的压缩空气 压缩空气中通常都含有水分、油分和粉尘等杂质。水分会使管道、阀和气缸腐蚀;油分会使橡胶、塑料和密封材料变质;粉尘造成阀体动作失灵。选用合适的过滤器,可以清除压缩空气中的杂质,使用过滤器时应及时排除积存的液体,否则,当积存液体接近挡水板时,气流仍可将积存物卷起。

(2) 保证空气中含有适量的润滑油 大多数气动执行元件和控制元件都要求适度的润滑。如果润滑不良将会发生以下故障:①由于摩擦阻力增大而造成气缸推力不足,阀芯动作失灵。②由于密封材料的磨损而造成空气泄漏。③由于生锈造成元件的损伤及动作失灵。润滑的方法一般采用油雾器进行喷雾润滑,油雾器一般安装在过滤器和减压阀之后。油雾器的供油量一般不宜过多,通常每 $10m^3$ 的自由空气供 $1mL$ 的油量(即 40~50 滴油)。检查润滑是否良好的一个方法是:找一张清洁的白纸放在换向阀的排气口附近,如果阀在工作三到四个循环后,白纸上只有很轻的斑点时,表明润滑是良好的。

(3) 保持气动系统的密封性　漏气不仅增加了能量的消耗,也会导致供气压力的下降,甚至造成气动元件工作失常。严重的漏气在气动系统停止运行时,由漏气引起的响声很容易发现;轻微的漏气则利用仪表,或用涂抹肥皂水的办法进行检查。

(4) 保证气动元件中运动零件的灵敏性　从空气压缩机排出的压缩空气,包含有粒度为 $0.01 \sim 0.08 \mu m$ 的压缩机油微粒,在排气温度为 $120 \sim 220℃$ 的高温下,这些油粒会迅速氧化,氧化后油粒颜色变深,黏性增大,并逐步由液态固化成油泥。这种微米级以下的颗粒,一般过滤器无法滤除。当它们进入到换向阀后便粘在阀芯上,使阀的灵敏度逐步降低,甚至出现动作失灵。为了清除油泥,保证灵敏度,可在气动系统的过滤器之后,安装油雾分离器,将油泥分离出来。此外,定期清洗阀也可以保证阀的灵敏度。

(5) 保证气动装置具有合适的工作压力和运动速度　调节工作压力时,压力表应当工作可靠,读数准确。减压阀与节流阀调节好后,必须紧固调压阀盖或锁紧螺母,防止松动。

2. 气动系统的点检与定检

(1) 管路系统点检　主要内容是对冷凝水和润滑油的管理。冷凝水的排放,一般应当在气动装置运行之前进行。但是当夜间温度低于 0℃ 时,为防止冷凝水冻结,气动装置运行结束后,就应开启放水阀门将冷凝水排放。补充润滑油时,要检查油雾器中油的质量和滴油量是否符合要求。此外,点检还应包括检查供气压力是否正常,有无漏气现象等。

(2) 气动元件的定检　主要内容是彻底处理系统的漏气现象。例如更换密封元件,处理管接头或连接螺钉松动等,定期检验测量仪表、安全阀和压力继电器等。气动元件的定检如表 6-5 所列。

表 6-5　气动元件的点检

名称	点检内容
气缸	① 活塞杆与端盖之间是否漏气; ② 活塞杆是否划伤、变形; ③ 管接头、配管是否松动、损伤; ④ 气缸动作时有无异常声音; ⑤ 缓冲效果是否合乎要求
电磁阀	① 电磁阀外壳温度是否过高; ② 电磁阀动作时,阀芯工作是否正常; ③ 气缸行程到末端时,通过检查阀的排气口是否有漏气来确诊电磁阀是否漏气; ④ 紧固螺栓及管接头是否松动; ⑤ 电压是否正常,电线有无损伤; ⑥ 通过检查排气口是否被油润湿,或排气是否会在白纸上留下油雾斑点来判断润滑是否正常
油雾器	① 油杯内油量是否足够,润滑油是否变色、混浊,油杯底部是否沉积有灰尘和水; ② 滴油量是否适当

(续)

名称	点检内容
减压阀	① 压力表读数是否在规定范围内; ② 调压阀盖或锁紧螺母是否锁紧; ③ 有无漏气
过滤器	① 储水杯中是否积存冷凝水; ② 滤芯是否应该清洗或更换; ③ 冷凝水排放阀动作是否可靠
安全阀及压力继电器	① 在调定压力下动作是否可靠; ② 校验合格后,是否有铅封或锁紧; ③ 电线是否损伤,绝缘是否合格

6.8 数控机床润滑系统的故障诊断

6.8.1 数控机床润滑系统的故障分析

本节主要通过一台数控机床润滑系统电气控制原理、控制程序及各种报警信号来说明润滑系统的一般诊断方法。

例 6-12 某数控机床在运行过程中,润滑中断并发出报警。该机床的润滑系统采用 FANUCPMC 进行自动控制。

润滑系统的电气控制原理如图 6-18 所示,润滑系统 PLC 控制梯形图如图 6-19 所示。在正常工作时,按下运转准备按钮,润滑电机要运行 15s,检查压力开关合上,然后润滑电机停止运行 25min,检查压力开关已打开,润滑电机再运行 15s,这样周而复始,使机床处于正常的润滑状态。

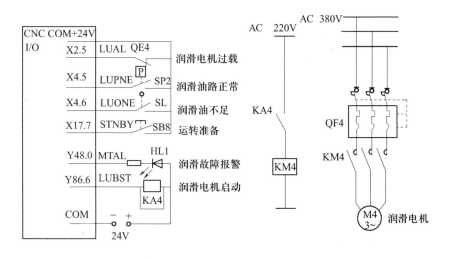

图 6-18 润滑系统电气控制原理图

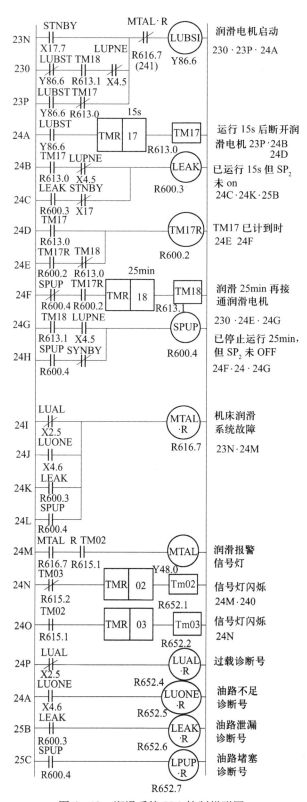

图 6-19 润滑系统 PLC 控制梯形图

当润滑系统发生油路泄漏、堵塞或润滑电机过载故障时,润滑电机停止工作,并发出故障报警,发光二极管以 0.5s 的间隔时间闪烁,并把报警信息送到 R 寄存器 652 地址的高 4 位。

1. 润滑系统正常时的控制程序

按运转准备按钮 SB8,23N 行 X17.7 为 1,使输出信号 Y86.6 接通中间继电器 KA4 线圈,KA4 触点又接通接触器 KM4,使润滑电机 M4 启动运行,23P 行的 Y86.6 触点自锁。

当 Y86.6 为 1 时,24A 行 Y86.6 触点闭合,TM17 定时器开始计时,设定时间为 15s,到达 15s 后,TM17(R613.0) 为 1,23P 行的 R613.0 触点断开,Y86.6 为 0,润滑电机停止运行,同时也使 24D 行输出 R600.2 为 1 并自锁。

24F 行的 R600.2 为 1,使 TM18 定时器开始计时,计时时间设定为 25min,到达时间后,输出信号 R613.1 为 1,使 24G 行的 R613.1 触点闭合,Y86.6 输出并自锁,润滑电机 M4 重新启动运行,重复上述控制过程。

2. 润滑系统故障时的状态监控

(1) 当润滑油路出现泄漏或压力开关 SP2(见图 6-18)失灵,M4 已运行 15s,但压力开关 SP2 未闭合,24B 行的 X4.5 触点未打开,R600.3 为 1 并自锁,则一方面使 24I 行 R616.7 输出为 1,使 23N 行 616.7 触点打开,断开润滑电机;另一方面 24M 行 616.7 触点闭合,使 Y48.0 输出信号为 1,接通报警指示灯(发光二极管 HL1 亮),并通过 TM02、TM03 定时器控制使信号报警灯闪烁。

(2) 当润滑油路阻塞或压力开关失灵,在 M4 已停止运行 25min 后压力开关未打开,24G 行的 X4.5 未打开,R600.4 输出为 1,同样使 24I 行的 R616.7 输出为 1,结果与第一种情况相同,使润滑电机不再启动,并报警。

(3) 如果润滑不足,液位开关 SL 闭合,24J 行的 X4.6 闭合,同样使 R616.7 为 1,断开 M4 并报警。

(4) 润滑电机 M4 过载,自动开关 QF4 断开 M4 的主电路,同时 QF4 的辅助触点合上,使 24I 行的 X2.5 合上,同样 R616.7 为 1,断开 M4 的控制电路并报警。

通过 24P、25A、25B 和 25C 行,将四种报警状态传输到 R652 地址中的高 4 位中,即 R652.4 过载、R652.5 润滑油不足、R652.6 油路泄漏和 R652.7 油路阻塞。通过 CRT/MDI 查阅诊断地址 DGN NO652 的对应状态,如哪一位为 1,即为哪一项的故障,从而确认报警时的故障原因。

6.8.2 润滑系统的故障诊断

数控机床润滑系统状态的好坏直接影响到机床导轨、主轴等机械装置的润滑,它是伺服系统驱动一个必要的使用条件,否则容易引起机械磨损及伺服性能的下降。本例润滑系统的控制,由于 PLC 控制及报警状态的完善,故很容易判断出故障的原因。但对有些报警不完善的数控机床,一旦出现这方面的报警,就要从过载、润滑油不足、油路泄漏和油路阻塞等方面进行检查。同时,很重要的一个方面,就是要加强日常维护,以保持润滑系统的正常运行。

例 6-13 某数控龙门铣床,用右面垂直刀架铣产品机架平面时,发现工件表面粗糙度达不到预定的精度要求;这一故障产生以后,把查找故障的注意力集中在检查右垂直刀架的主轴箱内的各部滚动轴承(尤其是主轴的前后轴承)的精度上,但出乎意料的是各部滚动轴承均正常;后来经过研究分析及细致的检查发现:为工作台蜗杆及固定在工作台下部的螺母条这一传动副提供润滑油的四根管基本上都不来油,经调节布置在床身上的控制这四根油管出油量的四个针形节流阀,使润滑油管流量正常,这时工件表面粗糙度即符合了精度要求。

6.9 数控机床机械故障的综合诊断与实例

数控机床的故障,一部分是通过机床自诊断功能,由报警显示出故障类型并提示产生该故障的可能原因,给维修人员提供了一些分析,判断真正故障部位和原因的线索。这里除少数故障可以凭借自诊断显示功能较容易地确诊故障外(如存储器报警、动力电源电压过高报警等),大部分故障是以综合性故障出现的,即一种故障现象可能是由多种原因引起的,有机械方面的、电气方面或控制系统的;或者一种缺陷可能引起多种故障,即故障出现的因果关系并非简单的一一对应关系。所以,真正的故障原因不能很快地、简单地确定,需要进行充分调查、测试等,最后经综合分析,才能确诊故障。

6.9.1 机械故障的综合诊断

1. 充分调查故障现场

机床发生故障后,维修人员应向故障现场的操作人员调查,故障是在什么情况下发生的,采取过什么措施。并且要充分利用"黑匣子",仔细观察工作寄存器和缓冲工作寄存器尚存内容,了解已执行程序。当有诊断显示报警时,打开电气柜观察印制电路板上有无相应报警红灯显示。此后,就可以按动数控系统的复位键,观察系统复位后报警是否消除,如消除,则多数属于软件故障,否则,即属于硬件故障。

2. 罗列造成故障的可能诸原因

例 6-14 某数控机床在进行 X、Y 两坐标轴直线插补加工斜面时,出现均匀条纹。可能是由于某坐标进给速度不均匀而形成的。而造成该轴进给速度不均匀的可能原因有:①X 或 Y 轴控制进给速度信号波动较大;②X 或 Y 轴在进给运动时,有爬行现象;③X 或 Y 轴导轨的镶条过紧,阻尼太大或导轨防护板摩擦力较大;④位置检测元件(如旋转变压器等)与伺服电机的连接有偏心误差,导致传动中忽紧忽松;⑤电机与滚珠丝杠间联轴器有松动;⑥伺服电机本身工作不正常。

例 6-15 数控机床手摇轮操作无法转动。可按下述步骤查找故障原因:①确认系统是否处于手摇操作状态;②是否未选择移动坐标轴;③手摇脉冲发生器电缆连接是否有误;④系统参数中脉冲当量值是否正确;⑤系统中报警未解除;⑥伺服系统工作异常;⑦系统处于急停状态;⑧系统电源单元工作异常;⑨手摇脉冲发生器损坏。

3. 确诊故障原因

根据故障现象,结合现场调查,充分利用机床的技术档案(如维修记录、运行记录等),参考机床维修使用手册中罗列出的诸多因素,必要时用仪器进行一些测试,制订一个分析诊断的程序,从最有可能的因素出发,逐一排除虚假现象,最后找出真正的故障原因。

例 6-16 一台 JCS-018 立式加工中心,当 X、Y 轴同时快速回零时,X 轴有时出现抖动现象。①该故障是机床运行 7 年后,近期出现的。因此排除了接线错误的因素。②通过现场试验,发现 X 轴单轴运动时无抖动,这就排除了 X 轴机械传动链和伺服电机本身的因素。③在两轴快移出现抖动时观察 CRT 显示的 X 轴运动脉冲数还是很均匀的,这又排除了 NC 系统的影响因素。④从机床结构上分析,发现 X 轴的伺服电机装在 Y 轴的床鞍上;X 轴的控制电缆在 Y 轴移动时被来回拖动。考虑是否与此有关。为此,作了一下试验,在 X 轴单轴往复运动时有意用手抖动 X 轴电机的控制电缆,发现又出现抖动,从而可以确认是由于 X 轴控制电缆接触不良造成此故障。经查,因电缆插头长期地被油腐蚀,绝缘丧失,插头松动,接触不良。需要更换电缆。

6.9.2 故障实例的综合分析

例 6-17 某配备 SINUMERIK 8 数控系统的卧式加工中心,CRT 屏幕频繁出现 113 号报警,间或出现 111 号、112 号和 114 号等报警而使机床停机。

1. 综合故障分析

SINUMERIK 8 系统是一种多微处理器数控系统,适用于大型数控机床、加工中心和柔性制造单元。根据 SINUMERIK 8 报警号特征断定,故障发生在 Y 轴。113 号报警为轮廓误差监视,提示正在运动轴的实际位置超出 TE346 机床参数规定的公差带;111 号报警为静态误差监视,提示坐标轴定位时的实际位置与给定位置之差超过了 TE101 机床参数规定的允差范围;112 号报警为给定速度太高;114 号报警为测量系统硬件监视。Y 坐标轴是一个位置闭环控制系统,与其他坐标轴不同之处是:为抵消主轴箱重量,Y 坐标轴增加了一套液压平衡系统,且 Y 轴伺服电机具有电磁断电制动装置,图 6-20 为 Y 轴伺服控制简图。

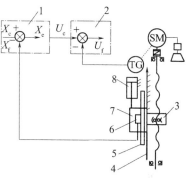

图 6-20 Y 轴伺服控制简图
1—CNC 系统;2—驱动装置;
3—滚珠丝杠螺母副;4—立柱导轨;
5—光栅定尺;6—光栅动尺;
7—主轴箱;8—平衡液压缸。

Y 轴位置控制系统由数控系统、光栅、伺服驱动装置、机械和液压系统等组成。由插补运算得到的位置给定值 X_c 与光栅检测得到的实际值 X_f 比较后,其差值 X_e 经位置调节和 D/A 转换,得到速度给定电压 U_c 至 Y 轴驱动装置以控制 Y 轴驱动伺服电机旋转。与 Y 轴伺服电机同轴连接的测速发电机输出转速反馈电压 U_f 至 Y 轴驱动装置,进行速度比较以保持伺服电机驱动的机械特性。伺服电机经联轴器带动滚珠丝杠转动,使 Y 坐标轴上的主轴箱上下运动,Y 坐标轴上的光栅扫描头固定在主轴箱的侧面,光栅尺固定在立柱上,扫描头随主轴箱上下运动。主轴箱上下运动的平衡由平衡液压缸来保证。位置控制系统中的任何部分出现故障,都会影响到机床运动误差,从而导致机床报警。

一般情况下,CNC 系统故障可能性很小,即使有故障,CRT 将会有明确的指示。根据 113 号和 111 号报警信息,查阅机床有关数据,如 TE346 和 TE101 的设定数据是否在合适的范围内,必要时可重新调整。很多情况下,113 号和 111 号报警都是由机械传动链间隙过大和预紧松动引起的;112 号报警是由于位置环不稳定,造成速度给定电压波动;114 号报警很明确地指明了位置检测装置有故障。因此,故障的诊断和维修将落实到 Y 轴位置检测装置和 Y 轴机械传动链上。

2. 综合故障诊断

1) 位置检测装置

如前所述,如果光栅出现故障,会导致信号断续出现,即光栅反映的实际位置与真正的实际位置不符,其结果造成速度给定电压不稳,使伺服电机出现瞬时速度变化,导致报警。为此,先检查连接光栅的电缆和中间接插件,检查结果均完好。然后拆掉光栅尺的下端密封盖,用手电筒或医用内窥镜检查光栅尺,发现尺面污染。光栅尺两端接有压缩空气管,空气不洁净会污染尺面,若不接压缩空气,当扫描头运动时会形成负压,也会把灰尘或油雾吸入光栅尺内,形成污染。

(1) 清洗光栅尺的准备工作　拆卸光栅前,为使机床能恢复到原有的精度,必须妥善做好下列准备工作:①在光栅尺下端、机床床身上固定一块千分表,以记录光栅尺的原始安装位置。②在主轴箱上固定一块千分表,表头搭在光栅尺的外壳上,上下移动主轴箱,记录下光栅尺对立柱导轨的平行度。

(2) 光栅尺拆洗　把机床主轴移到最下端接近 Y 坐标轴的基准点处,所停位置以不妨碍拆卸扫描头的紧固螺钉和引线固定卡头为准,沿导向槽小心地将扫描头抽出。拆下光栅尺时,先把所有固定螺钉旋松少许后,再逐个拧下,拆卸时要扶持尺身,使其贴紧安装面,以防下滑打坏光栅尺和下面的千分表。拆下的尺身安放到清洁的平台上,抽出尺上密封条后进行清洗。

(3) 光栅尺安装调试　光栅清洗完毕后重新装上机床时,安装位置与导轨的平行度应与拆前保持一致,然后再装入扫描头并紧固。开机试车,通过微量移动扫描头来校正机床零点。通过对光栅的检修,114 号报警消除了,112 号报警也基本消除,但 113 号和 111 号报警依然存在。

2) 拆卸平衡液压缸,清洗调整液压阀

Y 轴主轴箱的液压平衡系统如图 6-21 所示。

液压平衡力的大小及其变化,直接影响到伺服电机的工作电流及运动误差。检查平衡力是否合适,最有效的办法是检查伺服电机的电流。平衡良好时,机床主轴箱上升和下降时的电机电流值应相差不大,当主轴箱快速上升时,用钳形电流表测得电机电流达 4.5A 左右,以同样速度下降时平衡液压缸的第二级液压缸(小油缸)工作,电机电流由正常值的 5A 上升到 8~9A,显然液压平衡系统有问题。拆下伺服电机,用扭矩扳手转动丝杠,主轴箱下降时的扭矩大于上升时的扭矩,

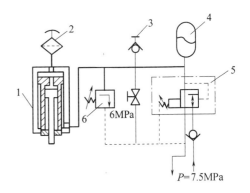

图 6-21　Y 轴主轴箱的液压平衡系统
1—主轴箱平衡液压缸;2—滤清器;
3—压力测量点;4—储能器;
5—调压阀(调整到 7.5MPa);
6—溢流阀(调整到 6MPa)。

说明机动下降时电机电流增大的原因,是由于小液压缸工作时回油不畅造成的。进一步分析,回油不畅与调压阀、溢流阀和液压缸有关。为排除油路堵塞的可能性,对调压阀和

溢流阀进行了清洗,同时,对压力进行了重新调整。

(1) 检查储能器充氮压力 储能器的压力直接影响快速运动时液压缸的压力稳定。检修前,应先检查储能器的压力是否符合技术要求,经检查现有压力只有 2.8MPa,远低于 5MPa 规定。于是重新将储能器充氮到 5MPa,开车试机,运动状况没有改善。

(2) 拆卸液压缸及清洗调整液压阀 拆卸平衡液压缸之前,为防止电机制动力不够而使主轴箱下滑,主轴箱下面应垫一防落支撑。平衡液压缸是一种伸缩式套筒液压缸,共两级。第一级液压缸直径为 $\phi 65mm \times \phi 36mm$,两液压缸的有效工作面积均为 $23cm^2$,如按规定的调整压力 5.5MPa 计算,平衡力为 1265N。

装好清洗后的液压缸、调压阀和溢流阀,启动液压泵,把压力调到 5.5MPa。用扭矩扳手转动丝杠,测得主轴箱上升时扭矩略大,故将压力调到 5.7MPa 以增加平衡力,这时液压缸的回油(向下)压力为 5.9MPa。装上电机试车后,测得主轴箱上升的电机电流为 4.5A,下降时为 7~8A,两者的差值仍较大。由图 6-21 可知,快速下降时溢流阀参与了增加回油速度的工作,所以压力不宜调得太高,只要调到稍高于 5.9MPa 即可,将回油压力调到 6MPa,快速移动主轴箱,测量主轴箱上升时电机的电流为 4.5A,下降时为 6A,两者相差较小,故调整此压力是合适的。

3) Y 轴滚珠丝杠螺母副的调整

图 6-22 为 Y 轴滚珠丝杠螺母副结构简图。滚珠丝杠与螺母间的间隙及丝杠预拉伸力的大小都直接影响运动误差。Y 轴滚珠丝杠螺母副调整的目的:①使滚珠丝杠与螺母间隙达到一定的预紧力。②调整上、下端向心-推力组合轴承,消除由于磨损造成的轴向间隙。Y 轴丝杠安装结构图 6-23 所示。

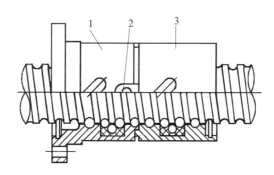

图 6-22 Y 轴滚珠丝杠螺母副结构简图(水平放置)
1—上螺母;2—带齿固定键;3—下螺母。

滚珠丝杠螺母副的拆卸步骤如下:①先启动液压系统,使平衡液压缸工作,拆下 Y 轴伺服电机,用专用板手正、反向旋转丝杠,每隔 200mm 测量主轴箱在每个位置的上升、下降的空载转矩,以供重装时参考。②关闭液压系统,为防止主轴箱下滑,支撑好主轴箱。③拆卸上护板与主轴箱联接螺钉,将防护板推到上端,用绳拴牢。④拆卸下护板,为松开丝杠下端轴承螺母,将下护板向上推至主轴箱,并用绳拴牢。⑤用扳手松开上、下丝杠轴承螺母(先松防松螺母)。⑥旋转丝杠顶出上、下向心-推力组合轴承,检查磨损情况。⑦拆除丝杠螺母法兰的固定螺栓。⑧为便于检查丝杠与螺母的磨损情况及调整间隙,需将上、下轴承座拆除,取出丝杠副。⑨调整丝杠与螺母的间隙。为了使丝杠与螺母在最大

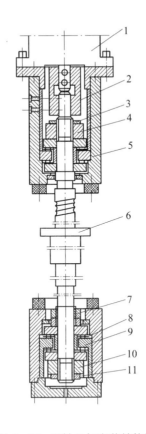

图 6-23 Y 轴丝杠安装结构图
1—伺服电机；2—联轴器；3—上轴承防松螺母；4—上轴承螺母(M40×1.5)；
5—上轴承座；6—滚珠丝杠螺母副；7—下轴承上盖螺母(M42×1.5)；8—蝶形弹簧；
9—下轴承座；10—下轴承下盖螺母(M40×1.5)；11—下轴承防松螺母。

轴向载荷时不致产生过大的间隙，应对丝杠和螺母施加一定的预紧力。预紧力的大小，一般应等于或稍小于最大载荷的 1/3。测量预紧力是靠测量预紧后增加的摩擦扭矩大小来换算的，如预紧力为 300N 时，经换算，预紧后的附加摩擦扭矩为 0.43N·m。预紧力是靠上、下螺母端面上带齿的固定键与 CNC 系统 TE191 补偿来实现间隙调整的。具体做法是：下螺母的上端面一周共有 145 个小齿，上螺母装有带齿的固定键，如丝杠螺距为 10mm，则上、下两螺母的轴向位移为 10mm/145 = 0.069mm。这种"齿差式"调整在实际调整中可能出现"步距"较大的情况，因为当拆下带齿的定位键拨过一个齿时，如用手转动螺母很费劲(约2N·m)，说明预紧力太大；返回到原齿对应位置时，施加 300N 预紧力引起的变形量又显得太小。在这种存在间隙又不足调一个齿的情况下，只有通过 CNC 系统的机床数据 TE191 来补偿丝杠与螺母间的间隙。

滚珠丝杠螺母副的装配注意事项如下：①装配顺序基本上是拆卸顺序的颠倒。②旋上丝杠螺母法兰固定螺栓，逐步将螺栓旋紧，最终旋紧到要求的扭矩为 49N·m。为便于以后调整立柱导轨与主轴箱的间隙，暂不装上、下护板。③丝杠上轴承螺母(M40×1.5)的预紧力矩为15N·m，经计算预紧力约为 3000~4000N，按轴承预紧力不小于丝杠最大轴向载荷的 1/3 计算,丝杠最大轴向载荷约为 10000N。④旋紧丝杠下轴承下端螺母 (M40×1.5)之前,先将主轴箱上升到丝杠最上端位置,启动液压平衡液压缸工作,去掉主轴箱的防落支撑,将下轴承上端螺母(M42×1.5)松几扣,以避免下端螺母(M40×1.5)对丝杠拉伸施加预紧力的影响。⑤将千分表座吸在靠近下轴承座端面的丝杠上,表头触及下轴承座轴面,用测力扳手旋紧下端螺母(M40×1.5),同时观察千分表读数达到丝杠伸长 0.02mm 时为止。经计算,此时丝杠的预拉伸力约为 3500~3950N,比要求的 3000N 略大些。这是因为:首先主轴箱与立柱导轨间有摩擦力的作用;其次有蝶形弹簧起作用,转动下端螺母的旋转角度与蝶形弹力有直接关系。在无蝶形弹簧时,丝杠处于刚性连接的情况下,为确保丝杠伸长 0.02mm,只需将下端螺母旋转 360°×0.02/1.5 = 4.8°(式中,1.5mm 为螺母螺距)即可;在有蝶形弹簧的情况下,为使丝杠达到同样的伸长量,螺母就需旋转 180°,否则,很难补偿由于轴承磨损而引起的预拉伸力的降低。预紧力调整后,旋紧下轴承的 M42×1.5 上端螺母。⑥滚珠丝杠预紧前的空载扭矩应在 10~15N·m 以下,当施加 3000N 预紧力时,预紧后的附加摩擦力矩为 0.43N·m。⑦检查伺服电机与丝杠之间的联轴器,其配合不得松动。⑧拆装时应注意保护轴承座内的挡油圈,不得撕裂。

4)调整主轴箱与 Y 轴立柱导轨间的楔铁和夹紧滚轮

如果主轴箱与 Y 轴立柱之间有间隙,在主轴箱移动时,会造成移动速度的瞬时变化,过大就导致报警。为此在主轴箱上的 X 轴方向放置水平仪,上、下移动主轴箱,水平仪在上、下不同位置上的读数差为 0.054/1000mm,此值过大;在 Z 轴方向放置水平仪,上、下移动主轴箱,水平仪在不同位置(每隔 200mm 测一次,共测 6 点)的读数差为 0.07/1000mm(上升、下降各测一次,取其平均值),此值也较大。由于在 X、Z 轴两个方向测得的主轴箱上、下移动的差值均较大,说明主轴箱与立柱结合面存在间隙,导致沿立柱导轨运动的直线性变差,因而造成运动速度瞬间变化出现报警。

(1)主轴箱与立柱在 X 轴方向的间隙调整 图 6-24 为主轴箱与立柱在 X 轴方向的间隙调整示意图。

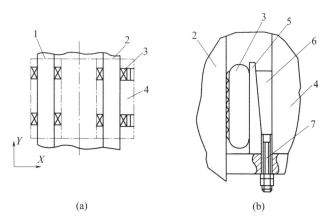

图 6-24 主轴箱与立柱在 X 轴方向的间隙调整
1—左导轨;2—右导轨;3—循环式直线运动滚动块;4—主轴箱;
5—垫板;6—楔铁;7—调节螺钉(M8×1.25×70)。
(a)循环是直线运动滚动块布置;(b)间隙调整

在 Y 轴立柱右导轨的左右两侧,装有 4 套循环式直线运动滚动块,导轨右侧上、下两套滚动块由楔铁用 M8×1.25×70 的螺钉拉紧,借此调整间隙。技术要求调整螺钉用 60~80N·m 的扭矩旋紧。经计算,当用 60N·m 旋紧 M8 螺钉时,M8 螺钉所受的拉力为 25000N,从而使每个滚动块所受的压力为 7000N。此时,在平衡液压作用下,旋转丝杠上、下移动主轴箱,Y 轴全长的扭矩为 8~11.5N·m 之间,比调紧楔铁前(10~15N·m)小,水平仪读数也由原来的 0.054/1000mm 下降到(0.032~0.04)/1000mm,测量 Y 轴中心在 X 轴方向偏移为 0.08mm。

（2）主轴箱与立柱在 Z 轴方向的间隙调整　图 6-25 主轴箱与立柱在 Z 轴方向的间隙调整示意图。立柱导轨在 Z 轴方向共有 8 只压紧滚轮,左右导轨各 4 只,其相对导轨正面的是不可调整的直线运动滚动块。8 只滚轮实际上是偏心距 $e=1.3$mm 的圆偏心夹紧机械,$\phi62$mm 的圆弧允许滚轮中心线与 Y 轴立柱导轨面有一不大的偏斜。由于 $2e/D=(2\times1.3)/62=0.042$ 小于摩擦因数 0.1,因此该压紧机构在任何位置上夹紧后均能自锁。滚轮的压紧扭矩规定为 10N·m,经计算每个滚轮的压紧力约为 2500N,8 只滚轮的压紧力共约 20000N,与立柱侧面(X 轴方向)的楔铁相比,压紧力小得多。技术规定用 10N·m 的扭矩压紧偏心滚轮,测得丝杠空载扭矩在 14N·m 以下。

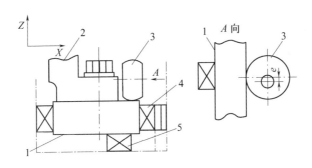

图 6-25　主轴箱与立柱在 Z 方向的间隙调整
1—镶钢导轨(正面)；2—Y 轴立柱；3—压紧滚轮；
4—X 轴方向循环式直线运动滚轮块；5—Z 轴方向循环式直线运动滚轮块。

机械调整完成后,将主轴箱上升到立柱最上端,将丝杠螺母法兰上的固定螺钉用 49N·m 扭矩旋紧,最后装好上、下护板。

经过上述的检查、调整和试车,故障消除了。这说明报警主要是由于机械部分间隙造成的。由于间隙使坐标轴在运动时的速度不再是恒速,当误差超过一定范围时,就会导致上述各种报警。

由此可见,在诊断、修理加工中心这类较复杂的设备时,要做到：①要事先搜集、消化有关资料,做好充分的准备。在此基础上,制定好拆卸、检修步骤及注意事项。②严格按照有关资料(图纸、说明书等)的规定要求去做,注意资料中的数据。用数据说话往往是指导设备维修的重要依据,如旋紧螺钉所用的扭矩是以技术数据为依据的,因此资料的保管和整理是很重要的。③数控机床是机电一体化产品,因此,考虑总是不能单一,要充分了解机床的机电方面的配合,各报警号指示的故障内容,这样诊断故障就有针对性。

6.10 数控机床运动质量特性故障诊断

6.9 节主要讨论了影响机床正常运行的功能故障,而有些故障,机床无任何报警显示,但加工出来的零件不合格。诊断这类故障,必须从不合格零件的特征,或运动误差大小的程度及误差的特点,从运动传动的原理及传动链中传动副的特点等来分析可能的原因,继而有针对性地进行一些检查,从中找出故障原因。如零件精度超差,可能原因有:机床定位精度超差,反向死区过大,两坐标直线插补运动中发生振荡等。

检查这类故障时,必须配合使用有关检测仪器。而排除故障时,一般是通过对机械系统、控制系统及伺服系统进行调整而排除的。

下面举一些常见典型运动质量故障,分析其可能原因,并指出排除故障的方法和思路。

6.10.1 位置偏差过大

这一类故障现象是属机床运动质量问题,实际就是进给伺服系统位置环中的问题。位置偏差是通过位置环中位置偏差计数器输出的,即由来自光电脉冲编码器反馈的反映工作台实际运行距离的脉冲(包括脉冲个数和频率)与来自数控系统(CNC 系统)向各传动轴发出的指令脉冲(个数和频率)比较得出的。这个偏差数的大小反映数控系统要求某轴运行的距离还有多少没有走出来,或走过了多少。为使位置偏差不至于超出机床各轴要求的形状位置公差,所以数控机床对这个偏差数的大小进行了限制。这要靠参数设定来解决,而这个设定的参数值与加工零件的位置与形状的精度有密切的关系。这个参数值是可以修改的。这种情况往往是在参数设置不合理或参数丢失,才采用这种修改参数的办法。

出现位置偏差过大而报警的可能原因有如下几点:

(1)进给伺服电机转速不够 如果伺服系统的给定速度是不变的,而电机转速不够,那可能是电源电压不够,或伺服变压器给出的电压不够。若电机给定电压小,这时应考虑电源电压是否缺相,是否电压值已超出了 +10% ~ -15% 的运行范围,三相电源是否对称等。这可以用万用表进行测量。

如不是上述问题,那应考虑电机是否有毛病了,如电机电刷是否接触良好,电机换向器表面是否良好,电机是否有转动不灵活的地方,轴承是否已经破碎,润滑不好等。

(2)负载是否有问题 如负载过大,或者夹具夹偏造成摩擦阻力过大等。总之要检查作用在电机上的作用力是否过大,而使电机丢转过多。

(3)伺服板和触发板上的问题 伺服板的速度调节器输出的值是否有问题,能不能通过调节速度增益 K_V 解决问题。因为 K_V 加大,就是比例积分调节器的比例放大系数加大,这样,就可以使在相同的给定值下,使电机转速加大一些。也要考虑整个调节板是否有问题。可以通过换板的办法来确定调节器板是否有问题。

(4)光电编码器的反馈是否正常 这个可通过把光电编码器的反馈脉冲送入示波器观察而定。

(5)检查各接线端子是否松动。

6.10.2 零件的加工精度差

加工复杂曲线零件时发现加工精度差,这主要是各轴之间的进给动态跟踪误差值对称度没有调在最佳状态(认为不存在机械本身精度问题的前提下),即各轴之间进给动态跟踪误差值不对称。其原因可能有:①数控机床在安装调整时,各轴之间的进给动态跟踪误差没有调好;②机床使用一段时间后,机床各轴传动链有变化(如丝杠间隙、螺距误差变化、轴向窜动等),这两种原因可以通过重新调试及改变间隙补偿量等来解决。

如果各轴动态跟踪误差太大而报警时,可从以下几方面进行检查:①伺服电机的额定转速是否过高;②相应的模拟量输出锁存器是否正常;③位置反馈电缆线接插件是否接触良好;④该轴模拟量输出增益电位器是否良好;⑤脉冲编码器是否良好;⑥该轴伺服模块是否正常。

6.10.3 两轴联动铣削圆周时圆度超差

圆度超差有两种情况:一是圆的轴向变形,二是出现斜椭圆,即在45°方向上的椭圆。

(1) 圆的轴向变形　其原因是由于机械未调整好而造成轴的定位精度不好,或是丝杠间隙补偿不当等,从而导致每当过象限,就产生圆度误差。

(2) 斜椭圆误差　对这种故障,要按下述顺序诊断、排除:①各轴的位置偏差相差太大,可调整位置环增益来排除;②旋转变压器或感应同步器用的接口板没有调整好;③机械传动副间隙太大或间隙补偿不合适。

6.10.4 机床运动时超调引起的精度不良

可能原因有:①加、减速时间太短,如果电机电流已饱和,可适当延长速度变化时间,即适当增加(加、减速)时间常数;②伺服电机与丝杠之间的连接松动或刚性太差,可适当减小位置环的增益。

6.10.5 故障分析实例

例 6-18　某卧式加工中心出现 AL421 报警,即 Y 轴移动中的位置偏差量大于设定值而报警。

该加工中心使用 FANUC 0M 数控系统,采用闭环控制。以安装于导轨侧和立柱上的光栅尺为位置测量元件,系统控制以位置环为外环;安装于伺服电机端部的旋转编码器为角度测量元件,速度环为系统控制的内环。伺服电机和滚珠丝杠通过联轴器直接连接。根据该机床控制原理及机床传动连接方式,初步判断出现 AL421 报警的原因是 Y 轴联轴器连接不良。

对 Y 轴传动系统进行检查,发现联轴器连接螺钉松动。紧定 Y 轴传动系统中所有的紧定螺钉后,故障消除。

例 6-19　某加工中心运行 9 个月后,发生 Z 轴方向加工尺寸不稳定,尺寸超差且无规律,CRT 及伺服放大器无任何报警显示。

该加工中心采用三菱 M3 系统,交流伺服电机与滚珠丝杠通过联轴器直接连接。根据故障现象分析,故障原因可能是联轴器连接螺钉松动,导致联轴器与滚珠丝杠或伺服电机间滑动。

对 Z 轴联轴器连接进行检查,发现联轴器 6 只紧定螺钉都出现松动。紧固螺钉后,故障排除。

例 6-20 由龙门数控铣削中心加工的零件,在检验中发现工件 Y 轴方向的实际尺寸与程序编制的理论数据存在不规则的偏差。

1. 故障分析

从数控机床控制角度来判断,Y 轴尺寸偏差是由 Y 轴位置环偏差造成的。该机床数控系统为 SINUMERIK 810M,伺服系统为 SIMODRIVE 611A 驱动装置,Y 轴进给电机为 1FT5 交流伺服电机带内装式的 ROD302。

(1) 检查 Y 轴有关位置参数,如反向间隙、夹紧允差等均在要求范围内,故可排除由于参数设置不当引起故障的因素。

(2) 检查 Y 轴进给传动链。图 6-26 所示为该机床 Y 轴进给传动链简图。

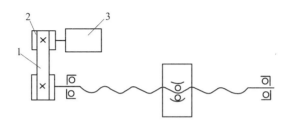

图 6-26 Y 轴进给传动链简图
1—同步齿形带;2—带轮;3—Y 轴伺服电机。

从图 6-26 中可以看出,传动链中任何连接部分存在间隙或松动,均可引起位置偏差,从而造成加工零件尺寸超差。

2. 故障诊断

(1) 如图 6-27(a)所示,将一个千分表座吸在横梁上,表头找正主轴 Y 运动的负方向,并使表头压缩到 50μm 左右,然后把表头复位到零。

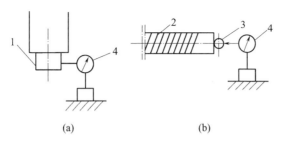

图 6-27 安装千分表
1—主轴;2—滚珠丝杠;3—滚珠;4—千分表。
(a) 表头找正主轴;(b) 表头找正丝杠端面。

(2) 将机床操作面板上的工作方式开关置于增量方式(INC)的 ×10 挡,轴选择开关置于 Y 轴挡,按负方向进给键,观察千分表读数的变化。理论上应该每按一下,千分表读数增加 10μm。经测量,Y 轴正、负两个方向的增量运动都存在不规则的偏差。

（3）找一粒滚珠置于滚珠丝杠的端部中心,用千分表的表头顶住滚珠,如图 6 - 27 (b)所示。将机床操作面板上的工作方式开关置于手动方式(JOC),按正、负方向的进给键,主轴箱沿 Y 轴正、负方向连续运动,观察千分表读数无明显变化;故排除滚珠丝杠轴向窜动的可能。

（4）检查与 Y 轴伺服电机和滚珠丝杠连接的同步齿形带轮,发现与伺服电机转子轴连接的带轮锥套有松动,使得进给传动与伺服电机驱动不同步。由于在运行中松动是不规则的,从而造成位置偏差的不规则,最终使零件的加工尺寸出现不规则的偏差。

3. 故障总结

由于 Y 轴通过 ROD320 编码器组成半闭环的位置控制系统,因此编码器检测的位置值不能真正反映 Y 轴的实际位置值,位置控制精度在很大程度上由进给传动链的传动精度决定。

（1）在日常维护中要注意对进给传动链的检查,特别是有关连接元件,如联轴器、锥套等有无松动现象。

（2）根据传动链的结构形式,采用分步检查的方式,排除可能引起故障的因素,最终确定故障的部位。

（3）通过对加工零件的检测,随时监测数控机床的动态精度,以决定是否对数控机床的机械装置进行调整。

第7章 数控机床切削加工过程状态监测与故障诊断

20世纪80年代以来,作为自动化生产的主流设备,高效、高精度的数控机床和加工中心得到迅速发展。为保证数控机床稳定、可靠、自动地运行,机床切削工况的自动监测、状态识别、故障提示及排除就显得非常必要。特别是,现在各大中型企业正在逐步使用柔性制造系统(FMS)和计算机集成制造系统(CIMS),如果其中的数控机床出现故障且不能及时排除,则所造成的停产损失是不可估量的。因而,数控机床的工况监测与故障诊断技术越来越受到人们的关注,并成为实现机械制造过程自动化或无人化的重要技术保证。

数控机床在切削加工过程中,机械零件和刀具都不断受到力、热、摩擦以及磨损等多种因素的作用,其运行状态不断变化。这就要求在数控机床运行过程中,对机床的运行状态随时进行监测和诊断,及时发现系统中所包含的故障信息并采取相应的措施。数控机床切削加工过程中,主要监控的对象有刀具磨损与破损、机床颤振、切屑折断形态以及工件尺寸精度等。

数控机床加工过程的故障诊断包括对机床运行状态的监测、识别、预报三个方面的内容。对数控机床机械装置的某些特征参数进行监测,例如振动、噪声和温度等,将测定的特征值与正常阈值进行比较,可判断机械装置的工作状态是否正常。若对机械装置进行定期或连续的监测,便可获得该装置状态变化趋势的规律,从而对运行状态进行预测和预报。

前面几章介绍的数控机床故障诊断技术,主要是采用传统的"实用诊断技术"或者是利用数控机床的"自诊断功能"。本章重点讲述利用先进测试仪器的"现代诊断技术",主要介绍机床在切削加工过程中几个主要环节的状态监测与故障诊断的原理、方法及应用。监测与诊断所采用的信号分析方法和人工智能技术在后面的章节介绍。

7.1 机床加工过程状态监测与故障诊断的内容及待研究的问题

7.1.1 监测与诊断的特点

数控机床加工过程中表现出的动态特性主要有以下几个方面。

(1) 离散性与断续性 就加工而言,信息的主要形式是离散的,如零件尺寸、加工精度及各种经济与技术数据等;就加工过程而言,在一次走刀中切削加工可以是连续的(如车、钻、磨等),也可以是断续的(如铣);从一个零件的制造过程而言,工序与工序是两个相互独立的过程,而对加工质量来说,工序与工序又是相关的。

（2）缓变性与突发性　在固定的加工条件下，一台机床的动态特性是缓慢的，如机床的温升、零件磨损、应力的分布等都是缓变过程；而如刀具破损、折断等往往是瞬时出现的，这些属于是突发性故障。

（3）随机性与趋向性　由于机械加工过程中的随机因素干扰大，因此加工过程中各种物理量的变化，如切削力、切削温度、刀具磨损与刀具寿命和切削条件的关系往往是带有趋向性的随机过程。

（4）模糊性　在现象与原因关系上，大部分呈模糊性，即一部分因果关系是透明的，而另一部分是黑色的，属于灰色系统。在状态分析中需要用到的各种建模方法，没有适用于各种情况的通用数学模型。在状态分类中，可分性是基本的，但类别之间往往无确定的边界，客观上也存在模糊区，使得状态分类困难。

7.1.2　监测与诊断的内容

机械制造系统最终目的是在保证产品质量的前提下，降低制造成本，提高生产率。在切削加工过程中采取状态监测与诊断的目的就是为了保证达到上述目标。监测与诊断的内容包括产品质量监控和加工过程稳定性监控，二者相互有关，又各有侧重。在目前自动化生产环境中，生产过程主要是靠计算机来控制的，所以产品质量监控和过程稳定性监控都是十分突出的问题。具体监控包括加工过程状态监控、产品质量监控和环境参数及安全监控等三大部分的监控。

1. 加工过程状态监控

（1）切削状态　机床在切削过程中随着切削力和切削扭矩的变化，引起机床的动力源、传动系统等部件有关参数的变化，以此来判断机床运行状态的正常与否。状态监控包括以下方面：①切削力、扭矩、主轴电机功率和电流以及它们与切削力的关系；②切削颤振及噪声；③切削温度；④切屑形状及切屑的流向等；⑤冷却液和润滑液的温度及污染程度。

（2）刀具状态　刀具是切削加工的直接参与者，所以刀具状态正常与否能直接反映机床的加工状态，如刀具的磨损、裂纹、折断、刀具的寿命等。

2. 加工精度监控

工件的加工精度主要包括两部分：一是工件的尺寸、形状及相互位置精度；二是工件的表面质量，即表面粗糙度。

保证产品加工质量是生产系统的最终目的。为此，需要监视工件的自动定心，自动测量工件的形状；监视刀具磨损的补偿、热变形的补偿、螺距误差的补偿等；监视机床热源及各主要执行部件温度的变化，将温升控制在允许范围内。

3. 环境参数及安全监控

为了保证机床的安全运行，需要对机床周围环境的外部因素进行监控，主要包括：电网的电压、电流值监测，环境空气的温度和温度的监测，供水、供气压力的监测，火灾进出系统的监测等。在全部电气控制盘和泵等机械热源部位设置检测温度与烟的火灾检测装置，以防止数控装置的火灾，当测出火灾预兆时，能自动切断系统的全部电源，并发出警报。

机床的运行状态和加工工件的质量监测既是为机床的正常运行控制提供控制的依据，也是为机床的故障诊断提供诊断决策的依据，诊断的准确与否，监测是前提。在众多的监测对象中，一般把自动换刀装置、刀具的磨损及破损、工件加工尺寸精度的超差等作为监测重点。

7.1.3 待研究的问题

数控机床切削加工过程的状态监测与诊断一直是人们关注的研究课题。一般是针对某一监控对象,如切削颤振、刀具破损磨损等,力图寻求某一阈值作为状态识别的依据。然而,实际的切削过程是动态过程,所以这种阈值是随机的,确定的阈值就难于适合生产条件的变化。此外,还有诸如传感器问题、信号拾取及数据处理的实时性等问题,综合起来觉得有以下几方面的问题值得研究。

1. 加工系统的几何及物理量基本规律的研究

机床加工系统的几何及物理量基本规律的研究是最根本的问题,它涉及信息源的问题,以及切削过程中信息传递。加工过程机理方面的研究,前人做了大量工作,大多数是在实验室研究得出的结论但是在线工况监视需要的是实际加工机床的运行数据。为此,必须研究和解决传感器技术问题,研究动态数据处理的实时性问题。因此,结合生产实际,对加工系统的几何及物理量快速、有效的检测与识别方法,仍然是当前最重要、最基础的研究工作。

2. 多功能、柔性监视诊断系统的研究

制约机床切削加工过程自动化和影响产品质量的故障状态,比如刀具的异常磨破损和切削颤振等异常现象的出现均伴随有多种物理现象的异常变化,如机床的振动、噪声、切削热、切削力、切削功率、声发射等也随之产生异常变化。但是,过去的监视装置存在诸多问题,如信息量中只有少部分信息被利用,只适用于单目标决策,方法简单,判别函数不能自动生成,软硬件和计算机数字控制机床接口功能差等。由单一目标向多功能、柔性方向发展是监视诊断技术今后的重要任务之一。在迅速发展的柔性制造系统的生产环境中,数控机床的监视与诊断系统必须具备以下功能:

(1) 具有多通道测量和大量模拟信号或数字信号处理能力和智能输入接口;

(2) 具有多种现代信息处理方法的软硬件,可进行状态的特征分析,预报状态的发展趋势;

(3) 具有复杂的多状态判别功能,能自动生成判别函数;

(4) 具有各种功能的机床和计算机网络接口及联机工作能力。

3. 切削加工过程动态模型的研究

切削加工过程的动态模型包括机床设备、运输设备、加工过程及机械制造系统等。因为:①监视诊断是基于过程的动态变化规律进行的;②数学模型是对客观物理系统的数学描述,又是系统信息的凝聚手段;③模型参数及有关特征值、特征函数都能反映加工过程的状态和规律,它们是时域特征量的重要提取方法。所以,研究动态模型目的就是根据数学模型实现故障的预报和控制,因此,研究切削加工过程动态过程的数学模型及其软、硬件模块,以便于在线应用,也将是监视诊断技术发展的重要任务之一。

4. 工况状态综合辨识方法的研究

在切削加工过程中,有两个问题必须解决:一是多种信息融合,提高识别精度;二是一种源信息用于多目标同时识别。一种信息源可以提取很多特征量,而一种特征量又往往包含几种性质的状态特征,这样就可以利用一种源信息来监视和诊断不同的故障。于是,如何充分利用信息的研究就显得非常重要。图7-1表示了基于人工神经网络技术的多目标判别的含义。例如刀杆振动加速度的方差是表示刀杆振动信号的能量（用特征量 X_1 表示），它既可作为切削颤振判别的特征量，也可以作为刀具磨损、崩刃、折断判别的特征量，这样就使信息得到充分利用。工况综合辨识方法就提供了利用一种源信息实现多目标辨识的可行性。用一种源信息的不同特征量构造不同的判别函数，达到识别不同工况状态的目的。在此基础上，可以进一步采用信息融合技术，提高识别精度。

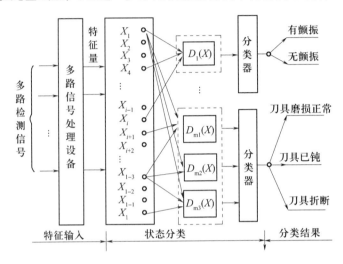

图7-1 机械制造过程状态的综合判断

综上所述，数控机床的工况监视与故障诊断是一门综合性很强的学科领域，随着现代信号处理、系统辨识、检测技术、模式识别、控制工程、信息理论与人工智能的发展，作为加工过程状态、监测与诊断系统，以状态辨识为中心的智能处理系统将得到不断发展与完善。

7.1.4 切削过程工况监控系统

切削过程工况监测与控制系统主要包括如下几个环节，如图7-2所示。

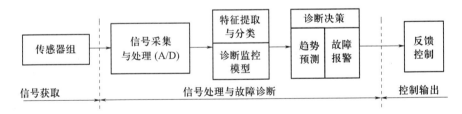

图7-2 切削过程监控系统

下面简要阐述各环节的组成和作用：

（1）传感器组 各传感器装在机床主要部件的不同部位，既可以用于输入监控（对机床、刀具、毛坯、夹具等状态），如不符合要求，就发出报警，停止加工；也可以用于切削过程监控，利用不同传感器监视切削过程中各种物理状态参数的变化；还可以作为输出监控，监测加工中和加工后的工件状况。

（2）信号采集与处理 该环节主要是将传感器获取的信号进行采集、A/D转换、放大、滤波、除噪声等预处理,然后用时域、频域、幅域、倒频域等不同的信息空间进行分析。

(3) 特征提取和分类　从预处理后的信息中提取出能表征各工况状态的特征量用于故障诊断,此过程也是对海量数据进行有效压缩的过程。机床主轴的转速,各坐标轴的进给速度,切削力,切削功率,切削振动等物理量,在切削加工过程中均可以看作是平稳随机变量,都可以作为故障诊断的信息源。能有效地反映工况状态的特征量和函数模型有概率密度函数、方差函数、自相关函数、峭度系数、以及由离散信号建立的自回归滑动平均模型(ARMA)中的格式函数(Green's Function)、自协方差函数等特征函数。利用自学习和经统计分析等方法,建立正常切削状态时的各特征量或特征模型作为状态识别的标准输入。然后,将实际切削加工中实时采集的监控信号进行信号处理,得出特征量或特征模型,与自学习过程记录并统计分析建立的特征量或特征模型进行比较,作出工况正常或异常的判断。

在利用提取的特征量或特征模型进行模式分类时,要注意正常的工况变化与切削过程变化对应阈值的不同。正常的工况变化一般有:开机、关机、启动、工作、停止、空载、不同负载、满载等情况,通过机床控制装置可以获取当前被检测部位的正常工况变化;同时随着机床的不断运行,同一工况下特征量的阈值也在不断变化,应通过在线监测的历史数据不断调整特征量的阈值。

(4) 诊断决策　根据工况状态的识别对数控机床及加工过程作出趋势预报或故障报警的诊断决策。

(5) 诊断控制策略　根据机床数控系统的功能强弱分为开环和闭环控制。对开环系统,监测系统检测结果用显示器或指示灯报警,并给出状态异常的可能原因,而调整控制则由人工完成。对于闭环系统,数控系统能自动调整加工条件或状态,使机床自动恢复正常状态或停机。

7.2　切削过程刀具磨损与破损的在线监测与诊断

数控机床因其切削加工是大功率、大切削用量、高速切削、新刀具材料,工件多为难加工材料等特点,使得加工过程中的危险性比普通机床大得多。而其中因刀具失效而造成的故障停机率约占总故障率的22.4%,所以刀具状态(如磨损、破损、刀具与工件的接触状态)的实时监控便成了重大技术关键,至今尚未得到很好解决。如果能解决好这个问题,就可以避免因人为因素或技术因素而引起故障停机的75%。

7.2.1　切削过程中发生的物理现象及刀具监控原理

在切削过程中,工件在切削力的作用下,在工件上产生剪切断面,在刀具的前面和后面产生摩擦磨损,于是就产生切削阻力,产生振动噪声,在剪切断面与刀具前面产生声发射(AE)波,还有将切削力的大部分转变成切削过程的热量,于是刀具产生高温等物理现象。由于以上这些不正常现象,将使被加工工件的尺寸及表面粗糙度都发生变化。

刀具磨损量的测量,可以采用以下两种方法。第一种方法为使用温度传感器和声发射传感器检测刀头的温度和振动,间接估算刀具磨损量;第二种方法为使用图像传感器测量刀具前刀面与切屑接触长度的变化以及刀具后刀面与被切削材料接触长度的变化,直接测出刀具的磨损量。

刀具在破裂时会产生一种弹性波,这种弹性波是以固体在产生塑性变形和破裂时释放出的能量转换成声发射波的形式传播出来的。可以通过在刀具主轴内部装一个AE传感器,将刀具破损时产生的特有周波电压信号拾取下来,作为刀具状态的监测信号。

此外,像反映刀具状态的切削力(扭矩)、主电机功率、电流,切削振动噪声等信号都可以通过安装在机床上的相应传感器进行监测,并作为检测监视系统的输入信号,将其转换成电压或电流信号后,进行预处理(选频、滤波、放大、检波、求均值、去除趋势项、改善信噪比等)和特征量提取,形成表征刀具工况的低维特征量组合,作为识别决策单元的输入集。最后经模式分类器输出诊断决策(如报警、停机、复位等)。

7.2.2 刀具磨破损在线自动检测

因为刀具的磨损监测是无人化加工、柔性制造系统(FMS)、计算机集成制造(CIM)及其他金属切削自动化中的关键技术难题之一,所以引起国内外众多学者的关注,提出了许多监控刀具磨损和破损的方法,有探针法、光学法、放射性处理法、气动测量法、电阻法、图像法、电机功率电流法、切削力(扭矩)法、声发射法、振声法、切削温度法、表面粗糙度法及工件尺寸法等。在这些方法中,有些已在数控机床上得到应用,有些还需要进一步研究完善才能用于实际,根据国内外的研究结果和实际使用情况分析,以下几种方法有比较好的发展前景。

(1) 电机功率与电流法　这种方法通过检测机床电机功率或电流的变化来监测刀具的工作状态,其主要优点是传感器的安装简单易行,尤其电流法,电流易获取,可靠性高等。

(2) 声发射法　这种方法是利用AE传感器检测刀具破损时释放出的弹性波来监测刀具的工作状态,其最大的优点是抗干扰能力强,受切削参数和刀具几何参数的影响较小,对刀具破损非常敏感。其应用难点在于信息处理方法和传感器的安装。

(3) 切削力法　切削力信号是切削过程最直接的反映,对刀具的磨损、破损非常敏感,其监测传感器多安装于刀架或刀杆上,应用广泛。

(4) 光学法　这种方法包括光导纤维法等,是借助于刀具磨损后刀面反光条件的变化来识别刀具的磨损程度;也可以用光电开关来检测刀具尺寸,判断刀具是否发生折断或破损。其优点是可靠性较高,且可以检测磨损量,缺点是难以进行实时监测,对刀头的清洁状态要求较高,传感器安装困难。

(5) 图像法　采用机器视觉技术,用图像传感器摄取刀刃部分的图像,经过计算机图像处理,可以在屏幕上直接显示出刀具磨损的形状和尺寸。

7.2.3 刀具寿命管理监视系统

刀具寿命管理是刀具磨损监控中最基本最普遍的一种方法,其监视的参数主要有以下几种:①累计刀具切削时间;②在刀具设定寿命期间内,累计加工工件数;③加工后测量工件尺寸;④每次加工后用专用传感器测量工件尺寸。

刀具寿命即刀具耐用度。通过累计加工时间,可以直接监控刀具的寿命。当累计时间达到预先设定的刀具寿命时,控制系统发出换刀信号。同时,机床做出如下反应:中断加工作业;或完成正在加工的工件后停机;或自动更换刀具;或报警。

通过这种寿命监控,可以避免因刀具过渡损伤而带来的不良后果。

监视系统中主要使用两个定时器和一个计数器,其作用说明如下。

(1) 总定时器　总定时器用来累计总的加工时间,可以随时通过键盘输入指令,读出当前的计时累计值,也可对计时器清零。可以通过键盘预置总定时器门限值(即阈值)。加工中,当计时累计值达到或超过阈值时,面板上的总计量指示灯亮,同时总定时器输出继电器吸合,接通报警指示装置。

(2) 分节定时器　当控制系统有若干节,每个节可预置一把刀具的监控数据。分节定时器用来累计每个节的加工时间,其监控过程与总定时器类似。此种分节定时器适用于加工中心。

(3) 计数器　计数器用在刀具有效寿命时间内,对加工工件计数。通过键盘设定在某一分节(即某把刀)的计数,该节每使用一次,则计数器加1。计数值可通过键盘指令读出或清零,也可用键盘预置计数阈值。当计数值超限时,计数指示灯亮,同时计数器输出继电器吸合,接通报警指示。

7.2.4　切削过程刀具磨损与破损的振动监测法

1. 监视信号选择与实验分析系统

振动信号是一种信息载体,其突出优点是频响范围宽,对切削过程中的异常现象反映敏感,受环境条件限制较少,检测装置比较简单,安装灵活,调整方便,在生产条件下容易实现。选择刀杆垂直方向振动加速度作为原始特征信号,用加速度传感器拾取。检测和分析系统如图7-3所示。本例切削条件是刀具角度为 $\gamma_0 = 12°, \alpha_0 = 7°, \lambda_s = 0°$;工件材料为45钢;切削用量是 $a_p = 2mm, f = 0.301mm/r, v = 125m/min$。

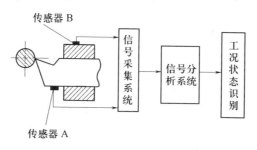

图7-3　刀具磨损测试示意图

将拾取的振动加速度(或速度)信号(离散数字信号)经过预处理,提取特征参数(如信号的均值、方差、一步自相关函数,一阶自回归模型(AR(1))的残差方差、功率谱、功率谱值之和、功率谱频率重心等),然后分别用时域、频域、时延域、幅值域、倒频域等进行信号分析,将分析结果的待检模式与标准模式(正常或异常模式)比较,作出诊断结论。

2. 刀具磨损过程的频谱特性

切削过程中的刀具磨损使切削力发生变化,势必影响到刀杆系统振动参数的变化。前述已知,由传感器检测到的原始信号是随机的,很难直接用于状态识别,需要通过特征分析找出能够反映刀具磨损状态变化的特征量,在频域即为频谱特性。图7-4为本例试验条件下所得的低频功率谱图特征变化图。

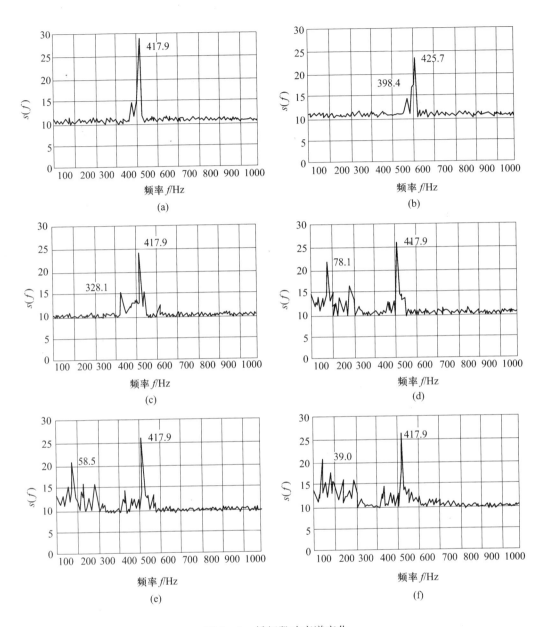

图 7-4 低频段功率谱变化

当机床空转时,机床系统的振动频率为 417.9Hz(图 7-4(a));当刀具一接触工件,由于刀具与工件之间的摩擦,并且因为刀具与工件连成一体,它和刀具没有和工件接触时比较,显然机械系统振动模态已经发生了变化,主峰频率位置开始向低频移动,旁瓣开始发展(图 7-4(b));随着进给量的加大,旁瓣位置愈向低频方向移动。图 7-5a、b 表明了低频段谱变化规律,它的特点是随着刀具磨损量的增加,主峰幅值开始增加较快,然后趋向平缓,而主峰频率位置则由高频向低频方向移动,且出现新谱峰,这种变化反映了刀具磨损的产生和发展,通过切削力激发起刀具-工件-机床加工系统的各段振动成分,导致系统振动模态参数发生变化;多谱峰的出现使信号能量分散,因此谱峰幅值增加缓慢,而刀具工件接触区条件的恶化引起的切削阻尼的增加,则使主峰频率位置降低。和实际的刀具磨损规律(图7-5(c))所示的刀具实际磨损量比较,只能说明基本规律一致,但界值并不突出。

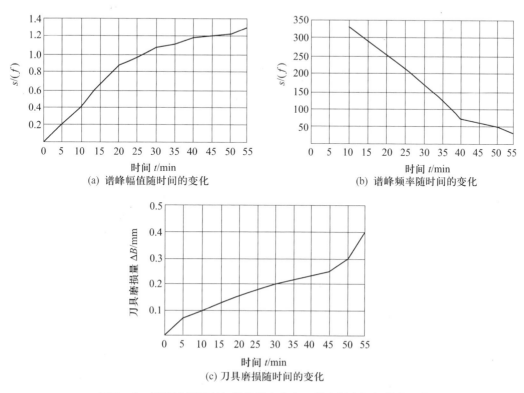

图7-5 低频特征频率与谱峰的变化和刀具实际磨损规律的比较

图7-6为高频段($f>1000\text{Hz}$)功率谱图变化,图7-7表示频谱参数随时间的变化规律。可以看出,其变化规律与低频段基本一致,但规律性更为突出,边界明确。本例数据表明:刀杆的振动固有频率是在高频段(本例试验条件下约为3000~4000Hz)。因此,可以认为高频段频谱特性的变化,是由于刀具磨损导致切削力变化进而激发刀杆振动模态参数变化所造成的,而且同前刀面与切屑的接触长度和后刀面与工件表面的摩擦面长度的变化有关。而低频段是由于刀具磨损通过工件激发加工系统振动模态参数变化所造成的,机械系统的强迫振动频率一般都在1000Hz以内,因此,高频谱可以有效地隔离或削弱加工系统的频率成分影响,而主要与刀具磨损的变化有关。谱峰幅值和频率的变化趋势与刀具磨损过程的规律性也更为一致,尤其是从正常磨损阶段向急剧磨损阶段过渡或是刀具即将发生破损时,频谱特性的变化相当显著。如图7-7(a)、(b)所示。

应该指出,振动加速度信号的频谱特性必然与切削条件及刀具-工件-机床加工系统的振动模态有关,本试验的切削条件是刀具角度为 $\gamma_0 = 12°, \alpha_0 = 7°, \lambda_s = 0°$;工件材料为45钢;切削用量是 $a_p = 2\text{mm}, f = 0.301\text{mm/r}, v = 125\text{m/min}$,如果切削条件和加工系统不同,谱图特征将有区别。上述试验结果说明:从监视诊断的目的出发要求选择对工况状态最敏感的特征量,它不是在低频段,而是在高频段。

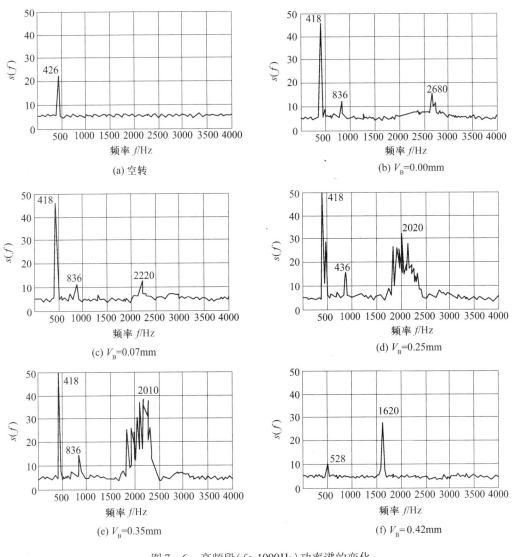

图 7-6 高频段($f>1000$Hz)功率谱的变化

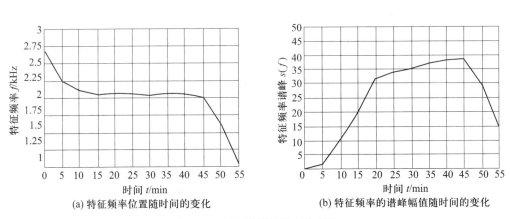

图 7-7 高频段谱参数变化规律

3. 刀具磨损过程的时序模型分析

前述已知:时序模型的结构、参数、残差和特性函数(如格林函数、自协方差函数等)都能表达动态过程的特征。图7-8和图7-9分别表示了自回归模型参数和残差平方和与刀具磨损过程之间的关系。显然,它们都反映刀具磨损的变化规律,当刀具进入急剧磨损区时,刀具与工件接触状态的变化使数据间相关性增大(刀具如崩刃则相关性变小),故急剧增大(刀具崩刃则急剧减小);又因切削条件的恶化使随机成分增加,从而使之增大。

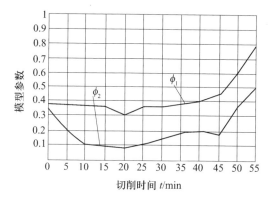

图7-8　AR模型参数随时间的变化　　　图7-9　残差平方和随时间的变化

4. 刀具磨损过程的统计特征分析

很多时域统计特征量均与刀具磨损状态相关,其中特别是二阶矩统计特性对刀具磨损状态变化的反应最为敏感。图7-10和图7-11分别是一步自相关函数和样本方差在刀具磨损过程中的变化曲线,这种变化反映了由于刀具磨损导致的信号能量的变化,与频谱特性所表达的规律性是一致的。但应该注意的是,这些图形是间断取样得到的,由于刀具磨损过程的波动性较大,在连续切削过程中,上述特征量的变化也呈现出波动性,但其变化趋势是一致的,尤其是刀具从正常磨损向急剧磨损过渡阶段以及发生崩刃时,这种变化特征是相当显著的。由前述时域、频域和统计特性分析可以看出,在刀具正常磨损状态(含初期磨损)和异常磨损状态(包括急剧磨损和破损)之间,有关特征量的变化趋势图上均有一个与刀具磨损变化特性相对应的转折点(图7-7~图7-11),初看上去,这个转

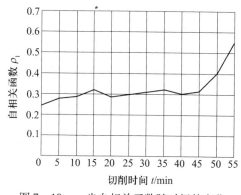
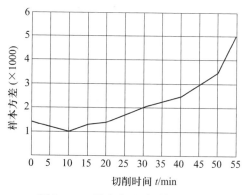

图7-10　一步自相关函数随时间的变化　　　图7-11　样本方差随时间的变化

折点可以用来作为状态分类的门限值,但实际上此转折点是随机的,它是一个过渡区;即使是在相同的切削条件下,由于工件和刀具材料的不均匀性,以及加工系统和外界环境的随机干扰,对于不同的实现,其转折点也是不确定的。显然,若用某一过程的转折点作为门限值去决定另一过程的磨损状态,误判率是很大的,因此,还需应用这些特征量构成模式空间,在此基础上研究状态识别的方法。

5. 刀具磨损状态判别函数的选择

1)刀具磨损的聚类分析

在模式空间里,同类模式都具有聚类性,但不同的特征量所构成的聚类的可分性并不相同。图7-12是用AR模型参数$[\boldsymbol{\Phi}_1,\boldsymbol{\Phi}_2]$构成的二维模式平面,可见其聚类性是存在的,但正常磨损区和异常磨损区可分性很差,有较大的模糊区,不同类型的模式点甚至有重叠,如图中的A、B点所示。

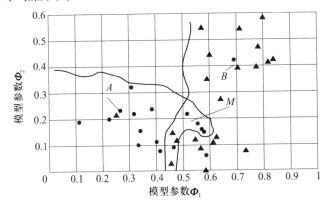

图7-12 模式矢量$[\boldsymbol{\Phi}_1,\boldsymbol{\Phi}_2]$的聚类分布

●—正常磨损区模式点;■—初期磨损区模式点;▲—急剧磨损区模式点。

用统计特征量样本方差和一步自相关函数$[\sigma_x^2,\rho_1]$构成的二维模式平面如图7-13所示,其聚类性与可分性则较好,可以表达不同磨损情况下信号能量的分布状态;并且初期磨损区的模式点和正常磨损区的模式点基本上是属于一个聚类域,但也有模糊区。另外,这两个特征量可由原始样本直接得到,实时性较好,只是一步自相关函数与采样间隔有关。

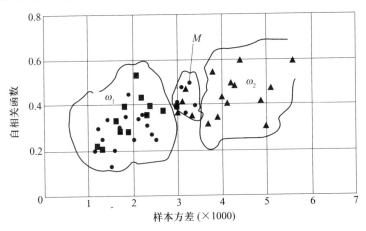

图7-13 模式矢量$[\sigma_x^2,\rho_1]$的聚类分布

●—正常磨损区模式点;■—初期磨损区模式点;▲—急剧磨损区模式点。

2) 刀具磨损状态分类判别函数的选择

判别函数的种类及形式很多,但不是所有判别函数都适用于判别刀具的磨损状态,需要根据加工条件进行具体分析。例如距离函数,在许多故障诊断技术中都得到成功的应用,但将其用于判别刀具磨损状态时,却存在一定的困难,这主要是因为判别需要事先确定与刀具磨损状态相对应的参考模式。实验研究表明,不论是采用几何距离函数(如欧氏距离、加权降维欧氏距离和残差偏移距离等),还是采用信息距离函数(Kullbac 信息数 k 和散度距离 J 等),都可以得到正确而无误判的分类结果,这是由于参考模式可以在离线分析时由已知数据样本求得。而欲在生产条件下实现距离函数分类,会产生以下问题:

(1) 在实时在线的条件下,正常磨损状态的参考模式可以在加工过程中求得,而急剧磨损状态或破损状态的参考模式则很难确定,一旦进入急剧磨损状态或破损状态时,刀具已不能使用,工件也成为废品,此时再进行判别,已成为"事后判别",而不能做到"事前预报"。

(2) 用实验方法虽可求出某种切削条件下刀具磨损状态的参考模式,但由于刀具材料、工件材料以及其他切削条件的随机性均较大,即切削过程的每一次实现,其物理背景都不尽相同(不属于同一母体),误判率必然很大。

3) 在线监视刀具磨损状态的判别函数举例

研究表明,模糊聚类、贝叶斯判别方法均可考虑用于刀具磨损状态的识别。以下介绍一种基于统计原理的分类方法。这种方法的基本思路是:如果在切削过程中通过自学习确定并不断修正正常工况的类中心,并根据统计规律给出待检点到类中心距离的门限函数,在门限内的模式样本聚为一类,超过门限则认为该模式发生显著变化,判为异常,则在线监控即可实现。

研究表明:正常磨损阶段的一步自相关函数和样本方差均近似服从于正态分布。根据数理统计理论和先验知识,当待检模式满足以下条件:

$$\frac{\sigma_x^2}{\overline{\sigma}_x^2} \geq 1.96 \tag{7-1}$$

$$\frac{|\rho_1 - \overline{\rho}_1|}{\sigma_{\rho 1}} \geq 1.96 \tag{7-2}$$

时,该模式相对于正常磨损状态所对应的模式发生显著变化,即刀具处于异常(急剧磨损或破损)状态。上式中 $\overline{\sigma}_x^2$ 为方差均值,$\overline{\rho}_1$ 为一步自相关函数均值,$\sigma_{\rho 1}$ 为 ρ_1 的方差。设自学习次数为 k,则

$$\overline{\sigma}_x^2 = \frac{1}{k} \sum_{i=1}^{k} \sigma_{x_i}^2 \tag{7-3}$$

$$\overline{\rho}_1 = \frac{1}{k} \sum_{i=1}^{k} \rho_{1_i} \tag{7-4}$$

$$\sigma_{\rho 1} = \sqrt{\frac{1}{k} \sum_{i=1}^{k} (\rho_{1_i} - \overline{\rho}_1)^2} \tag{7-5}$$

构造状态分类判别函数为

$$V_c = \frac{\sigma_x^2}{\bar{\sigma}_x^2}[1 + \delta(\rho_1)] \qquad (7-6)$$

式中:$\delta(\rho_1)$为门限函数,定义为

$$\delta(\rho_1) = \delta\lfloor \rho_1 - (\bar{\rho}_1 + 1.96\sigma_{\rho_1})\rfloor = \begin{cases} 0, & \rho_1 \leqslant \bar{\rho}_1 + 1.96\sigma_{\rho_1} \\ 1, & \rho_1 \geqslant \bar{\rho}_1 + 1.96\sigma_{\rho_1} \end{cases}$$

此处$\delta(\rho_1)$函数相当于一个阈值开关,用于判别刀具的工况状态。

以上分析说明了一个问题:选择了合适的特征量之后,必须进行特征分析,与系统的物理背景联系起来,研究它的变化规律,才能获得合适的判别函数。

7.2.5 刀具磨损与破损的主电机功率或电流监测法

在切削过程中,刀具的磨损及破坏都会引起切削力或切削扭矩的变化,而切削力/扭矩的变化可直接由机床主轴电机功率来表示。用机床电机功率作为刀具磨损的监控参数有以下优点:信号提取方便,抗干扰能力强,传感器易安装,不受加工环境影响,不受机床正常工况变化的影响,便于在生产中应用等,是一种很有前途的监控方法。

1. 功率监控原理

当机床工作时,所消耗的功率主要包括:机床有效切削功率P_c,电机本身耗损功率P_m,机床传动系统摩擦所消耗功率P_s(即机床空载功率),因负载增加而引起的附加机械损耗功率P_a,所以,切削过程中,机床功率平衡方程式为

$$P_t = P_c + P_m + P_s + P_a \qquad (7-7)$$

刀具磨损引起切削力/扭矩增加,导致切削功率的提高,切削功率的计算方法如下。

1)主轴切削扭矩M_Z

据切削原理

$$P_{cZ} = M_Z \cdot \omega \qquad (7-8)$$

式中:M_Z为主轴转矩;ω为主轴角速度;P_{cZ}为切削过程中主电机耗损功率。

2)进给力或进给扭矩

(1)直线进给运动

$$P_{cf} = FV_f \qquad (7-9)$$

式中:F为进给力;V_f为进给速度;P_{cf}为切削过程消耗的进给电机功率。

(2)折合到进给运动

$$P_{cf} = M_f \omega \qquad (7-10)$$

式中:M_f为旋转进给时的扭矩;ω为旋转进给角速度。

2. 功率监控系统

切削过程中,机床电机功率监控系统可用图7-14表示。用功率传感器实时检测机床主电机的输入功率,然后用信号预处理器对输入功率进行预处理,得到适于刀具磨破损监控的监控信号,再经A/D转换器将模拟信号变成数字信号送入信息处理单元,用识别软件对监控信号进行连续的数字处理,最终识别出刀具的磨破损状态。

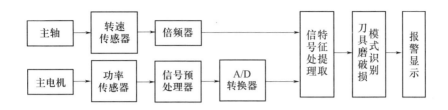

图 7-14　机床电机功率监控系统框图

在设计刀具磨破损功率监控系统时应解决以下 4 个方面的关键技术：

（1）提高系统对刀具磨破损的灵敏度　功率监控的弱点是功率信号中的刀具磨破损信号微弱，所以如何有效地提高监控系统对刀具磨破损的灵敏度是功率监控的关键。

（2）要实时性强　监控系统必须能在加工过程中对功率信号进行实时处理。

（3）提高报警成功率　能区分由于刀具磨破损和由于切削条件的变化所引起的功率信号变化的情况。

（4）门限值设定要方便　报警门限值的设置应与工件、刀具材料及切削参数无关。

3. 主电机电流监控的特点

在切削过程中，当刀具磨破损时，若继续切削必然会引起切削力矩急剧上升，则驱动主轴的电机电流也会增大。所以，主电机电流也可作为刀具磨破损监控的参数。而目前的数控机床和各种加工中心的主轴电机都是伺服电机，由反馈控制原理知道伺服系统电流环的反馈量反映了电机的电枢电流大小，这个电流的大小就反映了主轴电机在切削过程所要求的驱动电流。这正是在所需监测中作为监控参量的信号。于是，就可以将伺服系统的电流环作为切削电流传感器，这样既省掉了传感器，还提高了传感的可靠性。不过这种监控受技术限制，对大直径刀具效果较好（力矩变化大），而对小直径刀具由于力矩变化小，可靠性还不够成熟。

7.2.6　刀具磨破损的声发射监控法

1. 声发射（AE）信号的产生

物体在状态改变时自动发出声音的现象，常称为声发射。如材料或构件受外力或内力作用产生变形或断裂时，就以弹性波的形式释放出应变能量，这是一种声物理现象，用 AE 表示。在金属切削过程中产生声发射信号的信号源有：工件的断裂，工件与刀具的摩擦，切屑的变形，刀具的破损及工件的塑性变形等，因此，在切削过程中产生非常丰富的声发射信号，它的频率范围在几十千赫至几兆赫。AE 信号可分为突发型和连续型两种。突发型 AE 信号是在表面上开裂时产生，其信号幅值较大，各声发射事件之间间隔时间较长，如由刀具的异常磨损、破损时释放的弹性波能量转换成声音传播，主要发出非周期的 AE 信号。连续型声发射信号幅值较低，事件发生的频率较高，以致难于分为单独事件。如由固体材料的弹 - 塑性变形和正常切削发出的 AE 信号。

由于 AE 信号提供了工件、刀具等状态变化的有关信息，所以，可以根据机床结构内部发出的应力波来判断结构内部的损伤程度。AE 信号的监测是一种动态无损检测技术。声发射源往往就是材料破损的位置。

AE信号对切削过程状态变化的有关参数非常敏感,可以在结构破坏之前早期预报。因为在物体材料还未达到破坏之前,早就有AE信号发射出来,材料的微观变形、开裂,以及裂纹的产生和发展都有个过程。所以,可以根据AE信号的发展、变化程度来判断物体结构所处的状态,既可预报早期故障,也可推断其发展趋势。

2. AE信号监测的特点

（1）AE信号是反映构件缺陷的动态信息,而超声波、红外探伤等得到的只是静态信息。

（2）AE信号不受物体位置的限制,所以,对传感器安装位置限制较小。

（3）AE信号只接收由材料本身所发射的超声波。

（4）灵敏度高,故障在萌芽时期就有AE信号发射出来。

（5）不受材料的限制。

3. AE信号的基本特征和分析方法

AE信号的基本特征表现在:

（1）AE信号上升时间很短,约 $10^{-4} \sim 10^{-8}$ s,信号的重复性很高。

（2）AE信号有很宽的频率范围,从次声到超声(30MHz)。

（3）AE信号一般是不可逆的,即具有不复现性。同一试件在同一条件下产生AE信号只有一次。

（4）AE信号的产生不仅与宏观因素有关,而且与微观因素有关,所以,具有随机性。

（5）AE信号的机理各式各样,且频率范围又宽,所以,AE信号具有一定的模糊性。

（6）抗干扰能力强,AE信号受切削参数和刀具几何参数的影响较少。

AE信号一般是用压电式传感器拾取,经放大、滤波后由计算机或波形分析仪进行分析,常用的分析方法有:①计算法,包括振铃计数、事件计数、脉宽计数等。②幅值分析。③频谱分析,分析各频率分量的组成。④能量分析,对声发射信号的均方根值、总能量等进行分析。

4. AE信号监测系统

AE信号刀具磨破损监测系统如图7-15所示。

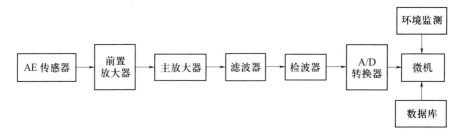

图7-15 AE信号刀具磨破损监测系统硬件框图

1）AE传感器

切削过程中产生的AE信号一般分布在几十赫到几百千赫范围内,而刀具磨破损的AE信号频率分布更窄些,因此,AE传感器应选择为谐振式窄带传感器。传感器的安装是AE信号监控的难题。传感器安装的最理想的地方是刀具上,这样只有刀具本身材料产生的 AE 信号才是最敏感的。一般对数控车削加工来说,还可以直接安装在车刀刀杆的后端部,但对旋转刀具的铣削、钻等加工的数控机床和自动换刀加工中心及车削中心等就不能安装在刀具上了,这时,必须解决 AE 信号的传播问题,即必须将 AE 信号从动态旋转刀具上过渡到静止的传感器上。实践证明,磁流体作为 AE 信号的传导介质用于检测刀具旋转及自动换刀的加工中心上刀具破损时的 AE 信号是最理想的。因为 AE 信号经过磁流体介质比经过水、机油、切削液等传播后有幅度衰减最小、时间滞后较小、持续时间较短等优点。另外,磁流体具有吸附作用,便于安装。图 7-16 为 AE 信号的拾取装置。

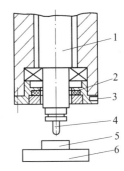

图 7-16 AE 信号的拾取装置
1—主轴;2—磁流体;3—AE 传感器;
4—刀具;5—工件;6—工作台。

2) 前置放大器、滤波器和检测器

从 AE 传感器来的 AE 信号是很微弱的电信号,其幅值约几微伏至几十微伏,应进行前置放大。并用带通滤波器选取需要的 AE 信号,滤掉干扰信号,带通范围约 80~300kHz。包络检波电路的使用是将 AE 信号的频率降下来得到一个低频的 AE 包络信号,以适应 A/D 转换器的响应时间,进行计算机处理。

3) 可编程放大器

在切削过程中,AE 信号的大小还与切削用量、工件材料、刀具种类及材料有关,为了更好地使监控系统适应各种工序及各种切削用量的情况,应用可编程放大器将 AE 信号调节到适当幅度以使计算机判别。可编程放大器直接由计算机控制。

4) A/D 转换器

为了能够利用计算机识别刀具状况,必须将 AE 的模拟信号用 A/D 转换器转换成数字信号,A/D 转换器的采样频率根据检波后的 AE 信号频率而定,同时要考虑计算机的内存响应速度,一般采样周期为 $10\mu s$。

5) 计算机

计算机是监控系统的控制心脏,根据应用环境的不同,选择工业控制机或单片机。在计算机中配有与数控机床交互的接口以便通信,并可以得到数控加工程序使用的刀具状态信息。在计算机中有刀具数据库和加工过程随机数据库,记录当时刀具参数、加工时的切削参数、信号放大倍数及阈值。

6) 环境电参数监测

对机床周围电网及机床电机信号监测,辅助判别由刀具不工作时产生的 AE 信号来源并将此 AE 信号区别出来,会对减少误判有重要意义。

5. 刀具破损监控过程及结果

在刀具监控仪工作时,首先检测仪器本身是否工作正常,若各模块工作正常,进入与数控机床通信阶段,若非正常工作,则调用自诊断程序检测仪器错误位置并显示错误信息代码。

与数控机床通信后,将刀具参数存入刀具数据库(非数控机床应由人来输入机床上的刀具信息),将加工用量及其他相应信息存入加工过程随机数据库,监控仪根据该信息选择放大倍数及阈值。

在监控工作阶段,系统根据上述选择的放大倍数和阈值,控制并调节 AE 信号的大小,将阈值与计算机采样值进行比较并判断刀具状态。当发现刀具异常时,将记录下来的 AE 信号波形及刀具数据等显示在显示器上,并输出报警信号及控制信号。

上述声发射法监控刀具破损仪可用于普通车、铣、钻床,也可用于数控机床及加工中心,其车刀破损检出率大于 98%,钻头磨损检出率大于 97%,铣刀破损检出率大于 90%。

6. 刀具磨损 AE 监视技术在切削过程中的应用

AE 信号监视技术由于其独特的优点,现已逐步走向实用化。各高等院校及研究所陆续推出研制成功且用于生产实践的 AE 信号监视仪器,有车削监视仪、AE 数控磨削监视仪、AE 刀具综合监视仪等。

7.2.7 刀具磨破损检测技术的综合应用

在实际加工设备上刀具的磨破损检测方法往往不止采用一种技术,而是综合采用几种技术,以实现高的刀具破损检出率。下面介绍一个适用于镗铣加工中心的刀具监控系统。

系统的组成如图 7-17 所示。由 STD 总线系统、电机功率检测处理模块、AE 信号检测处理模块、无线电式小孔加工刀具(钻头、丝锥)保护装置、环境参数监测装置、报警电路、机床控制电路等组成。

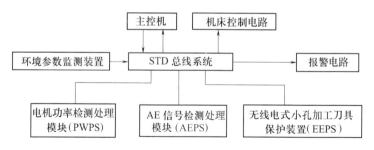

图 7-17 刀具破损检测系统框图

该监控系统在加工中心开始加工之前,监控系统处于等待接收主控机命令和参数的状态,当主控机下达加工命令后,监控系统向主控机获取刀具信息(包括刀具编号、类型、磨损程度等),加工参数(切削深度、进给量、切削速度等)及其他有关参数,并选择监控方案和监控程序、监控阈值。然后,系统进入监控状态。电机功率检测处理模块实时采集主电机和进给电机的电压、电流信号并计算出功率变化的特征参数,送给 STD 总线系统;同时,AE 信号检测处理模块实时采集加工过程中的 AE 信号进行分析处理,将所得到的特征参数也送给 STD 总线系统;环境监测系统主要是监测电网电压的变化和非正常冲击、振动,为主控机提供检测参数修正数据。主控机接收到 PWPS、AEPS 模块所输入的特征参数后,依据环境变化、刀具参数、切削用量对特征参数进行修正计算,并进行综合判断以识别刀具是否发生非正常损坏或达到急剧磨损阶段,如果是,利用通信程序向主控机提供换刀信息,同时向机床控制系统提供控制信号并发出报警信号,否则,一直处于监控状态直到接收到加工完成信号。

当使用小钻头、小丝锥等小孔加工刀具时,由于电机功率、AE 信号均较小,检测较为困难,故采用保护刀夹来保护刀具。在刀夹中装有力矩限制装置和无线电信号发生装置,一旦力矩超过设定极限,即发出无线电信号,当主控机接收到无线电信号后,利用中断响应方式控制 STD 总线系统发出控制、停机、报警信号,以避免刀具破损和折断在工件中造成零件报废。

电机功率检测处理模块由 8098 单片机和霍耳电流传感器、变压器组成。霍耳电流传感器用于检测主电机及进给电机的电流,变压器用于检测主电机及各进给电机的电压,单片机根据各电机的电流和电压,计算出各电机的瞬时功率,进行滤波处理,求出电机功率信号的静态、动态特征值。

AE 传感器安装在主轴箱上,信号传递采用磁流体信号传导技术,刀具磨损时的 AE 信号经刀具、刀柄传递到机床主轴上,然后由磁流体传导到 AE 传感器,这样就解决了传感器的安装和 AE 信号的传导问题,提高了信噪比和信号检测的灵敏度。AE 信号检测处理模块如图 7-18 所示。

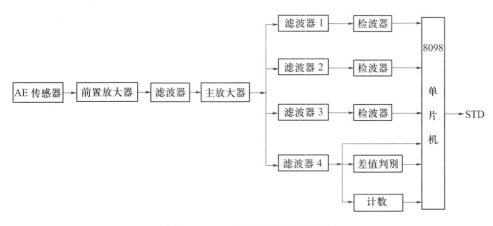

图 7-18 AE 信号检测处理模块

AE 传感器检测到的信号经前置放大器、滤波器、主放大器处理后,分别送给滤波器 1(10~100kHz),滤波器 2(100~300kHz),滤波器 3(300~800kHz)和检波器。滤波器 1、滤波器 2、滤波器 3 得到的信号经各自对应的检波器后送给 8098 单片机系统计算能量比加权值,而检波器 4 得到的信号则一方面送给 8098 单片机进行幅值鉴别、脉宽鉴别,另一方面进行计数和差值判别,然后由 8098 单片机进行综合处理,并传给 STD 总线系统。

这套系统具有以下特点:

(1) 采用多传感器:多参数综合监控并根据加工条件、环境参数进行修正的方法,提高系统工作的可靠性。

(2) 对不同的刀具采用不同的监控模型和监控程序,提高系统监控的可靠性与适应能力,降低误报率和漏检率。

(3) 采用小尺寸保护装置,拓宽了监控系统的应用范围,可避免小刀具破损折断使工件报废。

例如利用 AE 信号和 X、Y、Z 三轴进给电流信号来监测某数控立式铣床端铣刀的磨破损状态,融合 AE 信号和三个轴的电流信号,对刀具状态作出判断。信号的融合采用与运算方法,即若 AE 信号检测到刀具破损,则记 $S_{AE}=1$,否则 $S_{AE}=0$;若 X、Y、Z 轴进给电流信号分别检测到刀具破损,则分别记 $S_X=1$,$S_Y=1$,$S_Z=1$,否则全记为 0。然后做与运算:若 $S=S_{AE}+S_X+S_Y+S_Z\geqslant 2$,且 $S_{AE}=1$,则认为刀具确实已破损。AE 信号的检测率极高,但误报率也较高,而做与运算后,不但提高有效报警率,而且减少误报率,这就是信息融合的效果。

再如在车削加工中用神经网络综合诊断法对车刀异常磨损和颤振综合诊断一例。采用动态切削力 F_2 和声发射 AE 两种信号的多频段能量作为神经网络的输入信号(动态切削力 F_2 分为 0~200Hz、200~400Hz、400~600Hz、600~800Hz、800~1000Hz 五个频段,声发射 AE 分为 100~160kHz、160~220kHz、220~280kHz、280~340kHz、340~400kHz 五个频段)。取三层神经网络作为模式分类器。其中,各层的神经元数是:输入层 10 个,隐层 4 个,输出层 2 个。

定义正常切削状态时网络的输出值为 0,刀具异常磨损或切削颤振时网络的输出值为 1。则多故障状态的网络输出层相应模式为:①正常状态($y_1=0$,$y_2=0$)。②刀具异常磨损状态($y_1=1$,$y_2=0$)。③颤振而无刀具异常磨损状态($y_1=0$,$y_2=1$)。④同时出现刀具异常磨损和颤振状态($y_1=1$,$y_2=1$)。

在切削条件:45 钢工件,YT14 硬质合金刀片,切削深度 1.5mm,切削速度 87m/min,进给量 0.12mm/r 下,对切削中拾取的 F_2 和 AE 信号的各频段能量经过计算得到神经元 1(y_1)和神经元 2(y_2)如表 7-1 所列。

表 7-1 神经网络输出值

切削状态	正常状态	刀具磨损	颤振	刀具磨损和颤振同时发生
神经元 1(y_1)	0.02	0.96	0.03	0.92
神经元 2(y_2)	0.05	0.09	0.98	0.94

网络的输出结果表明,多故障状态的诊断结果正确,网络实际输出与模式定义值相比,偏差在允许范围内(0、1 状态的诊断分界线设为 0.5)。

通过以上几个诊断实例,说明采用多信号、多特征,能综合不同信号的敏感性和发挥各自的优势,便于充分利用信号蕴涵的信息。在具有复杂故障的数控机床的诊断中,采用多种信息输入的协调诊断比单输入法更准确。

7.3 切削颤振的在线监控

颤振是金属切削过程中的严重问题,它涉及加工过程的稳定性和加工质量,不能等颤振发生后才控制,人们感兴趣的是颤振预兆的在线识别。对切削颤振预兆的识别也就是对切削颤振进行早期诊断,属于两类属性的模式分类问题。

7.3.1 特征信号的选择

颤振是一种振动现象,图 7-19 表示切削过程从平稳到失稳的过渡过程中振动加速度的时域信号,显然,无颤振与已颤振的时域信号存在明显的差别,后者的振动周期明显,振幅增长很大。在数控车床上考虑到传感器安装方便和信号传递可靠,以及尾架受切削过程中各种影响较小,选择尾架顶尖的垂直方向振动加速度信号作为特征信号是合适的。

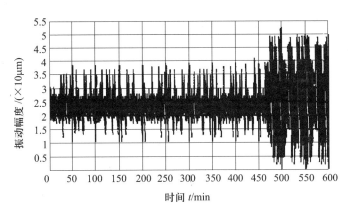

图 7-19　振动时域信号特征

7.3.2　切削颤振的统计特征

实验证明:与加工系统有关的频率变化主要在 1000Hz 以下,颤振频率亦在此范围内,故通常以 1000Hz 作为截止频率,对时域信号进行低通滤波后再进行采样。

随着颤振的孕育、形成和发展,振动逐渐加强,振动能量逐渐加大,这表现为振动信号的幅值增大(图 7-19)。前述已知,随机信号可用方差来描述其强度,由图 7-20(a)可知,在颤振即将发生的瞬间,信号方差迅速增大,一旦颤振发生后,信号方差有所下降,表明幅值趋于稳定,而方差值远大于无颤振时的方差。

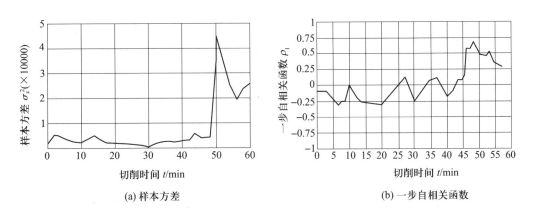

图 7-20　样本方差和一步自相关函数随时间的变化

图 7-20(b)表示时域信号的一步自相关函数,它反映了随着颤振的产生和发展,相邻采样数据的相关性呈现出增强的趋势,但其规律性不及样本方差显著。

7.3.3　颤振的频域特征分析

频域中颤振预兆是极为明显的,图 7-21(a)、(b)、(c)表示加工时,颤振发生前后,振动加速度信号的功率谱变化。在颤振尚未发生前,切削过程中的振动较小,振幅较低,故功率谱的主频带位于较高频段(约为300Hz),见图7-21(a),如前所述,这主要是反映机械加工系统的振动。而当颤振经孕育到形成时,其能量开始从小变大,切削系统振动加强,在300Hz以下,例如200Hz左右出现新谱峰(图7-21(b)),从颤振开始,随着时间延续,主峰频率逐渐向低频方向移动,到颤振频率附近,而此例为200Hz左右,此时切削系统失稳。

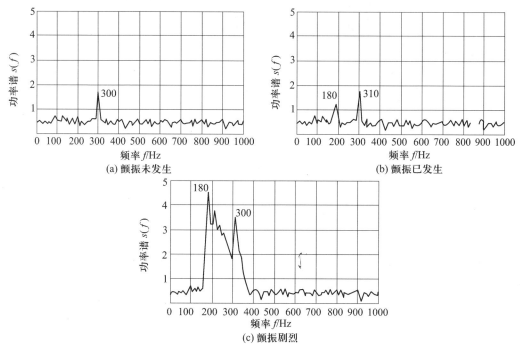

图7-21 车削时颤振发生与发展

综上所述,在切削过程从稳定向不稳定的过渡过程发展中,振动加速度信号将有两个方面的变化:在时域方面,信号能量逐渐增大,这可由信号方差σ_x^2加以定量描述,即当颤振将发生时,σ_x^2将增大;在频域方面,信号的主频带将从高频段向低频段移动,这可由信号的主峰频率和主峰幅值加以定量描述,即当颤振将发生时,主峰向低频段移动,且功率谱值迅速增大,因此,信号的能量和主频带是描述切削过程状态变化的两个有效的特征量。

7.4 切屑状态的在线监控

7.4.1 概述

由于切削过程的复杂性和断屑的随机性,要在任何条件下都能得到正常的断屑,是十分困难的,即使在切削初期断屑正常,在切削过程中由于屑形的易变性,切屑形态仍有可能改变。不良屑形将有可能造成切削过程的故障,在传统的加工环境中,靠人工控制与消除,而在自动化生产环境中,靠计算机控制。切屑缠绕在刀具上,往往导致加工系统不能正常运行。因此,随着自动化生产的发展,切屑状态的识别与控制,引起了人们很大的关注。

目前监视控制切屑形状的方法有摄像法和利用切屑特征的识别法,前者可以监视切屑形状,但不能直接控制,必须经过数值转换变成数字量才好控制,后者既可监视又可控制。本节以特征分析和状态识别为主,说明切屑形状的变化规律。

影响切屑状态的因素有:

(1) 工件材料(化学成分、力学性能)。
(2) 刀具材料　影响切屑与前刀面的摩擦条件。
(3) 机床　指机床的静、动态特性。
(4) 切屑控制装置　切屑控制装置有机械夹固或烧结式等形式,这些装置的如下一些参数都会影响到切屑的形状,如卷屑台(槽)与刀刃的距离,卷屑台(槽)的高度(深度)、斜角、出屑角等。
(5) 切削用量　包括切削速度、切削深度、进给量。
(6) 刀尖几何参数　前角、主偏角、刀尖圆弧半径、刃倾角等。
(7) 冷却液　有乳化液、切削油等。

7.4.2　信号采集及预处理

实验结果表明:由于切屑在折断过程中撞击刀杆的方向主要为走刀方向,因此刀杆走刀方向的加速度信号与切屑状态的关系最为密切。针对切削过程干扰噪声太大,切屑折断所产生振动微弱的特点,需对检测信号进行带通滤波、放大处理,以提高信噪比。为了剔除背景噪声的干扰和避免非切屑形状改变(如切削用量的变化,工件材料不均匀性引起的硬质点的出现等)所引起的信号能量的变化,还需对采样后的数字信号剔除奇异点和进行归一化处理。

归一化处理的方法可表示为

$$x'_t = k \frac{x_t - x_{\min}}{x_{\max} - x_{\min}} \tag{7-11}$$

式中:x_t 为原始采样数据;x'_t 为归一化后数据;$x_{\max}$ 为原始采样数据最大值;$x_{\min}$ 为原始采样数据最小值;k 为放大倍数。

数据归一化后需再进行零均值处理。

7.4.3　切屑折断频率 f_c 的计算方法

在切削过程中,由于短切屑的折断具有周期性,使得作用在刀具上的力相应发生周期性的变化。于是在刀具上产生了形成切屑的某种规律性的强迫振动。从这点出发,可以研究切屑的折断频率与功率谱图上频率的关系,便有可能获得有关屑形的信息。

切屑的折断频率 f_c 的计算方法可表示为

$$f_c = \frac{v \times 1000}{l} = 1000 \frac{v}{l} \tag{7-12}$$

式中:f_c 为切屑的折断频率(Hz);v 为切削速度(m/s);l 为形成切屑前的切削层长度(mm)。

切削层长度 l 用重量法计算：

$$m_c = fa_p l\rho \qquad (7-13)$$

$$l = \frac{m_c}{fa_p\rho}, \quad f_c = \frac{vfa_p\rho}{m_c} \times 10^3 \qquad (7-14)$$

式中：m_c 为切屑质量(g)；f 为进给速度(mm/r)；a_p 为吃刀量(mm)；ρ 为金属密度(kg/m³)，碳素钢为 7850kg/m³ = 7.85g/cm³ = 7.85×10⁻³g/mm³，因为 m_c 的单位是 g，a_p 和 f 是 mm，故计算时用 $\rho = 7.85 \times 10^{-3}$g/mm³ 代入，使量纲一致。

在较宽的切削用量范围内（$a_p = 0.5 \sim 3$mm，$f = 0.1$mm/r，$v = 40 \sim 202$m/min）进行断屑试验，可发现切屑的折断频率 f_c 均低于 200Hz，且大都是在 10～100Hz 范围内。

7.4.4 切屑折断状态的频域特征分析

图 7-22 是在不同切削条件下弧形屑的功率谱图。由图可见，无论在何种切削条件下，只要出现折断屑，谱图上即有一个与切屑折断频率相对应的谱峰出现，f_c 提高时，该谱峰频率亦随之提高。图 7-23 表明此谱峰频率与 f_c 有较好的一致性，近似呈线性关系。因此，用功率谱的特征频率可以表征切屑是否折断，如图 7-24(a) 所示。当出现连续屑时，该谱峰消失，谱图的低频段较为平坦，如图 7-24(b) 所示。

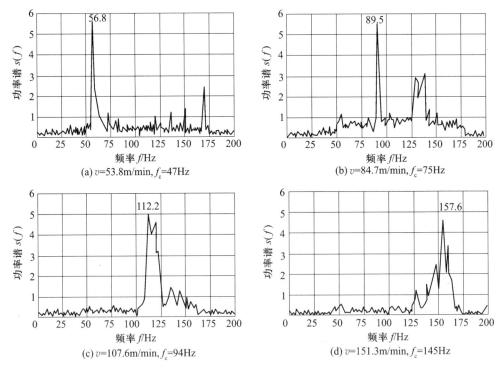

图 7-22 弧形屑的功率谱图

顺便提出的是因为采用了低通滤波器，图 7-23 上没有机床加工系统的振动频率（300Hz 左右），图 7-24 标明了 0～500Hz 间的频率分量，加工系统的振动频率在 250Hz 附近。由于切屑折断使加工系统出现强迫振动，使得机械加工系统的频率左移，并出现许多新的小谱峰。

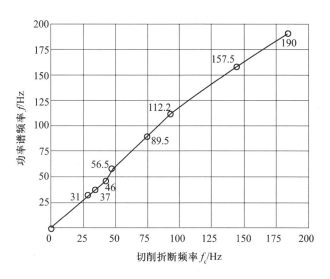

图 7-23 切屑的折断频率 f_c 与功率谱的特征频率 f 的关系

为了定量地描述连续屑和折断屑在频域中的差异,进一步提取频域数字特征量,研究表明:敏感频段内信号功率谱密度函数的二阶中心矩比较理想,其定义为

$$M_2 = \frac{1}{f_{\max}} \sum_{i=1}^{f_{\max}} [S_i(f) - \bar{S}(f)]^2 \quad (7-15)$$

式中:$f_{\max}$ 为敏感频段的频率上限;$S_i(f)$ 为功率谱密度函数;$\bar{S}(f)$ 为敏感频段内功率谱密度函数值的均值。在同一类切削条件下,折断屑的 M_2 值均高于连续屑的值,这是由于 M_2 表征了功率谱密度函数偏离其均值的平均程度。形成短屑时,低频段出现谱峰,谱图上谱峰增多,使得折断屑的功率谱密度函数曲线波动较大,因此使 M_2 值增大;而形成连续切屑时,低频区较为平坦(图 7-24(b)),故 M_2 值较小。

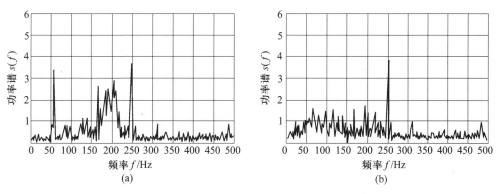

图 7-24 切屑折断频率 f_c 在加工系统频率域的位置

7.4.5 切屑状态的统计特性

试验结果表明:在同一类切屑条件下,折断切屑的样本方差 σ_x^2 较连续切屑要大,而一

步自相关函数 ρ_1 也高于连续切屑的相应值,这说明了当切屑状态由连续切屑变为折断切屑时,由于出现了与切屑折断频率位置相对应的谱峰,使得敏感频段内的能量增大,且其他低频成分增加,这是符合两种切屑状态的形成规律的。若将 σ_x^2 和 ρ_1 结合起来组成新的特征量:

$$r_p = \rho_1 \sigma_x^2 \qquad (7-16)$$

便有更强的变化趋势,因为

$$\rho_1 = \frac{r_1}{r_0}$$

而 σ_x^2 是方差,相当于 $r_0 = r_1$,故 $r_p = \sigma_x^2$,此即样本数据的一步自协方差函数。

7.5 刀具磨损状态的图像检测技术

7.5.1 概述

作为数控机床加工过程中引发故障的最主要原因,刀具状态的变化,尤其是刀具磨损,直接影响着工件的加工精度和生产效率。基于图像处理的检测技术由于具有直观、非接触、测量精度高、检测速度快以及可智能化扩展等优势,被广泛用于工业检测领域中。刀具几何参数视觉测量方法因能够克服主观误差大、测量参数少、费时等缺点,适应了现代数控技术的高速度、高精度、高效率的要求。图像检测法检测结果真实、准确;其缺点是只能停机离线检测、占用工时、影响机械加工的效率和经济效益。

运用图像处理软件对 CCD 成像技术所获得的刀具照片进行图像处理,对经过标定处理的刀具图像进行边缘检测、边界跟踪、特征点检测,可得到清晰的刀具图像特征。结合人工智能技术,实现基于图像处理的刀具磨损检测,可以预报刀具的磨损量,动态更新刀具数据库的刀具参数,实现刀具参数的动态补偿,进行刀具寿命管理。本节对此技术进行简要介绍。

7.5.2 图像检测技术基本原理

1. 图像检测技术的基本概念

图像检测技术即基于计算机数字图像处理技术的检测技术,也称作机器视觉检测技术。机器视觉检测技术是多个学科和领域内相关知识的融合,其中主要涉及计算机、图像处理、光学、电子学等技术,将计算机数字图像处理技术应用到检测技术中,实现对待检测对象尺寸和位置快速精确的测量,具有非接触、无损等明显优势,同时检测系统易于实现数字化、智能化。

机器视觉检测技术一般是指通过获取待测物体的图像,在进行处理并提取必要信息后与设定的标准图像信息进行对比,从而得到检测结果,确定被测物体与标准要求之间的偏差。检测的直接目标通常是指定物体的几何尺寸、表面完整性的等。

2. 图像检测系统的组成

一般用于工业领域进行图像检测的系统主要包括这样一些模块：光源、成像模块、图像获取模块、图像数字化模块、数字图像处理模块、智能判断模块和机械执行模块，如图 7-25 所示。目前对于成像和图像捕捉及数字化，多采用 CCD(Charge Coupled Device) 图像传感器来完成，而图像的处理与判断则借助于运行在计算机上的专业软件系统来完成。

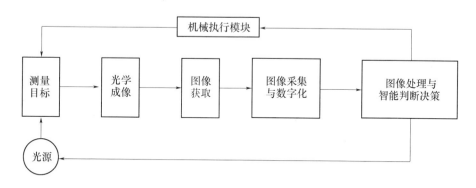

图 7-25 图像检测系统的组成

3. 图像检测系统的工作原理

图像检测系统的工作原理为：在光源的辅助下，通过 CCD 图像传感器获取待测目标的图像信号，然后将其转换为数字信号并传送给计算机，由专用的图像处理软件对图像进行相关算法的处理，图像处理主要是对图像像素的亮度、颜色值进行计算，提取出检测需要的特征信息后与标准特征进行对比得出检测结果，然后再依据检测结果做出相应后续工作。

7.5.3 刀具磨损状态的图像检测系统

随着基于图像处理技术的检测方法迅速发展，将图像检测技术应用于数控机床刀具磨损状态检测的研究也越来越受到更多人的重视。图像检测技术应用于刀具磨损状态检测时，由于图像检测技术非接触性的特点，使得基于机器视觉的刀具检测只需占用很少的加工时间。而且，检测时直接以刀具磨损部位为检测对象，因此能够直观且准确地反映出刀具的磨损状态，这是其他现有刀具检测方法在检测准确度与精度上所不可相比的优势，因此逐渐成为现代刀具磨损状态检测方法之一。

1. 刀具图像检测系统的功能

基于图像处理的刀具磨损状态检测系统，就是通过利用图像处理技术对刀具图像的处理与计算，从而来检测出刀具在加工过程中所产生的几何尺寸变化情况即磨损状况，然后根据检测的结果进行相应的补偿处理，最终形成数控加工过程的闭环控制。根据图像检测系统的工作原理，整个系统的结构仍由硬件和软件两部分组成。软件部分主要完成图像的处理和计算以及结果反馈，而硬件部分主要是计算机和图像采集设备。硬件系统承载软件系统的运行，同时又在软件系统的控制下实现相应的功能。刀具检测系统的功能如下。

(1) 测量和补偿刀偏值;
(2) 加工过程中刀具磨损或破损的自动监测、报警和补偿;
(3) 机床热变形引起的刀偏值变动量的补偿。

2. 刀具图像检测系统的硬件实现

刀具图像检测系统的组成如图 7-26 所示。由图可见,刀具图像检测系统除拥有光源、图像传感器等这些必备的组成部件外,还需与机床数控系统之间产生信息传递,检测系统相当于闭环控制的信息反馈模块。检测系统的基本原理大致如下:首先是在光源照明的辅助下进行刀具图像的获取,然后由图像采集卡完成图像的数字转换并将其传送至工控计算机。刀具图像的处理由运行在工控机上的软件系统来完成。得到磨损状况的检测结果后做出指示并对 CNC 进行反馈,实现刀具的补偿,CNC 通过伺服驱动系统修改刀具的加工参数,从而调整机床的加工轨迹。

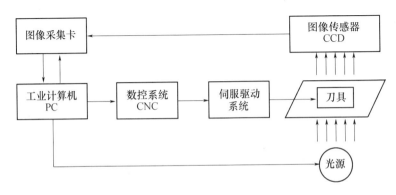

图 7-26 刀具图像检测及控制系统硬件组成

刀具磨损状态的在机图像检测装置,包括多自由度机械臂、图像获取机构和微型计算机。考虑到机床环境,图像检测装置必须满足占用空间小、可跨尺度、自动精密检测的需求。

3. 刀具图像检测系统的软件实现

基于图像处理的刀具检测系统,其软件部分的结构主要包括三大模块:①图像获取模块;②图像处理与计算模块;③工控机-控制器通信模块。如图 7-27 所示。

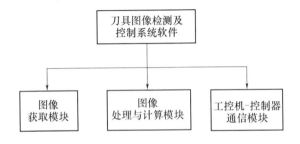

图 7-27 刀具图像检测系统及控制系统软件组成

其中图像获取模块的主要作用是在指定时刻控制光源亮度变化,并控制 CCD 采集刀具的图像,然后将刀具图像交由图像采集卡进行数字化转换后传送至计算机。图像处理与计算模块则主要负责对刀具图像进行一系列算法处理,包括预处理、边缘检测、轮廓提取等,最终实现从刀具原始图像中抽取出刀具轮廓,然后进行CCD标定,计算出轮廓特征尺寸的变化,进而确定刀具的磨损量。本模块在计算出磨损量后,还需对磨损量是否超出换刀阈值做判断,未超出阈值则将此磨损量交给下一模块,否则报警提示换刀。工控机－控制器通信模块的作用则是在工控机与数控系统之间建立通信信道,将图像处理模块中计算出的刀具磨损结果反馈给CNC,进行刀具补偿处理,形成数控机床的闭环控制系统。刀具完成补偿处理后,机床进入下一个工件的加工,系统等待下一次检测。

第8章 常用故障检测及诊断仪器仪表

随着微电子技术和大规模集成电路的飞速发展,现代数控机床正在经历一场深刻的革命,使得数控机床的故障诊断和维修问题变得日益复杂。

数控机床是精密设备,它对各方面的要求较普通机床高,不同的故障所需的检测诊断仪器仪表和维修工具也不尽相同。本章主要介绍常用的故障检测及诊断仪器仪表和工具,主要包括:万用表、示波器、逻辑测试笔、逻辑分析仪、集成电路测试仪、特征代码分析仪、存储器测试仪、断路故障追踪仪、激光干涉仪、球杆仪等。

8.1 万用表

万用表是最常用的一种测量电路及元件电信号的工具。它通常可测量电压、电流、电阻及音频电平等多种电参量。有的万用表还可测量三极管的放大倍数和电气元件(三极管、二极管、电容、电感等)的有关参数,并以此作为判断元器件质量好坏的依据。由于万用表的输入阻抗高,不会过多地产生分流,故其测量结果是可靠的。万用表的显示方式目前有指针式和数字式两种,两者相比,前者既有测量误差又有读数误差,而后者仅有测量误差,故其结果的准确性以后者为准。另外,可利用数字式万用表内的蜂鸣器方便地判断电路中有无短路、断路现象。

万用表在使用前应选择合适的挡位和适当的量程,以防实际测量时错挡或测量值大于所设量程范围,烧坏表内部件。另外在使用万用表前须先校零(指针式校零位,数字式校零显示),以求测量值的准确性。

8.2 示波器

示波器是常见的通用仪器,主要用于模拟电路的测量,它可以显示被测信号的频率、相位、电压幅值。双频示波器可以显示比较信号相位关系,可以测量测速发电机的输出信号,调整光栅编码器的前置信号处理电路,进行 CRT 显示器电路的维修。

常用的数字存储示波器是按照采样原理,利用 A/D 变换,将连续的模拟信号转变成离散的数字序列,然后进行恢复重建波形,从而达到测量并存储波形的目的。

8.2.1 示波器的选择

普通示波器可以观测周期性连续变化的电信号,但用它观测时间短促的脉冲信号,进行相位比较和图像检查则有困难。因此,需要根据观测对象正确选择示波器的类型和型号。使用逻辑示波器可以显示被测点的二进制编码,也可以显示存储器的内容。对于逻辑示波器,应根据具体测试对象选择以下几个主要特性:

1. 通道数

随着测试信号内容、目的、要求等的不同,需要的示波器通道数是不同的。如果只是观测某一种脉冲信号的波形、参数,可以使用具有单通道的单踪示波器。但要同时观测比较两种信号的相位关系、周期和电平幅值,就需要选用双通道的双踪示波器。

2. 带宽和采样率

这个特征参数在很大程度上决定了脉冲示波器可以观测的最高信号频率(对周期性的连续波形)或脉冲的最小宽度。要不失真地重现脉冲波形,其基本条件之一是 Y 通道必须有足够的宽度。若被测脉冲信号的上升时间为 $t_R(\mu s)$,则 Y 通道带宽 $B(MHz)$ 可用下面的式子来估算:

$$B \geqslant \frac{2.2}{t_R}$$

某些示波器的技术说明书中往往只给出其频率响应 $-3dB$ 截止频率 $f_h(MHz)$,此时可按照下式来计算 Y 通道对阶跃信号所产生的上升时间 $t_R(\mu s)$:

$$t_R \approx \frac{2.2}{2\pi \cdot f_h}$$

带宽是模拟示波器和数字示波器都有的指标。给示波器加一个峰峰值 1V 的交流信号,按理说,在示波器上看到的峰峰值就是 1V,当这个交流信号频率升高,到达某个频率之后,受示波器带宽的限制,测量到的波形幅度就会减小,当测得值只有实际值的 70.7% ($-3dB$ 点)时,这时交流信号的频率就是示波器的带宽。比如一个 100M 1V 的交流信号,加在 100M 的示波器上,看到的幅度只有 0.707V;如果加在 20M 的示波器上,幅值就会更小,以至于失去了观测的意义;如果加在 200M 的示波器上,则可以看到 1V 的交流信号。所以带宽越大的示波器越贵。

采样率是数字示波器才有的指标。采样率主要由 A/D 转换器的最高转换速率来决定。采样速率愈高,仪器捕捉信号的能力愈强。模拟示波器是用电压驱动 Y 轴的电极。也就是说,任何一个信号,都会被放到显示屏上去,而数字示波器却不是,它的波形实际上是由一系列的采样点描绘的。很显然,采样率越高,能描绘出来的图形越精细。根据采样原理,要想比较好地还原波形,一个波形上至少应该有 4~10 个采样点。

3. 扫描速度

扫描速度是表征示波器展宽被测波形的能力。示波器的扫描速度越高,表明它能够展宽高频信号波形或窄脉冲的能力越强。扫描速度以每格秒数(s/div)来度量。一台典型示波器的扫描速度范围可以从 20ns/div 到 0.5s/div。扫描速度也和灵敏度控制一样按 1-2-5 的序列变化。只要知道了每格标尺格所代表的时间值,就可以测量出屏幕扫描轨迹上任何两点之间的时间。例如,100Hz 的信号周期是 10ms,一屏如果显示两个整周期,则把水平校准调整到扫描速度为 2ms/div 即可。再比如,8kHz 信号,周期为 0.125ms,屏中要显示两整周期,即 5 格为一周期,$0.125 \div 5 = 0.025ms$,每格就应该为 $25\mu s$。示波器上没有此挡,所以水平校准应该调整到最为接近的 $20\mu s/div$。

当观测频率高于 100MHz 的信号波形时,可以考虑选用取样示波器。当观测变化十分缓慢的过程时,则最好采用慢扫描的超低频示波器。

8.2.2 示波器的使用

1. 分辨率的调整

当使用模拟示波器时,尽量减小光点的直径是提高分辨率的主要途径。荧光屏上的光点粗细与电子密度有关。密度越小,聚焦越差,光点越粗。因此,在使用示波器时,应尽量将亮度调暗一些,再调节"聚焦"旋钮,使光点成为一直径不大于1mm的小圆点,配合调节"辅助调焦"旋钮,使图像清晰,亮度适宜。

当使用数字示波器时,示波器的分辨率取决于ADC的位数和示波器自身的噪声水平。也就是说当ADC的位数决定以后,信号的信噪比越高分辨率越高。因此各厂家为了提高示波器的分辨率,都尽力采用各种硬件和软件滤波算法进行信号处理,以提高信噪比。

2. 探头的使用

在观测波形的电平幅度和脉冲的相位、频率等参数时,合理使用探头可以减小示波器输入阻抗对被测电路的影响。因此必须根据测试的要求选用探头。

3. 电流夹子的作用

一般用脉冲示波器测量节点的电平、观察脉冲极性比较方便,只要将探头放到观测点,调节好示波器的旋钮即可,但要用探头测量脉冲电流则比较困难。为此,人们想了不少办法来扩充脉冲示波器的功能。电流夹子和示波器配合使用,就是扩展示波器功能的一种方法。

1) 电流夹子的原理

电流夹子属于有源探头,采用电流互感器原理,信号电流磁通经互感变压器变换成电压,再由探头内的放大器放大后送到示波器,可以精确测得电流波形。电流夹子的基本原理如图8-1所示,其初、次级线圈匝数比为1∶68,$R=68\Omega$,磁环尺寸为 16×6。在磁环上绕上线圈后,再劈成两半,然后用胶粘结在金属夹子内,按图8-1所示加上电阻及连接线即可。

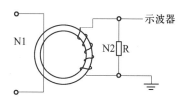

图8-1 电流夹子原理图

2) 电流夹子的使用

当观测某线路脉冲电流时,将粘结有磁环绕组的金属夹子张开,夹住待测电路,并将电流夹子与示波器连接,然后调节示波器,就可以在示波器荧光屏上观测到所测电路的脉冲电流波形及幅度等参数。

电流夹子在制作中磁环可能会有一些破损,这样就会造成一些观测误差。因此,在使用前应测定其实际误差,并在使用中按其误差值对观测结果予以修正。

4. 避免波形失真

由于示波器的偏转灵敏度有一定的限制,在使用过程中荧光屏上波形幅度不得大于8cm,以免波形失真。为此,在使用前应将"Y轴衰减"置为最大,然后视显示的波形和观测需要,适当调整衰减挡。如果信号不需要增幅,可将信号由后插孔直接插入,但应在之间加装隔离电容。

5. 触发电平调节

触发电平(TRIG LEVEL)调节又叫同步调节,它可以使扫描与被测信号同步。触发电平调节按钮调节触发信号的触发电平:一旦触发信号超过由旋钮设定的触发电平时扫描即被触发。顺时针旋转旋钮触发电平上升,逆时针旋转旋钮触发电平下降。当被测信号与电源频率有关(如测直流电源中含有的波纹电压)时,可使用"电源"触发。

6. 其他注意事项

在电压、相位、频率的测量中,要注意采用合理的测量方法和正确地调节示波器。使用中也要注意示波器的维护和保养,以防损坏。

8.3 逻辑测试笔

逻辑测试笔可以方便地测量数字电路的脉冲或电平,从其发光管指示即可以判断上升沿或下降沿,是电平或连续脉冲,可以粗略地估计逻辑芯片的好坏,如图 8-2 所示。

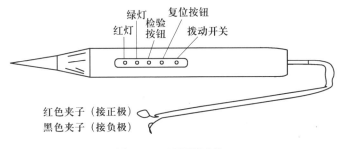

图 8-2 逻辑测试笔

8.3.1 逻辑测试笔的功能

通过红、绿两个指示灯的显示,可对逻辑电路作如下测试:
(1)测试逻辑电路处于高电平还是低电平,或是不高不低的假高电平(是空状态)。
(2)测试逻辑电路输出脉冲的极性(正脉冲还是负脉冲)。
(3)测试逻辑电路输出的是连续脉冲还是单脉冲。
(4)对逻辑电路输出脉冲的占空比作大概估计。

8.3.2 逻辑测试笔的使用

(1)黑色夹子接地:把红色探针置于被测点上,就可以检测逻辑电路的信号。
(2)红色指示灯:在做电平及脉冲极性检验时,用作高电平和正脉冲指示。
(3)绿色指示灯:在做电平及脉冲极性检验时,用作低电平和负脉冲指示。
(4)检验按钮:用于测试被测点是处于高电平、低电平还是假高电平。
(5)复位按钮:按下该按钮时,不论拨动开关是处于"电平"位置还是"脉冲"位置,红、绿指示灯均熄灭;在拨动开关置于"电平"位置时,记忆电路复位。
(6)拨动开关:该开关处于"电平"位置时,检测电平,此时被测点的电平直接控制指示灯而不经过记忆电路;该开关处于"脉冲"位置时,检测脉冲,此时被测点是用记忆电路输出控制指示的。只要有一个脉冲通过,红灯或绿灯之一就会亮(除非记忆电路复位)。逻辑测试笔的电路原理如图 8-3 所示。

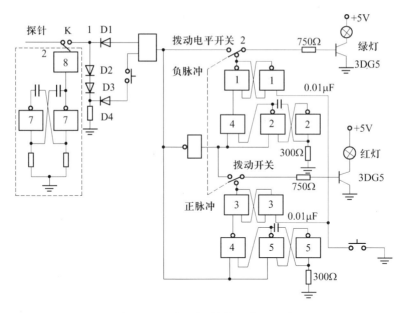

图 8-3 逻辑测试笔的电路原理图

在图 8-3 所示电路中设有过压保护和自锁措施：D1、D2、D3 组成过压保护电路，保证指针偶尔触及高于 5V 的直流电压时，不会损坏逻辑测试笔。此外，YF6 的作用是确保输入电平信号时，红、绿指示灯在某时刻只能有其一保持亮，从而达到"锁定"目的。

如果测试笔的探头由开关 K 控制接入图 8-3 虚线框内的多频振荡器，则可以由探针输出连续方波，作为脉冲信号源使用。逻辑测试笔不仅可以检测电平状态、脉冲极性，还可以对被测脉冲进行计数，以判断有无单脉冲及连续脉冲的个数。另外，这种逻辑测试笔上还装有两个做循环计数的指示灯。测试时，可以把拨动开关置于"电平"位置测量电平，也可以把拨动开关置于"脉冲"位置，做脉冲极性检验。做电平检测如图 8-4(a)、(b)所示，做脉冲检测如图 8-4(c)所示。

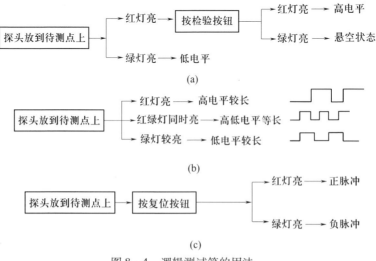

图 8-4 逻辑测试笔的用法
(a) 电平检测；(b) 空度函数检测；(c) 脉冲极性检测。

8.3.3 逻辑测试笔的选择

各种不同型号的逻辑测试笔有着不同的性能和特点,用户可根据需要进行选择。比如湖南株洲 608 所研制的 DCB - F 逻辑测试笔,其功能如表 8 - 1 所示,适用于各种电路,如 TTL、HTL、PMOS、CMOS、大规模集成电路和分立元件 PNP 及 NPN。其输入阻抗高,抗干扰能力强,响应频率宽(0~5MHz),可以自检、自校和自动进行极性切换,不会因极性接反而烧毁逻辑测试笔和被测电路。

表 8 - 1 各种逻辑测试笔的性能比较

比较 厂家	适用电路	应用范围	极性自动切换	内设脉冲源	内装叠层电池	自检自校功能	输入阻抗	测电平		测脉冲				经济性
								电压范围/V	挡数	显示方法	响应频率/MHz	捕捉单脉冲	蜂鸣电路	
DCB - F 湖南株洲	分立元件 TTL, MOS	电源逻辑驱动伺服	自动切换功能	脉冲发生器	有 9V 电池	可以	2MΩ	+45~ -45	54	多灯闪亮	0~5	可以捕捉	有	性价比高
进口	TTL	逻辑电路	无	无	无	无		0~5	3	灯亮	0~5		无	昂贵
	MOS	逻辑电路	无	无	有	无		0~10					无	
TTL 上海 启东	TTL	逻辑电路	无	无	无	无	20kΩ	0~5	3	灯亮	0~5	可以	无	
CMOS 上海	PMOS 或 CMOS	逻辑电路	无	无	无	无	1MΩ	1.5~8	3	灯亮	0~1	可以		价高

逻辑测试笔的型号和种类有很多,在选择逻辑测试笔时,应主要考虑以下几个问题:

(1) 逻辑测试笔的频带宽度 逻辑测试笔和示波器一样,对测试信号是自动采样检测的。例如:开机时的 POWER GOOD 信号只有一个负脉冲,逻辑测试笔应能予以显示,其指示灯不能不闪烁或闪烁不明显;对于频率较高的脉冲信号,指示灯能够连续闪烁,而不是红白两灯均亮。检查一个逻辑测试笔频带是否较宽,可以预先用它测试一下 CPU 的开机复位信号,此时逻辑笔应该有一个非常明显的脉冲信号显示(红灯明显闪烁一下);再测量 4.77MHz 和 14.31818MHz 脉冲信息(PC 兼容机中均有上述信号),此时逻辑测试笔的脉冲指示灯应有明显的脉冲显示,并且两脉冲的闪烁频率的不同应该能用肉眼分辨。

(2) 逻辑测试笔的耐压要高 逻辑测试笔在使用时,要借助微机的 +5V 电源和地线(GND)为其提供工作电压。另外,逻辑测试笔一般只测试逻辑电平(0~ +5V)而不允许测试 +12V 或者 -12V 等非逻辑电平信号。但在实际工作中,有时因为匆忙或测量时疏忽而将逻辑测试笔与系统电源和 GND 接反,或将其探头接到 +12V 或者 -12V 非逻辑信号线上。遇到这种情况,一个耐压高的逻辑测试笔显示灯会异常明亮。这时,马上关机,一般逻辑测试笔还不会损坏。若逻辑测试笔耐压不够高,一次误操作就会使其损坏。所以,在选择逻辑测试笔时,要特别注意其耐压的大小。

8.4 逻辑分析仪

逻辑分析仪是分析数字系统逻辑关系的仪器,属于数据域测试仪器中的一种总线分析仪,即以总线(多线)概念为基础,同时对多条数据线上的数据流进行观察和测试的仪器,这种仪器对复杂的数字系统的测试和分析十分有效。

逻辑分析仪利用时钟从测试设备上采集和显示数字信号,最主要作用在于时序判定。由于逻辑分析仪不像示波器那样有许多电压等级,通常只显示两个电压(逻辑 1 和 0),因此设定了参考电压后,逻辑分析仪将被测信号通过比较器进行判定,高于参考电压者为 High,低于参考电压者为 Low,在 High 与 Low 之间形成数字波形。逻辑分析仪是一种功能很强的计算机系统调试维护和故障检测工具。

8.4.1 逻辑分析仪的特点

逻辑分析仪和一般的示波器及其他测试仪器相比,具有以下特点:

(1) 有足够多的输入通道,能够同时观测很多路数据流信息或控制流信息,并以某种方式捕捉窄脉冲干扰。

(2) 有延迟的能力,能够捕捉所需观察点前后的波形,具有多种捕捉数字信息的功能。

(3) 有记忆能力,能看到偶然的出错信息,并可以从记忆的状态中寻找故障源。

(4) 有灵活的显示方式,能进行信息的交换,可以二进制、八进制、十六进制或者 ASCⅡ码显示信息,方便程序的修改和调试。

(5) 有多种触发方式,可以在很长的数据流中,对所观察分析的那部分信息做出准确定位,从而捕获对分析有用的信息。对于软件分析,可以利用其触发功能跟踪运行中的程序;对于硬件分析,触发功能可以解决检测与显示微机系统中存在的干扰和毛刺。

(6) 有限定能力,即对所获得的数据进行鉴别挑选的能力,用以解决对单方向数据传输情况的观察以及多用总线的分析问题。由于限定能力可以删除与分析无关的数据,从而有效地提高逻辑分析仪内存的利用率。

(7) 有驱动时域仪的能力。数据流状态值发生的错误,有时来源于时域的某些失常。失常的原因往往是毛刺、噪声干扰或时序的差错。逻辑分析仪能够对数据错误进行定位,找到窄脉冲出现的时刻,同时输出一个同步信号去触发示波器,从而能在示波器上观察到失常信号的真实波形。逻辑分析仪驱动时域仪的能力,弥补了它在进行电性能分析方面的某些缺陷。

(8) 有可靠的毛刺检测能力。由于数字电路的竞争现象,信号间串扰、外界干扰和通过电源耦合等原因,常常使信号中夹杂着不规则的毛刺,这是引起电路运行出错的重要因素。逻辑分析仪能够通过特殊的毛刺检测技术捕捉并显示毛刺。

8.4.2 逻辑分析仪的结构原理

逻辑分析仪,按功能和结构主要分为两大类。一类是逻辑状态分析仪(LSA),一类是逻辑定时分析仪(LTA)。这两类仪器的基本结构相似,主要区别表现在显示和定时方式上。

逻辑状态分析仪用数字 0 或 1 或助记符显示被检测的逻辑状态,因而显示直观,从而可以从大量数码中发现错码,进行功能分析,其状态显示如图 8-5(a)所示。逻辑状态分析仪是用来对系统进行实时状态分析,检查在系统时钟作用下总线上的信息状态,因此它的内部设有时钟发生器。它用被测系统时钟来控制记录,与被测系统同步工作,这是它的主要特点。逻辑状态分析仪主要用于软件分析,可以有效地解决程序的动态调试问题,所以有时也叫软件分析仪。

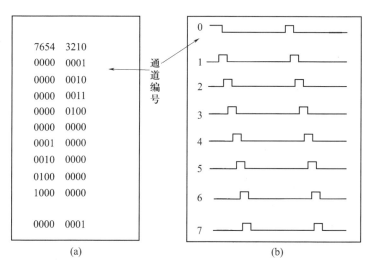

图 8-5 逻辑分析的两种显示方式
(a)逻辑状态分析仪的状态显示;(b)逻辑定时分析仪的定时显示。

逻辑定时分析仪主要用于测试和检测硬件。它用时序图来显示被测信号,如图 8-5(b)所示。被测信号被显示成一连串类似方波的伪波形,逻辑"1"、"0"分别用高、低电平来表示。逻辑定时分析仪用来考察两个系统时钟之间的数字信号的传输情况和时间关系,因此其内部装有时钟发生器。在内部时钟控制下记录数据,与被测系统异步工作,这是定时仪的主要特点。

在微机系统的调试和故障诊断中,往往同时需要这两类分析仪。因此,近年来出现了把状态仪和定时仪合在一起的逻辑分析仪。这种分析仪同时具有状态和定时两种分析能力,两者之间可以进行有效的交互触发,通过软件和硬件之间的相互作用来判断故障的因果关系。交互触发的因果关系是把故障现象作为结果,用以作为触发条件去触发和引导可能导致该故障现象的信号通道,借以查明故障原因。逻辑分析仪的性能指标主要有:采样通道数、内部采样时钟频率以及内存容量,代表性产品有 OLA2032B、Agilent16800 系列、LAB7000 系列、TLA6400 系列等。

逻辑分析仪的种类有便携式、台式以及 PC 分离式之分。尽管逻辑分析仪的种类很多，但基本结构都相类似。它们都是由数据获取和数据显示两大部分组成。前者用于捕获主存储器所要分析的数据，后者用于以多种形式显示这些数据。图 8-6 为逻辑分析仪的简化框图。

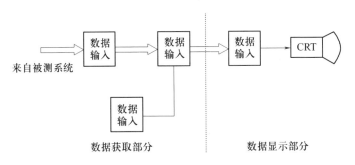

图 8-6　逻辑分析仪简化框图

图 8-7 是逻辑分析仪的最基本结构组成原理图。由逻辑测试仪探头连到比较器前端的输入线的个数随不同型号的逻辑分析仪而不同。输入线数通常也称为能道数。比较器的作用是将输入信号和可以从外部调节的阈电平进行比较，凡大于阈值时，就在相应线上输出高电平，反之就输出低电平。这些信号加到采样电路后，在控制电路送来的采样信号的采样下，就得到和图中显示信息相似的输出图形。在写入控制脉冲的作用下，把同一时刻送到存储器的数据信息写入到存储器的某一存储单元中去。而在下一个写入脉冲到来时，再把各线上的下一个采样数值写入到内存的相继单元中。触发电路的作用是根据用户设定的触发方式及有关条件，对输入的信息不断进行检查。当满足条件就产生触发，使控制电路能在延迟了预定的写入脉冲个数后，停止写入过程。由于随机存储的记忆作用，能观察出触发点之前的状态信息。在写入过程结束后，控制电路就可以根据用户指定的显示方式，将内存中触发点后写入的全部数据稳定地显示在显示屏幕上，根据操作命令有选择地显示内存中指定单元的有关信息。可采用不同的计数制显示，以供用户阅读。

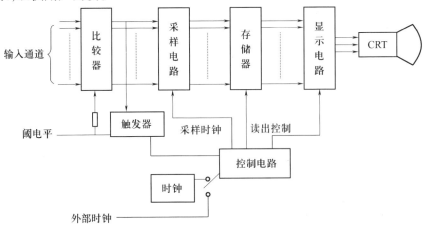

图 8-7　逻辑分析仪原理图

8.4.3 逻辑分析仪的触发方式和显示方式

1. 触发方式

为了能在较小的存储容量范围内,捕捉住观察点前后的波形,逻辑分析仪设有多种触发方式。常见的触发方式有:①基本触发方式;②组合触发方式;③延迟触发方式;④限定触发方式;⑤交互触发方式;⑥毛刺触发方式;⑦出错触发方式;⑧单值触发方式。

2. 显示方式

为了便于进行分析,逻辑分析仪有多种显示方式。其中状态表显示和定时图显示分别是逻辑状态分析仪和逻辑定时分析仪的基本显示方式。此外,还有图形显示、映射图显示、直方图显示、电平显示、双门限显示等多种显示方式。

8.4.4 逻辑分析仪的使用

逻辑分析仪一般有异步测试和同步测试两种使用方式。

1. 异步测试

异步测试采样选通信号是由逻辑分析仪内设置的时钟发生器产生的,它和待测的通信信号在时间上没有关系,为了得到正确的待测波形,采样频率要比待测波形频率高几倍,而且应可调。为了发现窄脉冲的影响,还设有采样和锁定两种模式。锁定模式能及时发现窄脉冲的存在。

2. 同步测试

采样选通信号是由外部输入的时钟信号形成的。因此,只要外部时钟选得好,就可用很少的内存容量记录下所需的测试信息。例如对采样 Intel8086、80286CPU 构成的微机系统,如用 CLK(时钟)、SYNC(同步)等信号作为外部时钟信号,就可以观察不同步长下的有关微机系统运行的信号。为了可靠地采集到稳定的数据,采样延迟信号相对于采样信号应该有足够的数据设置时间和数据保持时间。

3. 常用的逻辑分析仪

逻辑分析仪不仅可以测试运算控制器等部件的逻辑电路的好坏,而且可以测试以微处理器为基础的微型计算机系统。图 8-8 是基于 PC 的 LA 系列逻辑分析仪的外观。

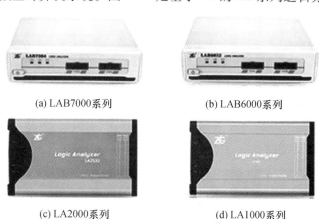

(a) LAB7000系列　　　(b) LAB6000系列

(c) LA2000系列　　　(d) LA1000系列

图 8-8　LA 系列逻辑分析仪的外观

图 8-8(a) LAB7000 系列为高性能型,可分析最高 1GHz 数字信号;图 8-8(b) LAB6000 系列为专业型,可分析最高 250MHz 数字信号;图 8-8(c) LA2000 系列为普通型,可分析最高 100MHz 数字信号;图 8-8(d) LA1000 系列为普通型,可分析最高 50MHz 数字信号。

LA-4000、5000 系列逻辑分析仪也是一种高品质、高性能价格比的产品。它有很高的采样时钟(100~500MHz),超高的数据存储深度,复杂的触发条件,高可靠性及质量。此种 USB 接口 40 通道逻辑分析仪是基于 PC 的,很多功能计算机已具备,像显示器、CPU、键盘和磁盘存储器,所以用户没必要花费很多的钱购买昂贵的台式逻辑分析仪。图 8-9 为该仪器的外观,图 8-10 为其 PC 软件操作界面。

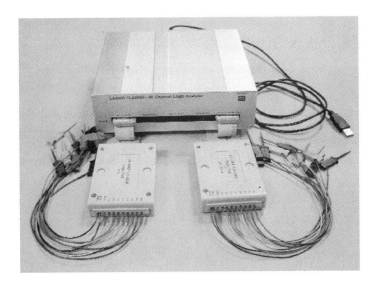

图 8-9　LA-4000、5000 系列逻辑分析仪的外观

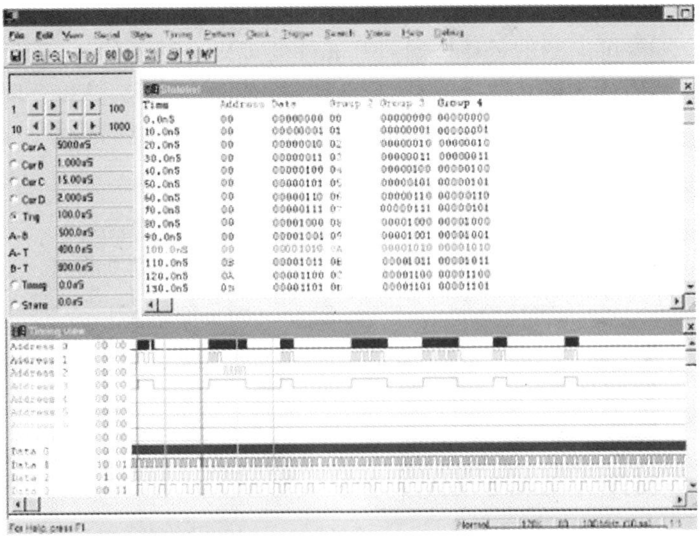

图 8-10　LA-4000、5000 系列逻辑分析仪的 PC 软件操作界面

8.5 集成电路测试仪

8.5.1 概述

目前,数控机床都大量使用集成电路(简称IC)构成的印制电路板。检修这种集成电路为主的印制电路板的关键和难点在于IC元件的检测。IC检测的手段比较多,常用的除了上面介绍的示波器、逻辑分析仪之外,数控维修人员还必须熟悉被维修的数控系统中的印制电路板的工作原理和IC元件管脚功能。IC功能检测,常采用以下几种专用测试仪。

1. 离线IC测试仪

数控机床集成电路测试仪分为离线测试仪和在线测试仪两种。其中离线测试仪又分为专用离线IC测试仪和通用离线IC测试仪。

(1)专用离线IC测试仪　分为数字集成电路测试仪和模拟集成电路测试仪以及其他专用数控芯片测试仪。这种仪器专用功能强,但不具备通用性。主要用于数控系统生产厂家对集成电路元件的检测和筛选。

(2)通用离线IC测试仪　通用测试仪可以用来测试数控机床上的通用数字集成电路和模拟集成电路等。它体积小,价格适中。适合一般用户检修数控机床电路板IC元件,也适合普通计算机电路IC元件检测。它的缺点是被测元件必须从数控印制电路板上拆卸下来。另外,目前研制出的通用型集成电路测试仪,由于卡片容量有限也只适用于某几类集成电路的测试。所以,用户要根据自己的实际情况选用仪器。

2. 在线IC测试仪

在线测试仪是近几年研制出来的一种用于检测数控机床和各种计算机印制电路板上数字集成电路和模拟集成电路以及各种元器件的通用型维修仪器,它的主要特点是能够对焊接在数控电路板上的元器件(主要是集成电路)直接(不必拆卸)进行功能、状态和外特性测试,以确定其功能是否失效,从而达到元件维修的目的。因为它是直接针对被测元件进行测量,在测试过程中所有测试及诊断信息全部由测试仪器提供和处理,因而不涉及电路板的功能,可以在没有图纸资料或不了解数控电路板的工作原理的情况下进行元件的测试维修。显然,这种仪器具有通用性。在线测试仪按功能又分为普及型和高档型两种。

(1)普及型在线IC测试仪　普及型在线IC测试仪是由核心机、显示、电源和测试夹等组成。这种仪器在设计上考虑到了电路板对IC元件影响因素,所以允许在线直接测试IC元件。仪器提供所有测试信号,用户借助测试夹以欠压和限流的安全方式(即电压电流可任意调节),对焊接在数控电路板上的数字集成电路逐一检查。这种仪器具有多达24路的双阈值三状态电平检测电路,能方便地同时观察集成电路各脚的逻辑状态和分析它们之间的逻辑关系,快速查出开路、短路和电平变坏的集成电路的脚,通过仪器操作面板上的七段数码管直观地读出。

普及型测试仪的优点是电压范围宽,保护功能强,不易因误操作而损坏,其次是体积小,价格适中。其缺点是操作和显示部件多,另外,由于测试激励属非智能型,一般需要自绘IC逻辑卡,操作繁琐。

(2) 高档型在线 IC 测试仪　高档型在线 IC 测试仪是近几年研制出来的一种由 IBMPC/XT/AT 或兼容机作为控制的用于维修及测试电子线路的专门仪器,主要应用于在线测试、自动分析线路结构功能,无须图纸,测试系统提供详细和准确的测试资料,测试结果直接由计算机屏幕显示。

仪器测试系统由两部分组成,包括完成被测试器件状态驱动和状态采集的硬件以及完成控制、分析、判断显示测试结果的软件。系统的硬件主要作用,其一是完成数字集成电路芯片逻辑状态的驱动与采集;其二是完成电路节点电压电流的驱动与采集。系统软件部分主要包括测试程序和测试代码库(即所能测试的器件库),其作用是控制硬件采集与驱动电路;分析判断被测器件的好坏,通过对被测器件的状态、参数的分析,判断被测器件的类型。这种电路维修测试是将测试主机的接口卡插入微机插槽内,通过扁平电缆连接,将软件拷入微机硬盘。

3. IC 测试仪的主要功能

(1) 在线功能测试　通过测试用库指示测试机去推动集成电路的输入脚继而检查输出脚电平。使用时只需用测试钳夹住被测元件并输入其型号便可进行测试。适用于通用的数字 IC 元件,可测试范围取决于代码库容量:TTL74 及 75 系列、CMOS4000 系列、DRAM、SRAM 以及一些特别集成电路如 555、MC3486 等。

(2) $U-I$ 特性测试　$U-I$ 特性也叫外特性。在无电源的情况下,由测试机输给被测管脚或一测试点一个交流信号,便可绘出电压 U 和电流 I 的 $U-I$ 特性曲线,并显示在显示器上,十分直观。

(3) LSI 在线分析测试　由于 LSI 元件结构复杂,所以这种测试仪发展了 LSI 大规模 IC 元件测试语言,预先将好线路板上的 LSI 元件的功能作出分析和学习,测试时,将损坏线路板上的 LSI 元件的功能和状态与之相比较,进行逻辑图形分析,找出故障。

(4) 连线测试　这种测试机具有自动分析元件连线结构功能,可以找出电源线、地线、连线(IC 管脚间之短路)、开路(或悬空)和低阻抗等管脚,透过连线图形显示,资料(图形)可存入计算机作为日后跟被测件进行比较和分析之用。如配合最新软件,还可记忆和比较输出的逻辑图形。

这种测试仪的特点是:操作简便,检测速度快,无须线路图,功能全。但其价格高,一般只适用于数控维修中心或数控机床用量大的单位使用。

总之,目前 IC 测试仪种类很多,功能和档次、价格相差甚远,另外,各种仪器都有一定的应用范围,用户要根据实际情况合理选择。下面以国内研制的"创能 IC 电路测试仪"为例进行详细介绍。

8.5.2　集成电路测试仪的结构原理

图 8-11 是创能 IC 电路测试仪的结构框图。图中"$U-I$"为元件外特性测试部件,即伏安测试仪,"LSI"为大规模 IC 分析测试板,"ICEF"为中小规模 IC 在线测试板,"JK"为仪器控制板。

使用该仪器时,要借助于一台微机(IBM-PC/XT、AT)或各种兼容机、一台彩色显示器和一个键盘即可。使用时将 IC 测试仪的通信接口卡插入微机的 62 线扩充槽,用电缆与 IC 测试仪相连。启动微机后,安装该仪器附带的检测软件即可开始进行测试工作。IC

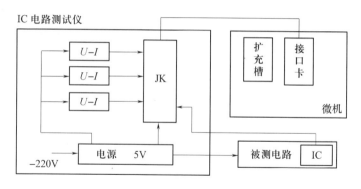

图 8－11 创能 IC 电路测试仪结构框图

测试仪可供给被测电路板 5V 电源,使之具有工作电压。再用取样夹子夹住被测 IC,并键入其型号,这时微机就在检测软件内寻找此种型号的 IC 数据,并将应输入的逻辑电平信号送至 IC 的输入引脚。由 IC 内部逻辑结构决定它应产生一个输出逻辑电平信号。此信号通过取样夹被返馈回微机。微机将它与标准信号进行比较,若比较结果相符,则说明被测 IC 是好的,否则,就认为此 IC 失效。

8.5.3 集成电路测试仪的功能

IC 测试仪的主要功能如图 8－12 所示。

In Circuit Test	(在线功能测试)
U-I Trace Analysis Package	(U-I 曲线分析软件)
LSI Analysis Package	(LSI 分析软件包)
BW-Diagnostics	("创能"自诊断)
Load/Copy/Delete files	(装载/复制/删除文件)
Edit a files	(编辑一个文件)
Print a files	(打印一个文件)

图 8－12　IC 测试仪功能菜单

在线测试,用于测试电路板中小规模 IC,并且被测 IC 的型号必须是该仪器数据库中所存的电路系列,如 TTL74、75 系列,DRAM、SRAM、MEMORY 及 GENERIC(仅用于"连线测试")等。

$U-I$ 曲线分析,是在无源状态下测试元件(包括 IC 或分离元件)的交流伏安特性 $V-I$,以判断元件的外特性是否正常。

LSI 分析软件的目的,是分别用各个子测试去测试 LSI 器件的固有特性。它的一个主测试是由数个乃至数十个子测试所组成,而每个子测试对 IC 引脚的数据组合由独立的驱动命令去配合。它通过"离线学习"得出 IC 参考文件,然后再与电路板上的被测 IC 进行分析比较测试,用得出的数据来判断被测 IC 是否失效。

8.5.4 集成电路测试仪的使用

下面着重以在线测试为例,具体说明 IC 测试仪的使用方法。在线测试主要包括以下三项测试:

1. 快速测试

快速测试时,先用取样夹夹住 IC,再键入被测 IC 电路的名称如 74LS00。这时,显示器将显示 8-13 所示的图形。该图中,右边为被测 IC 电路在该板上的状态,左边为测试结论。若显示结论为"Device Passes",则表明被测 IC 是好的;若显示结论为"Fault",则表明被测 IC 可能失效,需要记录下来。用此项测试可以很快地将被测电路板上所有的几十片 IC 筛选一遍,并将其记录下来,对其中可能失效的 IC 再进行诊断测试。

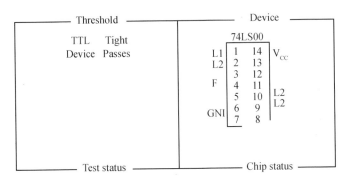

图 8-13 快速测试图

2. 诊断测试

对快速测试筛选下来的可能失效的 IC 进行重点诊断测试,这时,显示器上将显示如图 8-14 的测试状态。图中,左边 4、5 引脚为仪器供给的输入逻辑电平波形,标准输出逻辑 EQ 为根据真值表计算出来的标准逻辑电平。引脚 6 为仪器实测的输出逻辑电平(斜线方块表示电平不高不低)的波形。引脚 6 的波形与标准输出逻辑 EQ 的波形不符,则判断这组逻辑输出失败,即该片 IC 可能损坏。

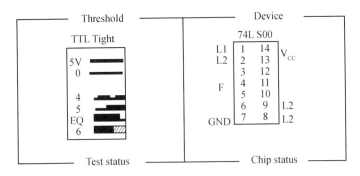

图 8-14 诊断测试图

用以上两项测试方法可以找出 85% 以上的失效 IC 芯片。用以上测试方法判断后,可以再选择第三项测试——连线测试来判断 IC 的好坏。

3. 连线测试

对难以用以上两项测试方法判断的 IC 故障,即指在电路板上无法测试并排除故障,如其他元器件的状态及连线对该被测 IC 的影响而造成的"假象"失效故障,要采用连线测试。

测试时,IC 测试仪先对一块无故障的好电路板上的 IC 进行学习,并建立相应的文件。这时 IC 测试仪自动分析学习到的每片 IC 芯片引脚的连线状态,并把它们一一显示出来。同时把学习到的 IC 输出逻辑电平波形与库存标准进行比较。两者完全一致,则证明被测 IC 是好的,否则认为该片子是失效的。用这种测试可以找出以上两种测试难以判断的故障、开路和短路故障,其准确率达 95% 以上。

一种先进的集成电路测试仪外观如图 8-15 所示。ICT33C+科奇集成电路测试仪是以器件预期响应法为指导思想,以单片机智能化为结构的多功能测试仪器。它以 MCS51 单片机为核心,配合大规模软件和外围扩展系统来全面模拟被测器件的综合功能。仪器的设计基础立足于这样的原则:在数字集成电路众多参数中,逻辑功能是最重要、最根本、最能说明问题的参数。

图 8-15 ICT33C+科奇集成电路测试仪

8.6 特征代码分析仪

8.6.1 特征代码分析仪的结构原理

为了识别一个电路是否有故障,经常可以把电路各节点的正常响应记录下来。在做故障检测时,再把实测的响应与正常电路作比较。如果实测的电路各节点响应都与正常响应一致,则认为电路没有故障;如果实测的电路各节点响应中至少有一个节点与正常电路不同,则可以断定这个电路有故障。然后,可以根据不正常响应的地点以及不正常响应的情况来分析故障的位置和种类。

用上述方法来检测或诊断故障,需要解决两个主要问题。第一个问题是要研究是加什么样的激励信号,使得在电路任何处发生故障时,均能保证电路输出处或若干可及测量端能测量到与正常电路不一致的响应。第二个问题是电路节点的响应序列可能是比较长的,因此所存的电路各节点的正常序列也是比较长的。在电路比较大时,可能要占用较大的计算机内存,以致在实际使用中无法实现。为了减少占用计算机内存和提高测试速度,经常需要把响应序列进行压缩,即从中提炼出它的特征来。这样,就不必把实测节点的全部响应序列同正常电路的序列作比较,而只要比较两者的特征就可以了。

一个响应序列的特征可以是各种各样的,但一般说来,应满足如下几个条件:

(1) 这个特征应尽可能多地保留原序列中有用的(即对故障检测和诊断是有用的)信息,同时,应尽量做到各种不同的序列应有不同的特征。

(2) 从序列中提取特征的方法应尽可能简单,特征长度应尽可能短。

(3) 为了应用特征来检测和诊断故障,对激励信号的要求应比较简单而松弛。

(4) 响应序列之间的与、或、和非特征与原序列的特征之间最好要有比较简单的逻辑关系。

特征代码分析仪则是一种能满足上述条件,比较精确地指出微机失效器件或线路的有效测试工具。它已广泛应用到各种类型的微型计算机系统的故障检测及维护和生产调试中。

特征代码分析仪采用数据压缩技术。它的基本原理是:通过对电路节点的串行状态流的检测来诊断数字设备的故障。正像用示波器逐点检测信号波形,用电压表逐点测量电压一样,特征代码分析仪把电路各节点的串行数据流压缩成四位十六进制的特征码加以显示,然后与标在电路中的正确特征码进行比较,逐点追踪即可找出有故障的元器件。

图8-16是特征代码分析仪的结构组成框图。这种仪器的典型代表有 AV3621、HP5004A、HP5006A 等。

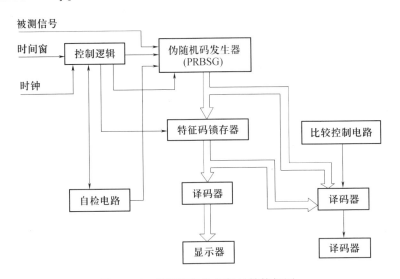

图 8-16　特征代码分析仪的结构框图

图 8-16 中的伪随机二进制序列发生器(PRBSG)是特征代码分析仪的核心,它由实现特征多项式 $X^{16} + X^9 + X^7 + X^4 + 1$ 的十六位移位寄存器以及通过异或门的线性反馈电路组成。输入被测信号的串行数据,在门控时钟作用下,逐步进入移位寄存器,由 CRC 电路进行编码。编码后生成的特征代码分别送至特征代码锁存器和比较器。这是一个反馈位间隔不均匀的最大长度伪随机数序列发生器,适用于微机系统经常使用相隔四位或八位重复的图形检查,用它产生某一微机系统若干电路节点的特征码。

为了取得特征码,特征代码分析仪必须提供一个"时间窗"控制信号及必要的时钟信号。这些信号被特征代码分析仪用作线性移位寄存器的 CP 脉冲,并在"时间窗"打开期间(Window 为"1"电位时),用时钟信号取得二进制数据流的特征码。图 8-17 为时间窗、时钟、被测信号及采集到的二进制数据流信号图。其"时间窗"是由启动与停止两个信号确定的。

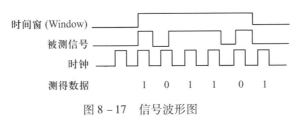

图 8-17　信号波形图

8.6.2　特征代码分析仪的使用

特征代码分析仪进行故障检测及诊断时,要实现把待测的微型计算机系统的电路节点的正常特征代码算好,建立特征代码字典和故障诊断树并把它们存储起来。测试时,再通过比较控制逻辑将正常特征代码与实际生成的特征代码进行比较。若待测系统电路节点特征代码与其正常值不同,即可判定该电路有故障。这时,再根据预先存储的特征代码字典和建立的故障诊断树追踪、定位具体故障。

特征代码分析仪的具体用法如下:

(1) 把一个已知测试码加入到被测试的正常微机系统,记录生成的特征代码并建立故障诊断树。

(2) 将特征代码分析仪接到被测微机系统的有关电路节点上进行检测。

(3) 当测试中发现特征代码与其正常值不一致时,不稳定灯亮,再利用存储的特征代码字典和故障诊断树具体追踪、定位故障。这时,用特征代码分析仪的探针在微机电路上进行迅速检测,直到找出故障特征代码,即可确定故障部位。

据报道,特征代码分析仪对故障的检测率可达 99.998%。目前,微型计算机使用的特征代码分析仪型号很多。美国 HP 公司生产的 HP-5006A 特征代码分析仪能快速查找微机系统的故障,并确定故障的插件、元件。该仪器的外观及面板如图 8-18 所示。

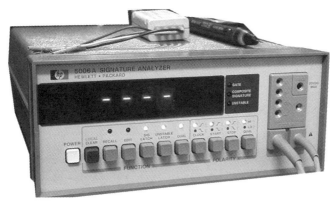

图 8-18　HP-5006A 特征代码分析仪

8.7 其他数控诊断仪器

1. 短路故障追踪仪

短路故障追踪仪是专门测试印制电路板上或元器件内部短路故障的电子仪器,它可以快速地查找印制电路板上的任何短路,如多层板短路、总线短路、电源对地短路、芯片内部短路、元器件管脚短路以及电解电容内部短路、非完全短路等故障。典型型号如 CB-2000 型短路故障追踪仪。

2. 激光干涉仪

激光干涉仪可以对机床、三测机及各种定位装置进行位置和几何的高精度校正。它可完成按标准测量各项参数,如线形位置精度、重复定位精度、角度、直线度、垂直度、平行度及平面度等。其次,它还具有若干为机床制造厂和用户所欢迎的选择功能,如自动螺距误差补偿、机床动态特性测量与评估、回转坐标分度精度标定、触发脉冲输入输出功能等。典型型号如 XL-80 激光干涉仪;ZLM700 双频激光干涉仪;XD Laser^{TM} 激光干涉仪。

3. 球杆仪

球杆仪是一种快速(10~15min)、方便、经济的检测数控机床两轴联动性能的仪器,该仪器不论对机床制造厂或用户来讲都是十分重要的性能检测和故障诊断仪器。具体功能如下:①机床精度等级的快速标定,方便机床的验收、保养与维护;②机床动态特性测试与评估;③故障诊断、预报以及故障源分离。典型型号如 QC10 球杆仪。

4. 其他诊断仪器

其他的诊断仪器如 MC-100 电机故障检测仪、HDE-10 型泄露检测仪、HLS-10 型机械故障听诊器、DT2236 型两用转速表、HCC-16P 电脑超声波测厚仪、HBA-2 型轴承分析仪、SW-2 型便携式数字显示表面温度计、PRISM-SP 红外热像仪、VM-63 袖珍手持振动计;各种油液分析仪器,各种噪声测量分析仪器等。

第9章 数控机床故障诊断与维修实例

9.1 数控车床故障诊断与维修实例

目前数控车床的配置中,数控系统有简易的和高档的两种类型。床身有水平床身和斜导轨床身。换刀机构采用数控电动刀架,主轴的驱动方式有采用变频器驱动变频电机和直接采用三相异步电机驱动主轴。伺服驱动装置有步进电机、直流伺服电机、交流伺服电机。

数控车床的故障形式主要表现在:步进电机的失步和反向间隙,伺服执行系统环路故障,刀架不转,刀架转位时不停,刀架转位错误,以及刀架转位未完成造成的程序不执行,主轴换挡不到位,主轴不转等故障。

9.1.1 CNC 系统

实例 9-1

故障设备:南京 JN 系列数控系统。

故障现象:加工时程序不能进行选择,系统只给出第一个零件加工程序的内容。

故障检查与分析:根据故障报警的内容,检查数控系统内零件加工程序全部存在,引导程序也存在。执行系统给出的那个零件加工程序时,也能够进行正常的加工,这说明整个数控系统没有问题。为什么会出现上述奇怪的故障现象呢?查阅系统使用说明书知:程序的调用必须要在 N 的序号后输入程序号才能进行。检查操作者调用加工程序的过程,发现其并未输入 N 及其序号,而是直接输入程序号进行调用,故生产了上述故障现象。

故障处理:纠正操作者的操作方法后,故障排除。

实例 9-2

故障设备:德国 PITTLER 公司的双工位专用数控车床,西门子 810T 系统。每工位各用一套数控系统。伺服系统采用西门子的产品,型号为 6SC6101-4A。

故障现象:自动加工时,右工位的数控系统经常出现自动关机故障,重新起动后,系统仍可工作,而且每次出现故障时,NC 系统执行的语句也不尽相同。

故障检查与分析:西门子 810T 系统采用 24V 直流电源供电,当这个电压幅值下降到一定数值时,NC 系统就会采取保护措施,迫使 NC 系统自动切断电源关机。该机床出现这个故障时,这台机床左工位的 NC 系统并没有关机,还在工作,而且通过图样进行分析,两台 NC 系统共用一个直流整流电源。因此,如果是由于电源的原因引起这个故障,那么肯定是哪个出故障的 NC 系统保护措施比较灵敏,电源电压下降,该系统就关机。如果电压没有下降或下降不多,系统就自动关机,那么不是 NC 系统有问题,就是必须调整保护部分的设定值。这个故障的一个重要原因为系统工作不稳定。但由于这台机床的这一故障是在自动加工时出现的,在不进行加工时,并不出现该故障,所以确定是否为 NC 系统的问题较困难。为此首先对供电电源进行检查,测量所有的 24V 负载,但没有发现对地短路或漏电现象。在线检测直流电压的变化,发现电压幅值较低,只有 21V 左右。长期观察,发现在出现故障的瞬间,电压向下波动,而右工位 NC 系统自动关机后,电压马上回升到 22V 左右。故障一般都发生在主轴吃刀或刀塔运动的时候。据此可以认为 24V 整流电源有问题,容量不够,可能是变压器匝间短路,使整流电压偏低,当电网电压波动时,影响了 NC 系统的正常工作。为了进一步确定这一判断,用交流稳压电源将交流 380V 供电电压提高到 400V,故障就再也没有出现过。

故障处理:为了彻底消除故障,更换一个新的整流变压器,使机床稳定工作。

实例 9-3

故障设备:数控车床,SINUMERIK 820T 数控系统。

故障现象:机床通电后,数控系统启动失败,所有功能操作键都失效,CRT 上只显示系统界面并锁定,同时,CPU 模块上的硬件出错红色指示灯亮。

故障检查与分析:故障发生前,有维护人员在通电的情况下,按过系统位控模块上伺服轴反馈的插头,并用螺钉旋具紧固了插头的紧固螺钉,之后就造成了上述故障,数控系统无论在断电或通电的情况下,如果用带静电的螺钉旋具或人的肢体去触摸数控系统的连接接口,都容易使静电窜入数控系统而造成电子元器件的损坏。在通电的情况下紧固或插拔数控系统的连接插头,很容易引起接插件短路,从而造成数控系统的中断保护或电子元器件的损坏,故判断故障由上述原因引起。

故障处理:在机床通电的状态下按 RESET 并启动系统,系统即恢复正常。通过 INITIAL CLEAR(初始化)及 SET UPEND PW(设定结束)软键操作,进行系统的初始化,系统即进入正常运行状态。如果上述方法无效则说明系统已损坏,必须更换相应的模块、系统。

实例 9-4

故障设备:德国 PNE480L 数控车床,西门子 SYSTEM 5T 系统。

故障现象:机床合上主开关启动数控系统时,在显示面板上除 READY(准备好)灯不亮外,其余所有各指示灯全亮。

故障检查与分析:因为故障发生于开机的瞬间,因此应检查开机清零信号 RESET 是否异常。又因为主电路板上的 DP6 灯亮,而且它又是监视有关直流电源的,因此也需要对驱动 DP6 的相关电路以及有关直流电源进行必要的检查,其步骤如下:第一,因为 DP6 灯亮属报警显示,所以首先对 DP6 的相关电路进行检查,经检查确认是驱动 DP6 的双稳态触发器 LA10 逻辑状态不对,已损坏。用新件更换后,虽然 DP6 指示灯不亮了,但故障现象仍然存在,数控系统还是不能启动。第二,对 RESET 信号及数控系统箱内各连接器的连接情况进行检查,发现连接状况良好,但 RESET 信号不正常,与其相关的 A38 位置上的 LA01 与非门电路逻辑关系不正确。但我们没有轻易更换此件,而对各直流电流进行了检查。第三,检查 ±15V、±5V、+12V、+24V,发现 -5V 电压值不正常,实测为 -4.2V,已超出 ±5% 的误差要求。进一步检查发现该电路整流桥后有一滤波用大电容 C19(10000μF/25V)焊脚处印制电路板铜箔断裂。

故障处理：将其焊好后，电压正常，LA01 电路逻辑关系及 RESET 信号正确，故障排除，数控系统能正常启动。

实例 9 - 5

故障设备：SIEMENS 802D Sl 数控车床。

故障现象：该机床系统采用 SIEMENS 802D Sl 系统，两轴两联动，机床上电后，没有报警，点动方式和回零操作时，机床屏幕坐标值有变化，但实际机床坐标轴并没有移动。

故障检查与分析：点动方式和回零操作时，机床屏幕坐标值有变化，而实际机床坐标轴没有移动，故障检查包括：①由于机床屏幕坐标值有变化，说明手动信号、倍率信号及与轴速度有关的机床数据没有问题。②对机床进行停电上电操作，故障没有消失。③检查机床轴是否处在模拟状态，经检查机床参数设定正确。④当检查程序控制方式时发现程序测试功能被激活，程序测试功能用于检验零件加工程序是否正确。在该功能被激活后机床坐标轴被锁住，机床进入仿真状态，只有位置显示的仿真运行，而没有坐标轴的实际运动。该功能具有断电记忆功能，一旦激活系统断电后再上电该功能依然有效。

故障处理：进入自动方式，选择程序控制，按下【程序测试】软键将测试功能取消，将机床转换到手动方式，机床运行正常。

实例 9 - 6

故障设备：CK7815/1 型数控车床，FANUC - 3TA 系统。

故障现象：在调试程序过程中，按下启动按钮，显示器无显示，无光栅。

故障检查与分析：进给伺服机构采用 FANUC - BESK 直流伺服电机（FB - 15 型），可在较宽范围内实现无级调速和恒速切削。机床顺序控制由系统内装的可编程序控制器来实现。检查 NC 柜中电源板无 24V 直流电压输出，关掉机床电源，将 PCB 主板上与直流 24V 电源相连的接插件 PC3 拔下，然后给机床通电，电源板有直流 24V 电压，此时 CRT 有光栅，这说明在 PCB 主板或与其相连的插口及印制电路板中有短路的地方。关掉电源，试将与 PCB 连接的输入/输出接口 M1、M2 和 M18 拔下，把 PC3 插口恢复，通电试车，CRT 显示正常。关掉电源，逐一连接 Ml、M2 和 M18，查出输入接口 Ml 和与 PLC 板连接的 M18 中均有短路地方，至此，排除了 PCB 主板和 PLC 板，说明故障出现在机床侧。检查 M1 和 M18 中的 32P 均与地短路，检查 32P 所有接线都是 5 号（即系统直流 24V 电源），通过分线盒与强电柜中的 5 号端子相连，将 5 号端子上的信号线逐一用万用表测量，发现有一条线与地短路，顺此线查明，故障发生在刀盘接线盒内的刀位开关上。

故障处理：重新调整刀位开关和接线后故障排除，机床恢复正常。

实例 9 - 7

故障设备：CF5225 立车，FANUC - 7CT 数控系统。

故障现象：死机故障初期，起动 NC 时不是很容易，一般要起动 2~3 次才能成功。情况持续了 2~3 个月后，不能进入监控状态，处于"死机"状态，无任何报警信息。

故障检查与分析：构成 FANUC - 7CT 的 7 个主要单元板是 CPU 板、MEM 板、I/O 板、MDI/DPL 板、电源单元板、位置控制板和附加位置控制板。造成死机故障一般由时钟和 CPU 部分（含监程序）等几部分电路故障引起。这几部分都在 CPU 板上。监控程序 EPROM 封固完好，一般不会损坏。对 CPU 的时钟电路进行分析和测试的结果是，CPU 在开机时 4 片 2901 有时钟，经 2s 左右又消失，但时钟电路正常。造成这种时钟消失的原因是 CPU 部分工作不正常,有硬逻辑封锁时钟。所以,CPU 部分有故障。FANUC-7CT 数控系统采用的是位片式结构:主 CPU 是用 4 片 2901 构成的 16 位 CPU,主 CPU 指令系统又是由微程序定序器支持的。微程序定序器由 2 片 2911 构成。这种位片式 CPU 结构的 CPU 故障包括:位片式微处理器(4 片 2901)、微程序定序器(2 片 2911)、微处理器监控程序和微程序定序器监控程序。分析至此,为以防万一,又在在线测试仪上测试了这 4 部分以外的元器件,都工作正常。对于构成 CPU 的 4 大部分的分析结果为:构成 CPU 的 4 大部分,很难确定是哪一部分出故障。微处理器和微程序定时器两种监控程序分别固化在 17 片和 9 片 1 位 EPROM 芯片上(有一位是 P/V 校验),一般很难丢失。至于主 CPU,它采用的是双极性位片式微处理器,发热量大,容易出现热损坏。所以应该更换 4 片 2901。

故障处理:更换 2901 后重新启动 NC 正常。对 FANUC-7CT 的常用操作功能 AUTO,EDIT,MDI,JOG,HANDWHEEL 进行检验,一切正常。

实例 9-8

故障设备:美国 CS-42 数控车床,FANUC 0TB 数控系统。

故障现象:机床在运行中突然出现停机,且操作板失电,报警信息为 914 RAM PARITY(SERV0)。

故障检查与分析:根据报警信息自诊断提示,参考该机床维修手册对"914"报警号分析,初步确认伺服系统中的 RAM 出现奇偶性错误;经检查 CNC 系统,发现主电路板报警信号灯 WDA 红灯亮,说明主电路板上有故障。卸下主电路板进行检测,发现驱动 X 轴的芯片 MB81C79A-45P-SK 损坏。

故障处理:更换备件,主电路板恢复正常运行,故障排除(因主电路板断电检测时间较长,会使 NC 参数丢失原设定参数出现混乱,需重新输入 NC 参数)。

9.1.2 伺服系统

实例 9-9

故障设备:EEN-400 匈牙利数控车床(380X1250)。

故障现象:机床的 Z 轴回零不准,产生误差。误差在 0.37mm 左右,无定值,无规律。无任何系统报警。无驱动单元故障指示。

故障检查与分析:EEN-400 匈牙利数控车床(380X1250)是由匈牙利西姆(SEIN)公司生产的,数控系统型号 HUNOR PNC 721,由匈牙利电子测量设备厂生产,选用四象限操作脉宽调制晶体管伺服放大器作伺服驱动单元,型号 CVT48R2/A1,由奥地利的 STROMAG 厂生产。伺服电机由匈牙利的 EVIG 厂生产并带有位置编码器,构成半闭环伺服控制系统。

① 误差是随机的,开始是偶发的,消除后重走,一切恢复正常,以后故障明显,达到每次运动均有误差产生。表现形式:当给定 Z 轴 +100mm,会出现运行显示到 +99.654mm,系统就停止了。如果从这个值开始再给定 -100mm,则会在运行到 -0.021mm 停止。② 用替换法将系统的坐标分配板 1MUX 与 1MUZ 互换,故障无变化。③ 检查所有 Z 坐标的连接电缆、插头插座、信号线、均无异常。④ 检查 Z 轴位置编码器也正常。⑤ 与另一台同型号数控车交换伺服系统 XE1 板,故障转移。进一步交换此板中的集成电路块逐一测试,找出了损坏的集成块。

故障处理：更换损坏的集成电路,故障排除。

说明：根据故障现象,按常规分析,似乎系统坐标分配板或位置编码器有故障的可能性较大,但为什么故障却发生在伺服单元内呢?分析后认为,位置编码器是绝对式位置测量元件,常被用来做主轴准停装置而替代传统的机械定向装置的,在 EEN-400 数控车上用它作为伺服系统的位置反馈元件,形成半闭环控制系统。当 MPU(计数单元)向伺服单元发出了指令后,如果收不到编码器反馈的准确到达的信息,那计数无法停止,而要使编码器有正确的反馈,则丝杠必须转动给定的圈数和角度,所以伺服单元的运动该是没有问题了。那么就应怀疑是显示电路的问题了。

从脉冲宽度跟踪细分原理图里可以看到,显示电路是由控制电路来输出的,控制电路的一路输出及显示电路的故障均会造成显示器的显示值发生错误,而实际上却是正确的故障现象。

实例 9-10

故障设备：CK6141 数控车,配 SIEMENS 802S 系统,X、Z 轴为步进电机。

故障现象：在自动、手动等方式下均出现 X 轴行程失步的现象。

故障检查与分析：失步的原因从传动链来讲,一般在丝杠、带轮、电机连接轴、电机本身。在机床开机的情况下,手动扳动丝杠,可以扳动。脱开电机带轮检查发现丝杠、传动带、联轴器均无问题。手扳电机轴,发现自锁力不足,电机轴可以扳动。故障原因明确为电机内部故障。

故障处理：更换新的步进电机后,机床恢复正常。

实例 9-11

故障设备：济南第一机床厂 MJ50 型数控车床,采用 FANUC 0TE-A2 数控系统,轴进给为交流伺服。

故障现象：机床出现 401 报警。

故障检查与分析：X 轴伺服板 PRDY(位置准备)绿灯不亮、0V(过载)、TG(电机暴走)两报警红灯亮,CRT 显示 401 号报警;通过自诊断 DGNOS 功能,检查诊断数据 DGN23.7 为"1"状态,无"VRDY"'(速度准备)信号;DGN56.0 为"0"状态。无"PRDY"信号、X 轴伺服不走。断电后,NC 重新送电 DGN23.7 为"0",DGN56.0 为"1",恢复正常。CRT 上无报警。按 X 轴正、负方向点动,能运行。但走后 2~3s,CRT 又出现 401 号报警。因每次送电时 CRT 不报警,说明 NC 系统主板不会有问题,怀疑故障在数控系统;采用交换法,先更换伺服电路板,即 X 轴与 Z 轴伺服板交换(注意:短路棒 S 的位置)。交换后,X 轴可走,但不久出现 401 号报警,而 Z 轴不报警,说明故障在 X 轴上;继续更换驱动部分(MCC)后,X 轴正、负方向走动正常并能加工零件,但加工第二个零件时,出现 401 号报警。查 X 轴机械负载,卸传动带,查丝杠润滑,用手可扳动刀架上下运动,确认机械负载正常。检查伺服电机,绝缘正常。电机电缆及插接头绝缘正常;用钳形电流表测量 X 轴伺服电机电流,电流值在 6~11A 范围内活动;查阅说明书,X 轴伺服电机为 A06B-0512-B205,为 05 型,额定电流力 6.8A。而现空载电流已大于 6A,但机械负载正常,只能怀疑刹车抱闸未松开,电机带抱闸转动。用万用表检查,果然刹车电源 90V 没有,检查熔断器又未熔断,再查,发现熔座锁紧螺母松动,板后熔座的引线脱落,造成无刹车电源。

故障处理：将所述部位修复后，故障排除提示：由于 X 轴电机抱闸还能转动，容易误认为抱闸已松开。可实际是过载，因伺服电机电流过大，造成电流环报警，引起 NC 系统出现"PRDY"（位置准备好）信号没有，接触器 MCC 不吸合使"VRDY"（速度准备）信号没有，从而出现 401 号报警及 OV 和 TG 红灯亮，当电流大到一定程度就会出现 400 号报警。

实例 9–12

故障设备：美国 CS–42 数控车床，采用 FANUC 0TB 数控系统。

故障现象：随机性报警停车，CRT 上显示多项伺服报警信息。3 轴 DETECT ERR 伺服板上 HC 灯亮显示报警。

故障检查与分析：CRT 上显示 401 SERVOALARM（VRDY OFF）、414 SERVO ALARM X 轴（DETECT ERR）、424 SERVO ALARM Z 轴 DETECT ERR、434 SERVO ALARM，根据报警内容，判断 401 号报警的原因可能是数字伺服控制单元上的电磁接触器 MCC 未接通，数字伺服控制单元没有加上 100V 电源，数字伺服控制板或主控板接触不良。414、424、434 号报警是 X 轴、Z 轴和第 3 轴数字伺服系统有故障，很可能是这三个轴的输入电源电压太低，伺服电机不能正常运转，而 HC 报警的主要原因是伺服板上有电流流过伺服放大器，根据以上分析，检测 MCC 接触器的线圈、连接导线、浪涌吸收器等元件均无异常，进一步检测观察，发现热保护开关动作。

故障处理：调整 MCC 热保护开关，使其完全复位。

实例 9–13

故障设备：沈阳第三机床厂生产的 S_3–241 数控车床，数控系统原为美国 DYNAPATN 系统，后改造为日本 FANUC–0TD 系统。

故障现象：机床运转正常，CRT 显示器参考点位置没变，但每次按程序加工时，Z 轴方向总是相差 5mm 左右。

故障检查与分析：故障产生这 5mm 误差显然不能由刀具补偿所能解决，肯定有不正常因素。经调查了解到，前一天加工时，因 Z 轴护挡板坏了，中间翘起，迫使 Z 轴走不到位（Z 轴丝杠转不动）而停机。修好护挡板，开机时就出现这故障。

检查 Z 轴的减速开关，挡铁都未松动，实际参考点位置与 CRT 显示值也相差 5mm 左右，而丝杠的螺距是 8mm，因此正好差半圈左右。NC 发令 Z 轴电机运转而 Z 轴丝杠因挡板卡住而转不动，很可能造成连轴节打滑。打滑后机床返回参考点时，减速开关释放后，找编码器栅格"1 转"PC 信号。原来转小半圈就找到了"1 转"信号，而现在估计要转大半圈才找到"1 转"PC 信号（图 9–1）。这样参考点尺寸位置就相差半个螺距了。

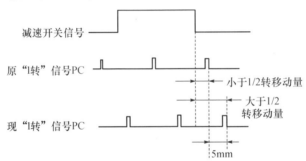

图 9–1 编码器"1 转"信号与丝杠螺距关系图

故障处理:松开 Z 轴连轴节,转动 Z 轴电机轴半圈(丝杠不动)。再试返回参考点,发现有时小于 5mm,有时也大于 5mm 的现象。我们估计"1 转"信号处于临界位置,再松开连轴节,再转 1/4 圈,再试返回参考点和各程序动作,位置尺寸正常,实践与分析一致!故障排除。

实例 9 – 14

故障设备:N084 数控车床,配 FANUC_0TD 系统。

故障现象:机床使用了 6 个月,机床回参考点不准。

故障检查与分析:故障刚开始是偶尔一次,故障出现的频率很低,现在比较频繁,有时开机要回五六次参考点才能回到正确的位置上。机床加工的精度很好,没有问题。FANUC 系统回参考点的动作是首先拖板高速向参考点逼近,当梯形回参考点挡块压上回参考点减速行程开关后,拖板降速,当回参考点挡块与回参考点减速行程开关脱开时,伺服电机以恒定的速度继续旋转,寻找伺服电机内编码器的零标志线,找到后再移动系统参数中的参考点补偿距离,停止,回参考点完成,像这种故障,一般都是因为行程开关性能下降或挡块移位造成的,当减速行程开关脱开的时候,正好在伺服电机编码器零标志线的旁边,有时开关在零标志线左边脱开,有时在右边,这样回参考点的位置就会差整整一个螺距。

故障处理:故障解决很简单,只要把挡块向前或向后移动 1~2mm,半个螺距,错开零标志线位置,然后开机回参考点检查,机床恢复正常。

实例 9 – 15

故障设备:N084/32 数控车床,配 FANUC 0TD 系统。

故障现象:X 轴加工尺寸不稳,电机反复振动。

故障检查与分析:操作人员反映 X 轴加工尺寸不稳,调整塞铁,更换丝杠轴承,安装电机时发现电机异响、在圆周方向上反复振动,影响加工精度。检查初期怀疑伺服驱动器有故障,将 X 轴与 Z 轴的电缆与编码器交换,发现 X 轴的抖动状况减弱。判断 X 轴驱动器有问题,将该驱动器与同型号伺服驱动器交换,开机后发现故障依然。将 X 轴伺服电机安装到同型号的机床上,电机抖动情况依然。其后开始从参数方面着手调试,开始调试伺服参数时,降低环路增益等各项增益都没有效果,后提高环路增益到 3500 及 4000 位置,电机抖动情况消失(仍有电机响声),可以满足生产加工的需要。

故障处理:更改伺服参数,提高环路增益到 3500。

9.1.3 主轴系统

实例 9 – 16

故障设备:N084 数控车床,机床配 SIEMENS 802D 系统,使用 2 年。

故障现象:机床使用 2 年一直没有使用过尾架,因产品更换需要尾架,但只要套筒一伸出就出现前限位报警,如果不用尾架则正常。

故障检查与分析:尾架前限位报警指的是尾架套筒已经全部伸出到底,即使表面上看好像是顶到工件,其实已经没有压力,这时刀具上去切削,就会发生事故,损坏刀具,甚至机床,所以一旦有尾架前限位报警,主轴是不允许起动的。这种故障属于机床动作故障,修理或调整以前必须熟悉机床的动作顺序。尾架套筒伸缩位置由两个接近开关检测,当套筒向前伸出时,接近开关 A 由 1 变为 0,接近开关 B 由 0 变为 1,这时就是工作区域;当全部伸出到底时,接近开关 A 由 0 变为 1,接近开关 B 还是为 1,这时就是前限位故障区域。尾架套筒一伸出而没有到达前限位区域就报警,可以肯定是检测开关或者是信号线路的问题,直接在数控系统的诊断画面中查看这两个信号在套筒伸出时的变化情况,发现前限位区域的接近开关一直为 1,当后限位区域的接近开关由 0 变为 1 时,前限位区域的接近开关必须变为 0,否则就会出现前限位报警。检查前限位区域的接近开关,发现因为长期没有清理保养,接近开关长期在切屑和冷却水中,已完全被腐蚀损坏,后限位区域的接近开关虽然没有损坏,但也腐蚀严重。

故障处理:把前、后限位区域的接近开关全部更换后,机床运转正常。

实例 9-17

故障设备:济南第一机床厂 MJ-50 数控车床,采用 FANUC 0T 系统。

故障现象:机床主轴运转当中随机出现速度往下大幅度波动情况,故障多次重复出现,无任何报警显示。

故障检查与分析:分析故障现象,应该是主轴驱动部分有故障。用转速表检测主轴故障时实际转速与 CRT 显示值相符,但比设定值小得多(1/2 以上),说明检测元件没问题。打开电器柜,检查主驱动部分各指示灯无异常,再检查主电机电缆各接线端子等,发现与电机相连的 U、V、W 三相电缆中,其中有一相与主轴伺服单元的功率板连接处已烧成炭黑状,仔细观察,发现连接螺钉松开,属严重接触不良。由于接触不良,机床切削中遇到大的振动,接触不良加剧,阻值增大,引起发热,并伴随输出功率减小,转速下降,随着时间推移,故障越来越明显。

故障处理:将功率板取下,清除炭化部分,换下接线端子重新连接后,机床运转正常。

实例 9-18

故障设备:南京机床厂 N084 型数控车床,配 FANUC 0TD 系统。主轴电机是变频电机,由变频器驱动。

故障现象:机床刚到用户处进行调试,前几天还很正常,突然出现报警,关机以后再开机,没有报警,但只要主轴转速超过 400r/min 就会出现报警。

故障检查与分析:911、910 属于系统报警,是比较严重的报警,一般都是因为严重的电磁干扰或硬件故障才能引起。首先确认报警是否与主轴有关系,不旋转主轴,系统开机 1h,机床无报警,然后旋转主轴,系统马上报警,可以确认是主轴运转引起的报警,因为变频器是强干扰源,所以先考虑变频器的电磁屏蔽问题,变频器的屏蔽地线和主电机的屏蔽地线必须可靠接地,并且主电机的地线必须接在变频器的地线端子上,这样变频电机产生的高频电流可以通过地线回到变频器而被吸收,减少对外界的干扰。检查后发现,屏蔽很好,先更换变频器试试,故障依旧,再更换系统,故障还是没有排除,看来故障在外围电路。仔细检查柜内电器,没发现什么异常的地方,打开机床罩壳检查主轴电机,发现了故障所在,原来是脚踏开关电缆碰到了主轴传动带,可能是机床在运输过程中脚踏开关电缆从固定的地方脱落,碰到了主轴传动带,因为电缆是钢丝护套电缆,刚开始时传动带并没有磨穿电缆,运行一段时间后,电缆被磨穿,露出信号线,电缆上的塑料外套与主轴传动带高速摩擦产生静电通过信号线引起系统故障。

故障处理:重新固定好电缆后,机床运行正常。

实例 9-19

故障设备：南京机床厂 N084 型数控车床。

故障现象：机床使用 2 年，突然有较大的噪声，像风声，比较沉重，但加工工件的尺寸稳定，粗糙度正常。

故障检查与分析：有很大的声音，如果有主轴箱，就要先判断是否是主轴箱内齿轮有问题，齿轮磨损、润滑不足都会有这种声音，但这台 N084 数控车床，没有主轴箱，是一根光主轴，所以一般都是轴承问题。首先检查主轴，如果主轴轴承有问题，有时用手去转动主轴是能感觉出来的，比如感觉不流畅、有微弱的瞬间振动等，而且检查主轴轴向、径向跳动也是能查出来的，但不管怎么检查，发现主轴都是正常的，于是怀疑跟主轴一起旋转的部件可能有问题，只有一个一个地与主轴脱开再旋转主轴测试。当时主轴连接的有两个部件，一个是回转液压缸，夹紧卡盘用的，一个是主轴脉冲编码器，与主轴通过同步带 1:1 连接，检测主轴转速，主轴编码器通过联轴器与同步带盘连接。先脱开回转油缸，旋转主轴，还是有噪声，重新装上液压缸，卸下主轴编码器的同步带，旋转主轴，声音消失，说明主轴脉冲编码器这套机构有问题，拆下主轴编码器和它的一整套机械机构，并全部拆开，仔细检查各零件的状况，发现同步带盘的轴承已经发黑，有高温烧烤的痕迹，说明轴承已损坏。

故障处理：更换轴承后，机床正常。

实例 9-20

故障设备：N084 数控车床，配 FANUC 0TD 系统，S 系列主轴驱动，机床已使用 4 年。

故障现象：主轴启动时有剧烈的抖动，并有很大的响声，1~2s 后主轴报警。

故障检查与分析：数控系统有着强大的自诊断功能，也具有丰富的报警内容，并且 S 系列主轴驱动也有自己的报警，所以这类故障只要按照系统的维修说明书去检查、维修，就能解决问题。系统报警号是 750，查阅维修手册，含义是串行主轴异常。然后检查电气柜里主轴模块的数码管显示，也就是报警显示，显示 27，含义是编码器信号错误，需要检查连接电缆和编码器。因为像这种主轴驱动，有两个编码器，一个在主电机内，一个与主轴 1:1 用同步带连接。先检查与主轴直接连接的编码器，这种编码器是脉冲编码器，一转是 1024 个脉冲，检查电缆，没有问题；更换编码器，故障依旧，说明不是这个编码器的问题。着重检查主轴电机内的编码器，先检查外部电缆，正常；把主轴电机后面打开检查编码器，这种编码器也是脉冲编码器，但前面与主轴直接连接的编码器是光电玻璃码盘的，码盘上刻有 1024 条线，而这种编码器是磁感应的，由一个感应头和一个有 128 或 256 齿的齿盘组成，这种编码器齿盘不会有问题，只有更换一个感应头试试。

故障处理：与 FANUC 公司联系，购买感应头，更换后机床正常。

实例 9-21

故障设备：美国 CS-42 数控车床，采用 FANUC 0TB 数控系统。

故障现象：机床在运行中，主轴急停，并出现报警信息：CRT 显示 1008 SPINDLE UNIT FAULT，主轴伺服板上显示 AL-12。

故障检查与分析：从 AL-12 报警信息分析，很可能是速度控制系统主回路的直流电流过大引起，原因有三：一是主轴电机绕组短路；二是主轴驱动板上逆变送器用的晶体管模块损坏；三是电路板故障。因此，首先检测主轴电机绕组，阻值正常；接着检测驱动板输出信号,发现三项输出电压信号有偏差,卸下驱动板,检测逆变送晶体管模块,发现已损坏。

故障处理:更换晶体管模块,故障排除。

实例 9-22

故障设备:美国 CS-42 数控车床,采用 FANUC OTB 数控系统。

故障现象:机床在开机点动时,主轴运转不停且操作失灵,但无任何报警信息。

故障检查与分析:操作失灵一般有两个原因:一是操作面板失电;另一个是系统内软件出现错误。此故障出现时,X 轴、Z 轴、T 转塔均可操作移动,只是主轴点动运转起来后停不下来,说明操作面板各键工作正常,故障出在主轴伺服单元的软件上。进一步分析技术资料,确定主轴伺服控制板上的 NVRAM 中软件出现错乱。

故障处理:首先利用主轴伺服控制板上的短路销设置,清除芯片现存内容,并对其进行初始化,然后依照机床设定参数,重新调整主轴速度参数后故障排除。

实例 9-23

故障设备:日本西铁城 F12 数控车床,数控部分采用的是 FANUC 10T 系统。

故障现象:在加工过程中,主轴不能按指令要求进行正常的分度,主轴分度控制装置上的 ERROR(错误)灯亮,主轴慢慢旋转不能完成分度。除非关断电源,否则主轴总是旋转而不停止。

故障检查与分析:F12 数控车床是从日本西铁城公司引进的。该机床的最大加工直径为 $\Phi12mm$,其数控部分采用的是 FANUC 10T 系统。它带有棒料自动进给装置,主轴最高转速为 10000r/min,因为有主轴分度装置,且刀台上有工具主轴,故可进行二次加工。

此故障多与检测主轴分度原点用的接近式开关,以及与分度相关的限位开关等有关电气部件以及机械上的传动及执行元件有关。

我们首先依照维修说明书关于该故障的排故流程图依次做了如下检查:

(1) 梯形图中 y000.2=1;

(2) 与分度相关的除液压缸动作良好;

(3) 与分度相关的滑移齿轮啮合良好;

(4) 通过诊断功能检查 LSCSEL 的开关状态 DGN X1.6=0。

以上均为正常状态,按流程图要求应该与制造商联系。但为慎重起见,又做了如下工作:

(1) 检查主轴分度原点用接近开关,确认该开关与感应挡铁的间隙在 0.7mm 左右,符合说明书所说的其间隙在 1mm 以内即可,故障仍然存在。

(2) 由于故障未排除,又进一步更换主轴分度控制装置 IDX-10A,以及分度用步进电机、编码器、数控箱内的 DI/D03 A16B-1210-0322A 板等,并检查有关的电气连线,仍未解决问题。

正当感到无从下手之时,随意地将一垫铁挨在接近开关的感应端面上,机床突然地完成了主轴分度动作,由此可判断是该接近开关的灵敏度降低了。

故障处理:将该接近开关与感应挡铁的间隙调整在 0.1mm 左右,则机床恢复正常,故障排除了。

说明:工作中要尽量想得全面、周到、仔细、认真,本着先简后繁、先易后难、逐步深入的原则,避免经验主义的错误,以免走弯路,枉做许多无用功。

9.1.4 刀架系统

实例 9-24

故障设备:台湾大冈 TNC-20N 数控车床,数控系统为 FANUC 0T。

故障现象:该机床发生碰撞事故后,刀架在垂直导轨方向上偏差 0.9mm,刀架在原方向上旋转 90°后用另一组定位销定位刀架后,偏位故障排除,但刀塔转了 90°,刀具号在原刀号上增加了"3"。即选择一号刀时实际到位刀是四号刀,这使操作工极易产生误操作。

故障检查与分析:台湾大冈工业公司 TNC-20N 数控车床,系统型号为 FANUC 0T。该刀架的换刀过程如下述:

(1) 选择刀号发出换刀指令;
(2) NC 选择刀架旋转方向;
(3) 刀架旋转;
(4) 编码器输出刀码;
(5) 要换刀具到位,PLC 指令刀架定位销插入;
(6) 刀架夹紧。

最终选择的刀具是由编码器输出刀码决定的。重新安装刀架时转 90°后定位,而编码器并没有旋转,还停在原来的刀码位置,这是造成乱刀的原因。

故障处理:由于编码器输出 4 位开关信号,PLC 以二进制码对刀具绝对编码,改 PLC 程序可以调整刀码,但要请机床制造厂家来完成,花费大,维修周期长,此法不考虑。

除此之外采用以下两种方法均可使刀号调整正常:

(1) 让刀架固定在某刀具号 A 上,脱开编码器与刀架驱动电机之间的齿轮连接。旋转编码器使其编码与刀架固定的刀号 A 一致,再将编码器与刀架连接即可。

(2) 固定编码器输出某个刀具编码 A,脱开编码器与刀架驱动电机之间的齿轮连接,拔出刀架定位销。用手扳动刀架使指定刀号与编码号一致。

采用上述第一种方法时,由于编码器在约 15°范围内转动时,输出码不变化,均与指定刀码一致。所以往往要多次调整其位置才能使刀架准确定位。采用第二种方法时,刀架是靠定拉销插入定位槽来定位,每个指定刀位对应一个定位槽,一次即可完成定位。

用上述两种方法时,系统启动,但急停开关一定要按下,以防发生事故。

实例 9-25

故障设备:德国 PITTLER 公司的双工位专用数控车床,数控系统采用西门子 SINUMERIK 810/T。

故障现象:刀架转动不到位。

最初发生这个故障时,是在机床工作了 2~3h 之后,在自动加工换刀时,刀架转动不到位,这时手动找刀,也不到位。后来在开机确定零号刀时,就出现故障,找不到零号刀,确定不了刀号。

故障检查与分析:刀架计数检测开关、卡紧检测开关、定位检测开关出现问题都可引起这个故障,但检查这些开关,并没有发现问题,调整这些开关的位置也没能消除故障。刀架控制器出现问题也会引起这个故障,但更换刀架控制器并没有排除故障。仔细观察发生故障的过程,发现在出现故障时,NC 系统产生 6016 号报警"SLIDE POWER PACK NO OPERATION"。该报警指示伺服电源没有准备好。分析刀架的工作原理,刀架的转动是由伺服电机驱动的,而刀架转动不到位就停止,并显示 6016 伺服电源不能工作的报警,显然是伺服系统出现了问题。西门子 810 系统的 6016 号报警为 PLC 报警,通过分析 PLC 的梯形图,利用 NC 系统 DIAGNO – SIS 功能,发现 PLC 输入 E3.6 为 0,使 F102.0 变 1,从而产生了 6016 号报警。PLC 的输入 E3.6 接的是伺服系统 GO 板的"READY FOR OPERATION"信号,即伺服系统准备操作信号,该输入信号变为 0,表示伺服系统有问题,不能工作。检查伺服系统,在出现故障时,N2 板上口[Imax]t 报警灯亮,指示过载。引起伺服系统过载第一种可能为机械装置出现问题,但检查机械部分并没有发现问题;第二种可能为伺服功率板出现问题,但更换伺服功率板,也并未能消除故障,这种可能也被排除了;第三种可能为伺服电机出现问题,对伺服电机进行测量并没有发现明显问题,但与另一工位刀架的伺服电机交换,这个工位的刀架故障消除,故障转移到另一工位上。为此确认伺服电机的问题是导致刀架不到位的根本原因。

故障处理:用备用电机更换,使机床恢复正常使用。

实例 9 – 26

故障设备:济南第一机床厂的 MJ – 50 数控车床,数控系统为 FANUC 0TE。

故障现象:在机床调试过程中,无论手动、MDI 或自动循环,刀架有时转位正常,有时出现转位故障,刀架不锁紧,同时"进给保持"灯亮,刀架停止运动。

故障检查与分析:该转位刀架是济南第一机床厂的专利产品,是由液压夹紧、松开,由液压马达驱动转位的。因此,要认为是刀架机械问题是无根据的。

应确认转位刀架 PLC 控制程序有问题,尤其是刀架控制程序中延时继电器的时间设定不当,有可能出现这种故障。因为刀架装上刀具以后,各刀位回转的时间就不一样了,有可能延时时间满足了回转较快的刀位,而满足不了回转较慢的刀位,出现转位故障,不过,这种故障是有规律可循的,而这台机床转位刀架故障找不到这种规律。

根据每次转位刀架出现故障时,"进给保持"灯亮这一点,从 PLC 梯形图上分析,反推故障点,但查不到原因。机床厂两年前提供的 PLC 梯形图上,"进给保持"灯与转位刀架故障信号无关。显然,机床厂提供的这份 PLC 程序梯形图与机床实际控制程序不符。

由于程序与梯形图不符,无法分析,只能完全依靠 I/O 诊断画面来分析故障原因。在反复手动刀架转位中,逐渐找到了规律。那就是奇数刀位很少出故障,故障大多发生在偶数刀位且无规律可循,为此,重点调看刀架奇偶校验开关信号 X14.3,发现在偶数刀位时,奇偶校验开关信号 X14.3 时有时无,于是断定找到了故障原因。因为本刀架设计为偶数奇偶校验,在偶数刀位时,如果奇偶校验开关 X14.3 有信号,奇偶校验通过,刀架结束转位动作并夹紧。如果 X14.3 无信号,则奇偶校验出错,发出报警信号,"进给保持"灯亮,刀架不能结束转位动作,保持松开状态。而在奇数刀位不受奇偶校验影响,因而转位正常。

故障处理:拆开转位刀架后罩,检查奇偶校验开关及接线均正常,接着检查由开关到数控系统 I/O 板的线路,发现电箱内接线端子板上 X14.3 导线与端子压接不良,导线在端子内是松动的,重新压好端子,故障排除,刀架转位正常。

实例 9-27

故障设备：经济型数控车床,数控系统为南京江南机床数控工程公司的 JN 系列机床数控系统。

故障现象：加工过程中,刀具损坏。

故障检查与分析：该机床为采用南京江南机床数控工程公司的 JN 系列机床数控系统而改造的经济型数控车床。其刀架为常州市武进机床数控设备厂为 JN 系列数控系统配套生产的 LD4-I 型电动刀架。

由故障现象,检查机床数控系统,X、Y 轴均工作正常。检查电动刀架,发现当选择 3 号刀时,电动刀架便旋转不停,而电动刀架在 1、2、4 号刀位置均选择正常。采用替换法,将 1、2、4 号刀的控制信号任意去控制 3 号刀,3 号刀位均不能定位。而 3 号刀的控制信号却能控制任意刀号。故判断是 3 号刀失控。由于 3 号刀失控,导致在加工的过程中刀具损坏。

根据电动刀架驱动器电气原理检查 +24V 电压正常,1、2、4 号刀所对应的霍耳元件正常,而 3 号刀所对应的那一只霍耳元件不正常。

故障处理：更换一只霍耳元件后,故障排除。

说明：在电动刀架中,霍耳元件是一个关键的定位检测元件,它的好坏对于电动刀架准确地选择刀号,完成零件的加工有十分重要的作用。因此,对于电动刀架的定位故障,首先应考虑检查霍耳元件。

实例 9-28

故障设备：经济型数控车床,采用南京江南机床数控工程公司 JN 系列数控系统,刀架为常州市武进机床数控设备厂为 JN 系列数控系统配套生产的 LD4-I 型电动刀架。

故障现象：加工尺寸不能控制,调整尺寸与实际加工出来的尺寸相差悬殊,尺寸的变化无规律可循。即使不修改系统参数,加工出来的产品尺寸也在不停地变化。

故障检查与分析：该机床主要进行内孔加工,因此,尺寸的变化主要反应在 X 轴上。为了确定故障部位,采用交换法,将 X 轴的驱动信号与 Y 轴的驱动信号进行交换,故障依然存在,说明 X 轴的驱动信号无故障,也说明故障源应在 X 轴步进电机及其传动机构、滚珠丝杠等硬件上。检查上述传动机构、滚珠丝杠等硬件均无故障。进一步检查 X 轴轴向重复定位精度也在其技术指标之内,思考检查分析故障的思路,发现忽略了一个重要部件——电动刀架。检查电动刀架的每一个刀架的重复定位精度,故障源出现了,即电动刀架定位不准。分析电动刀架定位不准的原因,若是电动刀架自身的机械定位不准,故障应该是固定不变的,不应该出现加工尺寸不能控制的现象,一定有其他原因。检查电动刀架的转动情况,发现电动刀架抬起时,有一切屑扣在那里,切屑使刀架定位不准,这就是故障根源。

故障处理：拆开电动刀架,用压缩空气将电动刀架定位齿盘上的切屑吹干净,重新装配好电动刀架,故障排除。

实例 9-29

故障设备：CK6141 数控车床,配 SIEMENS 802C 系统,刀架为常州亚兴数控设备有限公司生产的 LDB4 四方刀架。

故障现象：紧停报警。

故障检查与分析:检查机床电器柜发现刀架热继电器跳开。一般继电器跳开的原因一个是电机有问题,过电流时间过长,另一个是机械故障引起电机堵转。测量电机后发现电机是好的,检查方向转到机械方面。拆除刀架左端堵头螺栓,依靠内六角扳手手动扳动蜗杆轴,发现阻力较大。判断刀架机械传动阻力过大,拆除刀架后发现刀架内部定位销断裂,造成机械卡死,无法完成换刀动作。

故障处理:更换定位销,复位热继电器,重新校正刀位后机床恢复正常。

实例 9-30

故障设备:机床配 SIEMENS 802D 系统,刀架是机床生产厂家南京机床厂自制的刀架。

故障现象:刀盘旋转不停,几分钟后停止,机床出现刀盘未锁紧,刀架换刀超时报警。

故障检查与分析:这种刀盘换位是通过圆柱齿轮及马氏轮机构完成,换位后依靠一对精密齿盘定位和蝶形弹簧锁紧。换位时先进行输入数控系统的目标刀位和刀架绝对编码器检测的实际刀位比较,如果不符,则进行捷径选择,选择最接近目标刀号的旋转方向,然后刀架旋转,每经过一个刀位时,刀盘都必须经历向内锁紧、向外松开、再转位这些过程。当刀盘到达一个刀位并锁紧时,比较当前刀号和目标刀号,如果不符,就继续旋转;如符合,电机停止并制动。这是刀架的具体换刀动作,了解这些动作以后,刀架故障就很容易解决。首先检查刀架编码器,如果编码器损坏,刀号信号不一致也会旋转不停,根据诊断画面检查刀架输入信号后发现,编码器正常。然后检查刀架锁紧信号,因为电机停止、换刀结束必须在锁紧的情况下,如果锁紧信号一直为 0,刀架也会继续换刀。检查后发现,锁紧信号一直为 0,而锁紧信号在经过每一个刀位时必须变为 1 一次,故判断是锁紧接近开关部分有问题。在刀架上拆下锁紧开关检查,因为接近开关在感应时,开关尾端的灯有亮、灭显示。这个常开型的接近开关一直是熄灭的,所以可以肯定是开关损坏。

故障处理:更换开关并调整好以后机床正常工作。调整的方法是手动转动电机,在刀位锁紧时,感觉电机很沉重,继续旋转电机,当感觉突然变得轻松时,继续旋转电机 3~4 圈后停止旋转,这时刀盘处于锁紧状态,然后把新的锁紧开关慢慢放入检测孔中,当尾端的发光二极管点亮时停止移动,并拧紧固定锁紧开关的螺钉,开机运转刀架,机床正常。

实例 9-31

故障设备:德州机床厂生产的 CKD6140 及 SAG210/2NC 数控车床,与之配套的刀架为 LD4-I 四工位电动刀架。

故障现象:系统发出换刀指令后,上刀体连续运转不停或在某规定刀位不能定位。

故障检查与分析:

分析故障产生的原因:

(1) 发信盘接地线断路或电源线断路;

(2) 霍耳元件断路或短路;

(3) 磁钢磁极反相;

(4) 磁钢与霍耳元件无信号。

根据上述原因,去掉上罩壳,检查发信装置及线路,发现是霍耳元件损坏。

故障处理：更换霍耳元件后，故障排除。

实例 9-32

故障设备：匈牙利西姆（SEIN）公司生产的 EEN-100 数控车床 HUNORPNC721 系统。

故障现象：刀架定位不准，影响加工精度。

故障检查与分析：经查定位不准的主要原因是刀架部分的机械磨损较严重，已不能通过常规的调整、刀补间隙补偿等手段来解决，需考虑进行整体更换。

故障处理：国内厂家已能生产具有相同性能的卧式 6 刀位刀架，可作适当的处理替代进口备件。

9.1.5 尺寸与外设

实例 9-33

故障设备：南京机床厂 NO84 型数控车床。

故障现象：机床已使用 1 年，以前一直有外圆尺寸不稳定的情况，但不严重，一般最大最小差在 0.05mm 以内，因产品要求不高，所以一直没有修理，近期问题越来越严重，最大最小差达到了 0.1mm，无法再进行加工。

故障检查与分析：该类故障一般都是机床的传动链有问题，NO84 车床 X 轴是同步带传动，如果同步带松动，或电机轴、丝杠轴与同步带盘连接松动都会出现这种故障。首先检查同步带，同步带完整无缺，没有损伤或磨损的地方，用手去挤压同步带，感觉变形很小，说明同步带是张紧的，没有问题。再检查电机轴、丝杠轴与同步带盘的连接，在同步带盘和电机轴、丝杠轴上作好记号，继续加工工件，当工件外圆尺寸有较大变化时，再去检查记号，发现有错位现象，可以肯定是连接问题，而同步带盘和电机轴、丝杠轴的连接是两组张紧套，根据工作原理，可以肯定是压张紧套的压板螺钉有松动，实际也是如此。

故障处理：拧紧螺钉后，机床恢复正常，工件尺寸最大最小差在 0.02mm 以内。

实例 9-34

故障设备：南京机床厂 NO84 型数控车床，机床已加工 3 年，期间运行正常。

故障现象：端面的加工质量不断下降，现在已无法加工。以前正常时，一个刀片可加工 100 多件工件，现在只能加工 3～4 件，而且能很清楚地看到端面有一道白环，用放大镜观察白环，非正常切削出来的，有点像挤压出来的。

故障检查与分析：工件材料属于不锈钢类，属于不易机加工材料，会粘刀，所以切削时刀具阻力大，出现这种情况，有两种可能：一是刀具安装有松动，当受力时，刀具振动出现白环；二是机床主轴或 X 轴有松动，使切削不稳定引起白环。首先判断故障所在，从最容易检查的地方开始，决定先检查主轴轴向、径向跳动，发现正常，当时觉得主轴的嫌疑最大，于是把主轴轴承的预紧力调大，试切后发现情况有好转，但不明显，而且主轴升温很快，说明主轴轴承的预紧力太大，故障不在主轴，恢复后再检查 X 轴，因为是端面出问题，可能是 X 轴控制拖板左右摆动的锲铁有问题，或者是 Z 轴有窜动，先检查镶条，其结构如图 9-2 所示。调整镶条的方法是：先松开往外拉镶条的螺钉 2，拧紧顶紧螺钉 1 把镶条 3 往里顶进，当顶紧以后，再往后退螺钉 1 圈半，再拧紧螺钉 2，调整完成，再重新调整镶条 3

时发现,螺钉都好像是拧紧了,但顶紧螺钉顶到底时,拖板运动还是很轻松,说明镶条3顶紧螺钉太短了,楔铁3没有完全顶到位,引起拖板左右间隙过大。

故障处理:更换螺钉后重新调整,故障排除。

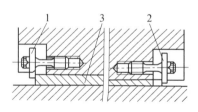

图9-2 镶条
1,2—螺钉;3—镶条。

实例9-35

故障设备:CK6141数控车床,配SIEMENS 802C系统。

故障现象:紧停报警。

故障检查与分析:检查发现冷却水泵热继电保护器跳开。可能的原因有两点:一是电机故障,如短路、相间绝缘不好等;二是电机运转阻力过大、堵转。测量电机绝缘和三相电阻平衡,发现电机是好的。拆下水泵电机后,手扳水泵轴发现轴锈死在里面,造成阻力过大,热继电器保护器跳开。

故障处理:通过大力钳等工具扳动、松开电机轴,通电试验后,水泵工作恢复正常。机床冷却系统长时间不使用,极易造成此类故障。

实例9-36

故障设备:N084数控车床,机床配SIEMENS 802D系统,伺服电机为lFK7系列。

故障现象:出现25000 Z 轴主动编码器故障,机床无法启动。

故障检查与分析:这种故障只有两种情况才能引起:一是电缆的问题;二是伺服电机编码器损坏。把X、Z轴两电机的电源插头、编码器插头互相调换,也就是把X轴电机改为Z轴电机,Z轴电机换成X轴电机,开机查看报警是否转移到X轴上。如果是,故障就在电机上,如果不是,就在电缆或驱动模块上,开机报警变为X轴报警,说明是电机编码器损坏,只有更换编码器。伺服电机一般都是永磁同步电机,电机上的编码器是有位置要求的,如果位置有误的话,电机会出现失速,并立即制动,电机会发出很大的声音和强烈的振动。

故障处理:更换编码器并安装正确后,机床正常。

实例9-37

故障设备:N084数控车床,配802D系统,lFK6伺服电机。

故障现象:使用6个月后出现罩壳有异响,现在是只要移动Z轴就响,低速高速时声音不一样,机床加工精度正常。

故障检查与分析:罩壳异响一般是罩壳上有异物、变形、润滑差,或者因为机床地脚未做好,机床重心不稳,机床工作时出现机床共振引起的。检查罩壳,罩壳没有变形的地方,也没有异物,很干净,给罩壳抹上润滑脂,故障依旧。检查机床地脚,也是正常的。移动Z轴时感觉机床地脚有轻微的振动,而机床的振动一般是在主轴运转时或切削时才有,只是移动 Z 轴是不应该有振动的,所以怀疑 Z 轴有问题。

故障处理:根据以往的经验,将伺服驱动的增益从 3.23 降到 2.75,存储数据后关机、开机,机床罩壳噪声消失。说明因为增益过大,电机运转不平稳,电机高频抖动,导致罩壳出现响声。

实例 9-38

故障设备:N089/32 数控车床,配 POWERMATE 系统。

故障现象:水泵断路器连续多次跳闸。

故障检查与分析:故障水泵型号为 AB-50,首次出现故障后将断路器复位,工作一段时间又多次出现断路器跳闸的情况,断路器跳闸的一般原因是过电流、过载等原因造成以及断路器本身质量问题。调大电流上限值可以延长一段时间,但不久又发生同样故障。检测电机三相平衡、对地绝缘均在正常范围之内。手扳水泵电机轴,发现转动时阻力不均,观察电机轴有弯曲的现象,判断故障在电机上。

故障处理:更换同型号的一台水泵后机床恢复正常。

实例 9-39

故障设备:N084 数控车床,配 FANUC-0TD 系统,伺服是 α 系列,机床处于调试状态。

故障现象:机床切削直径为 300 的圆弧时,圆弧表面粗糙度很差,有明显的刀痕。

故障检查与分析:直径 300 的圆弧是很大的一个圆弧,X 轴电机运转在非常低的速度,伺服灵敏度低或机械传动间隙过大,动态响应差都会影响粗糙度。首先判断主要是电气问题还是机械问题,用激光干涉仪检查机床定位精度、重复定位精度和反向间隙,一切正常,可以断定机械没有问题,是伺服没有调整好,因伺服的灵敏度太差引起的。让机床重新运行一遍加工程序,观察 X 轴电机的旋转,发现电机旋转不平稳,像步进电机一样抖动着旋转,而正常的情况下应该是很平稳地旋转,不会有停顿的现象,不会抖动。这肯定是伺服位置环或速度环增益没调好。

故障处理:将速度环增益从 100 调整到 300,X 轴伺服电机低速旋转变得平稳,没有抖动,再切削工件,表面粗糙度正常,故障排除。

9.2 数控铣床故障诊断与维修实例

9.2.1 CNC 系统

实例 9-40

故障设备:数控铣床,配置 F-6M 系统。

故障现象:当用手摇脉冲发生器使两个轴同时联动时,出现有时能动,有时却不动的现象,而且在不动时,CRT 的位置显示画面也不变化。

故障检查与分析:发生这种故障的原因有手摇脉冲发生器故障或连接故障或主板故障等多种原因。为此,一般可先调用诊断画面,检查诊断号 DGN100 的第 7 位的状态是否为 1,即是否处于机床锁住状态。但在本例中,由于转动手摇脉冲发生器时 CRT 的位置画面不发生变化,不可能是因机床锁住状态致使进给轴不移动,所以可不检查此项。可按下

述几个步骤进行检查:
(1)检查系统参数 000~005 号的内容是否与机床生产厂提供的参数表一致;
(2)检查互锁信号是否被输入(诊断号 DGN096~099 及 DGN119 号的第 4 位为 0);
(3)方式信号是否已被输入(DGN105 号第 1 位为 1);
(4)检查主板上的报警指示灯是否点亮;
(5)如以上几条都无问题,则集中力量检查手摇脉冲发生器和手摇脉冲发生器接口板。

故障排除:最后发现是手摇脉冲发生器接口板上 RV05 专用集成块损坏,经调换后故障消除。

实例 9-41

故障设备:日本三井精机数控铣床,配 FANUC 公司的 6M 系统。

故障现象:过载报警和机床有爬行现象。

故障检查与分析:引起过载的原因无非是:机床负荷异常,引起电机过载;速度控制单元上的印制电路板设定错误;速度控制单元的印制电路板不良;电机故障;电机的检测部件故障等。最后确认故障是由电机故障引起的。至于机床爬行现象,先从机床着手寻找故障原因,结果发现机床进给传动链没有问题,随后对加工程序进行检查时发现工件曲线的加工,是采用细微分段圆弧逼近来实现的,而在编程时采用了 G61 指令,即每加工一段就要进行一次到位停止检查,从而使机床出现爬行现象。

说明:从这一故障的排除过程可以看出,一旦遇到故障,一定要开阔思路,全面分析。一定要将与本故障有关的所有因素,无论是数控系统方面还是机械、气、液等方面的原因都列出来,从中筛选找出故障的最终原因。像本例故障,表面上看是机械方面原因,而实际上却是由于编程不当引起的。

故障处理:当将 G61 指令改用 G64 指令(连续切削方式)之后,上述故障现象立即消除。

实例 9-42

故障设备:XK716 数控铣床,配置 FANUC 0MD 系统,已正常使用半年。

故障现象:机床出现 930 报警,系统死机,偶发,重起机床又正常。出现死机时易造成正在加工的工件报废。

故障检查与分析:930 报警是系统 CPU 不正常中断而引起的,一般由于系统主板不良、外界强电磁干扰、系统内部部分数据紊乱造成的。首先排除数据紊乱的原因,同时按住 RESET、DELETE、CAN 三个键开机,将系统数据全清,然后再参照参数手册将参数重新输入,这相当于将计算机进行格式化并重装系统,使系统内部的数据重新进行分配,机床调试正常。

故障处理:当机床调试正常后,继续加工工件,故障再没有出现,说明是系统的数据问题,机床恢复正常。

实例 9-43

故障设备:XK716 数控铣床,机床配置 FANUC 0MD 系统,α 主轴电机,S 系列主轴驱动,已正常使用两年。

故障现象:409 报警,近期故障频繁出现,报警时,电气柜内主轴驱动模块上显示 AL-09。

故障检查与分析:409 报警为主轴故障报警,具体的报警原因还得看主轴驱动模块上的显示,AL-09 表示机械过载或温度过高,一般数控机床主轴驱动板上都有温度检测,当温度高于 75℃时,温控开关动作,停止主轴的运转,起到保护主轴驱动模块和主轴电机的作用。打开电器柜检查电柜内驱动模块的温度和通风散热的条件,发现主轴驱动的散热风扇和散热器上有很多的灰尘和油污,风扇旋转缓慢有时甚至不转,温度很高。

故障处理:用酒精清除这些污垢,给风扇微微加上一点润滑油,风扇旋转轻松、平稳。改善了通风条件和散热条件后,等主轴驱动模块温度下降以后,开机恢复正常工作,并且不再出现 409 报警,故障排除。

实例 9-44

故障设备:日立精机数控铣床,配置 FANUC 11MA 数控系统。

故障现象:机床在运行时,CRT 突然无显示,主控制板上产生"F"报警。

故障检查与分析:先从系统的 CRT 无显示来分析,但检查 CRT 单元本身、与 CRT 单元有关的电缆连接、输入 CRT 单元的电源电压以及 CRT 控制板等均未发现问题。再按照主板上提示的"F"报警来分析,其可能的原因有:连接单元的连接有问题、连接单元故障、主控制板故障以及 I/O 板有故障。经认真检查,上述原因都可排除。

故障处理:后来发现是由于外加电源+5V 电压没有加上造成的。

9.2.2 伺服系统

实例 9-45

故障设备:XK5040-1 数控立铣床。

故障现象:Z 轴电机转不动,一开动 Z 轴电机就报警,工作台在最低位置不能上升。

故障检查与分析:修理拆卸 Z 轴电机机尾部的测速电机,因对结构性能不了解,所以在工作台底部到地面时未采取任何措施,使工作台快速降到底部极限位置产生严重故障。因为机床在此故障前工作台能升降,机床立柱与升降工作台燕尾、镶条接触面间隙正常,润滑正常,因此在该处卡死可能性小。拆卸 Z 轴电机与 Z 轴滚珠丝杠副底座紧固螺钉,用两个同规格液压千斤顶在工作台底部将工作台往上顶,连底座将滚珠丝杠副取出。该丝杠副滚珠处滚道被挤扁是丝杠对螺母不能转动的原因。

故障处理:修复螺母滚道后,装配调整滚珠丝杠副,调整间隙压板到支承好螺母,丝杠副垂直位置,丝杠靠自重力自动向下转动时,间隙压板再稍稍紧固一下就行了。把各部件及 Z 轴电机全部组装完毕,撤去千斤顶试车,机床升降运行正常,故障排除。

实例 9-46

故障设备:XK716 数控铣床,机床配 SIEMENS 802D 系统,1FK6 伺服电机,机床使用 6 个月。

故障现象:机床出现 Z 轴误差过大报警,像是承受很大的负载,只要移动 Z 轴,就会出现 Z 轴误差过大报警,特别是往下时,Z 轴会往下冲,然后报警停止。

故障检查与分析:故障是突然发生的,发生时操作者好像听到立柱里有碰撞声。出现这种情况,一般都是伺服系统或伺服电机有故障,但出现在垂直的 Z 轴上,就有可能是机械故障。先排除机械问题,根据操作者的描述,首先检查立柱上的各个机械部件,发现 Z 轴平衡块的链条断裂,Z 轴失去平衡,所以电机要拉住 Z 轴,电机就要承受很大的拉力,移动时因为有加减速度,承受的拉力就大于电机最大转矩产生的拉力,引起电机过载而报警。

故障处理:更换平衡块链条,机床恢复正常。

实例 9 – 47

故障设备:上海第四机床厂生产的 XK715F 型工作台不升降数控立式铣床,数控系统采用了 FANUC – BESK 7CM 数控系统。

故障现象:自动或手动方式运行时,发现机床工作台 Z 轴运行振动异响现象,尤其是回零点快速运行时更为明显。故障特点是有一个明显的劣化过程,即此故障是逐渐恶化的。故障发生时,系统不报警。

故障检查与分析:(1)由于系统不报警且 CRT 显示器及现行位置显示出的 Z 轴运行脉冲数字的变化速度还是很均匀的,故可推断系统软件参数及硬件控制电路是正常的。(2)由于振动异响发生在机床工作台的 Z 轴向(主轴上下运动方向),故可采用交换法进行故障部位的判断。经交换法检查,可确定故障部位在 Z 轴直流伺服电机与滚珠丝杆传动链一侧。(3)为区别机、电故障部位,可拆除 Z 轴电机与滚珠丝杆间的挠性联轴器,单独通电试测 Z 轴电机(只能在手动方式操作状态进行)。检查结果表明,振动异响故障部位在 Z 轴直流伺服电机内部(进行此项检查时,须将主轴部分定位,以防止平衡锤失调造成主轴箱下滑运动)。(4)经拆机检查发现,电机内部的电枢电刷与测速发电机转轴炭刷磨损严重(换向器表面被电刷粉末严重污染)。

故障处理:将磨损电刷更换,并清除炭粉污染影响。通电试机,故障消除。

实例 9 – 48

故障设备:XK716 数控铣床,机床配 FANUC 0IA 系统,α 系列伺服驱动。

故障现象:机床 Y 轴无法回参考点,回参考点时总是以很慢的速度移动,压上挡块没有反应,Y 轴继续移动直到 Y 轴正方向硬限位报警。

故障检查与分析:此种故障以前出现过几次,重新回参考点,有时就正常了,现在无法完成回参考点的动作,但机床精度正常。机床上的回参考点减速行程开关一般接常闭触点(信号 = 1),这是安全措施,一旦出现断线或开关损坏,信号断开(信号 = 0),机床就会以压上回参考点减速行程开关后的速度运行,而不是"信号 = 1"时的高速,防止高速碰撞硬限位而减速不及引发更大的故障。像这种情况,应该是回参考点减速行程开关损坏或信号断线所致。

故障处理:检查减速开关,发现防护未做好,开关内进水,里面触点已经被腐蚀,更换开关后,机床恢复正常。

实例 9 – 49

故障设备:BTM – 4000 数控仿形铣床 X 轴漂移故障处理,数控系统采用意大利 FEDIA CNC10 系统,伺服采用了西门子公司产品。

故障现象:静态几何精度变化引起 X 轴运行不稳定,具体表现为 X 轴按指令停在某一位置时,始终停不下来。

故障检查与分析:机床在使用了一段时间后,X 轴的位置锁定发生了漂移,表现为 Z

轴停在某一位置时,运动不停止,出现大约±0.0007振幅偏差。而这种振动的频率又较低,直观地可以看到丝杠在来回旋动。鉴于这种情况,初步断定这不是控制回路的自激振荡,有可能是定尺(磁尺)和动尺(读数头)之间有误差所致。

故障处理:调整定尺和动尺的配合间隙,情况大有好转,后又配合调整了机床的静态几何精度,此故障消除。

实例9-50

故障设备:法国产SH1600B数控铣床,数控系统采用SINUMERIK 820M系统,坐标进给采用西门子611A交流伺服系统。

故障现象:加工零件切削量稍大时,机床向+Y1方向间歇窜动,并显示1041号报警(内容为Y1 DAC limit),但可用RESET键消除。后来发展到只要系统开机就报警,各坐标不能移动。

故障检查与分析:由于机床新近改造,并且处于自动运行状态,故首先排除编程或操作失误的可能性。因Y1方向发生窜动,故先查看Y1坐标的伺服驱动系统。打开伺服柜,就发现伺服坐标的A灯报警,初步判定是伺服故障。用交换法将Y1的伺服驱动与Z1的伺服驱动交换,重新送电,启动机床,发现伺服坐标Y1的A灯报警消失,而伺服Z1的A灯报警,由此可见,此伺服故障属于外部故障。

故障处理:打开Y1的电机防护罩检查,发现与Y1伺服电机连接的位置反馈电缆插头松动,将松动插头扭紧,故障排除。

实例9-51

故障设备:17-10GM300/NC数控龙门镗铣床,采用SIEMENS 8M数控系统。

故障现象:机床运行几年后,机床的X轴在回参考点等高速进给行走时出现PLC0101,X轴实际转矩大于预置转矩,NCl01 X轴的测速反馈电压过低,静态容差等故障报警。

故障检查与分析:控制结构如图9-3所示。

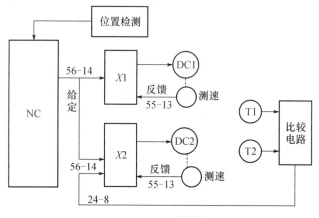

图9-3 控制结构图

(1)从机床结构分析,X轴分为X1和X2同步轴(其中X1轴为主动轴,X2轴为辅助轴),分别由两台相同型号的电机作为运行动力,这两台电机是由两台SIEMENS V5直流进给伺服单元驱动。两台电机的测速反馈分别送回到V5伺服A2板的55号和13号端子,但 NC 的位置检测单元(光栅尺)安装在 X1 主动轴上,NC 发出 X 轴移动指令的同时送到 X1 和 X2 轴上(即 X1 主动直流伺服单元的 56 号、14 号端子和 X2 辅助直流伺服单元的 56 号、14 号端子得到同一个给定)。T1 和 T2 两个旋转变压器产生的 X1 和 X2 的位置差值(即附加值)通过一比较放大电路送到 X2 辅助直流伺服单元的 24 号和 8 号端子上,使 X2 输出电压产生相应的变化与 X1 的输出电压平衡。这样对 X 轴来说就存在 3 个反馈环:

① 用于直流伺服单元调整的测速反馈;

② 用于同步调整的旋转变压器比较反馈;

③ 用于 NC 调整的实际位置反馈。

(2) 由于 3 个反馈交织在一起,因此给 X 轴的总体调试带来了很大的困难。单独调整任何一个反馈环,其他运行环节都会产生报警信号,并关闭整台机床。

故障处理:

(1) 首先将 DC1 和 DC2 两台直流电机负载线断开,再拆去由 NC 来的 56 号和 14 号端子线,用导线将直流伺服单元上的 56 号和 14 号端子短接。反复调整 V5 直流伺服单元 A2 板上的 R31,观察直流电机转动情况,直到电机不转动为止。这样就消除了直流伺服单元自身的各种干扰。

(2) 将电压表接入到附加给定值端子 57 号和 69 号上,反复调整 V5 直流驱动器 A2 板上的 R28 电位器值,使电压表上显示的电压值最小,并且电压显示值在 X 轴运行时比较稳定,消除 X 轴来回运动中产生的误差。

(3) 将 NC 数控系统的维修开关打到第 2 位,观察机床数据 N820 的跟踪误差,反复调整机床数据 N230 内的数据,使 N820 显示的数据最小为止。经反复调整后故障排除。

实例 9 – 52

故障设备: 742MCNC 数控镗铣床,从德国 EX – CELL – O 公司引进。

故障现象: 机床正常加工中在 M17 指令结束后 X 轴超过基准点,快速负向运行直至负向极限开关压合,CRT 显示 B3 报警,机床停止。此时液压夹具未放松,门不解锁,操作人员也无法工作。

故障检查与分析:

(1) 机床安装调试运转时,可能出现这种故障。但调试好光栅尺及各限位开关位置后,已经过较长时间正常使用,并且是自动按程序正常加工好几件工件,因此故障不出自程序和操作者。

(2) 人工解锁:按故障排除键,B3 消失,开机床前右侧门;扳动 X 轴马达轴,使 X 轴向正向运行,状态选择开关置手动移动位置,按 X+ 或 X – 键,X 轴也能正常移动。状态选择开关置于基准点返回位置,按 X – 键,X 轴向负向移动超过基准点不停止。X 轴超越报警 B3 又出现。图像上 IN AX – IS;Z、X 向不出现 X。根据这一故障现象,极可能是数控柜内部 CNC 系统接收不到 X 参考点 I_o 或 U_{ao} 参考脉冲。

(3) 检查相关的 X 轴向限位开关及信号,按 PC 及 O 键,PC 状态图像显示后分别输进 E56.4、E56.5,按压 X 向限位开关,"0"和"1"信号转换正常,说明是光栅尺内参考标记信号、参考脉冲传送错误或没建立。用示波器检查接收光栅尺信号处理放大的插补和数字化电路 EXE 部件输出波形,移动 X 轴到参考点处无峰值变化,则证明信号传递、参考点脉冲未形成。基本可以断定光栅尺内是产生此故障根源。

故障处理:拆卸 X 轴光栅尺检查,发现密封唇老化破损后有少量断片在尺框内。该光栅尺是德国 HEIDENHAIN 生产的 LS 型,结构精致、紧凑。细心将光栅头拆开,取出安装座与读数头,清理光栅框内部密封唇断片及油污,用白绸、无水乙醇擦洗聚光镜、内框及光栅。重新装卡参考标记。细心组装读数头滑板、连接器、连接板、安装座、尺头。按规范装好光栅尺,插上电缆总线,问题便得到解决。

为了避免加工中油污及切屑进入光栅尺框内再发生故障,将原坏密封唇中形状未变的选一段切开,进行断面形状尺寸测绘,作图,制作密封唇模具,用耐油橡胶作新的密封唇,安装好光栅尺,现已正常使用一年多未再次发生该故障。

注意事项:

(1) 光栅尺内参考标记重新装卡后或光栅尺拆下重新安装,不可能在原有位置,所以加工程序的零点偏移需实测后作相应改动,否则出废品或损坏切削刀具。

(2) 因光栅尺内读数头与光栅间隙有较高要求,安装光栅尺时要校正好与轴向移动的平行度。

(3) 压缩空气接头有保护作用,不能忘记安装。

(4) 该故障再次发生后,首先检查在 PC 状态镜像 X 轴向三个限位开关 E56.4、E56、5 的信号转换情况,如"1"不能转换成"0",或"0"不能转换成"1",则可能是限位开关坏或是过渡保护触头卡死不复原。

实例 9-53

故障设备:FANUC 3M 系统数控铣床。

故障现象:机床在加工或快速移动时,X 轴与 Y 轴电机声音异常,Z 轴出现不规则的抖动,并且当主轴启动后,此现象更为明显。

故障检查、分析与处理:当机床在加工或快速移动时,Z 轴、Y 轴电机声音异常,Z 轴出现不规则的抖动,而且在加工时主轴后启动此现象更为明显。从表面看,此故障属干扰所致。分别对各个接地点和机床所带的浪涌吸收器件作了检查,并做了相应处理。启动机床并没有好转,之后又检查了各个轴的伺服电机和反馈部件,均未发现异常。又检查了各个轴和 CNC 系统的工作电压,都满足要求。只好用示波器查看各个点的波形,发现伺服板上整流块的交流输入电压波形不对,往前循迹,发现一输入匹配电阻有问题,焊下后测量,阻值变大,换一相应电阻后机床正常。

实例 9-54

故障设备:日本本田公司的数控铣床,配置有 FANUC 11M-A4 系统。

故障现象:空载运行 2h 后,主轴偶然发生停车,且显示 AL-12 或 AL-2 报警。

故障检查与分析:从所发生的报警号来看,引起本故障的原因可能是电机速度偏离指令值(如电机过载、再生性故障、脉冲发生器故障等)以及直流回路电流过大(如电机绕组短路、晶体管模块损坏等)。但从机床运行情况看,又不像上述问题,因为电机处于空载,故障并不发生在加、减速期间,并且运行 2h 后才出故障。经检查,上述原因均可排除。再从偶发性停车现象着手,可分析出有些器件工作点处于临界状态,有时正常,有时不正常,而这与器件的电源电压有关,所以着重检查直流电源电压。发现 +5V、±15V 均正常,而+24V却在18~20V,处于偏低状态。进一步检查发现,交流输入电压为190~200V,而电压开关却设定在220V一挡。

故障处理:将电压开关设定在200V之后系统即恢复正常。造成报警号与实际故障不一致的原因是该主轴伺服单元的报警信号还不全面,没有+24V电压太低的报警,而只有+24V电压太高的报警。所以只好用其他报警号来显示伺服单元处于不正常的状态。

9.2.3 主轴系统

实例9-55

故障设备:RAM8数控铣床。

故障现象:低速启动时,主轴抖动很大,高速时却正常。

故障检查与分析:LJ-10AM系统使用的主轴系统为台湾生产的交流调速器。在检查确认机械传动无故障的情况下,将检查重点放在交流调速器上。先采用分割法,将交流调速器装置的输出端与主轴电机分离。在机床主轴低速启动信号控制下,用万用表检查交流调速装置的三相输出电压,测得三相输出端电压参数分别为U相50V;V相50V;W相220V。旋转调速电位器,U、V两相电压值能随调速电位器的旋转而变化,而W相则不能被改变,仍为220V。这说明交流调速器的输出电压不平衡(主要是W相失控),从而导致主轴电机在低速时因三相输入电源电压不平衡而产生抖动,但在高速时主轴运转正常的现象。

故障处理:将该模块更换后,故障排除。

实例9-56

故障设备:17-10GM300/NC数控龙门镗铣床从德国WALRICH COBURG公司引进,数控系统采用SIEMENS SM,主轴电机为55kW。

故障现象:机床主轴在几年的运行中一直较稳定,但在一次电网拉闸停电后,主轴转动只能以手动方式10r/min的速度运行;当启动主轴自动运行方式时,转速一旦升高,主轴伺服装置三相进线的A、C两相保险立即烧断。在主轴手动方式运转时转速很不稳定,在3~12r/min的范围内变化,电枢电流也很大,多次产生功率过高报警。经过两次维修后又重复出现类似的故障。

故障检查与分析

(1)机床主轴在高速运转时,电网忽然停电,在电机电枢两端产生一个很高的反电动势(大约是额定电压的3~5倍),将晶闸管击穿;

(2)V5伺服单元晶闸管上对偶发性浪涌过电压保护能力不够,对较大能量过电压不能完全抑制;

(3)晶闸管工作时有正向阻断状态、开通过程、导通状态、阻断能力恢复过程、反向阻断状态5个过程。在开通过程和阻断能力恢复过程中,当发生很大能量的过电压时,晶闸管很容易损坏;拉闸停电随机性很大,而且伺服单元内部控制电路处于失控状态。

(4)晶闸管有时被高电压冲击后并没有完全损坏,用数字式万用表测量时有1.2MΩ电阻值(正常情况不应在10MΩ以上),所以还能在很低的电压值下运行。

(5)如图9-4所示。

三相桥全控整流电路在WT1-WT2期间,A相电压为正,B相电压低于C相电压,电流从 A 相流出经 T1、负载 D、T4 流回 B 相,负载电压为 A、B 两相间的电位差;在 WT2 - WT3 期间,A 相电压仍为正,但 C 相电压开始比 B 相更负,T6 导通,并迫使 T4 承受反向电压关断,电流从 A 相流出经 T1、负载 D、T6 流回 C 相,负载电压为 A、C 两相间的电位差,在 WT2 为 B、C 相换相点,其他依此类推。停电时,如果 T1 被击穿,T4 或 T6 将遭受很大的冲击,可能使其达到临界状态,也可能使它被击穿。

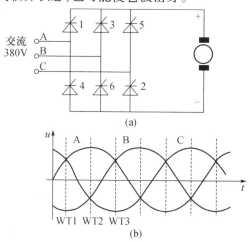

图 9-4 三相桥全控整流原理及波形图

故障处理:
(1) 一次更换两只相同型号的晶闸管。
(2) 在 V5 直流伺服单元的晶闸管上安装 6 只压敏电阻。
在晶闸管的两端加上压敏电阻后,运行 2 年一直没有出现故障(包括多次停电)。

实例 9-57
故障设备: 意大利制造的 BTM-4000 数控仿形铣床,电器部分及轴向伺服单元均为西门子公司产品,数控部分为意大利 FEDIA CNC 10 系统。

故障现象: 在 X 轴与 Y 轴联动工作中执行 M03 指令加工时,突然出现 VR4 控制电流自动掉闸现象。

故障检查与分析: 故障发生时,监视屏的信息提示显示 CNC 038 SPINDER IDRTM SET FATAL ERROR。开始时,判断为主轴运行参数发生了变化,先是将内存全部清除,重装了一次系统及主轴参数。起动运行不到 0.5h 又出现上述故障,伺服柜内主轴伺服板随之出现了 F26 提示。F26 内容为 current can not be reduced。针对这一信息,又检查了主轴伺服板到电机间的连线及伺服板的供电电源,都未发现异常。故分析有可能是测速发电机电刷瞬间接触不良,丢失反馈信号所致。

故障处理: 经过拆洗测速发电机,修整电刷后,此故障消除。在以后的运行中,定期检查、修整电刷,均未再出现此类故障。

实例 9-58
故障设备: 机床配 FANUC 01A 系统,α 系列伺服驱动,BT40 刀柄。
故障现象: 机床钻孔,孔径尺寸超差。出现这种故障是在一次撞刀以后,当时刀具在 X 轴移动时撞上夹具,刀具从主轴上被撞掉下来,但重新开机后,机床没有任何报警,动作都正常,只是主轴钻孔尺寸超差。

故障检查与分析:像这种撞刀事故是常见的,一般不会损坏机床,机床在撞刀时,伺服电机会在第一时间检查到异常的移动阻力并报警,但严重时,如在100%倍率快速移动时,刀具撞上工作台、工件或夹具,即使伺服已报警,但速度太高,冲击力太大,有可能会使机床几何精度变差,或损坏主轴,所以加工中要尽量避免撞刀。要养成很好的操作习惯,比如只要修改了程序或刀补,在程序运行到修改的地方时,必须将倍率降低,慢速运行,防止因为程序或刀补错误而引起撞刀。用300mm长的主轴芯棒跟刀具一样装入主轴并拉紧,将丝表固定在工作台上,丝表压上芯棒末端,转动主轴,发现跳动达到了0.12mm,而主轴锥孔轴线径向跳动的国家标准是0.02mm,说明是径向跳动超差引起钻孔精度超差。检查主轴锥孔,发现锥孔早有撞刀时刀具从主轴锥孔中被撞掉而留下的拉痕,这些拉痕严重地影响了主轴上的刀具与主轴轴线的同轴度。

故障处理:由于拉痕较多而且痕迹也较深,手工无法修复。拆下主轴,到精密万能磨床上按7:24的锥度将主轴锥孔重新修磨,磨完后装上机床检查并加工,机床恢复正常。

9.2.4 辅助部件

实例 9-59

故障设备:机床配 SIEMENS 802D 系统,1FK6 伺服系统,无液压系统。

故障现象:机床加工时,突然会出现冷却电机保护开关跳闸报警,重新按下保护开关按键又能工作一段时间。

故障检查与分析:加工冷却剂为机油和煤油的混合物,黏度与32号液压油相当。三相异步电机保护开关一般在过流、过热、断相时会跳闸,所以只要检查电机、电机电源线路以及电机的负载情况就可以查出问题所在,也有可能是保护开关本身不良。检查电机的电源接线及插头,接触良好,排除断相的可能,看来只有负载有问题。如果负载过大,电流就一直很大,电机肯定会发热,但现在电机没有发热的情况,只有检查保护开关本身。发现保护开关的电流调整在1.1A左右,而电机的额定电流就是1.2A,而且天气比较寒冷,冷却油黏度增大,电机负载就增大了,所以会引起跳闸。

故障处理:因为没有达到额定电流,所以将保护开关电流调整为1.3A,故障排除,机床恢复正常。

实例 9-60

故障设备 XK715F 型数控铣床,上海第四机床厂制造,数控部分采用了 FANUC-BESK 7CM 系统。

故障现象:手动方式操作过程中,发现工作台 X 轴轴向进给运动中呈振动位移(抖动幅度较大),类似于液压系统的爬行运动,CRT 无报警显示。

故障分析:故障发生时,虽然 CRT 没有报警信号显示,但故障的轴向非常明显,故可直接采用交换法判断故障部位经检查,不难发现故障部位在 X 轴伺服电机及其机械传动链路内。为区别机、电故障,经拆开伺服电机与滚珠丝杆间的挠性联轴器,单独通电试电机。结果表明,故障部位在电机一侧。为修复此电机,特将 X 轴伺服电机拆卸解体检查,发现旋转变压器至引出插头端子的一束软线有明显的压伤痕迹,经采用电阻法检查,发现位置环的旋转变压器定子一侧的 sin 绕组与 cos 绕组存在断线故障。经分析,因伺服系统位置环开路,旋转变压器无法接受位控板正、余弦发生器的信号,引起位控系统 E/V 变换器、符号检测电路及伺服位置偏差量失控,故而造成工作台 X 轴向伺服电机转动时的抖动现象。在进一步检查中发现,引起旋转变压器定子引线束压伤的原因,是由于维修人员或制造厂装配电机罩壳时不小心引起的,因此,在装配这类电机时应引起重视。

故障处理:由于断线故障点在旋转变压器的定子外部,故可采用外部断线连接工艺处理。将电机重新装配后,经试机一切正常,故障消除。

实例 9-61

故障设备:XK715F 数控铣床,规格 500mm×2000mm。

故障现象:自动或手动方式运行时,发现工作台 Y 轴方向位移过程中产生明显的机械抖动故障,故障发生时系统不报警。

故障分析:该机床已使用近 10 年,现经常发生一些工作台轴向动作异常的故障,其中与机械有关的故障也不乏其例。

(1) 因故障发生时系统不报警,同时观察 CRT 显示出来的 Y 轴位移脉冲数字量的变化速率均匀(通过观察 X 轴与 Z 轴位移脉冲数字量的变化速率比较后得出),故可排除系统软件参数与硬件控制电路的故障影响。

(2) 因故障发生在 Y 轴方向,故可采用交换法判断故障部位。

(3) 经交换法检查判断,故障部位在 Y 轴直流伺服电机与丝杆传动链路一侧。

(4) 为区别机电故障,可拆卸电机与滚珠丝杆间的挠性联轴器,单独通电试电机检查判断(在手动方式状态下进行试验检查)。检查结果表明,电机运转时无振动现象,显然故障部位在机械传动链路内。

(5) 脱开挠性联轴器后,可采用扳手转动滚珠丝杆进行手感检查。通过手感检查,也可感觉到这种抖动故障的存在,且丝杆的全行程范围均有这种异常现象。故怀疑滚珠丝杆副及有关支承有问题。

(6) 将滚珠丝杠拆卸检查,果然发现丝杠+Y方向的平面轴承(8208)有问题,在其轨道表面上呈现明显的压印痕迹。

(7) 将此损伤的轴承替换后故障排除。

(8) 经分析,Y 轴方向上的平面轴承出现的压印痕迹,只有在受到丝杠的轴向冲击力时才有可能产生,反映在现场的表现上,即只有在+Y轴方向发生超程时才可能产生。据了解,此机床在运行过程中确实发生过超程报警。

(9) 为防止上述故障再次发生,须仔细检查+Y轴方向上的减速、限位行程开关是否存在机械松动或电气失灵故障。

故障处理:采用同型号规格的轴承替换后,故障排除。

说明:由于上述故障是常见易发故障,此故障一旦发生还容易造成滚珠丝杠、支承的损伤,故必须加强日常维护检查,避免轴向超程的故障危害。

实例 9-62

故障设备:XK715F 数控铣床,规格 500mm×2000mm。

故障现象:机床在 X 轴、Y 轴及 Z 轴分别回机床系统原点后,再三轴同时联动快速回圆心(即机床机械零点)过程中,工作台 X 轴向时有振动或抖动现象。CRT 没有报警信号显示。

故障分析：由于工作台的 X 轴、Y 轴及 Z 轴等 3 个轴向在单独快速回机床系统原点时不产生机械振动或抖动现象，基本可以排除伺服系统及机械传动链路的故障。显然，此故障与三轴联动有关。为判别故障部位，在多次进行工作台三轴联动快速回圆心运行的过程中发现，无论 X 轴向出现振动或抖动现象与否，CRT 或现行位置显示器上显示的 X 轴运动脉冲数字的变化速度与其他两个轴向的变化速度基本相同，这又说明系统控制正常，问题很可能还是出在伺服速度控制单元电路及其伺服电机上。采用交换法进行逐项检查判断，当进行伺服直流电机与速度控制单元检查时，意外发现故障自行消除，经多次试验三轴联动同时快速回圆心动作，故障均没有再次发生（进行此项试车时，应将 X 轴向与 Y 轴向的限位减速行程开关组同时更换，否则会引发事故，须格外注意）。而恢复 X 轴与 Y 轴电机的外部航空插头后，此故障又时有发生，因此，怀疑两轴尤其是 X 轴的航空插头是否有接触不良或断线隐患。在手动方式试车时，当工作台 X 轴向运行时，有意用手轻轻摇动电机引线电缆与航空插头，果然发现此故障在单轴运行时也时有发生，其他 Y 轴与 Z 轴均没有发生此类故障。由此，不难推断，故障点就在 X 轴电机的航空插头或引线电缆上。经查，果然在航空插头内发现了此断头。由于插头内的软引线经外卡固定成束，故此断头受其影响会经常发生时断时通现象。又因 X 轴伺服电机是固定在 Y 轴的床鞍上，一旦 Y 轴电机运行，势必带动 X 轴电机的引线电缆来回摆动，因此，三轴联动或 X 轴与 Y 轴两轴联动时必然会引起 X 轴电机的断头产生时断时通现象，故而造成联动时工作台 X 轴向时有抖动故障。

故障处理：将断头焊好，故障排除。为克服 Y 轴运行时拖动 X 轴电机引线电缆来回摆动引发的断线故障隐患，可以参照现代加工中心机床采用活动链带架固定引线电缆的办法进行。

实例 9-63

故障设备：机床使用两年，配 FANUC 系统。

故障现象：程序运行到回转工作台锁紧指令时，程序不执行下一条指令。同样故障现在越来越频繁，已无法加工。

故障检查与分析：这个故障一般只和回转工作台的锁紧信号有关，因为机床执行锁紧指令时，只有检测到锁紧信号以后才确认锁紧动作的完成，系统才能执行下一条指令。首先检查回转工作台实际上是否已锁紧，如果确实未锁紧就要检查气压或油压是否正常，检查电磁阀是否正常，检查后发现回转工作台确实已锁紧，但没有锁紧信号，只好拆开回转工作台检查锁紧开关是否正常，检查后发现因为工作台进水，锁紧微动开关已经腐蚀，不能正常工作。

故障处理：更换锁紧微动开关后，故障排除。

9.3 加工中心故障诊断与维修实例

9.3.1 CNC 系统

实例 9-64

故障设备：青海一机床制造的 XH754 加工中心，配置美国 A/B8400 系统。

故障现象:机床送电,CRT 无显示,检查 NC 电源 +24V、+15V、-15V、+5V 均无输出。

故障检查与分析:由于没有图样资料,所以只能根据电路板上的元器件、印制电路,边测量边绘制原理图,从电源的输入端开始查,当查到熔断器后的电噪声滤波器时发现性能不良,后面的整流、振荡电路均正常,拆开噪声滤波器外壳,发现里面已被烧焦。

故障处理:测量数据后重新复制了一个,装上后使用正常,故障排除。如用户遇到无法修复电源的情况时,可采用市场上销售的开关电源,在确保电压等级、容量符合要求的情况下,将 +5V 的电源引到 CNC 就能保证正常运行。

实例 9-65

故障设备:配置 FANUC 6M 系统的加工中心机床。

故障现象:在运行过程中,CRT 画面突然出现 401、410 及 420 报警。

故障检查与分析:401 报警表示速度控制单元 VRDY 信号断开,其可能原因是:伺服单元上电磁接触器 MCC 未接通;速度控制单元上没有加上 100V 电源;伺服单元印制电路板故障;CNC 和伺服单元连接不良,以及 CNC 主控制板不良等多种原因。而 410 和 420 报警是表示 X 轴和 Y 轴位置偏差过大的报警,其可能的原因有:位置偏差值设定错误;输入电源电压太低;电机电压不正常;电机的动力线和反馈线连接故障;伺服单元以及主板上的位置控制部分故障。故障的原因虽然很多,但只要冷静分析一下,就可以发现故障所在位置。一般来说,不可能同时发生两个控制单元损坏,所以本故障发生位置最有可能在主板的位置控制部分。

故障处理:替换主板,排除故障,机床恢复正常。

实例 9-66

故障设备:FANUC 6M 系统加工中心机床。

故障现象:人工操作系统过程中突然出现 401、410、411、420、421、430 号报警。

故障检查与分析:按照 FANUC 6M 系统的维修说明书中有关报警的说明,发生这些号报警的原因有很多,且都与伺服单元有关。但要掌握一个原则,即在一般情况下不可能发生 X 轴、Y 轴、Z 轴伺服单元损坏,因此不可能是伺服单元的故障。此时可先检查 CNC 系统中有关伺服部分的参数。实际上这台数控机床之所以产生这么多报警号,是由于人工误操作,使 CNC 系统参数被消除,一旦这些参数恢复,系统就恢复正常。

故障处理:恢复系统参数,机床恢复正常。

实例 9-67

故障设备:德国进口的二手 CBFK-90/1 卧式加工中心,配用 FANUC 6MB 系统。

故障现象:机床通电后,PLC 工作不正常。有时机床自检通不过,PLC 上"停止"信号灯亮。

故障检查与分析:观察发现 PLC 的输入状态显示正常,而输出状态出现混乱。于是利用 SIEMENS PG710 编程器对 PLC 的程序进行查阅核对没有发现问题。切断电源拔下耦合板,由于没有图样对照,就对板上的每一个集成块逐个检查,终于发现是两个 SN74LS241 芯片坏了。

故障处理:更换两个 SN74LS241 芯片后,故障排除。

实例 9-68

故障设备：TH6350 卧式加工中心，FANUC 7 系统。

故障现象：在工作中多次发生掉电故障，有时甚至无法启动。

故障检查、分析与处理：经检查发现故障在 NC 柜电源单元上（图 9-5）。按电源启动按钮 ON，交流接触器 KM 吸合后，并联在 ON 上的常开触点 KA_1、KA_2 闭合自保使整机启动供电。继电器 KA_1、KA_2 吸合条件是：电源盘上的继电器 RY31 吸合，其并接在输出端子 XP2、XP3 上的常开触点闭合后才能使主接触器 KM 吸合自保，从图 9-5 中看出，开关电源进电端 XQ1、XQ2 是通过主接触器 KM 常开触点闭合后，接到交流 220V 电源上的。继电器 RY31 受电压状态监控器 M32 控制，当电源板上输出直流电压 ±15V，+5V 及 +24V 均正常时，RY31 继电器也吸合正常，一旦有任何一项电压不正常时，RY31 继电器即释放，使主接触器失电释放。

拆下电源板单板试验，在 XQ1、XQ2 及 XQ_1、XP_1 端子上直接接入 220V 交流电压，在输出端测得 +15V、A15s 端子和 -15V（X_X）均正常，而 X_Y 的 +15V 和 X_V 的 +24V 及 X_S 的 +5V 端电压均为 0。从图 9-5 上往前检查。在电容器 C32 两端量得电压约为 310V，说明供电电源部分正常；再用示波器检查 M21 提供的 20KC 触发脉冲，在触发器 D27 输入端及变压器 T21 上的 CP3 均能测到波形，但开关管 VT25、VT26 不工作，若用一改锥触碰 T21 二次 V1 端时，能够激励工作一段时间，可见故障原因是开关电路不工作。拆下 VT25、VT26 检查发现两只管子的 hFE 大小不一致（一只是 30，一只是 40），由于在市场上未买到原型号 2SC2245A 管，故改用特性相似的 2SC3306 代替。因外形不一样，故在安装时做了一些改动。至此故障排除，运行两年来电源板没再发生此类故障。

实例 9-69

故障设备：一台由大连机床厂生产的 TH6263 加工中心，配 FANUC 7M 系统。

故障现象：机床启动后在 CRT 上显示 05、07 号报警。

故障检查与分析：首先应检查机床参数及加工零件的主程序是否丢失，因它们一旦丢失即发生 05、07 号报警。如未丢失，则故障出在伺服系统。检查发现 X 轴速度控制单元上的 TGLS 报警灯亮，其含义是速度反馈信号没有输入或电机电枢连线故障。检查电机电枢线连接正确且阻值正常。据此可断定测速发电机反馈信号有问题。将 X 轴电机卸下，通直流电单独试电机，用示波器测量测速发电机输出波形不正常。拆下电机，发现测速发电机电刷弹簧断。

故障处理：更换测速发电机，故障清除。

实例 9-70

故障设备：MCN-500D 卧式加工中心，采用 FANUC 0M 控制系统。

故障现象：机床出现 950 报警。

故障检查与分析：950 报警是 +24V 的熔丝烧断，熔丝的规格为 A602-001-0046 5.0，故障可能是至各 PCB 的 +24V 电源供电线路短路所致。拆下 CP14 电源输出线，检查各 PCB 的接头，查得 MZ-2、MZ-3 接地短路，检查 MZ 插头，发现有切屑、灰尘等。

故障处理：擦拭干净，重新插上，故障消失。

实例 9-71

故障设备：一台配有 FANUC-0M 系统的加工中心。

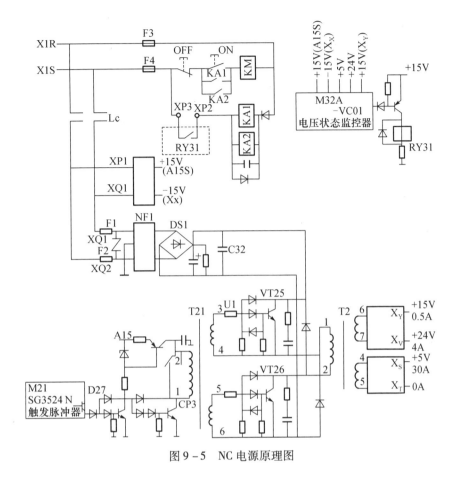

图 9-5 NC 电源原理图

故障现象：在自动方式运转时突然出现刀库、工作台同时旋转。经复位、调整刀库、工作台后工作正常。但在断电重新启动机床时，CRT 上出现 410 号伺服报警。

故障诊断

（1）查 L/M 轴伺服 PRDY、VRDY 两指示灯均亮；

（2）进给轴伺服电源 AC 100V、AC 18V 正常；

（3）X、Y、Z 伺服单元上的 PRDY 指示灯均不亮，三个 MCC 也未吸合；

（4）测量其上电压发现 ±24V、±15V 异常；

（5）发现 X 轴伺服单元上电源熔断器电阻大于 2MΩ，远远超出规定值 1Ω。

故障处理：经更换后，直流电压恢复正常，重新运行机床，410 号报警消失。

9.3.2 伺服系统

实例 9-72

故障设备：XH714 立式加工中心。

故障现象：机床自动运行超程。

故障诊断：机床在自动运行方式、MDI 方式下均出现 X 轴方向超程，手动方式机床跑位正常。在 MDI 方式给定 G01 G54 X0 Y0F200 指令发现轴移动余量不断增大，直至 X 轴压到极限硬件开关。检查发现参数 REVX =1，确认是参数问题。

故障处理：将参数 REVX 改为 0 后机床恢复正常。

实例 9-73

故障设备：THY5640 加工中心。

故障现象：在加工过程中发现 Z 轴加工尺寸不稳定。

故障诊断：该机床 Z 轴方向的反馈元件为旋转编码器，为半闭环反馈系统。首先检查反馈环以外的机械传动链，未发现异常。于是检查编码器，发现其联轴器上的弹簧钢片已裂开，该联轴节为 BL-3 型弹性联轴器，可能由于频繁地启、停及正反转，使得弹簧钢片疲劳而开裂，因一时找不到同样的联轴器，用弹性较好的磷铜片替代，也取得了较好的效果。但使用寿命不长，基本上半年就会开裂，还需更换。

故障处理：换上同样的联轴器，故障排除。

实例 9-74

故障设备：LFGl250 加工中心系西班牙扎伊尔公司生产，数控系统为 FAGOR8050M。

故障现象：Z 轴正方向超过换刀点后，不管按 Z+ 或 Z-，Z 轴都继续往上窜，甚至平衡缸上部的安全螺堵被射出，重新关机再开机，情况依旧。

故障检查与分析

针对上述机床出现的故障分析如下：

（1）机床 Z 轴超过了光栅尺的读数范围，Z 轴读不到反馈信号，机床不知道当前位置，所以不管按 Z+ 或 Z-，Z 轴只会按参考点的方式继续往上窜；

（2）Z 轴往上窜，平衡缸上部的油压增加，当超过一定值后，安全螺堵被射出。

故障处理：针对以上分析的原因，具体解决办法如下：

（1）把机床 Z 轴回复到参考点以下，再重新开机，执行 G74 回参考点；

（2）把安全螺堵装回；

（3）用双频激光干涉仪校正 Z 轴的定位精度和重复定位精度。

经过以上措施，机床恢复正常。

实例 9-75

故障设备：天津一台立式加工中心机床，使用三菱公司 MELDAS 50M。

故障现象：在加工过程中，Z 轴经常向下窜动，发生撞刀事件。

故障检查、分析与处理：首先了解机床是在何种情况下出现撞刀事件的。结果发现，撞刀前，操作人员都是先按"FEED HOLD"键进行工件检查，然后再启动程序，就出现了 Z 轴下窜，发生撞刀。由此可判断，每次暂停时，机床的工件坐标变化。因此检查手动绝对值插入信号 Y230（由 PC 送 NC 的信号）为 0，也就是说，手动绝对值插入有效，所以工件坐标变化，一旦将此开关外部信号设置为 1 无效，再重复以前的操作，再无撞刀现象发生。

说明：三菱系统的此功能与日本 FANUC 公司系统中使能的状态信号是否有效正好相反，设定时一定要注意这点。

实例 9-76

故障设备：卧式加工中心，配置 FANUC 6M 系统。

故障现象：手动操作 Z 轴时，有振动和异常声响，CRT 显示 431 号报警。

故障诊断：431 号报警表示 Z 轴定位误差过大，可用诊断号 DGN802 来观察 Z 轴的位置误差。再用电流表检查，发现 Z 轴的负载电流很大。在确认 Z 轴伺服单元无问题的情况下,再检查 Z 轴的机械部分,发现 Z 轴的滚珠丝杠的轴承发烫。经仔细检查,故障是由于油路不畅造成润滑不好所致。

故障处理:清理油路,Z 轴恢复正常。

实例 9-77

故障设备:德国进口二手卧式加工中心 CBFK-90/1,FANUC 6MB 系统。

故障现象:经过半年多的运行,X 轴运行中突然停车,监视器显示 1020#报警。

故障诊断:查看诊断说明是 X 轴伺服单元报警。同样根据电气原理图可知 X 轴伺服单元与工作台旋转轴(A 轴)伺服相同,故将两者调换。这时 X 轴伺服单元恢复正常,而 A 轴出现了上述故障。因为没有伺服单元的电气图样,所以只好把两块伺服单元控制板对照测量,查出是一个滤波电容击穿。

故障处理:更换同型号电容后故障排除。

实例 9-78

故障设备:TH5632-4 立式加工中心,FANUC 6ME 系统。

故障现象:该机 X 坐标轴在运动时速度不稳,当停止的指令发出后,在由运动到停止的过程中,在指令停止位置左右出现较大幅度的振荡位移。有时振动几次后可稳定下来,有时干脆就停不下来,必须关机才行。振荡频率较低,没有异常声音出现。

故障检查与分析:从现象上看故障当属伺服环路的增益过高所致,结合振荡频率很低、X 轴拖板可见明显的振荡位移来分析,问题极有可能出在时间常数较大的位置环或速度环增益方面。首先检查位置环增益设置正常,其次人为将 X 轴伺服放大器上的速度环增益电位器调至最低位置。故障依然存在,而且没有丝毫改善。

既然伺服环路的增益没有问题,故障就可能来自伺服执行部件及反馈元件上。拆开伺服电机,对测速发电机和电机换向器用压缩空气进行清理,故障没有消除。再用数字表准备检查测速发电机绕组情况时,发现测速发电机转子部件与电机轴之间的连接松动(测速机转子铁心与伺服电机轴之间的连接是用胶粘接在一起的)。由于制造上存在缺陷,在频繁的正反向运动和加、减速冲击下,粘接部分脱开,使测速发电机转子和电机转动轴之间出现相对运动,这就是导致 X 轴故障的根源。

故障处理:认真清洁粘接表面后,用 101 胶重新粘接,故障消除。

实例 9-79

故障设备:一台由大连机床厂生产的 TH6263 加工中心,配 FANUC-7M 系统。

故障现象:进给加工过程中,发现 Y 轴有振动现象。

故障分析:将机床操作置于手动方式,用手摇脉冲发生器控制 Y 轴进给(空载),Y 轴仍有振动现象,从而排除了由过载引起故障的可能。进一步检查,发现 Y 轴速度单元上 OVC 报警灯亮。卸下 Y 轴电机,发现 6 个电刷中有 2 个弹簧烧断,电枢电流不平衡,造成输出转矩不够且不平衡。另外,发现轴承亦有损坏,故引起 Y 轴振动。

故障处理:更换电枢电刷和轴承。

实例 9-80

故障设备:MCH500D 卧式加工中心,采用 FANUC 0M 控制系统。

故障现象:工作台在旋转时,出现 440、441 位置偏差太大而报警,且旋转时有较大的电流噪声。

故障诊断：根据故障现象，逐步检查可能引起故障的环节或部位。检查结果如下：位置偏差参数设定值正常，伺服电机输入线正常，位置反馈线正常，伺服放大器正常无报警。在检查了上述环节后，判断是工作台旋转部分卡位。拆下工作台罩，发现转盘卡住，由于操作者保养不善，长期切屑积累所致。

故障处理：采取措施，清理切屑，修光毛刺后故障消失。

实例 9 – 81

故障设备：配置 FANUC 11ME – A4 系统的新日本工机的加工中心。

故障现象：X 轴在做正向运动时发生振动。

故障诊断：进给轴运动时发生振动的原因除机械原因外，电气方面的原因也有很多种，而且最可能的原因是电机或检测部件不良，或是增益的设定和调整不正常。因此，应该先从这部分着手进行检查。结果发现是由于 X 轴电机上的旋转变压器不良而引起 X 轴振动。

故障处理：更换该旋转变压器。

实例 9 – 82

故障设备：德国制造的 ECOCUT1.6 卧式加工中心，配置 SIEMENS 8MC 数控系统。

故障现象：当 X 轴运动到某一点时，液压自动释放，且出现报警：Y 轴测量环故障。

故障诊断：①此故障是第一次出现，因此考虑是否系统有误，可能是 X 轴测量环故障。当拔下 X 轴测量反馈回路的信号电缆时，屏幕出现 X 轴测量环故障，因此排除了系统有错误的可能。②该故障为 X 轴运动到某一点时出现，检查此点位置及附近位置对 Y 轴测量装置均无影响，其他外部信号一切正常。③检查 Y 轴电缆插头、读数头固定情况和光栅尺状况，未发现异常现象。④因该设备属大型加工中心，电缆较多，配电柜与机床之间的电缆长度大约在 15m，所有电缆固定在电缆架上，随机床来回移动，机床移动的不同位置，电缆弯曲的部位不同。根据上述分析，电缆断线的可能性最大。⑤在 X 轴运动至出现故障点位置时，测量 Y 轴反馈测量信号线的断路情况，结果发现其中一根信号线开路。

故障处理：电缆很长，更换工作量大，查电气线路图发现电缆内有备用线，用其替代断线后，机床恢复正常。

实例 9 – 83

故障设备：从日本 MAZAK 公司引进的立式加工中心，型号 VQC20/50B，配用 MAZAK 自己研制开发的 MAZATROL M – 2 数控系统，坐标驱动采用 PWM – D 技术的直流伺服系统，使用 SONY 磁尺（也可用旋转变压器）构成全闭环（或半闭环）系统。

故障现象：CNC 启动完成，伺服一进入准备状态，Y 轴即快速向负方向运动，直到撞上极限开关，快速移动过程伴有较强烈的振动。

故障检查与分析：

这种故障有很大的破坏性，不允许做更进一步的观察试验。为安全起见，没有压急停，而是迅速切断了整机电源。因而无法得知 CNC 是否提供了报警信息，从没给运动指令 Y 轴即产生运动来看，问题可能出在：

（1）CNC 故障。上电后 CNC 送出了不正常的速度指令。

（2）伺服放大器故障。从伴有较强烈的振动来看，伺服单元出问题的可能性最大。

用新的备件驱动器直接替换了 Y 轴伺服驱动器。启动 CNC 系统,Y 轴恢复正常,说明判断是正确的。为了进一步缩小检查的范围,将 Y 轴移至正方向靠近极限的位置,将已确定损坏的伺服放大器上的控制板换到新的伺服驱动器上。给 CNC 加电后,故障再次出现,问题被定位在控制板上。下面就伺服单元控制板作进一步的分析。

(1) 涉及的原理。这个伺服放大器采用脉宽调制—直流电机调速系统(PWM - D)。图 9 - 6 是主回路示意图,由 4 个 GTR 构成桥式可逆电路;4 个二极管除对 GTR 实行反压保护外,还用来形成再生制动通路,以满足电机的四象限运行。

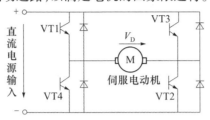

图 9 - 6　PWM - D 调速系统主回路

当 VT1 和 VT2 导通时,电枢加正向电压,实现正转,改变控制脉冲的宽度就可以改变转速。VT3、VT4 导通时,电枢加反压,电机反转。需注意一点,伺服系统工作时,包括电机在静止状态,4 个 GTR 上同时都加有驱动脉冲(图 9 - 7)。当 VT1、VT2 导通时间大于 VT3、VT4 导通时间,即占空比 >50% 时,电枢两端平均电压为正,电机正转。反之亦然。而当两组 GTR 导通时间各占 50% 时,电机两端平均电压为零,电机静止。

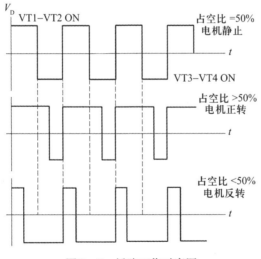

图 9 - 7　桥路工作时序图

(2) 故障部位分析。据上述工作原理,我们认为 4 个 GTR 的驱动回路出现损坏的可能性最大。假如在速度环或电流环出现故障,也就是说在指令电压为零时,电流环的输出不为零,它虽然也能使伺服电机产生运动,但不应出现振动。

故障处理:使用 BW4040 在线测试仪,重点对板上与驱动模块有关的结点进行检查、比较,很快就发现有一个厚膜驱动块(型号 DK421B)损坏。更换之后,伺服放大器恢复正常。

实例 9-84

故障设备：KMC-300SD 龙门式加工中心,配用日本 FANUC15MA 数控系统。3 个坐标轴的驱动是 FANUC 交流伺服系统。

故障现象：CNC 上电启动完成后,伺服系统一进入准备状态,立即出现 SV003 报警,内容如下:Y AXIS EXCESS CURRENT IN SERVO,打开控制电柜门,观察 X、Y、Z 3 个伺服放大器的状态,发现 Y 轴伺服单元的控制板上的过电流报警灯 HC(红色)点亮。意思是 Y 轴伺服放大器的 DC(直流)回路出现过电流。

故障检查与分析：采用 SPWM 技术的交流伺服系统主回路结构见图 9-8。

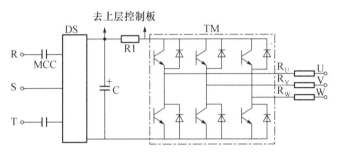

图 9-8 交流伺服主回路结构图

左边一组三相整流桥 DS 将 R、S、T 三相电源整流成直流电,经电容 C 滤波后给逆变桥 TM 提供逆变电源,这部分就是 DC 回路。R_1 电阻是直流回路的电流采样电阻,R_U、R_V、R_W 是交流回路采样电阻。

该故障比较明显,一定在 Y 轴驱动器本身或伺服电机上。首先在伺服电机端子上拆除 U、V、W 三根线。重新启动系统,故障依然出现,说明问题不在伺服电机上,为进一步缩小故障范围,在恢复 Y 轴伺服电机接线后,又交换了 Y 轴和 Z 轴的伺服控制板,HC 报警随之移到 Z 轴,至此故障定位到 Y 轴控制板上。

参看图 9-8 故障可能出现在如下几个环节:

(1) 线路板上与"直流回路电流采样电阻 R_1 相关"的电流检测、反馈部分损坏;

(2) 逆变桥大功率晶体管 GTR 的驱动回路损坏。

上述两点的确认,使线路板的检修范围大大缩小从而提高检修效率。

使用 BW4040 在线测试仪的 VI 曲线分析功能,同时进行 Y 轴故障板和 Z 轴好板的相关节点比较,很快找到了故障原因:有两个驱动 GTR 的厚膜集成电路(型号 DV47HA6640)损坏。从图 9-8 可以看出,它使同一列中的两个 GTR 同时导通,造成直流回路短路,因而在 MCC 吸合给主回路加电时,在 DC 回路中产生过电流,伺服控制板检测到报警后,自身的报警逻辑即自动切断 MCC。

故障处理：更换两个损坏的厚膜集成电路 DV47HA6640 后,故障排除。

实例 9-85

故障设备：美国辛辛那提公司 T30 加工中心,数控系统采用 A950MC。

故障现象：启动液压后,手动移动 Y 轴时,液压自动中断,CRT 显示报警:驱动失败。其他各轴正常。

故障诊断：此故障涉及机械、电气、液压等部分,任一环节有问题均可导致驱动失败。

故障检查顺序是:伺服驱动装置→电机及测量元件→电机与丝杠连接部分→液压平衡装置→开门螺母与滚珠丝杠→滚针排→其他机械部分。具体步骤如下:①检查驱动装置外部接线及内部元件的状态良好,电机与测量系统正常。②拆下 Y 轴液压系统抱闸后情况也正常,将电机与丝杠间的同步传动带脱离,手摇 Y 轴丝杠感觉很吃力。③检查 Y 轴液压平衡缸、调节阀等,一切正常。滚珠丝杠上轴承座也正常。④脱开 Y 轴螺母,手摇丝杠仍很紧。⑤拆开滚珠丝杠下轴承座后发现,轴向推力轴承的紧固螺母与轴瓦抱住,致使手摇丝杠吃力。正常状态下,左右转动丝杠力应大致均衡,且较省力。

由于紧固螺母松动,导致滚珠丝杠上下窜动,造成伺服电机转动带动丝杠空转约一圈。在数控系统中,当 NC 指令发出后,测量系统应有反馈信号,若间隙的距离超出了数控系统所规定的范围,即电机空走若干个脉冲信号后光栅尺无任何反馈信号,则数控系统必然报警,导致驱动失败,机床不能运行。

故障处理:拧好紧固螺母,滚珠丝杠不再窜动,故障排除。

实例 9-86

故障设备:THM6340 卧式精密加工中心,使用 6 年。八台同样设备用于摩托车箱体自动生产线上,精加上箱体的部分孔。

故障现象:一台加工中心出现将所有的孔都镗偏的故障。具体表现为在精镗加工中,连续有两套零件在 X 轴方向镗偏,而且机床无任何报警。对工件进行检查后得知,所有孔在 X 轴方向都偏 0.2~0.3mm,且误差一致。

故障诊断:首先对故障现象进行了分析,这种故障相当于零件朝着 X 轴负方向偏移了 0.2~0.3mm。起初以为是夹具定位不好(以前有过这种情况,是定位吹气压力不够,导致定位面有切屑,造成定位偏移),于是对机床夹具定位面和吹气压力都作了检查,确保定位面没有切屑,吹气压力正常。再试切工件,结果是未出现镗偏。联线加工后的第三天又出现一套零件镗偏,问题变得复杂起来。对孔偏的情况进行了仔细分析,先排除了 X 轴机械间隙问题(因 X 轴采用全闭环反馈系统),总结出有以下几个原因可能导致该故障:夹具定位问题;夹具本身问题;装夹工件有时没夹紧,导致粗加工时受力偏向一边(概率很小);数控系统故障;光栅尺固定不牢,因切削振动导致光栅尺整体移动;光栅尺反馈电路或光栅尺故障。接下来对以上六种可能因素进行逐项排除:①夹具定位用螺栓、销子经检查后确认正常。②对出现镗偏的夹具作标记、跟踪,结果是在另外七台加工中心加工的零件都合格,而且在该台加工中心加工出来的零件有时也是合格的,显然,夹具有问题不成立。③要求上料操作工在装夹每一零件时都按照工艺文件上所要求的转矩(30N·m)紧固零件。试验结果表明该加工中心还是偶尔镗偏,由此可以排除装夹问题。④把整套数控系统(包括主板、轴板、PLC 板、底板等)与另一台完好的加工中心的数控系统对换,故障依然存在。⑤为了防止光栅尺的挂脚松动,把 X 轴的防护罩打开,把固定光栅尺两头的螺栓紧了一下(实际螺栓已经很紧了),再进行试加工,结果还出现镗偏。⑥检查反馈电路系统,先检查光栅尺到轴卡的线路接头,未发现接触不良之处;再检查光栅尺的电源电压,实测值为 5.95V,也在正常范围(6±0.3V)内。用双踪示波器对光栅尺的反馈电压波形进行检查,波形都很正常。由此基本上排除了光栅尺信号传送故障和光栅尺脏污。为了排除整形器的问题,把 X 轴光栅尺整形器与 Y 轴的整形器对换,结果还有镗偏问题。为了彻底排除光栅尺的故障,决定把 X 轴与 Z 轴的光栅尺对换。当把 X 轴光栅尺拆下时,发现一个挂脚断裂,造成光栅尺来回微小移动成为可能,从而导致加工的零件尺寸不稳定。

故障处理:按照原挂脚尺寸用铜料(原为铝合金)制作新件,装配后试加工,故障消失,运行半年来未再出现镗偏故障,显然故障是由光栅尺挂脚断裂造成的。

9.3.3 主轴、工作台

实例9-87

故障设备:北京机床研究所生产的KT1400V立式加工中心。

故障现象:2001号、409号报警。

故障检查与分析:故障发生后,CRT上显示2001#SPDLSERVO。AL;409#SERVO。A-LARM;(SERIACERR)报警信息。同时,主轴伺服单元PCB上显示:AL-01报警。AL-01为主轴电机过热报警信号。

检查情况如下:上述报警能用清除键清除,清除后有时系统能够启动,也能执行各轴的参考点返回,但驱动Z轴向下移动时,便发生上述报警,而此时主轴电机并没有动作,同时也不发热。

从机床技术资料上不能查阅到上述报警的有关信息。从CRT的提示信息上以及主轴伺服驱动单元的报警上分析,并考虑到主轴电机是伴随着Z轴一起上下移动,因而怀疑故障范围应在主轴和Z轴这个部位。反复观察Z轴上下移动的情况;当Z轴向上移动时,无论移动多长的距离,均不发生报警。而向下移动时,每次到达主轴电机电缆被拉直时,便发生报警。因此,说明该报警是主轴电机电缆接触不良所致。打开主轴电机接线盒,发现盒内接线插头上有一根接线因松动而脱落。

故障原因:主轴电机电缆连线活动余地太小,当Z轴向下移动到一定距离后,电缆便被张力拉直而松动脱落,而该线刚好是主轴电机热控开关的连线。热控开关的输入信号断开,模拟了电机过热,从而产生主轴电机过热故障报警。

故障处理:从电气控制柜中将主轴电机电缆拉出一部分,使其达到Z轴向下移动时的最大距离。同时,将松动、脱落的连线焊好,故障排除。

实例9-88

故障设备:一台进口二手加工中心,配用美国DYNAPATH系统。

故障现象:在一次机床通电(主伺服也通电)时,没有键入M、S辅助机能代码,主轴便按M04(逆时针)方向以100r/min的转速自行旋转。此时如再键入M03或M04及S**(转速代码)后,系统不予执行,也不报警,即主轴通电后便处在失控状态。

故障检查、分析与处理:由于该机床配用美国DYNAPATH系统,内含PLC可编程接口控制器。分析后认为,该现象应先从PLC梯形图查起。由梯形图初始化程序查知,主伺服通电后主轴应立即定向,以便更换刀具,而此时主轴旋转不停,且不予执行M、S代码,表面现象为主轴失控,而仔细分析后认为根源应在于主轴定向装置有问题。于是就从主轴定向查起,由PLC初始化程序分析得出:上电后PLC输出口的W9-8应置为"1",再由该口控制外部继电器KA15,KA15的触点又作为控制主伺服定向的开关信号。经检查该信号为"1",正常。KA15也吸合且触点闭合良好,说明主轴定向控制部分正常。同时,主轴能旋转也能说明这一点。估计问题可能就出在定向检测回路。而该回路的检测元件为旋转变压器(分解器)。故又用示波器测试了旋转变压器的 3 个输入、输出信号波形。发现均无异常现象,且信号电缆也能正常地连接到主伺服 8 号印制板插脚,再仔细一检查,发现印制板插脚因年久失修,铜片氧化已相当严重,所以认为问题可能就在于此。经清洗插脚,插上 8 号板通电试车,却发现故障依旧存在,最后认定故障极大可能就在 8 号印制板,拔下后沿着旋转变压器信号插脚检查,发现处理这些信号的双运放集成块 CA747 烧坏,致使信号无法输出。更换一个后,通电试车一切正常。

实例 9-89

故障设备:THY5640 加工中心,变频器采用 SIEMENS 6SC 6502 4AA02。

故障现象:主轴转速不稳,变频器有 F11 报警。

故障诊断:该机床主轴电机为 IPH6103-4CF49-2,内置编码器,编码器轴和电机轴以锥套连接,编码器外壳通过一弹簧固定在电机外壳上,以避免振动。先检查了主轴变频装置,正常,F11 号报警表明故障可能在转速反馈单元上。拆下电机,将后端盖逐层打开,发现固定编码器的弹簧已振断,造成反馈有波动。

故障处理:自制一根弹簧并换上,故障排除。

实例 9-90

故障设备:XH714 加工中心。

故障现象:主轴准停故障。

故障诊断:主轴准停时圆周方向抖动幅度较大,不能定位,准停定位无力,手扳动后即发生伺服过载报警。主轴功能除准停外其余功能均正常,初步怀疑主轴定位系统工作不良,更换主轴编码器后,故障没有消除。与同型号加工中心交换主轴伺服板后,准停功能恢复正常。确认主轴伺服驱动器故障。

故障处理:将主轴伺服驱动器送北京 FANUC 维修后机床恢复正常。

实例 9-91

故障设备:CWK800 卧式加工中心,主轴驱动用西门子 6SC6508 交流变频调速系统。

故障现象:在主轴停车时出现 F41 报警,报警内容为"中间电路过电压",按复位后消除,加速时正常。试验几次后出现 F42 报警(内容为"中间电路过电流")并伴有响声,断电后打开驱动单元检查,发现 A1 板(功率晶体管的驱动板)有一组驱动电路严重烧坏,对应的 V1 模块内的大功率晶体管基射极间电阻明显大于其他模块,而且并联在模块两端的大功率电阻 R100(3.9Ω、50W)烧断,电容 C100、C101(22P、1000V)短路,中间电路熔断器 F7(125A、660V)烧断。

故障检查与分析:通过查阅 6SC6508 调速系统主回路电路图,知道该系统为一个高性能的交流调速系统,采用交流→直流→交流变频的驱动形式,中间的直流回路电压为 600V,而制动则采用最先进、对元件要求最高的能馈制动形式。在制动时,以主轴电机为发电机,将能量回馈电网。而大功率晶体管模块 V1 和 V5 就在制动时导通,将中间直流回路的正负端逆转,实现能量的反向流动。因此该系统可实现转矩和转向的 4 个象限的工作状态,以及快速的启动和制动,该系统出厂时内部参数设置中加速时间和减速时间均为 0。估计故障发生的过程如下:由于 V1 内的大功率三极管基射极损坏而无法在制动时导通,制动时能量无法回馈电网,引起中间电路电容组上电压超过允许的最大值(700V)而出现 F41 报警,在作多次启停试验后,中间电路的高压使电容 C100、C101、V1 内的大功率三极管集射结击穿,导至中间电路短路,烧断熔断器 F7、电阻 R100,在主回路中流过的大电流通过 VI 中大功率三极管串入控制回路引起控制回路损坏。

故障处理:更换大功率模块 V1、V5,电容 C100、C101,电阻 100,熔断器 F7 及驱动板 A1 后,调速器恢复正常。为保险起见,把启动和制动时间(参数 P16、P17)均改为 4s,以减少对大功率器件的冲击电流,降低这一指标后对机床的性能并无影响。

实例 9-92

故障设备:东芝 BPN-13B 型加工中心。

故障现象:运行中突然停止,所有功能不执行,主轴伺服过流报警。

故障检查、分析与处理

经查伺服主回路,发现逆变达林顿管、再生装置、主回路保险烧坏,经更换后试机暂时正常。运行 2 天后再次出现同类故障。对故障的再次出现分析认为有如下可能性:①主轴伺服印制电路板不良;②电机严重超载,短路;③有不良元件。

经验证明:上述 3 条不成立。在故障出现的时候进行测量观察时发现问题出在主轴启动的瞬间,推测原因是伺服对电机的 di/dt、最大电流 I_{max} 启止控制不正确造成的。由于伺服单元电流调整我们无法做到,在逆变桥臂上加装一只限流电阻,使其在启动时起到限流作用,而工作时又不受影响。经计算,试验选择 $0.8\Omega/5kW$ 电阻,取得成功,详见图 9-9。

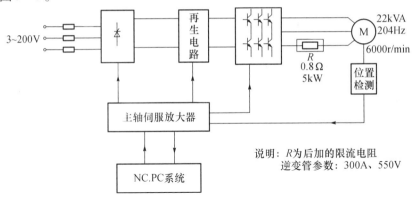

图 9-9 主轴伺服系统原理框图

实例 9-93

故障设备:THY5640 立式加工中心。

故障现象:主轴速度异常。

故障诊断:主轴转速在 500r/min 以下时主轴及变速箱等处有异响,电机的输出功率不稳定,指针摆动很大。转速在 120lr/min 以上时异常声音又消失。开机后,在无旋转指令的情况下,电机的功率表会自行摆动,同时电机漂移自行转动,正常运转后制动时间过长,机床无报警。根据查看到的现象,引起该故障的原因可能是主轴控制器失控,机械变速器或电机故障。由于拆卸机械部分检查的工作量较大,因此先对电气部分的主轴控制器进行检查,控制器为 SIEMENS 6SC 6502。首先检查控制器中预设的参数,再检查控制板,都无异常,只是电路板较脏。对电路板进行清洗,但装上后开机故障照旧。因此控制器内的故障原因暂时可排除。为确定故障在电机部分还是在机械传动部分,必须将电机和机械脱离,脱离后开机试车发现给电机的转速指令接近450r/min时,开始出现不间断的异常声音,但给到1201r/min指令时异常声音又消失。为此对主轴部分进行了分析,原来低速时给定的450r/min指令和高速时的4500r/min指令对电机是一样的,都是在最高转速,只是低速时通过齿轮进行了减速,所以故障在电机部分基本上可以确定。经分析,异常声音可能是轴承不良引起的。

故障处理:将电机拆卸进行检查,发现轴承已坏,在高速时轴承被卡造成负载增大,使功率表摆动不定,出现偏转。而在停止后电机漂移和制动过慢,经检查是编码器的光盘划破造成的。更换轴承和编码器后所有故障排除。

实例 9-94

故障设备:北京精密机床厂生产的JCS 018立式加工中心,配用FANUC 6系统。

故障现象:主轴低速指令不起作用。

故障诊断:经检查,从键盘键入转速指令S时,在地址R01~R12上能读到相应的二进制代码,主轴能够运转,只是在主轴转速低于120r/min时S指令无效。当转速指令给定为0时,主轴竟然按120r/min转速运转,显然是有一额外的模拟电压指令在起作用。通过对主轴板上数—模转换集成电路DAC80的测量,发现其输出端15号、18号,即CH2对地有-0.5V的电压。对照指令、电压、转速对应表9-1可以看出该电压基本符合电机转速为120r/min时的模拟电压指令,显然该集成电路已有故障,产生了这一额外电压,从而找到了故障的原因。

表9-1 指令、电压、转速对应关系

二进制转速指令	模拟输出电压/V	电机转速/(r/min)
000000000000	0	0
000001011011	0.222	50
000010110110	0.444	100
111111111111	0.999	2250

故障处理:为了应急,将图9-10中的短路棒S4拆除,改为串联一只硅二极管,利用其管压降抑制住多余的0.5V电压,效果不错。主轴低转速能够达到50r/min,使低速加工工序得以顺利完成。

实例 9-95

故障设备:JCS 018立式加工中心,是采用FANUC BESK 7M系统的全功能数控机床。

故障现象:主轴不能定向,负载表指针达红区,显示08号报警。

故障诊断:查阅机床维修手册,08号报警为主轴定位故障。根据维修手册的要求,打开机床电源柜,在交流主轴控制器电路板上,找到了7个发光二极管(6绿1红),这7个指示灯(从左到右)分别表示:定向指令;低速挡;磁道峰值检测;减速指令;精定位;定位完成(以上为绿色);试验方式。观察这7个指示灯的情况如下:1号灯亮,3号、5号灯闪烁,这表明定位指令已经发出,磁道峰值已检测到,定位信号也检测到,但是系统不能完成定位,主轴仍在低速运行,故3号、5号灯闪烁。调节主轴控制器上的电位器RV5、RV6、RV7,仍不能定位。从以上情况分析,怀疑是主轴箱上的放大器有问题,打开主轴防护罩

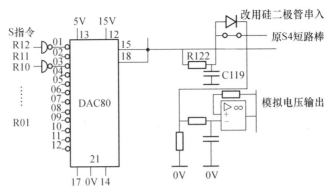

图 9-10 主电路板

检查放大器时,发现主轴上的刀具夹紧液压软管盘绕成绞形,缠绕在主轴上,分析这个不正常的现象,判断是该软管盘缠绕致使主轴定位偏移而不能准确定位,造成 08 号报警。

故障处理:将该软管卸下回直后装好,又将主轴控制器中的调节器 RVⅡ(定位点偏移),进行了重新调节,故障排除,报警消失,机床恢复正常运行。

实例 9-96

故障设备:HAMAI 公司生产的加工中心,配置 FANUC 10M 系统。

故障现象:在运行过程中突然停电之后,主轴伺服单元不能工作。

故障诊断:对主轴伺服单元进行检查,发现三个交流电源输入熔断器全部烧毁。按照系统维修说明书的指示内容去检查,均未发现有异常。按交流主轴伺服单元的工作原理进行分析,故障是在正常工作时突然停电造成的,而在突然停电时,主轴电机内的电感能量必然要立即释放。由于能量释放时产生的反电动势太高,所以可能会造成能量回收回路损坏。根据上述分析,检查有关回路部分,果然发现有两个晶闸管损坏。

故障处理:更换晶闸管之后,机床恢复正常。

实例 9-97

故障设备:青海一机厂制造的 XH754 卧式加工中心,采用美国 AB 公司 8400 系统。

故障现象:工作台(旋转)位置不准无法落下,伺服出现 TG 报警。

故障检查、分析与处理:由于回零碰块偶尔发生错误,或调试安装过程中可能出现类似故障。排除方法是将电机与编码器脱开,手动打开电磁阀让工作台抬起,压下急停按钮之后,直接转动电机联接器,使工作台向对齐的方向转动。当位置对齐时装上编码器,落下工作台,释放急停按钮,重新回零。如工作台刻度盘还没对齐,重复上述方法,直到对齐为止,故障就能排除。其目的是让 CNC 重新记住工作台位置,一般调整只能在 5°之内,过大的调整只能靠改变回零碰块位置解决。此方法适合配制美国 AB 公司 8400 系统加工中心使用。

实例 9-98

故障设备:TH6263 加工中心。

故障现象:开机后工作台回零不旋转且出现 05 号、07 号报警。

故障诊断:利用梯形图和状态信息首先对工作台夹紧开关 SQ6 的状态进行检查,138.0 为"1"正常。手动松开工作台时,138.0 由"1"变为"0",表明工作台能松开。回零时,工作台松开了,地址 211.1TABSC 由"0"变为"1",211.2 TABSC1 也由"0"变为"1",

211.3 TABSC2 也由"0"变为"1",然而经过 2000 ms 延时后,由"1"变成"0",致使工作台无旋转信号。是电机过载、工作台机械故障,还是工作台液压有问题?经过几次反复实验,发现工作台液压存在问题。正常工作压力为 4.0~4.5MPa,在工作台松开抬起时,液压由 4.0MPa 下降到 2.5MPa 左右,泄压严重,致使工作台未完全抬起,松开延时后,无法旋转,产生过载。

故障处理:将液压泵检修后,保证正常的工作压力,故障消除。

实例 9 - 99

故障设备:TH6363 加工中心,采用全闭环控制系统。

故障现象:数控转台角位移故障,打开主电源后,液压及辅助功能正常工作,启动 NC 控制装置系统断开,伺服出现 444 报警,机床不能工作。

故障检查与分析:主轴采用大惯量直流电机,伺服控制电机为直流永磁式电机,位置检测采用直线和旋转式感应同步器(X、Y、Z 轴为直线式,转台 B 轴为圆式)。查维修手册得知,444 报警是第四轴(即 B 轴)的旋转变压器/感应同步器位置检测系统故障。设备正常工作时,通过 CRT 面板输入位置指令信号(即旋转角度),NC 装置将指令信号转换成指令脉冲,指令脉冲与检测到的实际位置信号进行比较,产生位置偏差量,此位置偏差量控制速度单元,按设定的转速旋转,使位置偏差量为零,达到要求的位置。以上故障现象的出现可以认为是位置检测有问题。造成位置检测不正确有以下 3 种因素:

(1) 位置控制板出现问题,不能给圆感应同步器定尺提供激磁信号;
(2) 位置反馈放大器出现故障,使反馈的位置信号不能进入位置控制板;
(3) 圆感应同步器本身问题,不能产生位置反馈信号。

查找方法如下:

首先,将 X 轴的感应同步器连同反馈放大器,接到转台 B 轴的控制接口上,此时 X 轴感应同步器上的激磁信号为 B 轴控制板上的激磁信号,B 轴上的激磁信号为 X 轴上的激磁信号,结果 X 轴正常,B 轴不正常,可证明 B 轴控制板无问题;然后将两轴的反馈放大器互换,结果一样,可证明 B 轴反馈放大器也没有问题,问题可能在尺子本身。

圆感应同步器是应用电磁感应原理制成的高精度角度检测元件,它是由定尺和转尺两部分组成,为非接触式。定尺上有两组互相独立的线圈 A、B 和一组内部耦合变压器线圈 C。A 组加正弦激磁信号,B 组加余弦激磁信号,内部耦合线圈 C 为感应输出。转尺上有一组与耦合变压器相对应的线圈,定尺与转尺相对运动时,转尺首先从定尺上感应到信号,再将感应到的信号通过耦合变压器感应到定尺的耦合线圈上,从定尺输出感应信号。其工作原理与直线式基本一致,只是圆感应同步器多了一组耦合变压器线圈。

依据上述工作原理,判断圆感应同步器的好坏。发现激磁信号正常,旋转转尺感应信号微弱但无变化,去掉转尺,此感应信号仍存在(很微弱),证明此信号为定尺本身感应出来的信号(因激磁信号和输出信号都在定尺上)而不是真正的输出信号,说明转尺有问题,于是将转尺外线圈割断,测量耦合变压器线圈,发现耦合变压器线圈断路,至此故障原因找到。

故障处理:圆感应同步器是安装在机床上的感应部件,由于使用环境较差,感应同步器要防水、防油,所有线头联接部分都固化有环氧树脂,去掉环氧层后重新焊接,焊完后重新固化环氧树脂,修复工作结束。由于考虑到维修时所用导线与生产厂家使用导线直径不同,担心检测精度差,经广州机床研究所专用设备鉴定,精度为±2.6角秒,完全达到了设计性能指标,重新装上机床后,性能良好,机床正常工作。

实例 9-100

故障设备:JCS-013 卧式加工中心,FANUC BESK 7CM 系统。

故障现象:转台快速时有振动。

故障检查、分析与处理:转台在快速移动时,产生振动,而慢速时几乎正常。首先应怀疑测速发电机问题。检查时发现切削液进入电机,油泥粘附在整流子的表面上,而且测速机内有油进入,致使电刷接触不良,处理修复。

注意:测速机拆下清理时,一定要在刷架和磁铁上做好标记,这样可使测速机输出的电压波纹减至最小。

实例 9-101

故障设备:亚威 PC3060 加工中心,控制系统为 FANUC 0MC。

故障现象:开机后报警,第 4 轴过载。

故障诊断:数控分度头即第 4 轴过载多为电机断相,反馈信号与驱动信号不匹配或机械负载过大引起。就此故障作了如下检查:①打开电器柜,先用万用表检查第 4 轴驱动单元控制板上的熔断器、断路器和电阻是否正常。②因 X、Y、Z 轴和第 4 轴的驱动控制单元均属同一规格型号的电路板,故把第 4 轴的驱动单元和其他任一轴的驱动单元对换,开机,断开第 4 轴(关闭操作面板上的 4NG 按钮),测试与第 4 轴对换的那根轴运行是否正常,若正常则证明第 4 轴的驱动控制单元是完好的,否则证明第 4 轴的驱动控制单元是坏的,更换后再继续检查。③检查第 4 轴内部驱动电机是否断相。④检查第 4 轴内的蜗轮蜗杆传动是否灵活,是否有咬死现象。⑤检查第 4 轴与驱动单元的连接电缆是否完好。连接电缆由于长期浸泡在油中而老化,以及随着机床来回运动而折断,最后导致电路短路而造成开机后报警,第 4 轴过载。

故障处理:更换此电缆后故障排除。

实例 9-102

故障设备:德国产 CWK500 型加工中心。

故障现象:该机床在装夹工件时,不能进行手动托盘转动。

故障检查、分析与处理:机床在装夹零件时,可通过手动托盘松开按钮 E81S04 给 PLC 送入托盘释放信号,由 PLC 控制在托盘处于可松开状态时发出电机抱闸松开和托盘锁紧销释放信号,控制机床使托盘可自如地进行手动转动。

其原理框图如图 9-11 所示。当机床出现故障,托盘不能进行手动转动时,对照机床电气原理图逐步检查,发现电机抱闸线圈电源的 6A 熔断器损坏,电机抱闸线圈内部短路;阻值变小,电机内部抱闸用整流电路板上的整流管损坏。重新绕制线圈并更换相应元件后,机床恢复正常。但此故障不止一次出现,两台 CWK500 型机床均出现过此故障。仔细分析故障产生的原因后认为:由于机床操作者按下托盘松开按钮松开托盘之后常常夹紧零件后也不卡紧托盘,常时间也不断电,使电机抱闸线圈长期通电,造成内部极度高温,使其短路损坏。此时,首先烧坏 6A 熔断器。若直接换上熔断器,通电再试,则会烧坏电机内部的整流电路中的整流管,造成进一步损坏。

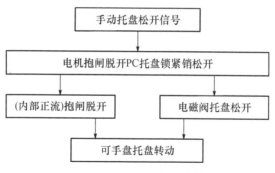

图 9-11 手动托盘转动原理框图

所以规定：在操作者松开托盘，使托盘转至所需位置后，必须立即锁紧托盘，在需要转动托盘时再次松开。有此规定后，机床使用了一年多来，再未出现此故障。

假如操作者违反规定，再次出现托盘松不开的现象时，则应首先检查电机抱闸线圈，这样可避免整流管的损坏。

当然，托盘松不开的原因也不仅是抱闸线圈所造成。最近又出现一次托盘松不开的故障，赴现场检查发现 6A 熔断器没有烧，则断定不是线圈短路原因。进一步检查锁紧销信号，发现信号已给出，但由于长时间机床未用，又被水淹，销有锈死现象，电磁阀带不动，进行相关处理后，机床恢复正常。

实例 9-103

故障设备：德国海克特公司制造的 CW800 卧式加工中心，采用西门子系统。

故障现象：输入指令要工作台转 118°或回零时，工作台只能转约 114°的角度就半途停下来，当停顿时用手用力推动，工作台也会继续转下去，直到目标为止，但再次启动分度动作时，仍出现同样故障。

故障检查、分析与处理：在 CRT 显示器上检查回转状态时，发现每次工作台在转动时，传感器 B57 总是"1"（它表示工作台已升到规定高度），但每次工作台半途停转或晃动工作台时，B57 不能保持"1"，显然，问题是出在传感器 B57 不能恒定维持为"1"之故。拆开工作台发现传感器部位传动杆中心线偏离传感器中心线距离较大。稍作校正就解决了故障。但在拆装工作台时，曾反复了几次，由于机械与电气没有调整好，出现了一些故障现象，这也是机电一体化机床经常遇到的事情。

实例 9-104

故障设备：瑞典 HMC 40 加工中心，采用 SINUMERIK 840C 数控系统。

故障现象：机床双工作台在交换过程中动作混乱或未完成就停止。

故障诊断：检查故障时一次传感元件（接近开关或碰撞开关）的输入不正常，但拆线进一步检查均正常。检测一次元件连接电缆有短路现象，进一步检查线路发现电缆中间有一插头插座被切削液浸湿。但该插头插座是安装在电器柜内，与切削加工的密封仓是隔开的。仔细观察后发现该插头插座上有一固定插座用废孔没有堵住，而该孔恰好与切削加工的密封仓连通，天长日久，切削液漫漫渗入，从而引起线路短路。

故障处理：取下被侵蚀的插座，用酒精清洗后，用电吹风吹干，重新装上后，故障排除。

实例 9-105

故障设备：匈牙利 MKC 500 卧式加工中心，所用系统为 SIEMENS 820 数控系统。

故障现象：工作台分度盘不回落,7035 号报警。

故障诊断：查阅该机床技术资料,工作台分度盘不回落与工作台下面的 SQ25、SQ28 传感器有关。从 CRT 上调用机床状态信息观察到上述传感器工作状态,SQ28 即 E10.6 为"1",表明工作台分度盘旋转到位信号已经发出;SQ25 即 E10.0 为"0",说明工作台分度盘未回落,故输出接口 A4.7 就始终为"0"。因而 KM32 接触器未吸合,YS06 电磁阀不吸合,工作台分度盘就不能回落。检查液压系统工作正常,手动 YS06 电磁阀,工作台分度盘能回落,松开 YS06 电磁阀工作台分度盘又上升。通过上述检查说明故障发生在 PLC 内,用 PG650 编程器调出该工作梯形图,发现 A4.7 这一线路中 F173.5 未复位,致使将该处梯形图中的 RS 触发器不能翻转,造成上述故障报警。

故障处理：强行复位,故障排除。

实例 9-106

故障设备：匈牙利 MKC500 卧式加工中心,所用系统为 SIEMENS 820 数控系统。

故障现象：工作台不能移动,7020 号报警。

故障检查与分析：查机床使用说明书,7020 号报警为工作台交换门错误,检查工作台交换门行程开关未发现异常,在 CRT 上调用机床 PLC 输入/输出接口信息表可以看出 E10.6、E10.7 为"0"。在正常情况下 E10.6 应为"1",而 E10.6 正是工作台交换门行程开关之一。对应机床 PLC 输入/输出接口信息表上 E10.6 进行检查,发现 SQ35 行程开关压得不好,即接触不良,以至造成上述故障报警。

故障处理：将 SQ35 行程开关修理后,故障排除。

9.3.4 刀库、机械手

实例 9-107

故障设备：青海第一机床厂制造的 XH754 加工中心,配用 FANUC 6M 系统。

故障现象：刀库运行时抖动故障。

故障诊断：由于刀库与转台共用一套 PWM 单元,位置控制采用一块简易定位板,且转台正常,所以机修人员误认为是机械故障。在蜗轮蜗杆上反复查原因无结果。考虑机电一体化设备有些机械故障可用电气弥补的方法,试调快慢速时,发现简易定位板刀库测速反馈部分稳压管击穿。分析原因：当测速发电机反馈电压不稳定时,使输入信号与反馈信号间的关系出现错误,导致其反馈峰值有变化,波形不稳定而造成本故障。

故障处理：选用 5V 稳压管换上后使用正常。

实例 9-108

故障设备：JCS018 立式加工中心,采用 FANUC-BESK 7CM 系统。

故障现象：机械手自动换刀时不换刀。

故障检查与分析：故障发生后检查机械手的情况,机械手在自动换刀时不能换刀,而在手动时又能换刀,且刀库也能转位。同时,机床除机械手在自动换刀时不换刀这一故障外,全部动作均正常,无任何报警。

检查机床控制电路无故障;机床参数无故障;硬件上也无任何警示。考虑到刀库电机旋转及机械手动作均由富士变频器所控制,故将检查点放在变频器上。观察机械手在手动时的状态,刀库旋转及换刀动作均无误。观察机械手在自动时的状态,刀库旋转时,变频器工作正常,而机械手换刀时,变频器不正常,其工作频率由 35Hz 变为 2Hz。检查 NC 信号已经发出,且变频器上的交流接触器也吸合,测量输入接线端上 X1、X2 的电压在手动和自动时均相同,并且,机械手在手动时,其控制信号与变频无关。因此,考虑是变频器设定错误。

从变频器使用说明书上知:该变频器的输出频率有 3 种设定方式,即 01、02、03。对 X1、X2 输入端而言,01 方式为 X1 ON X2 OFF;02 方式为 X1 OFF X2 ON;03 方式为 X1 ON X2 ON。

检查 01 方式下,其设定值为 0102,故在机械手动作时输出频率只有 2Hz,液晶显示屏上也显示为 02。

故障原因:操作者误将变频器设定值修改,致使输出频率太低,而不能驱动机械手工作。

故障处理:将其按说明书重新设定为 0135 后,机械手动作恢复正常。

实例 9 - 109

故障设备:北京机床所制造的 JCS018 立式加工中心,配置 FANUC - BESK 7CM 系统。

故障现象:主轴定向后,ATC 无定向指示,机械手无换刀动作。

故障检查与分析:该故障发生后,机床无任何报警产生,除机械手不能正常工作外,机床各部分都工作正常。用人工换刀后机床也能进行正常工作。

根据故障现象分析,认为是主轴定向完成信号未送到 PLC,致使 PLC 中没有得到换刀指令。查机床连接图,在 CN1 插座 22 号、23 号上测到主轴定向完成信号,该信号是在主轴定向完成后送至刀库电机的一个信号,信号电压为 +24V。这说明主轴定向信号已经送出。

在 PLC 梯型图上看到,ATC 指示灯亮的条件为:①AINI(机械手原位)ON;②ATCP(换刀条件满足)ON。首先检查 ATCP 换刀条件是否满足。查 PLC 梯形图,换刀条件满足的条件为:①OREND(主轴定向完成)ON;②INPI(刀库伺服定位正常)ON;③ZPZ(Z 轴零点)ON。

以上 3 个条件均已满足,说明 ATCP 已经 ON。

其次检查 AINI 条件是否满足。从 PLC 梯形图上看,AINI 满足的条件为:①A75RLS(机械手 75°回行程开关)ON;②INPI(刀库伺服定位正常)ON;③180RLS(机械手 180°回行程开关)ON;④AUPLS(机械手向上行程开关)ON。

检查以上 3 个行程开关,发现 A75RLS 未压到位。

故障处理:调整 A75RLS 行程开关挡块,使之刚好将该行程开关压好。此时,ATC 指示灯亮,机械手恢复正常工作,故障排除。

实例 9 - 110

故障设备:北京机床研究所制造的 TH6350 卧式加工中心。

故障现象:机械手抓刀时有掉刀现象,尤其是在抓较大刀具时容易发生。曾调整液压系统使其动作速度较为适合,但也不能完全排除。

故障检查、分析与处理:机械手在刀库侧抓刀后的两个动作:机械手回转 90°和机械手缩回动作连续,没有间歇时间,从梯型图上看这两个动作前没有延时器(图9-12)。因此分别加装定时器 TMR1022 和 TMR1026,并各定时 1s 后故障排除。

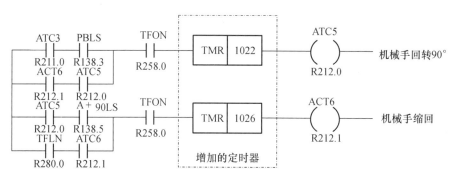

图 9-12 附加机械手回转 90°及缩回延时器梯形图

增加定时器可求助于厂方或自己在专用 PLC 编程器上进行,将 PLC 上半导体存储器 2716 EPROM3-8 拔下,依次将程序写入编程器中,调出需改动的地址,将改动后的程序写入新的 EPROM 中,装到机器上再设定延迟时间。

实例 9-111

故障设备:VMC 0851 立式加工中心,配链式刀库。

故障现象:刀臂抓刀后停止,不能继续换刀,刀臂停在主轴抓刀位置。

故障诊断与处理:机床换刀过程中可能遇到突发事件,如气压、复位等问题,造成机床换刀停止。需要转动换刀手臂使其恢复初始状态。根据操作说明书介绍,在 MDI 状态下,在 offsetet 菜单下按下"操作"软键将 ATC REF 选项接通,切换到手动状态,按机械手反转键,使其恢复正常 90°位置。MDI 状态下反复多次换刀正常后恢复使用。

将 G54 项内 Z 向值置为 0 后机床换刀动作恢复正常。

实例 9-112

故障设备:德国 SHW 公司生产的 UFZ6 加工中心,配置西门子 880 控制系统。

故障现象:机械手进入刀座后自动中断,CRT 显示"读禁止"。

故障检查与分析:此机床较大,刀库与主轴相距较远(约 3m),机械手由液压驱动在导轨上滑动传送刀具。主轴位置分立式、卧式两种换刀方式,因此机械手可上、下翻转,满足主轴换刀位置的需要。机械手换刀共分 28 步,每一步均有相应的接近开关检测其位置,大多数接近开关都安装在机械手不同的部位,随机械手拖架来回运动,较易松动,且存在损坏的危险。此台机床是新购进设备,断线及电缆老化的可能性极小。各接近开关上指示灯正常,故供电电源也正常。因此只有从查各接近开关的位置入手。

此故障停止在步序 2,机械手进入刀座准备拔刀时,首先检查机械手是否到位。通过 PLC 接口显示,输入 E24.6 状态为 1,说明机械手到刀库的开关 S07 已动作,下一步应该夹刀,但未动作。经手动试验机械手各动作正常,因此查 PLC 梯型图,检查各开关量的制约关系了解到,接近开关 S17 在机械手接近刀库约 300mm 范围内均应动作,否则换刀中断,查开关 S17 的 PLC 接口 E25.5,状态为 0,即此开关未动作。故障应是此开关由于电缆移动造成松动,感应铁块与接近开关距离过大,感应不到信号。

故障处理：调整 S17 开关的位置后，自动换刀正常。

实例 9-113

故障设备：UFZ6 加工中心，配置 SIEMENS 880 系统。

故障现象：机床的机械手不能手动换刀。

故障诊断：该机床刀库配有 120 个刀位，刀具的人工装卸是通过脚踏开关控制气阀的动作来夹紧和松开刀具。此故障发生时，气阀不动作，根据维修经验知道，对于局部的可直接控制的动作利用 PLC 程序来判断故障是最有效的方法。由电路图知道气阀由 N-K8 继电器控制，N-K8 继电器由 A27.6 的输出来控制。根据机床制造厂家提供的机床 PLC 程序手册，查出 PBl56-1 为控制输出 A27.6 程序，内容如下：

```
U   M   123.3
U   M   165.3
U   E    26.0
U   E    26.7
=   A   276（注：程序中字母为德文）
```

由上述程序知道，M123.3 和 M165.3 为 PLC 内部的程序中间继电器，输入 E26.0 由脚踏开关 N-S06 控制，输入 E26.7 是一套由机械和电气联锁装置组成的刀库门控制信号。上述 4 部分内容组成一个与门电路关系，控制输出 A27.6。因此，在 PLC 输入状态下检查 E26.0 和 E26.7 的状态。其中 E26.7 状态始终不变，拆开刀库门控制盒后发现盒内连接刀库门的插杆滑动块错位，致使刀库门打开时，盒内联锁开关状态不变化，输出信号 E26.7 始终不变。

故障处理：将插杆滑块位置复原后打开刀库门时，E26.7 为 1，输出 A27.6 也为 1，则气阀动作，手动换刀正常。

9.4 数控磨床故障诊断与维修实例

9.4.1 CNC 系统

实例 9-114

故障设备：从德国 EX-CELL-O 公司引进的数控磨床，数控系统采用西门子 3M 系统。

故障现象：当 Y 轴正向运动时，工作正常，而反向运动时却出现 113 号报警"Contour Monitoring"和 222 号报警"Position Control Loop Not Ready"，并停止进给。

故障检查与分析：根据操作手册对 113 号和 222 号报警进行分析，确认 222 号报警是由于出现 113 号报警引起的。伺服系统其他故障也可引发这个报警。根据操作手册说明，113 号报警是由于速度环没有达到最优化，速度环增益 K_V 系数对特定机床来说太高。对这个解释进行分析，认为导致这种故障有 3 种可能：

（1）速度环参数设定不合理，但这台机床已运行多年，从未发生这种现象，为慎重起见，对有关的机床参数进行核对，没有发现任何异常，这种可能被排除了。

（2）当加速或减速时，在规定时间内没有达到设定的速度，也会出现这个故障，这个

时间是由 K_V 系数决定的。为此对 NC 系统相关的线路进行了检查,且更换了数控系统的伺服控制板和伺服单元,均未能排除此故障。

(3) 伺服反馈系统出现问题也会引起这一故障。为此更换 NC 系统伺服反馈板,但没能解决问题。对作为位置反馈的旋转编码器进行分析,如果它丢转或脉冲丢失都会引起这一故障。为此检查编码器是否损坏,当把编码器从伺服电机上拆下时,发现联轴节在径向上有一斜裂纹。当电机正向旋转时,联轴节上的裂纹不受力,编码器不丢转,机床正常运行不出故障。而电机反向旋转时,裂纹受力张开,致使编码器丢转,导致了系统出现 113 号报警。

故障处理:更换了新的联轴器,故障随之排除。

实例 9-115

故障设备:德国 MIKROSA 公司生产的无心磨床,控制系统为西门子 820C 系统。

故障现象:2039 号报警,机床不能进入正常加工状态。

故障检查与分析:查阅机床技术资料,2039 号报警为"未返回参考点"。

故障检查情况如下:在选择开关处于"自动"方式下,启动机床后就产生 2039 号报警,系统即进入加工画面,而未按正常情况进入自动返回参考点画面,因而机床不能进行正常工作。但按"8"键(即上位键)可进入该画面,也能进行自动返回参考点操作,此后,机床能进行正常操作。但重新启动机床后又会产生 2039 号报警,重复上述故障。

根据以上检查,认为该报警的产生可能是系统参数配置错误。于是,在"自动"方式下首先进入加工画面,选择软键"OPERAT MODE",进入系统设置菜单画面,发现"CYCLE WITHOUT WORK PIECES"项参数由"0"变为了"1"。使系统每次启动后都在工作区外循环,从而造成 2039 号报警。

故障产生原因:经了解在该故障发生前,曾因车间电工安装新机床电源时,造成全车间电源短路跳闸。从而影响了正在工作的该机床,致使其系统参数改变。

故障处理:将该参数由"1"改为"0"后,重新启动机床,报警消除。

实例 9-116

故障设备:意大利公司生产的轴颈端面磨床,其数控系统为 SINUMERIK 810M 系统。

故障现象:CRT 上显示:"7021 号 ALLARMEPOSITIONAR"。

故障检查与分析:根据其报警信息,7021 号为 PLC 操作信息报警。系统的 CRT 上显示"7021 号 ALLARMEPOSITIONAR"。

查阅机床 PLC 语句表,输入点 E7.5 和状态标志字 M170.3 为"或"关系,当其中之一为"1"时,状态标志字 M110.5 就为"1",于是 7021 号报警就产生。

利用机床状态信息进行检查,在 CRT 上调出 PLC 输入/输出状态参数,发现 E7.5 为"1",M110.5 为"1"。因而有 7021 号报警产生。根据机床电气原理图,在其连接插座 A1 上查阅到 E7.5 为砂轮平衡仪的限位开关,指示砂轮平衡仪超出范围。检查该表果然表针在极限位置。

故障处理:将该仪表修复后,故障排除。

说明:利用机床状态信息检修数控机床,关键是要掌握机床状态信息在正常工作下的状态,这些状态准确地反映了机床在工作过程中各部位的信息。一旦机床出现故障,这些状态信息就要发生变化。通过这些变化,就能较为准确地定位故障,从而减少数控机床的故障停机时间,提高数控机床的利用率。

实例 9-117

故障设备:德国绍特公司生产的高精度 CNC 轴颈端面磨床 B401S750,采用西门子 3M 控制系统。

故障现象:磨头主轴不能自动复位。

故障检查与分析:从操作者处了解到,故障发生后,每次磨削完成后其主轴均不能自动复位,但用手动方式可以复位。根据上述情况,可以判断主轴电机无故障;伺服驱动无故障。

从该机床电气原理图分析,当手动方式时,由控制面板上的按钮直接控制交流接触器,从而控制主轴电机正、反转。而自动方式时则通过 NC 进行控制。NC 的输出信号控制磨头主轴控制器 N01 工作,再由磨头主轴控制器 N01 控制磨头主轴电机运行。进一步了解到,主轴加工完成后能自动后退,这说明 NC 信号已经发出。于是将检查重点放在自动控制回路上。打开电气控制柜,检查自动控制回路,发现磨头主轴控制器 N01 的电源输入端 L01 上一只快速熔断器熔断,从而导致磨头主轴控制器 N01 无输入电压,因此,造成该故障。

故障处理:更换一只新熔断器后,故障排除。

实例 9-118

故障设备:采用 SIEMENS 840D 系统的数控磨床。

故障现象:在长时间断电后,开机系统无法正常引导,MMC 操作面板上显示与 NC 的连接中断,PLC 不能运行。

故障检查与分析:观察电箱内驱动系统及 NCU 模块的指示灯状态,发现 611D 电源模块上的 SPP 和 5V 红灯亮,NCU 七段数码管显示为"3"(正常为 60)。检查及分析如下:

(1) SPP 和 5V 电源供给,这两个红灯都亮,表示电源模块检测到异常。为了确定是内部还是外部引起的,先将电源模块与后面 NCU 板及各驱动单元连接的设备总线以及直流母排桥全部断开,单独给电源模块通电,SPP 和 5V 亮绿灯,表示正常,说明该报警由外部所引起的。

(2) 逐步将设备总线挂接到电源模块上进行试验,发现当接上 NCU 模块时,电源模块亮两个红灯,说明故障在 NCU 模块上。

故障处理:将 NCU 模块拆下,清洗烘干后通电,故障排除。

实例 9-119

故障设备:数控外圆磨床采用 FANUC 0i-D 系统,操作面板采用 FANUC 标准 I/O Link。

故障现象:该机床在加工过程中坐标进给停止,工件出现一侧磨扁现象。

故障检查与分析:经过对现场调查,该故障平均每天出现两三次,当出现故障时加工零件一侧磨扁造成废品率极高。当出现故障时检查机床状态,发现机床由自动状态变为了编辑状态,因此故障可能产生的原因如下:

(1) PMC 模块故障或 PMC 系统软键不良。

(2) PMC 程序错误。

(3) 开关不良或操作失误。

(4) I/O Link 标准操作面板故障。
(5) I/O Link 受干扰。

根据故障可能产生的原因对故障进行检查:检查机床状态转换开关,发现没有问题。检查 PMC 程序方法如下:

(1) 由 FANUC 0i 系列 PMC 至 NC 接口可以查到,机床各状态接口信号见表 9-2。

表 9-2 机床各状态接口信号

信号	G43.2	G43.1	G43.0	G43.5	G43.7
手动数据输入	0	0	0	—	—
存储运行	0	0	1	0	—
DNC 运行	0	0	1	1	—
编辑(EDIT)	0	1	1	—	—
手控手轮/增量进给	1	0	0	—	—
JOG 进给	1	0	1	—	—
手动参考点返回	1	0	1	—	1

(2) 检查机床 PMC 程序,如图 9-13 所示。

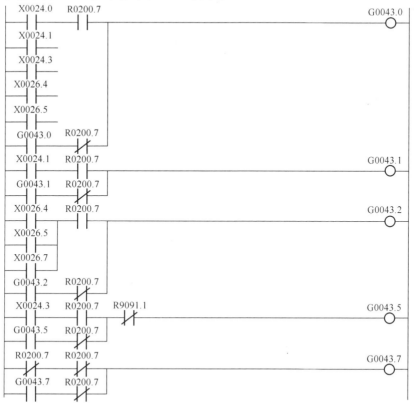

图 9-13 机床 PMC 程序

当机床自动运行时信号接口 G43.0 为"1",信号接口 G43.1 和 G43.2 为"0",此时通过梯形图可以查出 X24.0 为机床自动方式选择开关,当 X24.0 为"1"时机床将 G43.0 置"1",同时通过中间寄存器 R200.7 将其他方式选择信号置"0",机床转换到自动运行方式。

通过对机床产生故障时的状态检查,机床由自动状态转换到了编辑状态,通过梯形图可以分析出,机床由自动转换到编辑状态必须将输入信号 X24.1 置"1",这样才能将接口信号 G43.0 和接口信号 G43.1 同时置"1"。由此可以判断出该故障由输入信号 X24.1 在自动中被置"1"造成。

(3) 由于该机床操作面板采用 FANUC 标准 I/O Link,为此采用备件替换法,将操作面板换下,经过几小时故障再次出现。为此判断故障来源于干扰。

故障处理:将机床内布线重新整理,机床故障没有消失。通过对机床内各部件的分析,该机床内最大的干扰源为砂轮主轴变频器,将变频器输出端加磁环后机床故障消失。

9.4.2 加工尺寸不稳定

实例 9-120

故障设备:西班牙数控外圆磨床系统,采用 GE 发那科 210 系统。

故障现象:该机床在自动加工过程中,零件内孔直径尺寸不稳定,内孔尺寸逐步增大。

故障检查与分析:故障产生的原因:

(1) 机械间隙大,造成零件加工时尺寸变化。

(2) 机械润滑不良或机械有卡阻现象。

(3) 机械丝杠损坏。

(4) 反馈或连接电缆不良。

(5) 机床参数设定不当。

(6) 系统软件不良。

故障检查如下:

(1) 检查机械运动是否过紧,发现没有问题。

(2) 用千分表检查机械反向间隙,结果最大点为 0.02mm,同时反向间隙补偿参数 1851 为"0",说明没有进行补偿,该结果显示机械反向间隙稍大,但累计误差不会这么大。

(3) 检查机床反馈电缆及连接插头没有异常现象。

(4) 检查机床参数设定,没有发现问题。

(5) 对机床进行伺服轴初始化,故障没有排除。

经试验发现更新砂轮后,实际测量一批工件,测得的数据显示,前 80 个工件,每件大约有 0.003mm 的实际误差并在逐步减少,当加工到 100 件以后尺寸基本变为稳定状态。

故障处理:该机床采用两轴控制,在每加工一件零件前对砂轮都需要进行一次修整,砂轮修整器和工件在机床 X 轴的两侧,如图 9-14 所示。

修整时系统执行砂轮修整宏循环程序,将 X 轴移动到机械坐标 +$X$490 后,Z 轴开始工进对砂轮进行修整,每次修整量为 0.02mm。修整结束后由系统自动将修整量 0.02mm 加入到机床绝对坐标系中。当修整循环结束后,系统调用自动循环加工程序,将砂轮移动到机械坐标 +$X$10 对工件进行正常加工。

由于该机床在加工到100件以后尺寸基本变为稳定状态,说明机床系统软件及刀具磨耗补偿等没有问题。而且对机床进行了伺服轴初始化和参数的检查,说明机床参数及伺服故障也基本排除。在检查机械反向间隙时,结果最大点为0.02mm,同时反向间隙补偿参数1851为"0",此时机械反向间隙稍大,虽然不至于造成这么大的累计误差,但机床定位精度会有一定的变化。由于没有激光干涉仪、步距规等检测仪器,但可以利用简单的方法对机床进行检测,如图9-15所示。

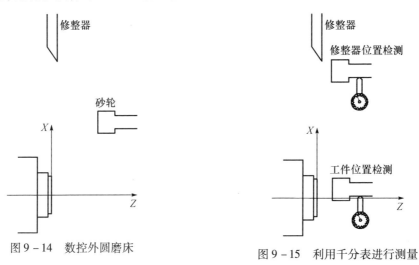

图9-14 数控外圆磨床　　　　　　图9-15 利用千分表进行测量

采用千分表对机床移动进行分段测量,将 X 轴移动到机械坐标 +X490 位置,将磁力表座安放到机床固定位置上,表头垂直测量 X 轴的移动量,由于千分表的测量范围有限,因此需要进行分段测量,每次移动0.1mm。需将测量结果进行记录并进行超过5次的测量,同时将结果取平均值。然后将 X 轴移动到机械坐标 +X10 位置进行同样的测量并记录。在修整器位置测量的数据见表9-3。

表9-3　在修整器位置测量的数据

测量点	机械坐标	移动距离/mm	测量点	机械坐标	移动距离/mm
1	490	0.084	11	489	0.085
2	489.9	0.086	12	488.9	0.086
3	489.8	0.085	13	488.8	0.090
4	489.7	0.084	14	488.7	0.086
5	489.6	0.085	15	488.6	0.091
6	489.5	0.083	16	488.5	0.095
7	489.4	0.085	17	488.4	0.098
8	489.3	0.086	18	488.3	0.098
9	489.2	0.084	19	488.2	0.098
10	489.1	0.086	20	488.1	0.099

由测得的数据经计算在修整位置每移动 0.1mm 时实际的移动距离也应该在 0.1mm 左右,但在实际测量后其结果有大约 0.011mm 的误差,在此处共测量了 20 段距离,经计算系统指令移动距离为 0.1×20 mm = 2mm。

在修整器位置的移动距离为:

$(0.084 + 0.086 + 0.085 + 0.084 + 0.085 + 0.083 + 0.085 + 0.086 + 0.084 + 0.086 + 0.085 + 0.086 + 0.090 + 0.086 + 0.091 + 0.095 + 0.098 + 0.098 + 0.099)$ mm = 1.777mm

在工件位置测量的数据见表 9-4。

表 9-4 在工件位置测量的数据

测量点	机械坐标	移动距离/mm	测量点	机械坐标	移动距离/mm
1	10	0.102	11	11	0.099
2	10.1	0.101	12	11.1	0.101
3	10.2	0.099	13	11.2	0.095
4	10.3	0.103	14	11.3	0.096
5	10.4	0.101	15	11.4	0.101
6	10.5	0.095	16	11.5	0.095
7	10.6	0.099	17	11.6	0.099
8	10.7	0.097	18	11.7	0.097
9	10.8	0.102	19	11.8	0.102
10	10.9	0.104	20	11.9	0.101

由测得的数据可知,在工件位置每移动 0.1mm 时实际的移动距离误差 0.0006mm,在此处共测量了 20 段距离,经计算在工件位置的移动距离为:

$(0.102 + 0.101 + 0.099 + 0.103 + 0.101 + 0.095 + 0.099 + 0.097 + 0.102 + 0.104 + 0.099 + 0.101 + 0.095 + 0.096 + 0.101 + 0.095 + 0.099 + 0.097 + 0.102 + 0.101)$ mm = 1.989mm

根据上面的计算说明当系统给出 2mm 的移动距离时,实际的移动距离误差为 0.0006mm,由于测量中存在误差,所以该误差可以忽略。而在修整位置机床实际只移动了 1.777mm。这样在修整过程中砂轮将要少修整一定的量,也就是修整后的砂轮直径将要比程序中预计值大。因此在加工过程中当机床对砂轮修整后,由于修整设定值为 0.02mm,所以在修整时平均少修整了 0.0022mm 的量,当修整后的砂轮进行内孔加工时,工件内孔直径会平均加大 0.0022mm 的量。

根据以上的判断,该丝杠在修整器位置由于碰撞有变形情况。对该机床可以采取的维修方法如下:

(1)采用丝杠螺距补偿。
(2)可以将修整器加长,使变形部分不在机床修整段内。

由于丝杠已经变形,机床定位精度已经有偏差,因此采用以上两种方式都不适合,所以采取了更换丝杠的方法进行修复。

9.5 数控齿轮加工机床故障诊断与维修实例

9.5.1 数控滚齿机故障诊断与维修实例

实例 9-121

故障设备:数控滚齿加工中心,数控系统采用 SIEMENS 840D 系统,光栅尺全闭环测量系统,611D 驱动器及 SIEMENS 1FK6 伺服电机。

故障现象:该机床在自动加工过程中 X 轴运行到某一固定区域时产生 25050 报警,该报警为轮廓监控报警,通过复位后可以消除报警。

故障检查与分析:该故障可能产生的原因有:

(1) 垂直轴,伺服电机抱闸没有打开或线路问题。
(2) 位置反馈装置线路问题或反馈装置损坏。
(3) 伺服驱动装置损坏或伺服电机故障。
(4) 参数设定不当。
(5) 机械故障。

由于该机床为 X 轴报警,该轴没有抱闸,因此可以排除因抱闸产生的原因。由于机床在固定区域内运动不正常,机床位置反馈装置线路问题或反馈装置损坏、伺服驱动装置损坏或伺服电机故障、参数设定不当等问题通过检查也没有,为此对机床机械部分进行检查,发现丝杠在报警处有卡阻现象,判断故障由此产生。

故障处理:将机床 X 轴丝杠拆下,发现在故障处丝杠已经损坏,将丝杠更新后机床故障消失。

实例 9-122

故障设备:数控滚齿机 YKS3132A,数控系统采用 SIEMENS 840D 系统。

故障现象:数控滚齿机 YKS3132A 在系统开机时 X 轴出现 26020 号报警。

故障检查、分析与处理:通过 SIEMENS 840D 诊断说明,26020 号报警为 X 轴第二测量系统硬件出错。由于 X 轴第二测量系统是光栅尺,为此将光栅尺拆下与同型号机床对换,故障转移到了其他机床,判断光栅尺已经损坏,需进行修理或更换。由于无备件,可将该机床由全闭环控制改为半闭环控制。待光栅尺修复后,将机床改回即可。

该机床采用光栅作为第二测量系统形成全闭环位置反馈。封闭光栅就是将光栅封锁掉,采用伺服电机内置编码器作为位置反馈系统。由于伺服电机内置编码器经过传动带与丝杠连接,封锁后机床精度将有不同程度的降低。封闭光栅的方法如下:

(1) 修改参数:

30230 ENC_INPUT_NR[0] = 1 将编码器安装在模块的第一个接口上(电机测量口),若是光栅尺接在模块的第二个接口上(外部测量口),此值为"2"。

31000 ENC_IS_LINEAR[0] = 0 测量单元器件不是光栅尺,若是光栅尺此值为"1"。

31020 ENC_RESOL[0] = 2048 电机编码器的线数,此值对光栅尺无意义。

31040 ENC_IS_DIRECT[0] = 0 编码器没直接安装在机床上。

(2) 机床关机重启,使修改后的机床数据生效。

(3) 此时,该轴第二测量系统已经被封闭,可将光栅尺拆下进行修理。

待光栅尺修复后,需将机床数据重新设定回原来的数值,重新设定零点即可。

9.5.2 数控剔齿机故障诊断与维修实例

实例 9-123

故障设备:日本剔齿机 GSP-30D,刚刚改造为 FANUC 0i-TD 系统,两轴两联动。

故障现象:该机床在加工过程中机床经常打刀,在打刀时机床无报警,机床仍继续对工件进行加工。

故障检查与分析:

故障处理:通过故障现象可以看出,机床在打刀时无任何故障表现,因此对故障的分析具有一定的难度。对该故障首先应了解机床加工时的整个过程。其机床两轴布局如图 9-16 所示。

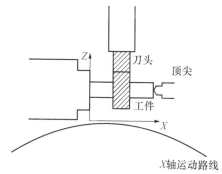

图 9-16 日本剔齿机 GSP-30D 机床布局

从图中可以看出,该机床 Z 轴与普通机床一样采用直线运动,而 X 轴的运动路线与其他机床不同,X 轴运动时为一条弧线。其运动轨迹为弧线,是由于该机床 X 轴导轨采用的是拱形导轨。当 X 轴电机带动丝杠旋转时,工作台沿着拱形导轨以弧线方式进行平行运动。该机床的加工过程如下:

(1) 机床开机后将 X 轴与 Z 轴回零,该机床采用有挡块回零方式。

(2) 选择自动工作方式,启动循环使机床移动到待加工位置,机床执行选择停,机床停止。其程序段为 G54 X0. Z0.。

(3) 操作者将工件安放好后,再次启动循环,机床按循环程序加工零件至结束。

通过对机床工作过程的了解,机床产生该故障的原因有:

(1) 机床回零点位置不准确。

(2) 机械间隙大。

(3) G54 零点偏置不正确。

(4) 拱形导轨变形或有间隙。

(5) 伺服异常或有干扰。

首先对机床机械零点进行多次检测,检测结果为机床零点位置没有变化,因此排除了机床回零点位置不准确。然后检查机床 G54 零点是否有变化,经多次反复回到该点同一工件安放后其间隙有很大的变化,说明该点位置不准确。通过检查 G54 坐标偏移和相应参数没有问题,由此可以判断该点位置不准确是由于间隙大造成的。

故障排除

由于该机床 Z 轴为垂直轴,X 轴为拱形导轨,因此两个轴中任意一轴间隙过大都可能造成机床出现该故障,为此需对两轴都进行检测,Z 轴检测如图 9-17 所示。

图 9-17 Z 轴检测

其检测过程如下:

(1) 机床开机并将两轴回零点。

(2) 在 MDI 方式下输入程序段 G54 X0. Z0. ;后按自动循环,将机床移动到 G54 零点,也就是自动待加工位置。

(3) 将磁力表座安放到工作台上,测头指向刀头箱底部并将百分表调整到零点。

(4) 将工作方式转换到回零方式,将 Z 轴回到零点,此时 X 轴保持原来位置。

(5) 将工作方式转换到 MDI 方式,输入程序段 G54 Z0. ;按下自动循环按钮,将机床 Z 轴移动到 G54 零点。

(6) 观察百分表读数是否有变化。

经多次测量 Z 轴没有问题,然后对 X 轴进行同样的测量,此时将磁力表座安放到工作台上,测头指向刀头箱左侧并将百分表调整到零点,磁力表座安放位置与回零方向有关。然后对 X 轴用测量 Z 轴的方法做同样的测量,X 轴检测如图 9-18 所示。

图 9-18 X 轴检测

经多次测量,结果相差 0.10mm,该结果超出允许值几倍的范围,从而进一步检查机床反向间隙,反向间隙已达到了将近 0.2mm,说明该机床产生打刀故障由间隙过大造成。对机械间隙进行调整后故障排除。

9.5.3 数控磨齿机故障诊断与维修实例

实例 9-124

故障设备:意大利磨齿机 SU,系统采用 SIEMENS 840D 系统。

故障现象:在界面切换过程中经常出现死机现象。

故障检查与分析

故障分析:由于机床在工作中正常,在界面切换时出现该故障,因此产生故障的原因包括:

(1)系统参数不良。

(2)MMC103 或 NCU 硬件故障。

(3)通信电缆故障。

(4)电磁干扰。

故障检查:

(1)由于故障在界面切换过程中出现,对机床通信电缆进行替换后故障仍然存在。

(2)将备份的数据进行数据恢复后,故障没有解决。

(3)检查电箱内线路没有发现问题。

(4)在机床开机时仔细观察,发现在系统自检时,偶尔出现 MEMORY FAIL 提示信息后迅速消失。

故障处理:MEMORY FAIL 提示信息为 MMC103,为自检时内存检测错误。为此判断故障由 MMC103 内存不稳定所造成。将 MMC103 拆下,更换两条内存,故障消失。

实例 9-125

故障设备:意大利磨齿机 SU,系统采用 SIEMENS 840D 系统。

故障现象:该机床系统采用 SIEMENS 840D 系统,HMI 采用 MMC103,并由厂家开发了 HMI 界面用于编辑自动加工程序及加工参数的输入。在自动加工开始时出现 12290 号变量没有定义报警。

故障检查与分析:由于在自动加工开始时出现 12290 号变量没有定义报警,说明该报警由机床加工程序错误所产生。主要原因是在加工程序中使用了没有定义的变量,系统要求在使用变量前须对变量进行定义。

(1)定义变量 SIEMENS 840D 系统只有 R 参数作为计算变量,该变量是事先由系统生产厂定义的。该变量在程序中可直接调用,该参数可通过屏幕操作区进行修改也可在程序中进行赋值及修改。除 R 变量以外所有其他的用于计算的变量,必须在使用之前通过 DEF 语句进行变量定义,840D 系统计算变量有:①局部变量(LUD),仅在其被定义的那个程序中才有效;全局变量(GUD),在所有程序中都有效。定义用户变量时变量名称必须明确,例如:

    DEF INT VAR1,VAR2;

    DEF REAL VAR3 = 5,VAR4;

在变量定义时可将变量赋予初始值,如例中 VAR3 将其赋值 5。如果在定义时没有给变量赋值,那么系统将其设置为 0。定义必须在一个独立的程序段中进行,而且每个程序段只能定义一个变量类型。

(2) 修改错误变量　当系统产生程序错误报警时,可通过按下 NC 停止键,然后按下软键【PROGRAMM KORREKTUR】选择修改程序段功能。此时光标会自动跳转到错误的程序段上。在该程序段中找到没有定义的变量,然后在程序的定义部分定义该变量。用 NC – START 键或 RESET 键清除报警,机床将继续运行程序。

故障处理:由于该机床采用的是厂家开发的 HMI 界面用于编辑自动加工程序及加工参数的输入。因此每次加工时系统重新调用该 HMI 界面生成的程序,将变量定义后,当再次调用程序时又出现该报警。由此判断该变量为全局变量并且已经丢失,为此利用硬盘上的备份数据进行恢复后该故障消失。

实例 9 – 126

故障设备:意大利磨齿机 SU,系统采用 SIEMENS 840D 系统。

故障现象:意大利数控磨齿机采用 SIEMENS 840D 系统,当机床起动后 Y 轴无动作,手动操作 Y 轴时,在机床信息提示行显示 Wait for enable。

故障检查与分析:显示 Wait for enable 表示 Y 轴等待使能信号发出,根据该信息检查该轴使能信号。

驱动器使能信号:

Teminal 63 电源模块脉冲使能信号

Teminal 64 电源模块驱动使能信号

Terninal 48 电源模块控制器使能信号

Teminal 663 进给模块脉冲使能信号

PLC→NCK 接口信号(DB31 ~ 48):

DBB0 进给倍率信号

DBX1.7 进给倍率有效信号

DBX1.5/1.6 位置测量系统 1/2 有效信号

DBX1.4 跟踪方式信号

DBX1.3 禁止使能信号

DBX2.2 删除剩余行程/主轴复位接口信号

DBX2.1 控制器使能信号

DBX4.3 进给停止/主轴停止信号

DBX5.0 ~ 5.5 增量选择接口信号

DBX4.6/4.7 正/负向移动信号

DBX20.1 产生斜坡功能接口信号

DBX21.7 脉冲使能信号

检查机床数据:

MD32000 ~ 32060 与速度有关的机床数据

MD36000 ~ 36620 与轴有关的机床功能数据

MD32110 轴的移动方向

通过对以上接口信号及机床数据的检查没有发现问题,为此将机床备份数据恢复后,故障依然存在。将 Y 轴机床数据 MD30130 和 MD30240 设定为"0",手动操作 Y 轴时,轴坐标有移动显示。然后将 MD30130 和 MD30240 改回原值,将 Y 轴 MD30110 数据改为"1",原值为"2",将 X 轴 MD30110 数据改为"2",原值为"1",也就是将两轴对调,此时按手动操作 Y 轴时,X 轴有动作,手动操作 X 轴时,信息提示行显示 Wait for enable。通过以上试验说明故障应该出现在电机或伺服功率模块上。

故障处理:将功率模块与其他机床对换,该故障消失,其他机床产生该故障。说明故障由功率模块损坏造成,将功率模块更新,故障消失。

实例 9-127

故障设备:意大利磨齿机 SU,系统采用 SIEMENS 840D 系统。

故障现象:在自动循环中所有进给轴爬行,导致齿面形成波纹。

故障检查与分析:爬行故障,一般由于进给传动链的润滑状态不良、伺服增益过低及外部负载过大造成,或由于机械间隙大造成进给伺服电机与丝杠转动不同步,使进给忽快忽慢,产生爬行现象。

该机床在自动循环中所有轴进给时爬行,为此对所有轴进行手动操作,此时各轴移动均正常,说明故障与机械间隙及润滑不良基本无关。

观察机床自动循环时发现在进给轴停顿的过程中,偶尔出现 510127 号报警,报警显示后又迅速消失。查找机床厂家说明书为"Feed and read-in disable"报警,解释为进给和读入被取消,并没有说明报警产生的原因。由于 510127 号报警由 PLC 至系统信号 DB2.DBX5.3 所触发,因此需对该信号接口进行检查。将 STEP7 软件与系统 PLC 连接,程序段如下:

```
FB107
  Segments:2
U   M   18.0
U   M   27.0
U   M   45.2
U   DB21.DX  35.0
U   D.B35.DBX  64.7
U   #MSG_510127_Enable
SD  B2.DBX  5.3
O   E   3.7
ON  M   18.0
O (
U   M   18.0
U   M   27.0
U   M   45.2
U   DB35.DB  94.6
U   DB35.DB  83.5
)
R DB2.DBX 5.3
```

触发 510127 号报警的信息接口 DB2.DBX 5.3,在功能块 FB107 的第二程序段落中。

由于该机床编程时采用的是德语,因此 U 代表逻辑与、E 代表信号输入,各信号解释如下:

  E3.7:CNC 复位键
  M18.0:上电使能
  M45.2:自动循环选择
  DB21.DBX 35.0: CNC 至 PLC 信号程序为运行状态
  DB35.DBX 64.7: CNC 至 PLC 信号进给命令
  DB35.DBX 94.6: Nact = Nset
  DB35.DBX 83.5: PLC 至 CNC 信号主轴在设定范围内

  通过在线监控发现 DB35.DBX94.6 偶尔变为"0",使 R DB2.DBX5.3 复位指令不能执行,造成进给和读入被取消,使机床进给停顿造成爬行现象。

  故障处理:DB35.DBX 94.6(Nact = Nset)为第五轴 CNC 至 PLC 信号,该轴为砂轮主轴。该信号解释为:An indication on the the PLC states that the actual speed nact has reached the new setpoint allowing for the tolerance band set in drive machine data: MD1426 $ MD_SPEED_DES_EQ_ACT_TOL(tolerance band for 'nset = nact' message) and that it is within the tolerance band。

  说明:出现 DB35.DBX94.6 接口信号是由于该轴的设定转速与实际转速超过机床数据 MD1426 的设定值。检查砂轮轴实际转速时发现实际转速在切削时有明显的降低。为此检查机械传动带发现传动带老化造成松动,更新传动带后故障消失。

9.6 电火花线切割机床故障诊断与维修实例

实例 9 - 128
  故障设备:DK7750A 型机床。
  故障现象:步进电机失控不能运行。
  故障检查与分析:经检查发现驱动部分电源的整流桥和大功率管被击穿,其他部分未发现异常。于是更换了整流桥和大功率管。运行不到一个星期,整流桥和大功率管再次被击穿。经分析,认为整流桥和大功率晶体管被击穿可能是因为整流部分的滤波电容瞬时热击穿所致。
  故障处理:更换此电容、整流桥和被击穿的大功率晶体管,可正常运行。

实例 9 - 129
  故障设备:DK7725e 型快走丝线切割机床。
  故障现象:加工刚开始时发生断丝。
  故障检查与分析:①工件端面切割条件恶劣,电极丝未进入加工区,放电点分散,丝抖动严重。②工作液流动不畅,致使短路、开路交替发生,产生电弧放电,烧断电极丝。③换向定位块压紧位置不适当,把电极丝拉断。
  故障处理:加工前检查工作液供给是否顺畅,正确调整换向切块压紧位置(在储丝筒两端至少应留 2~3mm 的钼丝作为换向余量),加工刚开始选用小能量放电参数。

实例 9 - 130
  故障设备:北京电加工研究所生产的 DK7740 型数控电火花线切割机床,采用台湾研峰 EI-201 控制系统。

故障现象：不能进入中文主菜单。进入后不能从软盘中读取加工程序。

故障检查与分析：开机时不能进入中文主菜单,由画面提示按 F1 进入 CMOS 设置,按 ESC 键退出,再提示按 F1 键后,才出现中文主菜单界面,但不能从软盘中读取加工程序。检测表明,机床电路正常,估计故障在计算机设置部分。经检查,机床断电后,随机存取内存(CMOS)的数据,靠 3.6V、60mA·h 电池供电保持数据。由于电池供电不足时,造成基本输入输出系统(BIOS)、随机存取内存(CMOS)数据丢失,使计算机系统不能进行正常工作。

故障处理：在断电状态下用电烙铁更换电池。这样 CMOS 数据完全丢失。开机后,在自检状态按下(DEL)键,启动 BIOS 设置程序,按原有配置设置,选择保存离开设置程序,显示出正常的中文主菜单界面。再关机上电,机床工作正常。

实例 9-131

故障设备：北京电加工研究所 DK7740 型线切割机床,台湾研峰 EI-201 控制系统。

故障现象：机床在加工过程中 X 轴方向停止不动,重新开机,仍不动。

故障检查与分析：分析 X 轴方向停止不动的原因大致有：①机械部分故障；②步进电机故障；③电气控制部分故障。先在开机状态观测、触摸步进电机,没有动静,说明电流没有传过来,应属电气故障。然后观察控制电路板指示灯,发现 X 轴驱动板有一个红色指示灯不亮,将驱动板取下,检查 3A 熔管,无损坏；再检测 TIPl42 和 6A04 管,性能严重下降。

故障处理：更换新管子后,机床工作正常。

实例 9-132

故障设备：慢走丝机床 CUT 100D。

故障现象：穿丝时,机床突然不动。

故障检查与分析：首先应考虑电源电路工作是否正常,如果前级电源加不上,后级的许多电路板均不能正常工作,打开控制柜,发现 SUS-25 板 GL6 显示灯不亮,+28V 电压无输出。检查发现其熔丝已烧断,可能是穿丝时电流突然增大而熔断。

故障处理：更换熔丝后开机正常。

实例 9-133

故障设备：慢走丝机床 Sprint20。

故障现象：M4 收丝电机高速运转不停。

故障检查与分析：打开控制柜,发现 DMD-15 电路板 GL1 指示灯亮,说明前级控制电路有信号加上。按手动停丝,M4 电机停下,GL1 信号灯灭,证明前级电路板无故障,故障可能在以下三方面：①DMD-15 电路板工作异常；②M4 电机工作异常；③从 DMD-15 电路板到 M4 电机的连线工作异常。为缩小故障检测范围,先检查 M4 电机。拔下其插头,用万用表测得 J1 插头 1、2 脚无阻值；手扳 M4 电机,也无感应电压输出。打开电机后盖,发现一组测速电刷已断。

故障处理：换上新电刷后开机,故障排除。

实例 9-134

故障设备：慢走丝机床 Sptint20。

故障现象：M4 皮带驱动电机不转。

故障检查与分析：M4 皮带驱动电机分别由 DWC-435,DMD-12 和 DMD-15 三块电路板控制。DWC-05 电路板上的单板机起控制作用,负责输出电信号;DMD-12 电路板承前启后,是前置放大板;DMD-15 电路板是功率驱动放大板,其上的 COMS 晶体管直接驱动 M4 皮带驱动电机转动。DMD-15 电路板 GL1 指示灯不亮时,应首先检测 DMD-15 电路板,发现前级无电压信号加入。查其前级电路板 DWC-12,也无电压信号加入。最后查出 DWC-05 电路板的 UA9638 输出放大器已被击穿。

故障处理：更换放大器后,故障排除。

第10章 故障信号分析与处理基础

数控机床在运行过程中,机械零部件受到冲击、磨损、高温、腐蚀等多种工作应力的作用,运行状态不断发生变化,往往会导致不良后果。因此,必须在机床运行过程中或不拆卸设备的情况下,对机床的运行状态进行定量测定,判断机床的异常及故障的部位,并预测机床未来的状态,从而大大提高机床运行的可靠性,进一步提高机床的利用率。数控机床机械故障的诊断方法可以分为简易诊断法和精密诊断法两类,精密诊断法包括:温度监测、振动测试、噪声监测、油液分析、裂纹检测,有关内容的详细介绍请参阅第7章。故障诊断过程可以分为三个主要的步骤:①检测设备状态的特征信号;②从所监测到特征信号中提取征兆;③根据征兆和其他诊断信息来识别设备的状态,从而完成故障诊断。本章主要介绍数控机床故障诊断领域中信号的种类和分类方法,信号分析与处理的基础知识。

10.1 信号的分类与描述

信号是信息的载体,是信息的物理表现形式,是信息的函数。一般来讲,故障信号往往包含了故障对象的状态或特性,它是认识故障对象的内在规律,研究故障对象之间的相互关系,确定故障原因的重要依据。

10.1.1 确定性信号与非确定性信号

1. 确定性信号

可以用明确的数学关系式描述的信号称为确定性信号,它可以进一步分为周期信号、非周期信号与准周期信号。

周期信号是指以一定时间间隔周而复始,而且是无始无终的信号,满足条件:
$$x(t) = x(t + nT) \tag{10-1}$$

式中:T 为周期,$T = \dfrac{2\pi}{\omega_0}$;$n = 0, \pm 1, \pm 2, \cdots$;$\omega_0$ 为基频。

例如,机械系统中,回转体不平衡引起的振动,往往是一种周期性运动。

非周期信号往往具有瞬变性,它一般维持时间短,或随着时间的增加幅值衰减,例如,锤子的敲击力,缆绳断裂时的应力变化,热电偶插入加热炉中的温度变化过程等信号均属于瞬变非周期信号。非周期信号不同于周期信号和准周期信号的一个重要特征是不能用离散频谱来表示。它的谱结构可以用傅里叶积分表示成连续频谱。

周期信号可以分解为一系列频率成整数倍关系的正弦信号,反过来,若干个成整数倍关系的正弦波可以合成一个周期信号。这些不同频率的信号称为谐波,周期信号可以用各次谐波的幅度与它们的频率组成的离散频谱来表示。

准周期信号是周期与非周期的边缘情况,是由有限个周期信号合成的,但各周期信号的频率相互间不是公倍关系,其合成信号不满足周期条件,例如:

(1) $x(t) = \sin \omega_0 t + \sin \sqrt{2}\omega_0 t$;

(2) $x(t) = 3\sin\left(t + \dfrac{\pi}{3}\right) + \sqrt{3}\cos\left(t + \dfrac{\pi}{4}\right) + \sin\left(\sqrt{2}t - \dfrac{\pi}{4}\right)$。

一般可以表示成:

$$x(t) = \sum X_n \sin(\omega_n t + \varphi_n) \qquad (10-2)$$

在工程技术领域,这种信号往往出现在机械振动、通信系统等中。例如,不同独立振源激起的振动响应或一些调制信号多是准周期信号。

准周期信号的一个重要性质是:如果把相角 φ_n 忽略掉,则可以用离散频谱来表征。准周期信号与周期信号频谱的差别在于各频率分量不再是有理数的关系。

2. 非确定性信号

非确定性信号不能由数学关系式描述,其幅值、相位变化是不可预知的,所描述的物理现象是一种随机过程。例如,汽车奔驰时所产生的振动,飞机在大气流中的浮动,树叶的随风飘荡,环境噪声等。

然而,需要指出的是,实际的物理过程往往是很复杂的,既无理想的确定性,也无理想的非确定性,而是相互掺杂的。

10.1.2 能量信号与功率信号

1. 能量信号

在所分析的区间 $(-\infty, +\infty)$,能量为有限值的信号称为能量信号,满足条件:

$$\int_{-\infty}^{\infty} x^2(t)\,\mathrm{d}t < \infty \qquad (10-3)$$

关于信号的能量可作如下解释:对于电信号,通常是电压或电流,电压在已知区间 (t_1, t_2) 内消耗在电阻上的能量

$$E = \int_{t_1}^{t_2} \dfrac{U^2(t)}{R}\,\mathrm{d}t \qquad (10-4)$$

对于电流

$$E = \int_{t_1}^{t_2} R i^2(t)\,\mathrm{d}t \qquad (10-5)$$

在上面每一种情况下,能量都是正比于信号平方的积分,讨论在 1Ω 电阻上的能量往往是很方便的,因为当 $R = 1\Omega$ 时,上述两式具有相同的形式,采用这种规定时,就称方程

$$E = \int_{t_1}^{t_2} x^2(t)\,\mathrm{d}t$$

为任意信号 $x(t)$ 的"能量"。但需注意的是,这一关系式中包括了一个带有适当量纲的数"1"。通常意义,当区间 (t_1, t_2) 为 $(-\infty, +\infty)$ 时,能量为有限值的信号为能量信号,或称为能量优先信号,例如,矩形脉冲 (t_1, t_2)、减幅正弦波 $(0, +\infty)$、衰减指数等信号。

2. 功率信号

有许多信号,如周期信号、随机信号等,它们在区间 (t_1, t_2) 内能量不是有限值。在这种情况下,研究信号的平均功率更为合适。

在区间(t_1,t_2)内,信号的平均功率

$$P = \frac{1}{t_2 - t_1}\int_{t_1}^{t_2} x^2(t)\mathrm{d}t \qquad (10-6)$$

若区间变为无穷大时,上式仍然大于零,那么信号具有有限的平均功率,称之为功率信号,具体地讲,功率信号满足条件:

$$0 < P = \lim_{T\to\infty}\frac{1}{2T}\int_{-T}^{T} x^2(t)\mathrm{d}t < \infty \qquad (10-7)$$

对比式(10-3)与式(10-7),显而易见,一个能量信号具有零平均功率,而一个功率信号具有无限大能量。

当讨论离散信号的特性时,有时也需要涉及能量的问题,对于序列$x(n)$的能量表示为

$$E(n) = \sum_{n=-\infty}^{\infty} x^2(n)$$

10.1.3 时限与频限信号

1. 时限信号

时域有限信号是在有限区间(t_1,t_2)内定义,而在区间外恒等于零,例如,矩形脉冲、三角脉冲、余弦脉冲等,而周期信号、指数衰减信号、随机过程等,则称为时域无限信号。

2. 频限信号

频限信号是指信号经过傅里叶变换变换,在频域内占据一定带宽(f_1,f_2),在领域外恒等于零。例如,正弦信号、$\mathrm{sinc}(t)$函数、限带白噪声等,为时域无限频域有限信号;δ函数、白噪声、理想采样信号等,则为频域无限信号。

时间有限信号的频谱,在频率轴上可以延伸到无限远,由时域对称性可推论,一个具有有限带宽的信号,必然在时间轴上延伸无限远处。显然,一个信号不能在时域和频域都是有限的,这可以以下列定理来表述:一个严格的频带有限信号,不能同时又是时间上有限的信号,反之亦然。

10.1.4 连续时间信号与离散时间信号

按照时间函数取值的连续性与离散性,可划分信号为连续时间信号与离散时间信号。

1. 连续时间信号

在所讨论的时间间隔内,对于任意时间值,除若干个第一类间断点外,都可以给出确定的函数值。

所谓第一类间断点,应满足条件:函数在间断点处左极限与右极限存在;左极限与右极限不等,$x(t_0^-) \neq x(t_0^+)$,间断点处收敛于左极限与右极限函数值的中点。因此正弦、直流、阶跃、锯齿波、矩形脉冲、阶段信号等(图10-1),都称为连续时间信号。

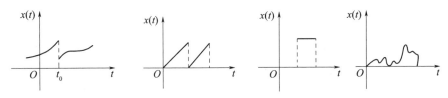

图10-1 连续时间信号

2. 离散时间信号

与离散时间信号对应的是离散时间信号,离散时间信号又称为时域离散信号或时间序列。它是在所讨论的时间区间,在所规定的不连续瞬时给出函数值。

离散时间信号又可分为两种情况:①时间离散而幅值连续时,称为采样信号;②时间离散而幅值量化时,则称为数字信号。

离散时间信号可以从试验中直接得到,也可以从连续时间信号中经采样得到。

典型离散时间信号有单位采样序列、阶跃序列、指数序列等。

单位采样序列用 $\delta(n)$ 表示,定义为

$$\delta(n) = \begin{cases} 0, n \neq 0 \\ 1, n = 0 \end{cases}$$

此序列在 $n=0$ 处取单位值1,其余点上都为0(图10-2(a))。单位采样序列又称为克罗内克 δ 函数或单位样值函数,它在离散时间系统中的作用类似于连续时间系统中的单位脉冲函数 $\delta(t)$。但是,应注意它们之间的区别,$\delta(t)$ 可理解为在 $t=0$ 点脉冲宽度趋于零,幅度为无限大的信号;而 $\delta(n)$ 在 $n=0$ 点取有限值,等于1。单位延时 $\delta(n-1)$ 和 k 延时 $\delta(n-k)$ 分别如图10-2(b)、(c)所示。

图10-2 单位采样序列

单位阶跃序列 $u(n)$ 定义为(图10-3)

$$u(n) = \begin{cases} 1, n \geq 0 \\ 0, n < 0 \end{cases}$$

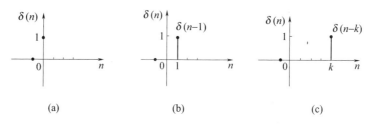

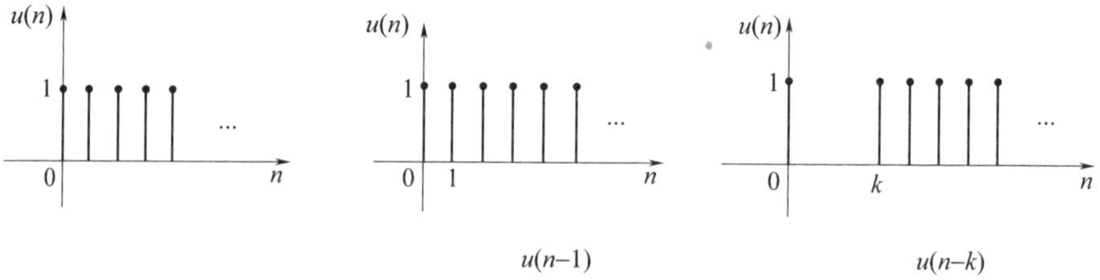

图10-3 单位阶跃序列

矩形序列定义为(图10-4)

$$R_N(n) = \begin{cases} 1, 0 \leq n \leq N-1 \\ 0, n < 0 \text{ 或 } n \geq N \end{cases}$$

该序列从 $n=0$ 开始,到 $n=N-1$,共有 N 个幅度为1的数值,其余各点为零。

以上三种序列之间有如下的关系:

$$u(n) = \sum_{K=0}^{\infty} \delta(n-K) \tag{10-8}$$

图 10 - 4 矩形序列

$$\delta(n) = u(n) - u(n-1) \quad (10-9)$$
$$R_N(n) = u(n) - u(n-N) \quad (10-10)$$

指数序列

$$x(n) = a^n u(n)$$

当$|a|>1$时,序列是发散的;$|a|<1$时,序列收敛;$a>0$序列都取正值,$a<0$序列在正负值间摆动。如图10 - 5 所示。

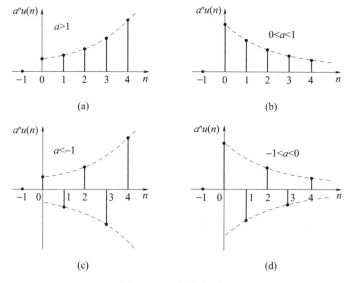

图 10 - 5 指数序列

正弦序列具有 $x(n) = A\cos(\omega_0 n + \phi)$ 的形式(图 10 - 6),其中 ω_0 与 ϕ 是常数。

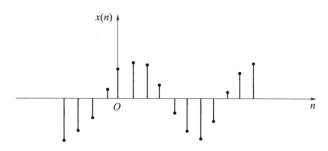

图 10 - 6 正弦序列

复指数序列的函数形式及其展开式为

$$x(n) = e^{(\sigma + j\omega_0)n} = e^{\sigma n}\cos(\omega_0 n) + je^{\sigma n}\sin(\omega_0 n)$$

如果对于所有 n 都满足 $x(n) = x(n+N)$,则定义 $x(n)$ 为周期序列,其周期为 N,是满足关系式的最小正整数。若 $\frac{2\pi}{\omega_0}$ 为一整数,则 $\sigma=0$ 的复指数序列和正弦序列是周期性序列,其周期为 $\frac{2\pi}{\omega_0}$;若不为整数,但为有理数,则正弦序列仍是周期性的,但周期大于 $\frac{2\pi}{\omega_0}$;若 $\frac{2\pi}{\omega_0}$ 不是有理数,则正弦序列和复指数序列都不是周期性的。

10.1.5 物理可实现信号

物理可实现信号又称为单边信号,满足条件:$t<0$ 时,$x(t)=0$,即在时刻小于零的一侧全为零,信号完全由时刻大于零的一侧确定。

在实际中出现的信号,大量的是物理可实现信号,因为这种信号反映了物理上的因果律。实际中所测得的信号,许多都是由一个激发脉冲作用于一个物理系统之后所输出的信号。例如,切削过程,可以把机床、刀具、工件构成的工艺系统作为一个物理系统,把工件上的硬质点或刀具上积屑瘤的突变等,作为振源脉冲,仅仅在该脉冲作用于系统之后,振动传感器才有描述刀具振动的输出。

物理系统具有这样一种性质,当激发脉冲作用于系统之前,系统是不会有响应的,换句话说,在零时刻之前,没有输入脉冲,则输出为零,这种性质反映了物理上的因果关系。因此,一个信号要通过一个物理系统来实现,就必须满足 $x(t)=0(t<0)$,这就是把满足这一条件的信号称为物理可实现信号的原因。同理,对于离散信号而言,满足 $x(n)=0(n<0)$ 条件的序列,即称为因果序列。

物理信号具有如下性质:
(1) 必然使能量信号,即时域内有限或满足可积收敛条件;
(2) 叠加、乘积、卷积运算以后仍为物理信号。

10.1.6 信号分析中常用函数

1. 脉冲函数——δ 函数

某些物理现象需要用一个时间极短,但取值极大的函数模型来描述,例如力学中瞬间作用的冲击力,电学中的雷击闪电,数字通信中的抽样脉冲等。"脉冲函数"的概念就是以这类实际问题为背景提出的。狄拉克(Dirac)于 1930 年在量子力学中引入了脉冲函数。从数学意义上讲,脉冲函数完全不同于普通函数,被称之为广义函数,δ 函数在信号分析中占有特殊地位。

1) δ 函数的定义

如果在某一理想条件下,如图 10-7 所示,在 ε 时间内,激发出一个方波 $S_\varepsilon(t)$,并且设方波的面积为 1,则有

$$S_\varepsilon(t) = \begin{cases} 1/\varepsilon, & 0 \leq t \leq \varepsilon \\ 0, & t<0 \text{ 或 } t>\varepsilon \end{cases}$$

当 ε 变小时,方波 $S_\varepsilon(t)$ 的高度变大;当 $\varepsilon \to 0$ 时,方波的极限就称为单位脉冲函数。从函数的极限角度看,有

$$\delta(t) = \begin{cases} \infty, & t \neq 0 \\ 0, & t = 0 \end{cases}$$

从面积角度看,有

$$\int_{-\infty}^{\infty} \delta(t)\mathrm{d}t = \lim_{\varepsilon \to 0} \int_{-\infty}^{\infty} S_\varepsilon(t)\mathrm{d}t = 1$$

从物理意义上看,δ 函数是一个理想函数,是一种物理不可实现的信号。因为,无论如何,当用任何工具产生冲激力时,其冲激时间 τ 不可能为零。

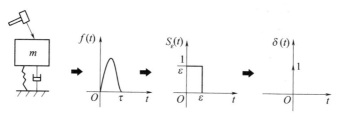

图 10-7　冲激力与 δ 函数

δ 函数在原点为无穷大,表示了当冲激时间 $\tau \to 0$ 时,其冲激力为无穷大;δ 函数的单位为 1(亦可以是任意数 k),则表示了冲激能量为有限值。

2) δ 函数的性质

(1) 抽样(乘积)特性(图 10-8(a))

$$f(t)\delta(t) = f(0)\delta(t)$$

或

$$f(t)\delta(t - t_0) = f(t_0)\delta(t - t_0)$$

(2) 筛选(积分)特性(图 10-8(b))

$$\int_{-\infty}^{\infty} f(t)\delta(t)\mathrm{d}t = f(0)$$

或

$$\int_{-\infty}^{\infty} f(t)\delta(t - t_0)\mathrm{d}t = f(t_0)$$

(3) 卷积特性(图 10-8(c))

$$f(t) \cdot \delta(t) = \int_{-\infty}^{\infty} f(\tau)\delta(t - \tau)\mathrm{d}\tau = f(t)$$

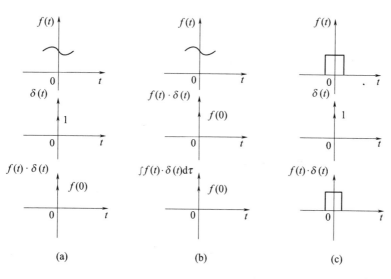

图 10-8　δ 函数的性质

3) δ 函数的变换

(1) 拉普拉斯变换

$$\Delta(s) = \int_{-\infty}^{\infty} \delta(t) e^{-st} dt = 1$$

(2) 傅里叶变换

$$\Delta(f) = \int_{-\infty}^{\infty} \delta(t) e^{-j2\pi ft} dt = 1$$

2. sinc(t) 函数

sinc(t) 函数又称为抽样函数、滤波函数或内插函数,是指 sin(t) 与 t 之比构成的函数,它的定义如下

$$\text{sinc}(t) = \frac{\sin t}{t} \quad (-\infty < t < \infty)$$

抽样函数的波形如图 10-9。我们注意到,它是一个偶函数,在 t 的正、负两方向振幅都逐渐衰减,当 $t = \pm\pi, \pm 2\pi, \cdots, \pm n\pi$ 时,函数值等于零;$t = 0$ 时,函数值为 1。

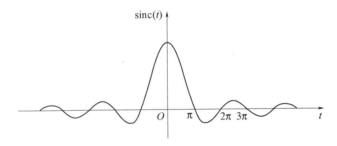

图 10-9 sinc(t) 函数

sinc(t) 函数之所以称为抽样(或闸门)函数,是因为矩形脉冲的频谱为 sinc(t) 型函数;之所以称为滤波函数,是因为与 sinc(t) 型函数进行时域卷积时,实现低通滤波;之所以称为内插函数,是因为采样信号复原时,在时域由许多 sinc(t) 函数叠加而成,构成非采样点的波形。

sinc(t) 函数具有以下性质:

$$\int_0^{\infty} \text{sinc}(t) dt = \frac{\pi}{2}$$

$$\int_{-\infty}^{\infty} \text{sinc}(t) dt = \pi$$

sinc(t) 函数也可定义为

$$\text{sinc}(t) = \frac{\sin \pi t}{\pi t} \quad (-\infty < t < \infty)$$

3. 复指数函数

复指数函数,其表示式为

$$f(t) = Ke^{st} \tag{10-11}$$

其中

$$s = \sigma + j\omega$$

σ 为复数 s 的实部,ω 为其虚部。借助欧拉公式将式(10-11)展开,可得

$$Ke^{st} = Ke^{(\sigma+j\omega)t} = Ke^{\sigma t}\cos(\omega t) + jKe^{\sigma t}\sin(\omega t) \tag{10-12}$$

此结果表明,一个复指数函数可分解为实、虚两部分。其中,实部包含余弦函数(信号),虚部则为正弦函数(信号)。指数因子实部 σ 表征了正弦函数与余弦函数振幅随时间变化的情况。若 $\sigma>0$,正弦、余弦信号是增幅振荡,若 $\sigma<0$,正弦、余弦信号是衰减振荡。指数因子的虚部 ω 则表示正弦与余弦信号的角频率。两种特殊情况是:当 $\sigma=0$,即 s 为虚数,则正弦、余弦信号是等幅振荡;而当 $\omega=0$,即 s 为实数,则复指数信号称为一般的指数信号;最后,若 $\sigma=0$ 且 $\omega=0$,即 s 等于零,则复指数函数的实部和虚部都与时间无关,称为直流信号。

虽然实际上不能产生复指数信号,但是它概括了多种情况,可以利用复指数函数来描述各种基本信号,如直流信号、指数信号、正弦或余弦信号以及增长或衰减的正弦与余弦信号。利用复指数函数可以使许多运算和分析得以简化。在信号分析理论中,复指数信号是一种非常重要的基本信号。

10.2 信号的常用数学变换

10.2.1 傅里叶变换

傅里叶变换本质是信号的时域和频域之间的一种变换,或者说是映射,是信号频率结构分析的重要工具,时间和频率可以取连续值和离散值,形成了几种形式的傅里叶变换:傅里叶级数(FS)、傅里叶积分(FT)、离散傅里叶变换(DFT)、快速傅里叶变换(FFT)。

1. 傅里叶级数及其谱图分析

傅里叶级数是把连续时间的周期信号展开成一系列简谐信号之和,也称为谐波分析。如果周期信号满足狄利克雷(Dirichlet)条件,即满足下列一组条件:

(1) 在一个周期内,信号连续或存在有限个间断点。
(2) 在一个周期内,极大值和极小值的数目是有限的。
(3) 在一个周期内,信号是绝对可积的。

则可以展开成正交函数线性组合的无穷级数。如果正交函数集是三角函数集($\sin n\omega_0 t, \cos n\omega_0 t$)或复指数函数集($e^{jn\omega_0 t}$),则可展开成傅里叶级数,其三种数学表达式如下:

$$x(t) = \frac{a_0}{2} + \sum_{n=1}^{\infty}(a_n\cos n\omega_0 t + b_n\sin n\omega_0 t) \quad (n=1,2,\cdots) \quad (10-13)$$

$$x(t) = \frac{a_0}{2} + \sum_{n=1}^{\infty}A_n\cos(n\omega_0 t - \varphi_n) \quad (n=1,2,\cdots) \quad (10-14)$$

$$x(t) = \sum_{n=-\infty}^{\infty}C_n e^{jn\omega_0 t} \quad (n=\pm1,\pm2,\cdots) \quad (10-15)$$

三式中各参数:

$$a_n = \frac{2}{T}\int_{-\frac{T}{2}}^{\frac{T}{2}}x(t)\cos n\omega_0 t \mathrm{d}t$$

$$b_n = \frac{2}{T}\int_{-\frac{T}{2}}^{\frac{T}{2}}x(t)\sin n\omega_0 t \mathrm{d}t$$

$$a_0 = \frac{2}{T}\int_{-\frac{T}{2}}^{\frac{T}{2}} x(t)\,\mathrm{d}t$$

$$\omega_0 = \frac{2\pi}{T}$$

$$A_n = \sqrt{a_n^2 + b_n^2}$$

$$\varphi_n = \arctan\frac{a_n}{b_n}$$

$$\boldsymbol{C}_n = \frac{1}{T}\int_{-\frac{T}{2}}^{\frac{T}{2}} x(t)\,\mathrm{e}^{-jn\omega_0 t}\,\mathrm{d}t$$

$$|C_n| = \frac{1}{2}\sqrt{a_n^2 + b_n^2} = \frac{1}{2}A_n$$

以上,$A_n-\omega$、$|C_n|-\omega$ 关系称为幅值谱;$\varphi_n-\omega$ 关系称为相位谱;$A_n^2-\omega$、$|C_n|^2-\omega$ 称为功率谱。

进一步分析傅里叶级数展开式可知,周期信号可以采用一系列旋转矢量来描述,对于实数表达式(10-14),为单向旋转矢量,幅值为 A_n,初相位为 φ_n,φ_n 表示了矢量 $\boldsymbol{A}_n$ 相对于参考轴(横轴)在 $t=0$ 时刻的初始位置;对于复数表达式(10-15),$\boldsymbol{C}_n(n=0,\pm1,\pm2,\cdots)$ 是复平面的一对共轭矢量,其模为 $A_n/2$,初始相位为 φ_n,φ_n 表示矢量 $\boldsymbol{C}_n$ 相对于参考轴(实轴)在 $t=0$ 时刻的位置,并且在相位谱图上呈奇对称分布。

傅里叶级数具有下列性质:①谐波性,各次谐波频率比为有理数;②离散性,即各次谐波在频率轴上取离散值;③收敛性,即各次谐波分量随频率增加而衰减。

2. 傅里叶变换及其谱图分析

非周期信号一般为时域有限信号,具有收敛可积条件,其能量为有限值。这种信号频域分析的数学手段是傅里叶变换,时域信号与其傅里叶变换构成时域、频域变换偶对,其表达式为

$$\begin{cases} x(t) = \dfrac{1}{2\pi}\int_{-\infty}^{\infty} X(\omega)\,\mathrm{e}^{j\omega t}\,\mathrm{d}\omega \\ X(\omega) = \int_{-\infty}^{\infty} x(t)\,\mathrm{e}^{-j\omega t}\,\mathrm{d}t \end{cases}$$

或

$$\begin{cases} x(t) = \int_{-\infty}^{\infty} X(f)\,\mathrm{e}^{j2\pi ft}\,\mathrm{d}f \\ X(f) = \int_{-\infty}^{\infty} x(t)\,\mathrm{e}^{-j2\pi ft}\,\mathrm{d}t \end{cases}$$

与周期信号相类似,非周期信号也可以分解成许多不同频率的正、余弦分量。所不同的是,由于非周期信号的周期 $T\to\infty$,基频 $\omega_0\to\mathrm{d}\omega$,它包含了从零到无限大的所有频率分量,各频率分量的幅值趋于无穷小,所以频谱不能再用幅值表示,而必须用密度函数表示。

$X(\omega)$ 为具有单位频率的幅值的量纲,而且是复数,所以有

$$X(\omega) = |X(\omega)|\,\mathrm{e}^{j\varphi(\omega)}$$

$$\varphi(\omega) = \arctan\frac{\mathrm{Im}[X(\omega)]}{\mathrm{Re}[X(\omega)]}$$

称$|X(\omega)|-\omega$关系为幅值谱密度;$\varphi(\omega)-\omega$关系为相位谱密度。

例 矩形脉冲信号(图 10-10)

$$x(t) = \begin{cases} A, & |t| < \tau/2 \\ 0, & |t| > \tau/2 \end{cases}$$

其傅里叶变换:

$$X(\omega) = \int_{-\infty}^{\infty} x(t) e^{-j\omega t} dt = \int_{-\frac{\tau}{2}}^{\frac{\tau}{2}} A e^{-j\omega t} dt = A\tau \text{sinc}\frac{\omega\tau}{2}$$

其幅值谱密度、相位谱密度:

$$|X(\omega)| = A\tau \left|\text{sinc}\frac{\omega\tau}{2}\right|$$

$$\varphi(\omega) = \begin{cases} 0, & \dfrac{4n\pi}{\tau} < |\omega| < \dfrac{2(2n+1)\pi}{\tau} \\ \pi, & \dfrac{2(2n+1)\pi}{\tau} < |\omega| < \dfrac{4(n+1)\pi}{\tau} \end{cases} \quad (n = 0,1,2,\cdots)$$

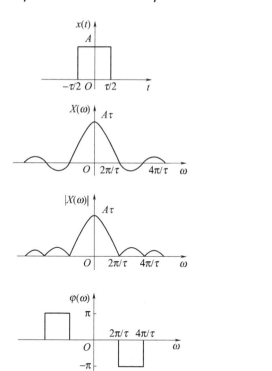

图 10-10 矩形脉冲及其频谱

矩形脉冲的频谱图表明,它是一个 $\text{sinc}(t)$ 型函数,并且是连续谱,包含了无穷多个频率成分,在 $\omega=2\pi/\tau,4\pi/\tau,\cdots$ 处,幅值谱密度为零,与此相应,相位出现转折,这表明了幅谱与相谱之间的内在关系,在正频率处为负相位($-\pi$),在负频率处为正相位(π)。

此外,在频段$|\omega|\leq 2\pi/\tau$内(称为主瓣),当脉冲宽度 τ 值愈小时,则 $2\pi/\tau$ 点移向高频率,主瓣变宽,而峰值 $A\tau$ 减小;相反,当 τ 值增大时,主瓣变窄,$A\tau$ 值增大。显然,这种脉冲波形时域的持续时间与频谱分散程度之间存在相反关系。这是信号的普遍性质,即

信号在时间上愈紧密,它在频谱上越分散;反之亦然。

3. 离散傅里叶变换

离散傅里叶变换一词并非泛指对任意离散信号取傅里叶积分或傅里叶级数,而是为适应计算机计算傅里叶变换而引出的一个专有名词,所以有时称离散傅里叶变换是适应于计算机计算的傅里叶变换。这是因为,对信号 $x(t)$ 进行傅里叶变换或逆傅里叶变换运算时,无论在时域或在频域都需要进行包括区间 $(-\infty, +\infty)$ 的积分运算,而若在计算机上实现这一运算,则必须做到:①把连续信号(包括时域、频域)改造为离散数据;②把计算范围收缩到一个有限区间;③实现正、逆傅里叶变换运算。在这种条件下所构成的傅里叶变换对称为离散傅里叶变换对,其特点是,在时域和频域中都只取有限个离散数据,这些数据分别构成周期性的离散时间函数和频率函数。

信号 $x(t)$ 在 $[0, T]$ 上经过采样得到长度为 N 的序列 $x(n)$,其中 $N = T/\Delta t$, $\Delta t = 1/f_s$, f_s 为采样频率。

$$X(f) = \int_0^T x(t) e^{-j2\pi ft} dt = \sum_{n=0}^{N-1} x(n\Delta t) e^{-j2\pi fn\Delta t} \Delta t$$

取 $f = k\Delta f$,上式变为

$$X(k\Delta f) = \sum_{n=0}^{N-1} x(n\Delta t) e^{-j2\pi k\Delta fn\Delta t} \Delta t$$

有 $\Delta f \Delta t = 1/N$,上式变为

$$X(k\Delta f) = \sum_{n=0}^{N-1} x(n\Delta t) e^{-j2\pi kn\frac{1}{N}} \Delta t$$

用 $X(k)$ 表示 $X(k\Delta f)$, $x(n)$ 表示 $x(n\Delta t)$,省略 Δt,有

$$X(k) = \sum_{n=0}^{N-1} x(n) e^{-j2\pi kn\frac{1}{N}}$$

$$X(k+N) = \sum_{n=0}^{N-1} x(n) e^{-j2\pi(k+N)n\frac{1}{N}} = \sum_{n=0}^{N-1} x(n) e^{-j2\pi kn\frac{1}{N}} e^{-j2\pi n} = X(k)$$

式中:n 为时序号 $(n = 0, 1, 2, \cdots, N-1)$;$k$ 为顺序号 $(k = 0, 1, 2, \cdots, N-1)$。

$X(k)$ 是以 N 为周期的函数,令旋转因子 $e^{-j2\pi/N} = W_N$,得到离散傅里叶变换

$$X(k) = \sum_{n=0}^{N-1} x(n) W_N^{nk}$$

离散傅里叶逆变换的表达式为

$$x(n) = \frac{1}{N} \sum_{k=0}^{N-1} X(k) W_N^{-nk}$$

离散傅里叶变换将 N 个时域采样点和 N 个频域采样点联系起来。

4. 快速傅里叶变换

快速傅里叶变换是一种减少离散傅里叶变换计算时间的算法,在其出现以前,虽然离散傅里叶变换为离散信号从理论上提供了变换工具,但是很难实现,因为计算时间很长。例如,对采样点 $N = 1000$,离散傅里叶变换算法运算量约需 200 万次,而快速傅里叶变换仅需约 1.5 万次,可见快速傅里叶变换方法大大提高了运算效率。

快速傅里叶变换算法有多种变型,其算法很多,下面介绍基 2 快速傅里叶变换算法。基 2 算法要求 N 为 2 的幂,将长度为 2^B(B 为正整数)的序列 $x(n)$ 分成含偶数点和奇数

点的两个 $\frac{N}{2}$ 的序列,即

$$X(k) = \sum_{n=0}^{N-1} x(n) W_N^{nk} = \sum_{\text{偶数}n} x(n) W_N^{nk} + \sum_{\text{奇数}n} x(n) W_N^{nk}$$

式中:W_N^{nk} 的下标 N 表示取 N 点离散傅里叶变换,若以符号 $2r$ 表示偶数 n,$2r+1$ 表示奇数 n,$r = 0,1,2,\cdots,(N/2-1)$,则

$$X(k) = \sum_{r=0}^{N/2-1} x(2r) W_N^{nk} + \sum_{r=0}^{N/2-1} x(2r+1) W_N^{(2r+1)k} =$$
$$\sum_{r=0}^{N/2-1} x(2r) (W_N^2)^{rk} + W_N^k \sum_{r=0}^{N/2-1} x(2r+1) (W_N^2)^{rk}$$

又因为

$$W_N^2 = e^{-2j2\pi/N} = e^{-j2\pi/N/2} = W_{N/2}$$

所以

$$X(k) = \sum_{r=0}^{N/2-1} x(2r) W_{N/2}^{rk} + W_N^k \sum_{r=0}^{N/2-1} x(2r+1) W_{N/2}^{rk} = G(k) + W_N^k H(k)$$

其中

$$G(k) = \sum_{r=0}^{N/2-1} x(2r) W_{N/2}^{rk}$$

$$H(k) = \sum_{r=0}^{N/2-1} x(2r+1) W_{N/2}^{rk}$$

可以看出,一个 N 点的离散傅里叶变换已被分解成两个 $N/2$ 点的离散傅里叶变换,但是,必须注意到,$G(k)$ 和 $H(k)$ 只有 $N/2$ 个点,$k = 0,1,2,\cdots,(N/2-1)$,而 $x(k)$ 却需要 N 个点,$k = 0,1,2,\cdots,N-1$。如果以 $G(k)$ 和 $H(k)$ 表达全部 $x(k)$,应利用 $G(k)$ 与 $H(k)$ 的两个重复周期,由周期性可知:

$$G\left(k + \frac{N}{2}\right) = G(k), H\left(k + \frac{N}{2}\right) = H(k)$$

对于加权系数 W_N^k 有

$$W_N^{(k+N/2)} = W_N^{N/2} \cdot W_N^k = -W_N^k$$

因此,就可以得到由 $G(k)$ 和 $H(k)$ 决定 $X(k)$ 的全部关系式

$$X(k) = G(k) + W_N^k H(k)$$
$$X\left(k + \frac{N}{2}\right) = G\left(k + \frac{N}{2}\right) + W_N^{k+N/2} H\left(k + \frac{N}{2}\right) =$$
$$G(k) - W_N^k H(k), \quad k = 0,1,2,\cdots,(N/2-1)$$

$G(k)$ 与 $H(k)$ 可分别看成是序列 $x(2r)$ 与 $x(2r+1)$ 的点离散傅里叶变换。此时表明,一个 N 点的离散傅里叶变换可分解成两个 $N/2$ 点的离散傅里叶变换,而这两个 $N/2$ 点的离散傅里叶变换又可按上式组合为 N 点的离散傅里叶变换。虽然这种组合形式的计算的离散傅里叶变换与直接方式计算的效果是相同的,但运算量大不相同。上式运算的流程如图 10-11 所示,也称为蝶形流程图。由于 $N = 2^B$,因此 $N/2$ 仍可被 2 整除,$G(k)$ 和 $H(k)$ 还可按奇偶分别再分解,如此分解下去,共可进行 B 次。最后一次的蝶形只有两次加减法,而没有乘法。这种运算需要 $0.5N\log_2 N$ 次复数乘法和 $N\log_2 N$ 次复数加

法,比直接算法的 N^2 次复数乘法和 $N(N-1)$ 次复数加法的运算量少得多。图 10-12 是 $N=2^3=8$ 的运算流程框图。

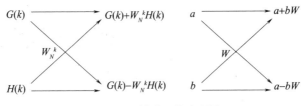

图 10-11 蝶形运算流程图

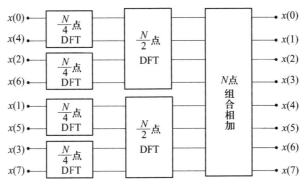

图 10-12 $N=2^3=8$ 的运算流程框图

10.2.2 拉普拉斯变换

对动态测量用的测试装置必须对其动态特性有清楚的了解。在输入变化时,人们所观察到的输出量不仅受到研究对象动态特性的影响,也受到测试装置动态特性的影响。更确切地讲,受研究对象和测试装置综合动态特性的影响。拉普拉斯变换简称拉氏变换,是求解线性微分方程的简捷方法。更重要的事,采用拉普拉斯变换方法,能把系统的动态数学模型很方便地转换为系统的传递函数,并由此发展出有传递函数的零点和极点分布、频率特性等间接分析方法和设计系统的工程方法。下面简要介绍拉氏变换方法。

1. 拉氏变换的定义

函数 $f(t)$,t 为实变量,如果线性积分

$$\int_0^\infty f(t)\mathrm{e}^{-st} \quad (s = \sigma + \mathrm{j}\omega \text{ 为复变量})$$

存在,则称其为函数 $f(t)$ 的拉氏变换。变换后的函数是复变量 s 的函数,记作 $F(s)$ 或 $L[f(t)]$,即

$$L[f(t)] = F(s) = \int_0^\infty f(t)\mathrm{e}^{-st}\mathrm{d}t$$

称 $F(s)$ 为的 $f(t)$ 变换函数或像函数,而 $f(t)$ 为 $F(s)$ 的原函数。

另外,有逆运算

$$L^{-1}[F(s)] = f(t) = \frac{1}{2\pi\mathrm{j}}\int_{\sigma-\mathrm{j}\infty}^{\sigma+\mathrm{j}\infty} F(s)\mathrm{e}^{st}\mathrm{d}s$$

称上式为 $F(s)$ 的拉氏反变换。

为了工程应用的方便,常把原函数与像函数的对应关系变成表格,就是所说的拉氏变换表,请参阅相关书籍。

2. 拉氏变换的性质和定理

(1) 线性性质 拉氏变换也像一般线性函数那样具有齐次性和叠加性。若 $f_1(t)$ 和 $f_2(t)$ 的拉氏变换分别为 $F_1(s)$ 和 $F_2(s)$,则有

$$L[af_1(t) \pm bf_2(t)] = aF_1(s) \pm bF_2(s)$$

(2) 微分定理 设 $F(s) = L[f(t)]$,则有

$$L\left[\frac{\mathrm{d}}{\mathrm{d}t}f(t)\right] = sF(s) - f(0)$$

$$L\left[\frac{\mathrm{d}^2}{\mathrm{d}t^2}f(t)\right] = s^2F(s) - sf(0) - f'(0)$$

$$\vdots$$

$$L\left[\frac{\mathrm{d}^n}{\mathrm{d}t^n}f(t)\right] = s^nF(s) - \sum_{k=1}^{n}s^{n-k}f^{(k-1)}(0)$$

式中:$f(0),f'(0),\cdots,f^{(n-1)}(0)$ 为函数 $f(t)$ 及其各阶导数在 $t=0$ 时的值。当 $f(0) = f'(0) = \cdots = f^{(n-1)}(0) = 0$ 时,则有

$$L\left[\frac{\mathrm{d}}{\mathrm{d}t}f(t)\right] = sF(s)$$

$$L\left[\frac{\mathrm{d}^n}{\mathrm{d}t^n}f(t)\right] = s^nF(s)$$

(3) 积分定理 设 $F(s) = L[f(t)]$,则有

$$L\left[\int f(t)\mathrm{d}t\right] = \frac{F(s)}{s} + \frac{1}{s}f^{-1}(0)$$

$$L\left[\iint f(t)\mathrm{d}t^2\right] = \frac{F(s)}{s^2} + \frac{1}{s^2}f^{-1}(0) + \frac{1}{s}f^{-2}(0)$$

$$\vdots$$

$$L\left[\int\cdots\int f(t)\mathrm{d}t^n\right] = \frac{F(s)}{s^n} + \sum_{k=1}^{n}\frac{1}{s^{n-k+1}}f^{-k}(0)$$

式中:$f^{-1}(0),f^{-2}(0),\cdots,f^{-n}(0)$ 为函数 $f(t)$ 及其各重积分在 $t=0$ 时的值。当 $f^{-1}(0) = f^{-2}(0) = \cdots = f^{-n}(0) = 0$ 时,则有

$$L\left[\int f(t)\mathrm{d}t\right] = \frac{F(s)}{s}$$

$$L\left[\iint f(t)\mathrm{d}t^2\right] = \frac{F(s)}{s^2}$$

$$L\left[\int\cdots\int f(t)\mathrm{d}t^n\right] = \frac{F(s)}{s^n}$$

(4) 终值定理 若函数 $f(t)$ 的拉氏变换为 $F(s)$,且 $F(s)$ 在 s 右半平面及除原点外的虚轴上解析,则有终值

$$f(\infty) = \lim_{t\to\infty}f(t) = \lim_{s\to 0}sF(s)$$

应用终值定理时,要留意上述条件是否满足。例如 $f(t) = \sin\omega t$ 时,在 $j\omega$ 轴上有 $\pm j\omega$ 两个

极点,且$\lim_{t\to\infty}f(t)$不存在,因此终值定理不能使用。

(5) 初值定理　如果函数及其一阶导数是可以拉氏变换的,并且$\lim_{s\to\infty}sF(s)$存在,则
$$f(0) = \lim_{t\to 0}f(t) = \lim_{s\to\infty}sF(s)$$

(6) 迟延定理　设$F(s) = L[f(t)]$,则有
$$L[f(t-a)\mu(t-a)] = e^{-as}F(s), a \geq 0$$
$$L[e^{-at}f(t)] = F(s+a)$$

上式说明实函数$f(t)$向右平移一个迟延时间a后,相当于复域中$F(s)$乘以e^{-as}的因子。实域函数$f(t)$乘以e^{-at}所得到的衰减函数$e^{-at}f(t)$,相当于复域向左平移的$F(s+a)$。

(7) 时标变换　模拟和对实际系统进行仿真时,常需要将时间的标尺扩展和缩小为(t/a),以使所得曲线清晰或节省观察时间。这里a是一个正数。可证得
$$L\left[f\left(\frac{t}{a}\right)\right] = aF(as)$$

3. 拉氏反变换

拉氏反变换为
$$L^{-1}[F(s)] = f(t) = \frac{1}{2\pi j}\int_{\sigma-j\infty}^{\sigma+j\infty}F(s)e^{st}ds$$

这是复变函数积分,一般很难直接计算。故由$F(s)$求$f(t)$常用部分分式法。该方法是将$F(s)$分解成一些简单的有理分式函数之和,然后从拉氏变换表中查出对应的反变换函数,即得所求的原函数$f(t)$。

$F(s)$通常为复变量s的有理分式函数,即分母多项式的阶次高于分子多项式的阶次。$F(s)$的一般形式为
$$F(s) = \frac{B(s)}{A(s)} = \frac{b_m s^m + b_{m-1}s^{m-1} + \cdots + b_1 s + b_0}{s^n + a_{n-1}s^{n-1} + \cdots + a_1 s + a_0}$$

式中:$a_0, a_1, \cdots, a_{n-1}$及$b_0, b_1, \cdots, b_m$均为实数;$m, n$为正数,且$m < n$。

首先将$F(s)$的分母多项式$A(s)$进行因式分解,即写为
$$A(s) = (s - s_1)(s - s_2)\cdots(s - s_n)$$

式中:$s_1, s_2, \cdots, s_n$为$A(s) = 0$的根。

(1) $A(s) = 0$ 无重根,这时可将$F(s)$换写为n个部分分式之和,每个分式的分母都是$A(s)$的一个因式,即
$$F(s) = \frac{C_1}{s-s_1} + \frac{C_2}{s-s_2} + \cdots + \frac{C_n}{s-s_n} = \sum_{i=1}^{n}\frac{C_i}{s-s_i}$$

如果确定了每个部分分式中的待定常数C_i,则由拉氏变换表就可查得$F(s)$的反变换。
$$L^{-1}[F(s)] = f(t) = L^{-1}\left[\sum_{i=1}^{n}\frac{C_i}{s-s_i}\right] = \sum_{i=1}^{n}C_i e^{s_i t}$$

C_i可按下式求得,即
$$C_i = \left.\frac{B(s)}{A'(s)}\right|_{s=s_i} \quad 或 \quad C_i = \lim_{s\to s_i}(s-s_i)F(s)$$

(2) $A(s) = 0$ 有重根,设s_1为m阶重根,$s_{m+1}, s_{m+2}, \cdots, s_n$为单根。则可展成如下部

分分式之和：

$$F(s) = \frac{C_m}{(s-s_1)^m} + \frac{C_{m-1}}{(s-s_1)^{m-1}} + \cdots + \frac{C_1}{s-s_1} + \frac{C_{m+1}}{s-s_{m+1}} + \cdots + \frac{C_n}{s-s_n}$$

式中：$C_{m+1}, C_{m+2}, \cdots, C_n$ 为单根部分分式待定常数，可按照相应公式计算。而重根待定常数 $C_1, C_2, \cdots, C_m$ 则按下式计算：

$$C_m = \lim_{s \to s_1}(s-s_1)^m F(s)$$

$$C_{m-1} = \lim_{s \to s_1}\frac{\mathrm{d}}{\mathrm{d}s}[(s-s_1)^m F(s)]$$

$$\vdots$$

$$C_1 = \frac{1}{(m-1)!}\lim_{s \to s_1}\frac{\mathrm{d}^{(m-1)}}{\mathrm{d}s^{(m-1)}}[(s-s_1)^m F(s)]$$

将这些待定常数求出后代入 $F(s)$ 式，取反变换即可求 $f(t)$：

$$f(t) = L^{-1}[F(s)] = L^{-1}\left[\frac{C_m}{(s-s_1)^m} + \frac{C_{m-1}}{(s-s_1)^{m-1}} + \cdots + \frac{C_1}{s-s_1} + \frac{C_{m+1}}{s-s_{m+1}} + \cdots + \frac{C_n}{s-s_n}\right] =$$

$$\left[\frac{C_m}{(m-1)!}t^{m-1} + \frac{C_{m-1}}{(m-2)!}t^{m-2} + \cdots + C_2 t + C_1\right]e^{s_1 t} + \sum_{i=m+1}^{n} C_i e^{s_i t}$$

10.2.3 z 变换

在离散信号与系统理论的研究之中，z 变换是一种很重要的数学工具。它把离散系统的数学模型——差分方程转化为简单的代数方程，使其求解过程得以简化。因而，z 变换在离散系统中的地位与作用，类似于连续系统中的拉普拉斯变换。类似于连续系统的 s 域分析，在离散系统的 z 域分析中将看到，利用系统函数在 z 平面零、极点分布特性研究系统的时域特性、频域特性以及稳定性等方法也具有同样重要的意义。

下面简要介绍 z 变换的定义，更为详细的知识请参阅相关文献。

z 变换的定义可以由采样信号的拉氏变换引出，也可直接对离散信号给予定义。

现首先分析理想采样信号的拉氏变换。若连续因果信号 $x(t)$ 经理想脉冲采样，则采样信号 $x_s(t)$ 的表示式为

$$x_s(t) = x(t) \cdot \delta_T(t) = \sum_{n=0}^{\infty} x(nT)\delta(t-nT)$$

式中：T 为采样间隔，将上式两边取拉氏变换，得到

$$X_s(s) = \int_0^{\infty} x_s(t)\mathrm{e}^{-st}\mathrm{d}t = \int_0^{\infty}\left[\sum_{n=0}^{\infty} x(nT)\delta(t-nT)\right]\mathrm{e}^{-st}\mathrm{d}t =$$

$$\sum_0^{\infty}\int_0^{\infty} x(nT)\delta(t-nT)\mathrm{e}^{-st}\mathrm{d}t = \sum_0^{\infty} x(nT)\mathrm{e}^{-snT}$$

此时，如果引入一个新的复变量 z，并令

$$z = \mathrm{e}^{sT}$$

或写为

$$s = \frac{1}{T}\ln z$$

则有用复变量 z 表示的函数式

$$X(z) = \sum_{n=0}^{\infty} x(nT) z^{-n}$$

通常令 $T=1$，则上式变为

$$X(z) = \sum_{n=0}^{\infty} x(n) z^{-n} \quad (z = e^s)$$

此式就是所定义的离散信号 $x(n)$ 的 z 变换表达式。此式表明，$X(z)$ 是复变量 z^{-1} 的幂级数，其系数是序列 $x(n)$ 的值，即

$$X(z) = Z[x(n)] = x(0) + \frac{x(1)}{z} + \frac{x(2)}{z^2} + \cdots = \sum_{n=0}^{\infty} x(n) z^{-n}$$

与拉氏变换的定义类似，z 变换也有单边与双边之分，$x(n)$ 的双边 z 变换定义为

$$X(z) = \sum_{n=-\infty}^{\infty} x(n) z^{-n}$$

显然，如果 $x(n)$ 为因果序列，则双边 z 变换与单边 z 变换是等同的。

10.3 信号的时域分析

10.3.1 时域分解

为了从时域了解信号的性质，或便于分析处理，可以从不同角度将信号分解为简单的信号分量之和，一般有如下情况。

1. 直流分量与交流分量

信号 $x(t)$ 可分解为直流分量 $x_D(t)$ 与交流分量 $x_A(t)$，即

$$x(t) = x_D(t) + x_A(t)$$

直流分量是信号的平均值（图 10-13(a)）。在某些情况下，也可以把信号分解为一

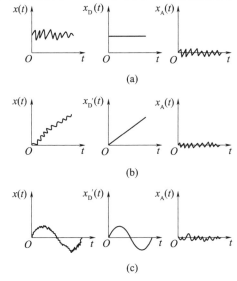

图 10-13 信号分解为直、交流分量之和

个稳态分量和交流分量,分别如图 10-13(b)、(c)所示。稳态分量往往是一种有规律的变化量,有时称为趋势项;而交流分量可能包含了所研究物理过程的频率、相位信息,也可能是随机噪声。

2. 偶分量与奇分量

信号可分解为偶分量 $x_e(t)$ 与奇分量 $x_o(t)$ 之和,即

$$x(t) = x_e(t) + x_o(t)$$

偶分量对纵轴对称,奇分量原点对称,如图 10-14 所示。

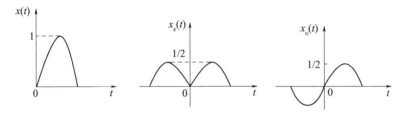

图 10-14 信号分为偶、奇分量之和

3. 脉冲分量之和

信号 $x(t)$ 可分解为许多脉冲分量之和,如矩形窄脉冲之和、阶跃函数的叠加等。图 10-15 表示为矩形窄脉冲之和。

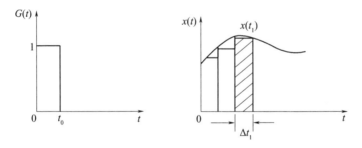

图 10-15 信号分解为矩形窄脉冲之和

因为矩形脉冲可表示为阶跃信号之差,即

$$G(t) = u(t) - u(t - t_0)$$

所以 t_1 时刻的脉冲为

$$x(t_1)[u(t - t_1) - u(t - t_1 - \Delta t_1)]$$

从 $t_1 = 0$ 到 $t_1 = t$,将许多矩形单元叠加,即得到 $x(t)$ 之近似表达式:

$$x(t) = \sum_{t_1=0}^{t} x(t_1)[u(t - t_1) - u(t - t_1 - \Delta t_1)]$$

当矩形脉冲宽度无穷小时,即为脉冲分量之和。用卷积积分描述系统对任意信号 $x(t)$ 的响应时,就是利用了脉冲分量叠加的概念。

4. 实部分量与虚部分量之和

瞬时值为复数的信号 $x^*(t)$ 可分解为实虚两部分之和,即

$$x^*(t) = x_R(t) + jx_I(t)$$

一般实际物理信号多为实信号,但在信号分析理论中,常借助复信号来研究某些实信

号的问题,它可以建立某些有益的概念或简化运算。例如,关于轴的回转精度测试与数据处理,将回转轴沿半径方向上的误差运动看作点在平面上的运动,它可以用一个时间为自变量的复数 $x^*(t)$ 来表示,实部 $x_R(t)$ 与虚部 $x_I(t)$ 则可用双向法测量,所以其信号为

$$x^*(t) = x_R(t) + jx_I(t)$$

将此式改写为极坐标形式:

$$x^*(t) = r(t)e^{j\phi(t)}$$

$$r(t) = [x_R^2(t) + x_I^2(t)]^{\frac{1}{2}}$$

$$\phi(t) = \arctan[x_I(t)/x_R(t)]$$

对其作傅里叶分析,由于误差运动的轨迹随着轴的每一转而大致重复,可将它近似为周期函数,故可用傅里叶级数展开为

$$x^*(t) = \sum_{n=-\infty}^{\infty} C_n e^{jn\omega_0 t} \quad (n = 0, \pm 1, \pm 2, \cdots)$$

$$C_n = r_n e^{j\phi_n} = \int_{-\infty}^{\infty} x^*(t)e^{-jn\omega_0 t}dt$$

此两式表明,周期性径向误差运动可分解成许多作圆周运动的频率分量(图 10 – 16),其角速度为 $n\omega_0$($n > 0$ 时与轴的旋转同向,$n > 0$ 时反向),半径为 r_n,初相角为 ϕ_n。周期误差运动的各次频率分量的计算可用傅里叶变换方法实现。

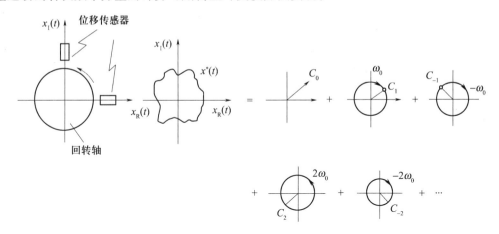

图 10 – 16　周期径向误差运动的分解

5. 正交函数分量

信号 $x(t)$ 可以用正交函数集来表示,即

$$x(t) \approx c_1 x_1(t) + c_2 x_2(t) + \cdots + c_n x_n(t)$$

各分量系数是在满足最小均方差条件下由下式求得

$$c_i = \frac{\int_{t_1}^{t_2} x_i(t)x_j(t)dt}{\int_{t_1}^{t_2} x_i^2(t)dt}$$

满足正交条件的函数集有三角函数、复指数函数、沃尔什(Walsh)函数等。

10.3.2 时域统计分析

1. 幅值分析

信号的幅值参数包括了均值、最大值、最小值、均方根值等。

1) 连续时间信号幅值参数

时间为 T 的连续时间信号 $x(t)$ 的信号幅值参数有

(1) 均值 $\bar{X}$：

$$\bar{X} = \frac{1}{T}\int_0^T x(t)\,\mathrm{d}t$$

(2) 均方根值 X_{rms}：

$$X_{\mathrm{rms}} = \sqrt{\frac{1}{T}\int_0^T x^2(t)\,\mathrm{d}t}$$

(3) 方差 D_x：

$$D_x = \frac{1}{T}\int_0^T [x(t) - \bar{X}]^2\,\mathrm{d}t$$

2) 采样信号幅值参数

若对信号 $x(t)$ 采样，得到一组离散数据 $x_1, x_2, \cdots, x_n$，则幅值参数有

(1) 均值 $\bar{X}$：

$$\bar{X} = \frac{1}{N}\sum_{i=1}^N x_i$$

(2) 均方根值 X_{rms}：

$$X_{\mathrm{rms}} = \sqrt{\frac{1}{N}\sum_{i=1}^N x_i^2}$$

(3) 方差 D_x：

$$D_x = \frac{1}{N-1}\sum_{i=1}^N (x_i - \bar{X})^2$$

(4) 最大值 $X_{\max}$：

$$X_{\max} = \max\{|x_i|\} \quad (i = 1, 2, \cdots, N)$$

(5) 最小值 $X_{\min}$：

$$X_{\min} = \min\{|x_i|\} \quad (i = 1, 2, \cdots, N)$$

方差反映数据的分散程度，它与均值、均方根值有如下关系

$$D_x = X_{\mathrm{rms}}^2 - \bar{X}^2$$

2. 随机信号分析

随机信号是用概率统计方法进行描述的，统计特征参量分析称为信号的幅值域分析。

1) 概率密度函数

随机信号的概率密度函数定义为

$$p(x) = \lim_{\Delta x \to 0} \frac{P[x < x(t) \leq x + \Delta x]}{\Delta x}$$

对于各态历经过程

$$p(x) = \lim_{\Delta x \to 0} \frac{1}{\Delta x} \left[\lim_{T \to \infty} \frac{T_x}{T} \right]$$

式中：$P[x < x(t) \leq x + \Delta x]$ 为瞬时值落在增量 Δx 范围内可能出现的概率；$T_x = \Delta t_1 + \Delta t_2 + \cdots$ 表示信号瞬时值落在 $(x, x + \Delta x)$ 区间的时间，T 表示分析时间（图10-17）。

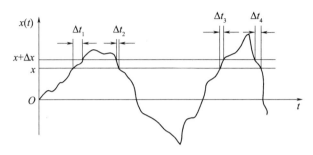

图10-17 概率密度函数的计算

上式表明，概率密度函数 $p(x)$ 是信号 $x(t)$ 落在指定区间 Δx 内的概率与 Δx 的比值，随 Δx 所在位置不同而变化，是幅值 x 的函数。

概率密度函数与均值、均方值、方差之间的关系可用矩函数表示，即

一阶原点矩

$$\mu_x = \int_{-\infty}^{\infty} x p(x) \mathrm{d}x$$

二阶原点矩

$$\Psi_x^2 = \int_{-\infty}^{\infty} x^2 p(x) \mathrm{d}x$$

二阶中心矩

$$\sigma_x^2 = \int_{-\infty}^{\infty} (x - \mu_x)^2 p(x) \mathrm{d}x$$

可以看出，均值是信号 $x(t)$ 在所有幅值 x 上的加权线性和；均方值是在所有幅值 x^2 上的加权线性和；方差则是在 $(x - \mu_x)^2$ 上的加权线性和。权函数就是概率密度函数 $p(x)$。

2）概率分布函数

概率分布函数是瞬时值 $x(t)$ 小于或等于某值 X 的概率，其定义为

$$F(x) = \int_{-\infty}^{\infty} p(x) \mathrm{d}x$$

概率分布函数又称累计概率，表示了落在某一区间的概率，亦可写成

$$F(x) = P \quad (-\infty < x < X)$$

典型信号的概率密度函数与概率分布函数如图10-18所示。

3）联合概率密度函数

联合概率密度函数是描述两个或几个随机信号的不同数据的共同特性或联合特性的参数，定义为

$$p(x, y) = \lim_{\substack{\Delta x \to 0 \\ \Delta y \to 0}} \frac{1}{\Delta x \Delta y} \left(\lim_{T \to \infty} \frac{T_{xy}}{T} \right)$$

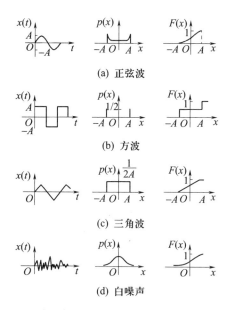

图 10-18 典型信号的概率密度函数与概率分布函数

式中:T_{xy}/T 为 $x(t)$ 落在 $(x+\Delta x)$ 范围内,而 $y(t)$ 值同时落在 $(y+\Delta y)$ 范围内的联合概率;T_{xy} 是 $x(t)$ 和 $y(t)$ 同时分别落在 $(x+\Delta x)$ 及 $(y+\Delta y)$ 区域中的总时间,即 $T_{xy}=\Delta t_1 + \Delta t_2 + \cdots$,如图 10-19 所示。联合概率密度函数反映了两个相关随机数据发生某一事件的概率。例如,两个结构产生的随机振动是相关联的,则可用联合概率密度函数来预计两个相邻结构振动的碰撞概率。

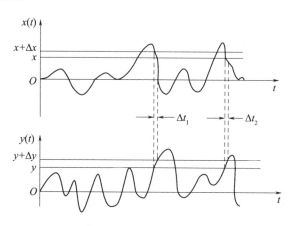

图 10-19 联合概率密度函数的计算

10.3.3 直方图分析

直方图分析也是一种对时域波形进行统计分析的一种方法,包括幅值计数分析与时间计数分析。幅值计数分析是一幅值大小为横坐标,每个幅值间隔内出现的频次为纵坐标来表示的,常称为幅值直方图分析;时间计数分析是以某时间间隔内的频次为纵坐标,时间为横坐标来表示的,称为时间直方图分析。

幅值计数分析是研究信号历程中某些量值出现的次数,如图 10-20 所示。图中,

(a)所示为穿级计数,设置若干规定电平,每当信号以正或负穿越这些值中的一个就计数一次;(b)所示为峰值计数,对极大与极小值分别计数;(c)所示为跨均值计数,目的只在于对主峰值计数;(d)所示为变程计数,所谓变程是指相邻两定峰之间的差值,两个峰谷之间的变程由极小到极大为正,反之为负,这种计数反映相邻峰值之间的相对变化;(e)表示了典型幅值直方图。

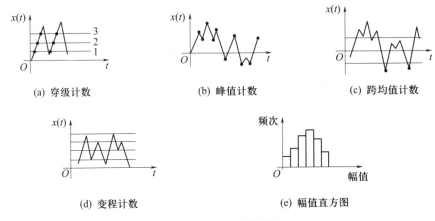

图 10-20　幅值计数分析

时间计数分析是对信号落入给定幅值范围内的时间进行测量,如图 10-21 所示。图中,(a)所示是在限幅电平处时间间隔的测量;(b)所示是在限幅电平处维持时间的测量;(c)所示是信号潜伏时间的测量;(d)是典型的时间直方图。

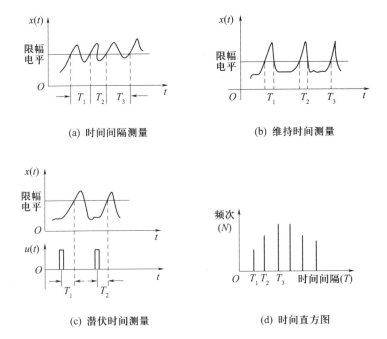

图 10-21　时间计数分析

直方图分析方法对信号波形分析较为直观、简便,在某些情况下能够获得较好的效果。故而已在一些近代专用信号处理机或测试仪器中采用。

10.3.4 相关分析

均值、方差、均方值等描述了随机过程的统计特征,反映随机过程各瞬时值的中心趋势和围绕这一中心的波动状况,但是不能说明过程中信号在不同时刻的依从关系。在数控设备的故障诊断过程中,除了需要分析信号的强弱外,还要分析信号在不同时刻的相互依赖关系,这就是信号的相关分析。

1. 自相关分析

1) 自相关函数

自相关函数是描述统一信号在不同时刻的相互依赖关系,如图 10 - 22 所示,自相关函数定义为

$$R_x(\tau) = \lim_{T \to \infty} \frac{1}{T} \int_0^T x(t) x(t+\tau) \mathrm{d}t$$

其离散化表达式为

$$R_x(n\Delta t) = \frac{1}{N-n} \sum_{i=0}^{N-n} x(t_i) x(t_i + n\Delta t)$$

式中:N 为采样点数即样本长度;n 为时延序列;i 为时间序列。

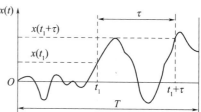

图 10 - 22 自相关函数的描述

2) 自相关函数的性质

根据自相关函数的定义,它的性质有:

(1) $R_x(\tau)$ 是实偶函数,$R_x(\tau) = R_x(-\tau)$,它的图形是对称的。

(2) 当 $\tau = 0$ 时,有

$$R_x(0) = \Psi_x^2, R_x(0) \geq R_x(\tau)$$

在 $\tau = 0$ 时,$R_x(\tau)$ 有最大值,等于信号的均方值。自相关函数 $R_x(\tau)$ 在 τ 为任何值时,不会大于其初始值。

(3) 当 $\tau \to \infty$,平均值不为零的随机函数的自相关函数趋近于均值的平方,即

$$\lim_{\tau \to \infty} R_x(\tau) = R_x(\pm \infty) = \mu_x^2$$

(4) $R_x(\tau)$ 的取值范围是 $\mu_x^2 - \sigma_x^2 \leq R_x(\tau) \leq \mu_x^2 + \sigma_x^2$。

(5) 若 $x(t)$ 是周期性信号,则 $R_x(\tau)$ 也是周期性的,频率与 $x(t)$ 的频率相同。如

$$x(t) = \sum_{i=1}^n A_i \sin\omega_i t$$

$$R_x(\tau) = \sum_{i=1}^n \frac{A_i^2}{2} \cos\omega_i t$$

(6) 如果随机信号 $x(t)$ 是由白噪声 $n(t)$ 和信号 $h(t)$ 组成,则 $x(t)$ 的自相关函数是这两部分各自的相关函数之和,即

$$R_x(\tau) = R_n(\tau) + R_h(\tau)$$

在实际工程应用中,自相关函数是用得非常普遍的,可以利用它监测淹没在随机噪声中的周期信号,进行故障诊断。

2. 互相关分析

1) 互相关函数的定义

互相关函数是描述两个信号不同时刻相互依赖的关系,如图 10-23 所示。设两个平稳随机信号的两个样本函数历程记录为 $x(t)$ 和 $y(t)$,则两个信号的互相关函数为

$$R_{xy}(\tau) = \lim_{T \to \infty} \frac{1}{T} \int_0^T x(t) y(t+\tau) \mathrm{d}t$$

其离散化表达式为

$$R_{xy}(n\Delta t) = \frac{1}{N-n} \sum_{i=0}^{N-n} x(t_i) y(t_i + n\Delta t)$$

2) 互相关函数的性质

根据互相关函数的定义,互相关函数具有如下的性质。

(1) 互相关函数是可正可负的实函数。$R_{xy}(\tau)$ 的峰值不在 $\tau = 0$ 处,其峰值偏离原点的位置反映了两信号时移的大小,相关程度最高。互相关函数的一般图形如图 10-24 所示。

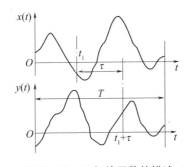
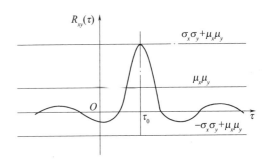

图 10-23 互相关函数的描述　　　　图 10-24 互相关函数的一般图形

(2) 互相关函数是反对称函数,即 $R_{xy}(\tau) = R_{yx}(-\tau)$。

(3) $R_{xy}(\tau)$ 取值范围为 $\mu_x\mu_y - \sigma_x\sigma_y \leqslant R_{xy}(\tau) \leqslant \mu_x\mu_y + \sigma_x\sigma_y$。

(4) 当 $R_{xy}(\tau) = 0$,表示两信号不相干;当 $R_{xy}(\tau) = \mu_x\mu_y + \sigma_x\sigma_y$,表示两信号完全相关。

由于互相关函数的这些性质,使它在工程应用中有着重要的价值。例如,在噪声背景下有效地提取有用信息。根据线性系统的特性,只有和振动频率相同才可能是振源,因此将振动信号和所测得的相应信号进行相关处理,就可以得到振动信号的响应幅值和相位差,消除噪声干扰。这种应用相关分析原理来消除信号中的噪声干扰,提取有用信息的处理方法叫做相关滤波。它是利用相关函数同频相关、不同频不相关的性质来达到滤波效果的。

10.4　信号的频域分析

周期信号可以展开为傅里叶级数,非周期信号或各态历经随机信号可以进行傅里叶变换,变换后的信号是频率的函数,这些频率函数的集合称为频域。把时域信号变换至频域并进行分析的方法称为频域分析方法,如图 10-25 所示。

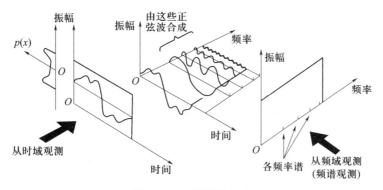

图 10-25 频域分析法

10.4.1 幅值谱分析

1. 幅值谱

对采样得到的信号进行傅里叶变换,可以得到时域信号频率构成的信息,对于周期信号,经过傅里叶变换得到的幅值谱是离散的;对于非周期信号,经过傅里叶变换得到的幅值谱是连续的。须指出,通过快速傅里叶变换所得到的幅值谱都是离散的。

2. 冲激信号和阶跃信号的傅里叶变换

冲激信号和阶跃信号在时域分析中起到重要作用,在频域分析中仍然有着重要作用。

(1) 冲激信号的傅里叶变换如图 10-26 所示,表达式为

$$X(\omega) = \int_{-\infty}^{\infty} \delta(t) e^{-j\omega t} dt = 1$$

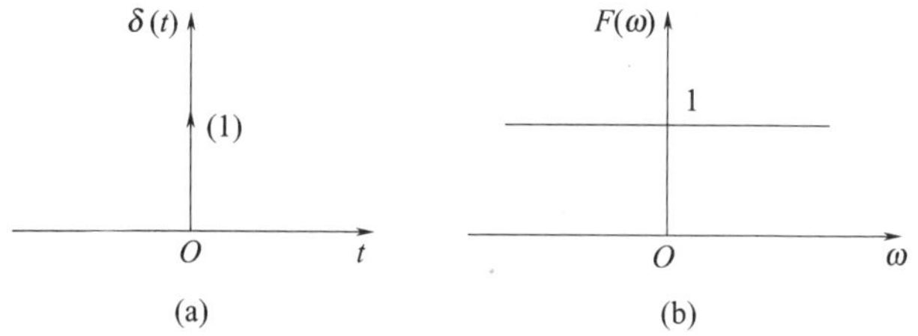

图 10-26 δ 信号及其频谱

(2) 阶跃信号 $u(t)$ 的傅里叶变换如图 10-27 所示,表达式为

$$X(\omega) = \pi\delta(\omega) + \frac{1}{j\omega}$$

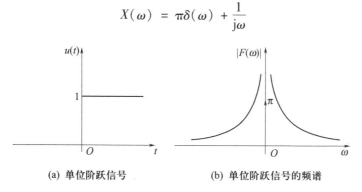

(a) 单位阶跃信号　　(b) 单位阶跃信号的频谱

图 10-27 单位阶跃信号及其频谱

10.4.2 功率谱分析

1. 自功率谱与互谱

随机信号是时域无限信号,不具备可积分条件,因此不能直接进行傅里叶变换。又因为随机信号的频率、幅值、相位都是随机的,因此从理论上讲,一般不做幅值谱和相位谱分析,而是用具有统计特性的功率谱密度来做谱分析。功率谱分析能够研究信号的能量(或功率)的频率分析,并能突出信号频谱中的主频率。

根据维纳—辛钦公式,平稳随机过程的功率谱密度 $S_x(\omega)$ 与自相关函数 $R_x(\tau)$ 是一傅里叶变换偶对,即

$$\begin{cases} S_x(\omega) = \int_{-\infty}^{\infty} R_x(\tau) e^{-j\omega\tau} d\tau \\ R_x(\tau) = \dfrac{1}{2\pi} \int_{-\infty}^{\infty} S_x(\omega) e^{j\omega\tau} d\omega \end{cases}$$

因为自相关函数是偶函数,所以 $S_x(\omega)$ 是非负实偶函数。上式中谱密度函数定义在所有频率域上,一般称作双边谱。在实际应用中,用定义在非负频率上的谱更为方便,这种谱称为单边功率谱密度函数 $G_x(\omega)$,它们的关系(图 10-28)为

$$G_x(\omega) = 2S_x(\omega) = 2\int_{-\infty}^{\infty} R_x(\tau) e^{-j\omega\tau} d\tau \quad (\omega > 0)$$

同理可定义两个随机信号 $x(t)$、$y(t)$ 之间的互谱密度函数:

$$S_{xy}(\omega) = \int_{-\infty}^{\infty} R_{xy}(\tau) e^{-j\omega\tau} d\tau$$

$$R_{xy}(\omega) = \frac{1}{2\pi} \int_{-\infty}^{\infty} S_{xy}(\omega) e^{j\omega\tau} d\omega$$

单边互谱密度函数:

$$G_{xy}(\omega) = 2S_{xy}(\omega) = 2\int_{-\infty}^{\infty} R_{xy}(\tau) e^{-j\omega\tau} d\tau \quad (0 < \omega < \infty)$$

因为互相关函数为非偶函数,所以互谱函数是一个复数,即

$$G_{xy}(\omega) = C_{xy}(\omega) - jQ_{xy}(\omega)$$

实部与虚部为

$$C_{xy}(\omega) = 2\int_{-\infty}^{\infty} R_{xy}(\tau) \cos\omega\tau d\tau$$

$$Q_{xy}(\omega) = 2\int_{-\infty}^{\infty} R_{xy}(\tau) \sin\omega\tau d\tau$$

实部称为共谱(协谱、余谱)密度函数;虚部称为正交谱(重谱、方谱)密度函数,在实际中常用谱密度的幅值和相位表示,即

$$G_{xy}(\omega) = |G_{xy}(\omega)| e^{-j\theta_{xy}(\omega)}$$

$$|G_{xy}(\omega)| = \sqrt{C_{xy}^2(\omega) + Q_{xy}^2(\omega)}$$

$$\theta_{xy}(\omega) = \arctan \frac{Q_{xy}(\omega)}{C_{xy}(\omega)}$$

显然,互谱表示出了幅值以及两个信号之间的相位关系。典型的互谱密度函数如图 10-29 所示。

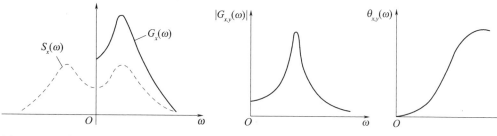

图 10-28 单边与双边功率谱密度函数　　图 10-29 典型的互谱密度函数

需要指出,互谱密度不像自谱密度那样具有功率的物理含义,引入互谱这个概念是为了能在频率域描述两个平稳随机过程的相关性。在实际中,常利用测定线性系统的输出与输入的互谱密度来识别系统的动态特性。

2. 相干函数与频率相应函数

利用互谱密度函数可以定义相干函数 $\gamma_{xy}^2(\omega)$ 及系统的频率响应函数 $H(\omega)$,即

$$\gamma_{xy}^2(\omega) = \frac{|G_{xy}(\omega)|^2}{G_x(\omega)G_y(\omega)}$$

$$H(\omega) = \frac{G_{xy}(\omega)}{G_x(\omega)}$$

相干函数又称凝聚函数,它类似于时域相关系数 ρ_{xy}^2,因此又可称 γ_{xy}^2 为谱相关函数。同理可以证明:$0 \leq \gamma_{xy}^2 \leq 1$。

相干函数是谱相关分析的重要参数,特别是在系统辨识中,相干函数可以判明输出 $y(t)$ 与输入 $x(t)$ 之间的关系。当 $\gamma_{xy}^2 = 1$ 时,说明 $y(t)$ 与 $x(t)$ 完全相关;当 $\gamma_{xy}^2 < 1$ 时,表明测量过程中有噪声干扰,或可能存在系统的非线性。

频率响应函数 $H(\omega)$ 是由互谱与自谱的比值求得的,它是一个复量,保留了幅值大小与相位信息,描述了系统的频域特性。对 $H(\omega)$ 做逆傅里叶变换,即可求得描述系统时域特性的单位脉冲响应函数 $h(t)$。

3. 帕斯瓦尔定理

所谓帕斯瓦尔定理是指在时域中计算的信号总能量等于在频域中计算的信号总能量,即

$$\int_{-\infty}^{\infty} x^2(t)dt = \int_{-\infty}^{\infty} |X(f)|^2 df$$

当 $x(t)$ 是偶函数时,则 $|X(f)|^2$ 是 f 的偶函数,所以

$$\int_{-\infty}^{\infty} x^2(t)dt = 2\int_{0}^{\infty} |X(f)|^2 df$$

实函数 $|X(f)|^2$ 通常称为功率谱或能量谱。对于连续谱来说,称为功率谱密度和能量谱密度,即在频率尺度上每单位时间间隔的功率或能量。上式中含有幅值谱的绝对值的平方,但是没有给出时间函数相位谱的信息。也就是说,如果给出它的功率,则无法恢复成原来的信号 $x(t)$,这与给定 $X(f)$ 的情况不同。这也意味着幅值谱相同、相位谱不同的信号,有同样的功率谱。

在时间轴上信号平均功率 P_{av} 为

$$P_{av} = \lim_{T\to\infty}\frac{1}{T}\int_{-T}^{T}x^2(t)\mathrm{d}t = \lim_{T\to\infty}\frac{1}{2T}\int_{-\infty}^{\infty}X^2(f)\mathrm{d}f$$

因此,自功率谱密度函数与幅值谱的关系为

$$S_x(f) = \lim_{T\to\infty}2T|X(f)|^2 \quad (f \geqslant 0)$$

自功率谱密度函数 $S_x(f)$ 反映的信号频率结构与信号的幅值谱 $|X(f)|$ 相似,然而自功率谱密度反映的是信号幅值的平方,反映的频率结构更明显。

10.5 倒频谱分析

10.5.1 倒频谱的数学描述

倒频谱在数学上分为实倒频谱和复倒频谱。

1. 实倒频谱

实倒频谱有下面几种定义形式:

(1) 功率倒频谱 $C_{xp}(\tau)$ 功率倒频谱是对信号取对数,然后进行傅里叶变换,再取模的平方,即对数功率谱的功率谱。表达式为

$$C_{xp}(\tau) = |F[\lg S_x(f)]|^2$$

式中:F 为傅里叶变换符号;τ 为倒频率,具有时间的量纲,与自相关函数中的 τ 是一样的;功率倒频谱 $C_{xp}(\tau)$ 的单位为 $(\mathrm{dB})^2$。

(2) 幅值倒频谱 $C_{xa}(\tau)$ 幅值倒频谱是功率倒频谱的算术平方根,即

$$C_{xa}(\tau) = \sqrt{C_{xp}(\tau)} = |F[\lg S_x(f)]|$$

(3) 类似相关函数的倒频谱 $C_x(\tau)$ 自相关函数可以通过自功率谱函数的傅里叶逆变换求解,相类似,对数功率谱的傅里叶逆变换也是倒频谱的一种表示方法,即

$$C_x(\tau) = |F^{-1}[\lg S_x(f)]|$$

式中:F^{-1} 为傅里叶逆变换符号。

在上述三种表达式中,倒频率 τ 有时间的内涵。τ 值越大,$1/\tau$ 就越小,表示波峰间的距离小,所以高倒频率表示快速波动;相反,低倒频率表示缓慢波动。

如果机床振动的输出信号 $y(t)$ 是在某种因素 $x(t)$ 作用下产生的,机床振动特性函数为单位冲击响应 $h(t)$。三者之间可用卷积描述,即

$$y(t) = \int_0^{\infty} x(\tau)h(t-\tau)\mathrm{d}\tau = x(t)h(t)$$

进行傅里叶变换

$$Y(f) = X(f)H(f)$$

其功率谱为

$$|Y(f)|^2 = |H(f)|^2|X(f)|^2$$

对上式取对数后,进行傅里叶逆变换,得到

$$F^{-1}[\lg|Y(f)|^2] = F^{-1}[\lg|H(f)|^2] + F^{-1}[\lg|X(f)|^2]$$

则有

$$C_y(\tau) = C_h(\tau) + C_x(\tau)$$

由此可见,输入信号 $x(t)$ 和冲激响应 $h(t)$ 在时域中是卷积,在频域中是乘积,而在倒频谱中是和的形式。

2. 复倒频谱

复倒频谱与实倒频谱不同,不损失相位信息,获得复倒频谱的过程是可逆的。设信号 $x(t)$ 的傅里叶变换为 $X(f)$,即

$$X(f) = \text{Re}[X(f)] + j\text{Im}[X(f)]$$

则复倒频谱 $C_c(\tau)$ 为

$$C_c(\tau) = F^{-1}[\ln X(f)]$$

由于 $x(t)$ 是实函数,所以 $X(f)$ 是共轭偶函数,表示为

$$X(f) = |A_x(f)|e^{j\varphi_x(f)} = X^*(-f) = |A_x(f)|e^{-j\varphi_x(f)}$$

$\ln X(f)$ 也是共轭偶函数,因此复倒频谱实际上仍是 τ 的实值函数。

10.5.2 倒频谱分析的应用

在某些场合使用倒频谱(功率倒频谱与幅值倒频谱)而不用自相关函数,是因为倒频谱在取功率的对数转换时,给幅值较小的分量有较高的加权,其作用既可帮助判别谱的周期性,又能精确地测出频率间隔。此外,倒频谱之所以优于自相关函数,还由于自相关函数检测回波的峰值时,与频谱形状的关系十分密切,经过回波之后实际上已不可能加以检测;而功率谱的对数对这种回波的影响是不敏感的。所以,在自相关函数无法分解的场合,倒频谱还能显出延时峰。倒频谱对这种整个谱的形状的不敏感性,使它获得了许多应用,如在机械工程中的振动、噪声分析,机械故障诊断,系统识别等方面,都获得较有成效的应用。

例如回声消除,回声产生的原理框图如图 10-30 所示,输出信号 $y(t)$ 是信号 $x(t)$ 与时延 $x(t-\tau_0)$ 的叠加,即

$$y(t) = x(t) + x(t-\tau_0)$$

两边进行傅里叶变换

$$Y(f) = X(f)(1 + e^{-j\omega\tau_0})$$

其功率谱为

$$S_y(f) = S_x(f)|1 + e^{-j\omega\tau_0}|^2 = S_x(f)(1 + e^{j\omega\tau_0})(1 + e^{-j\omega\tau_0})$$

两边取自然对数

$$\ln|S_y(f)| = \ln|S_x(f)| + \ln|1 + e^{j\omega\tau_0}| + \ln|1 + e^{-j\omega\tau_0}|$$

根据

$$\ln(1+x) = x - \frac{x^2}{2} + \frac{x^3}{3} - \frac{x^4}{4} + \cdots \quad (|x| < 1)$$

由于 $|e^{-j\omega\tau_0}| < 1$,则可得到

$$\ln|S_y(f)| = \ln|S_x(f)| + e^{j\omega\tau_0} - \frac{1}{2}e^{j\omega2\tau_0} + \frac{1}{3}e^{j\omega3\tau_0} - \cdots +$$
$$e^{-j\omega\tau_0} - \frac{1}{2}e^{-j\omega2\tau_0} + \frac{1}{3}e^{-j\omega3\tau_0} - \cdots$$

两边进行傅里叶逆变换,得到

$$C_y(\tau) = C_x(\tau) + \delta(\tau + \tau_0) - \frac{1}{2}\delta(\tau + 2\tau_0) + \frac{1}{3}\delta(\tau + 3\tau_0) - \cdots +$$
$$\delta(\tau - \tau_0) - \frac{1}{2}\delta(\tau - 2\tau_0) + \frac{1}{3}\delta(\tau - 3\tau_0) - \cdots$$

回声在倒频谱的表现如图 10-31 所示。将 τ_0、$2\tau_0$、$3\tau_0$……处的幅值删除,就是消除回声。对消除回声的倒频谱取傅里叶变换,在取自然指数函数后,就恢复其真实功率谱。

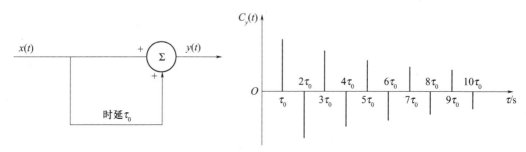

图 10-30 回声信号产生的原理框图　　图 10-31 回声在倒频谱上的表现

第 11 章 数控机床故障诊断技术最新进展

纵观故障诊断技术发展的历史过程,可以将其按以下四个阶段划分:①原始诊断阶段;②基于材料寿命分析与估计的诊断阶段;③基于传感器与计算机技术的诊断阶段(信息诊断阶段);④智能化诊断阶段。

在智能诊断中,以数据处理为核心的诊断过程被以知识处理为核心的诊断过程所代替,诊断过程从信号检测到特征提取,从状态识别到故障分析,从干预决策到维修计划都实现了知识化,达到信号检测、数据处理和知识处理的统一。但实践证明,这一技术的发展还远远不能满足实际需要,还未形成一个完善的理论体系。人工智能技术的发展,特别是专家系统在故障诊断领域中的应用,为设备故障诊断的智能化提供了可能性,也使故障诊断技术进入了新的发展阶段。智能化故障诊断技术是现代设备故障诊断技术发展的必由之路。

传统的信息诊断在新的信息处理工具出现后,重新焕发出新的活力,成为诊断领域发展的另一分支。目前,小波分析、分形、混沌、模糊理论和人工神经网络作为信息处理的最新技术在诊断领域中得到了应用。小波分析称为数学显微镜,对信号采用适当次数的分解,可以发现其中所包含的诊断信息;分形和混沌以模拟自然界的方式来处理信息;模糊理论用于解决不确定问题;人工神经网络则以模拟人类大脑神经网络的方式来处理信息。这些工具的应用,解决了传统诊断技术不能解决的一些问题,为诊断技术的发展带来新的活力。

多信息融合和多层次诊断集成、故障诊断与控制结合的集成是故障诊断发展的方向,前者主要是对状态监测所得到的信息进行融合,结合层次诊断模型,依照深浅结合的推理进行诊断。把监测所得到的信息处理集成到诊断系统中,进行在线数据处理与在线诊断推理,实现非实时诊断到实时诊断的转变、实现信息诊断与智能诊断的统一。后者是把诊断系统和控制系统结合起来,达到集监测、诊断、控制、管理于一体。

11.1 数控机床故障诊断的小波分析技术

傅里叶分析的理论基础是待分析信号的平稳性。对于非平稳信号,傅里叶分析可能给出虚假结果,从而导致故障的误诊断。对于设备故障诊断问题来说,由于以下原因,使傅里叶分析的应用受到限制。

(1) 由于机器转速不稳、负荷变化以及机器故障等原因产生的冲击、摩擦导致非平稳信号的产生。

(2) 由于机器各零部件的结构不同,致使振动信号所包含的不同零部件的故障频率分布在不同的频道范围内。特别是当机器隐藏有某一零件的早期微缺陷时,它的缺陷信息被其他零部件的振动信号和随机噪声所淹没。

对于这类问题,小波分析方法具有无可比拟的优点。由于小波分解尤其是小波包分解技术能够将任何信号(平稳或非平稳)分解到一个由小波伸缩而成的基函数族上,信息量完整无缺,在通频范围内得到分布在不同频道内的分解序列,在时域和频域均具有局部化的分析功能。因此,可根据故障诊断的需要选取包含所需零部件故障信息的频道序列,进行深层信息处理以查找机器故障源。

近年来,小波分析技术在齿轮箱故障诊断、颤振分析等方面得到了广泛的应用。

11.1.1 小波变换基础

1. 从傅里叶变换到小波变换

如前所述,傅里叶变换的不足之处在于它只适应于稳态信号分析,而非稳态信号在工程领域中是广泛存在的,例如变速机械的振动等。加窗傅里叶变换是为了适应非稳态信号分析发展起来的一种改进方法,时域信号的加窗傅里叶变换如下

$$G(\omega,\tau) = \int_R f(t)g(t-\tau)e^{j\omega t}dt \quad (11-1)$$

式中:$g(t-\tau)$ 为窗函数,τ 为可变参数,变动 τ 可控制窗函数沿时间轴平移,以实现信号 $f(t)$ 的按时逐段分析。

由于式(11-1)中窗函数的大小和形状是固定的,因此难以适应信号频率高低不同的要求。实际应用中,要求对低频信号采用宽时窗,高频信号采用窄时窗,以提高谱线分辨率。小波分析正是为适应这一要求发展起来的一种信号分析方法,其基本思想是采用时窗宽度可调的小波函数替代式(11-1)中的窗函数。

2. 小波函数及积分小波变换

小波变换的基函数即小波函数可选择为如下形式的函数:

$$w_{s,\tau}(t) = \frac{1}{\sqrt{s}}w\left(\frac{t-\tau}{s}\right) \quad (11-2)$$

相应的积分小波变换和反变换分别为

$$a(s,\tau) = \frac{1}{\sqrt{s}}\int_{-\infty}^{\infty}f(t)w_{s,\tau}^*(t)dt \quad (11-3)$$

$$f(t) = \frac{1}{C_\omega}\int_{-\infty}^{\infty}\int_{-\infty}^{\infty}\frac{a(s,\tau)w_{s,\tau}(t)}{s^2}dsd\tau \quad (11-4)$$

其中 $w_{s,\tau}^*(t)$ 为 $w_{s,\tau}(t)$ 的共轭函数,系数 C_ω 由下式确定:

$$C_\omega = \int_{-\infty}^{\infty}\frac{|W_{s,\tau}(\omega)|^2}{|\omega|}d\omega \quad (11-5)$$

$W_{s,\tau}(\omega)$ 为 $w_{s,\tau}(t)$ 的傅里叶变换。C_ω 的有限性限制了在小波变换的定义中能够作为小波基函数的函数类。下式称为容许性条件:

$$\int_{-\infty}^{\infty}\frac{|W_{s,\tau}(\omega)|^2}{|\omega|}d\omega < \infty \quad (11-6)$$

式(11-6)成立的必要条件为

$$W_{s,\tau}(\omega)|_{\omega=0} = \frac{1}{2\pi}\int_{-\infty}^{\infty}w_{s,\tau}(t)e^{-j\omega t}dt|_{\omega=0} = \frac{1}{2\pi}\int_{-\infty}^{\infty}w_{s,\tau}(t)dt = 0 \quad (11-7)$$

式(11-7)表明 $w_{s,\tau}(t)$ 必为衰减的振荡波形,即 $w_{s,\tau}(t)$ 必须具有小的波形,术语称"小

波"。

如果小波函数 $w(t)$ 的时间窗宽度为 Δt，经傅里叶变换后谱 $W(\omega)$ 的频窗宽度为 $\Delta\omega$（时窗宽度和频窗宽度的定义参阅小波分析的相关书籍），则 $w(t/s)$ 的时窗宽度为 $s\Delta t$，其频谱 $W(s\omega)$ 的频窗宽度为 $\Delta\omega/s$。因此，小波变换对低频信号（s 相对较小）在频域中有很好的分辨率，而对高频信号（s 相对较大）在时域中又有很好的分辨率。如果变动式(11-2)中的 s 和 τ，则可得到一族小波函数。将分析信号 $f(t)$ 按函数族分解，则根据展开系数就可以知道 $f(t)$ 在某一局部时间内位于某局部频段的信号成分有多少，从而实现可调窗口的时、频局部分析。

3. 小波分解

正如傅里叶变换可分为积分傅里叶变换和离散傅里叶变换一样，小波变换也包含积分小波变换和离散小波变换，它们分别应用于连续信号和数字信号的分析。离散小波变换也称小波分解，通俗地说，就是将数字信号分解成一族小波函数的叠加。这样的分解使人们可以分析信号在特定的时、频窗范围内的细节。当然，为了实现信号的小波分解，首先必须找到一个小波函数族。

如前所述，变动式(11-2)中的参数 s 和 τ 可以生成小波函数族。s 的变动是函数拉伸或压缩，形成不同"级"的小波；τ 的变动是函数平移，形成不同"位"的小波。对于数字信号的分析，s 和 τ 的变动应依据一定的离散规则，最常用的是二进离散，即参数 s 按二进规则…，2^{-k}，…，2^{-1}，2^0，2^1，…，2^k，…取值，τ 等间隔取值。具体地说，任何形如式(11-2)并满足式(11-6)所示的容许性条件的正交函数族均可用来构成小波函数。当然，实际应用中还须从生成方便、可以形成有效的数值解法等多方面加以考虑。小波函数生成一直是该领域的重要研究方向之一，有关内容请参阅小波分析的相关书籍。

数字信号 $f(t)$ 的二进制小波分解的数学表达式如下：

$$f(t) = a_\varphi \varphi(t) + a_0 w(t) + a_{1,0} w(2t) + a_{1,1} w(2t-1) +$$
$$a_{2,0} w(4t) + a_{2,1} w(4t-1) + a_{2,2} w(4t-2) + a_{2,3} w(4t-3) +$$
$$a_{3,0} w(8t) + \cdots + a_{3,7} w(8t-7) + \cdots + a_{k,l} w(2^j t - l) + \cdots \quad (11-8)$$

其中 $a_\varphi \varphi(t)$ 表示 $f(t)$ 的直流分量，零级小波只有 $w(t)$ 一项，一级小波由 $w(2t)$ 与 $w(2t-1)$ 两个移位小波叠加组成，依次类推，k 级小波由 2^k 个移位小波 $w(2^k t - l)$（其中 $l = 0, 1, 2, \cdots, 2^k - 1$）叠加组成。

在小波分解表达式(11-8)中，每级小波实际上代表着不同倍频程段内的信号成分，所有频段正好不相交地布满整个频率轴，因此小波分解可以实现频域局部分析。另一方面，由于各级小波为多个移位小波加权和，各移位小波的系数又反映了相应频段的信号在各时间段上的信息，即同时实现了时域局部分析。

与傅里叶变换相比，小波变换可以对信号做更为精细的分析，但如果没有相应的快速算法对理论予以支持，则很难在实际应用中得以推广。要实现式(11-8)所示的小波分解，关键问题是确定其中各小波分量的系数。如果所采用的小波函数族满足正交性条件，那么理论上可按下式确定各小波系数：

$$a_{k,l} = \int_{-\infty}^{\infty} f(t) w(2^k t - l) \, \mathrm{d}t \quad (11-9)$$

但由于小波函数通常比较复杂甚至不具有解析表达式,实际上积分表达式(11-9)只是从理论上反映了小波系数、小波函数和信号三者之间的关系,计算出小波系数还必须采用其他可行的方法。

就目前的研究水平而言,最成功的算法是马拉特(Mallat)算法,该算法利用小波的正交性导出各系数矩阵的正交关系,从高级到低级逐级滤去信号中的各级小波。为叙述简便,假设数字信号 $f(t)$ 有 8 个采集点,其小波分解式中包含零级、一级和二级小波,分别记为 f_0, f_1, f_2,其中 f_0 只含一项 $a_0 w(t)$,f_1 由两个移位小波 $a_{1,0}w(2t)$ 和 $a_{1,1}w(2t-1)$ 叠加而成,f_2 由四个移位小波 $a_{2,0}w(4t), a_{2,1}w(4t-1), a_{2,2}w(4t-2), a_{2,3}w(4t-3)$ 叠加而成,加上常数项 $a_\varphi \varphi(t)$,分解式中共有 8 项,与采样信号点数相同。若同级小波作为一个整体,则分解式(11-8)可记成如下形式

$$f(t) = f_\varphi + f_0 + f_1 + f_2 \qquad (11-10)$$

我们采用图 11-1 并结合小波分解式(11-10)来介绍马拉特算法的主要思想。

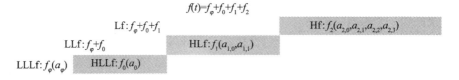

图 11-1 马拉特算法示意图

马拉特算法不直接计算积分表达式,而是利用小波函数族的正交性,从高级到低级滤去信号中的各级小波。以上述 8 个采样点的数字信号 $f(t)$ 为例,马拉特算法的第一步是从中滤去二级小波 f_2,同时确定二级小波中各移位小波的系数 $a_{2,0}, a_{2,1}, a_{2,2}$ 和 $a_{2,3}$,并将信号分解成 f_2 和 $f_\varphi + f_0 + f_1$ 的叠加。这一过程相当于一低通滤波器,对应于二级小波的高频信号 Hf 被分离出来,而低频信号 Lf(零、一级小波及常数项)全部保留,如图 11-1 所示。算法的第二步是从 Lf 中再滤去一级小波并确定一级小波系数,即 $a_{1,0}$ 和 $a_{1,1}$。如此进行下去,直至滤去各级小波并确定所有系数,小波分解也就完成了。

马拉特算法概念清楚、计算简便,其在小波分析中的地位,相当于快速傅里叶分析中的快速傅里叶变换。但要完整地介绍该算法需要较大篇幅,在此不再赘述,请参阅小波变换的相关书籍。

4. 小波包分解

图 11-1 中的阴影部分表示在对信号实施小波分解后,用于分析的各级小波的频段。可以看到低频时频窗窄,频率分辨率高;高频时频窗宽,频率分辨率低,这符合普通的原则。但对某些特定的信号,人们感兴趣的可能只是某一个或几个特殊的频段,并要求对这些频段的分析足够精细,这些频段的频率可能是相对高的。对这类问题,小波分解就显得有所欠缺了。

小波包分解是比小波分解更精细的一种分解,其不同之处是对滤出的高频部分也同样施行分解,并可一直进行下去,这种分解在高频段和低频段都可达到很精细的程度,如图 11-2 所示。

信号经图示的分解后形成若干大大小小的"包",图中阴影部分则表示用于分析的各个包的频段。根据需要分析的信号频段,我们可以适当选取不同大小的包来部分复原原

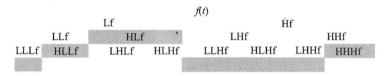

图 11-2 小波包分解过程示意图

始信号。对于部分信号分析问题来说,人们所关心的主要特征可能只体现在某一个或几个包上,因此可以只注意这几个包,这在故障诊断技术中是非常有用的。

11.1.2 基于小波分析的故障诊断

许树新、王义强和祝佩兴发表的《自由曲面数控加工中端铣刀过切故障监控》论文,针对自由曲面数控加工中端铣刀与工件的过切现象,提出了基于小波分析的过切故障监控方法。通过典型过切故障试验,结合小波能量法和小波变换良好的时频定位功能,对过切发生时与切削体积相对应的切削功率临界变化点进行了定量描述,进而在时域上对过切发生的时间准确定位,表明应用小波分析方法可以对端铣刀曲面数控加工的过切故障实施监控。赵继、许树新、祝佩兴和乐观撰写的《曲面数控加工的过切故障建模及监控》得到了如下结论:①从刀具与曲面相互作用关系入手,建立了数控加工的常见故障——过切的数学模型,提出了临界过切点的确定方法。②通过典型过切故障实测信号的小波变换,应用能量法可对过切故障进行有效识别。③小波分析在故障诊断方面的应用,多集中在信号的"细节"部分,论文的工作表明,如小波分解层数选取适当,其信号的"平滑"部分仍然可为监控策略提供有价值的信息。

11.2 数控机床故障诊断的模糊诊断技术

在数学中,描述数量之间的关系有三种方法。①经典的数学分析和集合论,它研究的对象和计算结果是确定性的;②概率论和数理统计,它研究事先不能判定其发生与否的随机性事件,由于发生的条件不充分,使得条件与事件之间出现不确定性的因果关系,需要用事件发生的概率统计来解决;③模糊数学,它描述和研究模糊性的事件,用归属的程度即隶属度给予刻画。

数控机床的故障分析是数控机床可靠性研究的重要内容。以往的研究多数都是假设机床完好,或者故障。然而在实际使用中,许多故障是由于损伤累积导致性能下降引起的,系统从完好到故障由一系列的中介状态构成,这种中介过渡状态既不是完全完好,也不是完全故障,而是呈现出"亦此亦彼"的模糊性,即遵循一种模糊逻辑。

11.2.1 模糊故障诊断基础

1. 模糊集合论

模糊概念不能用经典集合加以描述,这是因为不能绝对地区别"属于"或"不属于",就是说论域上的元素符合概念的程度不是绝对的 0 或 1,而是介于 0 和 1 之间的一个实数。扎德以精确数学集合论为基础,提出用"模糊集合"作为表现模糊事物的数学模型,并在"模糊集合"上逐步建立运算、变换规律,开展有关的理论研究。扎德认为,指明各个元素的隶属集合,就等于指定了一个集合。当隶属于 0 和 1 之间值时,就是模糊集合。

1) 模糊集的基本概念

模糊集是基于隶属度函数的概念,隶属度函数是表示一个对象 u 隶属于一个集合 A 的程度的函数,模糊集的定义如下:

设 U 是一个论域,若从 U 到闭区间 $[0,1]$ 上有一个映射,或有一个定义在 U 上,取值在闭区间 $[0,1]$ 上的函数,则称在 U 上定义了一个模糊子集,记作 $\tilde{A}$,即

$$\tilde{A}:U \to [0,1], u \mapsto \mu_{\tilde{A}}(u) \in [0,1]$$

论域上的模糊子集 $\tilde{A}$ 由隶属函数 $\mu_{\tilde{A}}(u)$ 来表征,$\mu_{\tilde{A}}(u)$ 的取值范围为闭区间 $[0,1]$,$\mu_{\tilde{A}}(u)$ 的大小反映了对模糊的从属程度。$\mu_{\tilde{A}}(u)$ 的值接近于 1,表示 u 从属于 $\tilde{A}$ 的程度很高;$\mu_{\tilde{A}}(u)$ 的值接近于 0,表示 u 从属于 $\tilde{A}$ 的程度很低。可见,模糊子集完全由隶属函数所描述。当 $\mu_{\tilde{A}}(u)$ 的值域为 $\{0,1\}$ 时,$\mu_{\tilde{A}}(u)$ 蜕化成一个经典子集的特征函数,模糊子集 $\tilde{A}$ 便蜕化成一个经典子集。由此不难看出,经典集合是模糊集合的特殊形态,模糊集合是经典集合概念的推广。若 $\mu_{\tilde{A}}(u)=1$,则说 u 属于 $\tilde{A}$,若 $\mu_{\tilde{A}}(u)=0$,则说 u 不属于 $\tilde{A}$,这时等同于经典集合论中的 $u \in \tilde{A}$ 或 $u \notin \tilde{A}$,因此,经典集是一种特殊的模糊集,若将 U 的全体模糊集记为 $\psi(U)$,而 U 的幂集记为 $T(U)$,则有 $T(U) \subset \psi(U)$。

模糊集合的表达方式有以下几种:

当 U 为有限集 $\{u_1,u_2,\cdots,u_n\}$ 时通常有三种表达方式。

(1) 扎德表示法

$$\mu_{\tilde{A}} = \mu_{\tilde{A}}(u_1)/u_1 + \mu_{\tilde{A}}(u_2)/u_2 + \cdots + \mu_{\tilde{A}}(u_n)/u_n$$

式中:$\mu_{\tilde{A}}(u_i)/u_i$ 并不表示"分数",而是论域 U 中的元素 u_i 与其隶属度 $\mu_{\tilde{A}}(u_i)$ 之间的对应关系。"+"也不表示"求和",而是表示模糊集合在论域 U 上的整体。

(2) 序偶表示法 将论域 U 中的元素 u_i 与其隶属度 $\mu_{\tilde{A}}(u_i)$ 构成序偶来表示。

$$\mu_{\tilde{A}} = \{(u_1,\mu_{\tilde{A}}(u_1)),(u_2,\mu_{\tilde{A}}(u_2)),\cdots,(u_n,\mu_{\tilde{A}}(u_n))\}$$

此种方法隶属度为 0 的项可不写入。

(3) 向量表示法

$$\mu_{\tilde{A}} = \{\mu_{\tilde{A}}(u_1),\mu_{\tilde{A}}(u_2),\cdots,\mu_{\tilde{A}}(u_n)\}$$

在向量表示法中,隶属度为 0 的项不能省略。

当 U 为有限连续域时,扎德用下式表示

$$\mu_{\tilde{A}} = \int_U \frac{\mu_{\tilde{A}}(u)}{u}$$

同样,$\mu_{\tilde{A}}(u)/u$ 不表示"分数",而是论域 U 中的元素 u 与其隶属度 $\mu_{\tilde{A}}(u)$ 之间的对应关系。"$\int$" 既不表示"积分",也不表示"求和",而表示论域 U 中的元素 u 与其隶属度 $\mu_{\tilde{A}}(u)$ 之间的对应关系的一个总括。

2) 模糊集的运算

以经典集合的基本运算为基础,对模糊集合的运算另作定义,下面给出定义及其运算性质。

(1) 模糊集合的包含和相等关系

若 $\tilde{A}, \tilde{B} \in \psi(U)$,则 $\tilde{A} \subseteq \tilde{B} \Leftrightarrow \forall u \in U: \mu_{\tilde{A}}(u) \leq \mu_{\tilde{B}}(u)$;若 $\tilde{A} \subseteq \tilde{B}$,且 $\forall u \in U: \mu_{\tilde{A}}(u) < \mu_{\tilde{B}}(u)$,则称 $\tilde{A}$ 真包含于 $\tilde{B}$,记为:$\tilde{A} \subset \tilde{B}$。

若 $\tilde{A} \supseteq \tilde{B}$,且 $\tilde{A} \subseteq \tilde{B}$,则称 $\tilde{A}$ 与 $\tilde{B}$ 相等,记作 $\tilde{A} = \tilde{B}$。由于模糊集合的特征是它的隶属函数,所以两个模糊子集相等也可以用隶属函数来定义。

(2) 模糊集合的并、交、补与差运算

若 $\tilde{A}, \tilde{B} \in \psi(U)$,则

① 交:$\mu_{\tilde{A} \cap \tilde{B}}(u) = \mu_{\tilde{A}}(u) \wedge \mu_{\tilde{B}}(u)$ ② 并:$\mu_{\tilde{A} \cup \tilde{B}}(u) = \mu_{\tilde{A}}(u) \vee \mu_{\tilde{B}}(u)$

③ 补:$\mu_{\tilde{A}^c}(u) = 1 - \mu_{\tilde{A}}(u)$ ④ 差:$\mu_{\tilde{A} - \tilde{B}}(u) = \mu_{\tilde{A}}(u) \wedge (1 - \mu_{\tilde{B}}(u))$

通常意义下,上述的 ∧ 和 ∨ 取为 min 和 max,为扎德算子,模糊集合的交、并运算可以推广到任意个模糊集合。经典集合论中的许多运算与性质可照搬到模糊集合中,但由于模糊集边界的非空性,导致互补律在模糊集中不成立,这时由于经典集合论中"非此即彼"这一元素与集合之间的关系在模糊集中被打破所致。

(3) 模糊子集的代数运算

① 代数积:$\tilde{A} \cdot \tilde{B}$ 称为模糊集合 $\tilde{A}$ 和 $\tilde{B}$ 的代数积,$\tilde{A} \cdot \tilde{B}$ 的隶属度函数 $\mu_{\tilde{A} \cdot \tilde{B}}(u)$ 为

$$\mu_{\tilde{A} \cdot \tilde{B}}(u) = \mu_{\tilde{A}}(u) \cdot \mu_{\tilde{B}}(u)$$

② 代数和:$\tilde{A} + \tilde{B}$ 称为模糊集合 $\tilde{A}$ 和 $\tilde{B}$ 的代数和,$\tilde{A} + \tilde{B}$ 的隶属度函数 $\mu_{\tilde{A} + \tilde{B}}(u)$ 为

$$\mu_{\tilde{A} + \tilde{B}}(u) = \begin{cases} \mu_{\tilde{A}}(u) + \mu_{\tilde{B}}(u), & \mu_{\tilde{A}}(u) + \mu_{\tilde{B}}(u) \leq 1 \\ 1, & \mu_{\tilde{A}}(u) + \mu_{\tilde{B}}(u) > 1 \end{cases}$$

③ 环和:$\tilde{A} \oplus \tilde{B}$ 称为模糊集合 $\tilde{A}$ 和 $\tilde{B}$ 的环和,$\tilde{A} \oplus \tilde{B}$ 的隶属度函数 $\mu_{\tilde{A} \oplus \tilde{B}}(u)$ 为

$$\mu_{\tilde{A} \oplus \tilde{B}}(u) = \mu_{\tilde{A}}(u) + \mu_{\tilde{B}}(u) - \mu_{\tilde{A} \cdot \tilde{B}}(u)$$

2. 隶属度函数的确定

在模糊理论中,正确地确定隶属度函数非常重要,它关系到是否能很好地利用模糊集合来恰如其分地将模糊概念定量化。但是对同一模糊概念,不同研究人员可能使用不同的隶属度函数。确定隶属度函数有一定的主观因素,但是主观因素和客观存在有一定的联系,因此,确定隶属度函数的方法要遵循一些基本原则。以"速度适中"为例,某机床操作人员根据经验和实际情况,对机床主轴转速"速度适中"这一语言进行隶属度的定义:

$$0/100 + 0.5/200 + 1/300 + 0.5/400 + 0/500$$

隶属度为 1 的主轴速度值确定在 300r/min,也就是说该操作人员认为主轴转速为 300r/min 左右时是最适合的。越偏离这个速度值其隶属度函数值越小,即主轴速度适中的程度越小。另一个操作者可能定义主轴转速为 200r/min 的隶属度为 0.4 而不是 0.5,因此隶属度函数的确定有一定的随机性。但是,这种随机性并不意味着隶属度可以任意确定。例如,将主轴转速为 100r/min 的隶属度定为 0.9 而不是 0,就显然不符合常识了。有些模糊概念的隶属度函数的确定应从最大隶属度函数值着手,然后向两边延伸,其隶属度函数值单调递减,用数学语言表示就是凸模糊集合。

在模糊应用系统中,描绘变量(又称语言变量)的标称值(又称语言值)越多,隶属度函数的密度越大,模糊应用系统的分辨率就越高,但是模糊规则就会增多,系统设计难度

增加。变量标称值太小,则系统的响应可能不敏感。因此,模糊变量的标称值一般取3~9个奇数为宜。

隶属度函数由中心值向两边延伸的范围有一定的限制,间隔的两个模糊集的隶属度函数不交叉。

综合国内外隶属度函数确定的经验,主要包括专家确定法、借用已有的"客观"尺度法、模糊统计法、对比排序法、综合加权法以及基本概念扩充法等,而在故障诊断领域,通常采用的确定隶属度函数的方法有专家确定法、二元对比排序法和模糊统计法。详细方法请参阅模糊理论的相关书籍。

3. 模糊模式识别

1) 模糊模式识别基本原则

(1) 最大隶属原则 最大隶属原则的特点是:给出的模型或模型库是模糊的,而被识别对象是明确的,使用这个原则进行识别的方法,称为直接模式识别法。

① 最大隶属原则一:设 $\tilde{A}_1, \tilde{A}_2, \cdots, \tilde{A}_n \in F(U)$ 构成一个标准模型库,记为 $\{\tilde{A}_1, \tilde{A}_2, \cdots, \tilde{A}_n\}$,给定 $x_0 \in U$,如果

$$\mu_{\tilde{A}_k}(x_0) = \max\{\mu_{\tilde{A}_1}(x_0), \mu_{\tilde{A}_2}(x_0), \cdots, \mu_{\tilde{A}_n}(x_0)\} \quad (k = 1, 2, \cdots, n) \tag{11-11}$$

则称 x_0 相对地属于 $\tilde{A}_k$,如果这样的 k 不止一个,则应考虑别的标准。

② 最大隶属原则二:设 $A \in F(U)$ 为标准模式,$x_1, x_2, \cdots, x_n \in U$ 为被识别对象,如果存在 x_k(其中 $k = 1, 2, \cdots, n$),使得

$$\mu_{\tilde{A}}(x_k) = \max\{\mu_{\tilde{A}}(x_1), \mu_{\tilde{A}}(x_2), \cdots, \mu_{\tilde{A}}(x_n)\} \quad (k = 1, 2, \cdots, n) \tag{11-12}$$

则认为应优先录取 x_k。

(2) 贴近度与择近原则 设在 U 上有一个模糊集合 $\tilde{B}$,怎样确定 $\tilde{B}$ 与样本 $\tilde{A}_1, \tilde{A}_2, \cdots, \tilde{A}_n$ 之中某个 $\tilde{A}_i$ 最接近呢?这就要用到两个模糊集间的贴近度概念。

定义:设 $\tilde{A}, \tilde{B} \in F(U)$,其隶属函数分别为 $\mu_{\tilde{A}}(x), \mu_{\tilde{B}}(x)$ 称

$$\tilde{A} \cdot \tilde{B} = \bigvee_{x \in U} (\mu_{\tilde{A}}(x) \wedge \mu_{\tilde{B}}(x)) \tag{11-13}$$

为模糊集 $\tilde{A}$ 与 $\tilde{B}$ 的内积。称

$$\tilde{A} \otimes \tilde{B} = \bigwedge_{x \in U} (\mu_{\tilde{A}}(x) \vee \mu_{\tilde{B}}(x)) \tag{11-14}$$

为模糊集 $\tilde{A}$ 与 $\tilde{B}$ 的外积。

命题:设 $\tilde{A}, \tilde{B}$ 是 U 上两个模糊集,则

$$(\tilde{A} \cdot \tilde{B})^c = \tilde{A}^c \otimes \tilde{B}^c \tag{11-15}$$

$$(\tilde{A} \otimes \tilde{B})^c = \tilde{A}^c \cdot \tilde{B}^c \tag{11-16}$$

① 格贴近度定义:设 $\tilde{A}, \tilde{B} \in F(U)$,记

$$N(\tilde{A}, \tilde{B}) = (\tilde{A} \cdot \tilde{B}) \wedge (\tilde{A} \otimes \tilde{B})^c \tag{11-17}$$

称为 $\tilde{A}$ 与 $\tilde{B}$ 的格贴近度。

其他贴近度的定义请参阅相关文献。

② 择近原则:设 $\tilde{A}_1,\tilde{A}_2,\cdots,\tilde{A}_n \in F(U)$ 为 n 个标准模式,$\tilde{B} \in F(U)$ 是待识别对象,若存在下标 $i \in \{1,2,\cdots,n\}$,使得 $\tilde{A}_i$ 满足条件

$$N(\tilde{A}_i,B) = \max\{N(\tilde{A}_1,B),N(\tilde{A}_2,B),\cdots,N(\tilde{A}_n,B)\} \qquad (11-18)$$

则可认为 $\tilde{B}$ 与 $\tilde{A}_i$ 最靠近。

如果这样的 i 值不唯一,可选另一种贴近度进行识别,力求得到唯一的结果。

2) 比较函数法

设 $\tilde{A}_0$ 是一个理想模式,$\tilde{T}_n = \{\tilde{A}_1,\cdots,\tilde{A}_n\}$ 是一个被识别模型集。

第一步:对每个 $\tilde{A}_i$ 和 $\tilde{A}_0$ 建立隶属函数。

第二步:在两个模糊集之间建立一个相似度,这里给出距离贴近度公式。

距离贴近度可定义为

$$f(\tilde{A},\tilde{B}) = \frac{1}{n}\sum_{i=1}^{n} W(x_i)|\mu_{\tilde{A}}(x_i) - \mu_{\tilde{B}}(x_i)| \qquad (11-19)$$

式中:$W(x_i)$ 为权函数,且 $\frac{1}{n}\sum_{i=1}^{n} W(x_i) = 1$。

从而可计算出 $\tilde{A}_i(\tilde{A}_i \in \tilde{T}_n)$ 和 $\tilde{A}_0$ 之间的相似度 $f(\tilde{A}_1,\tilde{A}_0),\cdots,f(\tilde{A}_n,\tilde{A}_0)$。

第三步:构造一个比较函数。

取 $\tilde{T}_n$ 中的 $\tilde{A}_i$ 和 $\tilde{A}_j$ 进行比较,如果 $\tilde{A}_i$ 比 $\tilde{A}_j$ 更相似于 $\tilde{A}_0$,记为 $f_{\tilde{A}_i}(\tilde{A}_i:\tilde{A}_0)$,称它为比较函数,并定义

$$f_{\tilde{A}_j}(\tilde{A}_i:\tilde{A}_0) = \frac{f(\tilde{A}_j:\tilde{A}_0)}{f(\tilde{A}_i:\tilde{A}_0) + f(\tilde{A}_j:\tilde{A}_0)} \qquad (11-20)$$

显然

$$f_{\tilde{A}_j}(\tilde{A}_i:\tilde{A}_0) = \begin{cases} 1, & \tilde{A}_i = \tilde{A}_0 \\ \dfrac{1}{2}, & \tilde{A}_i = \tilde{A}_j \\ 0, & \tilde{A}_j = \tilde{A}_0 \end{cases} \qquad (11-21)$$

所以,$0 \leq f_{\tilde{A}_j}(\tilde{A}_i:\tilde{A}_0) \leq 1$。

第四步:定义相对比较函数。

$$f(\tilde{A}_i/\tilde{T}_n:\tilde{A}_0) = \min_j\left[\frac{f_{\tilde{A}_j}(\tilde{A}_i:\tilde{A}_0)}{f_{\tilde{A}_i}(\tilde{A}_j:\tilde{A}_0)}\right] \qquad (11-22)$$

它描述了在 $\tilde{T}_n$ 中一个模糊集 $\tilde{A}_i$ 相对于模型集 $\tilde{T}_n$ 同理想模式 $\tilde{A}_0$ 比较后的相似度。

第五步:设 $f(\tilde{A}_k/T_n:A_0) = \max_i(\tilde{A}_i/\tilde{T}_n:\tilde{A}_0)$,于是得出 $\tilde{A}_k$ 与理想模式 $\tilde{A}_0$ 最相似,这里的下标 i 表示 i 个待识别的模型。

4. 模糊聚类

1) 基本原理

从集合论的观点,被分类的全体对象可构成一个集合 U,所谓分类就是在 U 上定义一个划分。

定义 设集合 U 已知,所谓 U 上的一个划分是指把 U 分为若干个子集 $A_1,A_2,\cdots,A_n$,满足:

(1) $A_1 \cup A_2 \cup \cdots \cup A_n = U$;

(2) $i \neq j, A_i \cap A_j = \varphi, i = 1, 2, \cdots, n, j = 1, 2, \cdots, n$。

为了引入模糊聚类分析定理,先给出模糊等价关系与模糊等价矩阵的定义。

定义 称模糊关系 $\tilde{R} \in F(U \times U)$ 为 U 上的一个模糊等价关系,如果 $\tilde{R}$ 满足条件:

(1) 自反性: $\mu_{\tilde{R}}(x,x) = 1, \forall x \in U$;

(2) 对称性: $\mu_{\tilde{R}}(x,y) = \mu_{\tilde{R}}(y,x), \forall x, y \in U$;

(3) 传递性: $\tilde{R} \supset \tilde{R} \circ \tilde{R} = \tilde{R}^2$。

定义 对于有限论域 $U = \{x_1, x_2, \cdots, x_n\}$,$U$ 上的模糊等价关系对应模糊矩阵 $\boldsymbol{R}$ 是一个模糊等价矩阵,如果满足条件:

(1) 自反性: $r_{ii} = 1, i = 1, 2, \cdots, n$;

(2) 对称性: $r_{ij} = r_{ji}, i, j = 1, 2, \cdots, n$;

(3) 传递性: $\boldsymbol{R}^2 \subset \boldsymbol{R}$,即 $\bigvee_{k=1}^{n}(r_{ik} \wedge r_{kj}) \leqslant r_{ij}, \quad i, j = 1, 2, \cdots, n$。

下面引入模糊聚类分析定理。

定理 $\tilde{R} \in F(U \times U)$ 是 U 上的模糊等价关系的充分必要条件是:对任意的 $\lambda \in [0,1]$,R_λ 是 U 上的普通等价关系。

也可以换个叙述方式:模糊矩阵 $\boldsymbol{R}$ 是等价矩阵的充分必要条件是对任意的 $\lambda \in [0,1]$,$\boldsymbol{R}$ 的 λ 截矩阵都是等价的布尔矩阵。

该定理的重要性在于:设 $\tilde{R}$ 是论域 U 上的模糊等价关系,λ 从 1 下降到 0,依次截得等价关系 R_λ,它们都可将 U 进行分类。由于满足条件:$\lambda_1 \leqslant \lambda_2 \Rightarrow R_{\lambda 1} \supset R_{\lambda 2}$。因此对任意的 $x, y \in U$,若 x 与 y 相对于 $R_{\lambda 2}$ 来说属于一类,即 $(x,y) \in R_{\lambda 2}$,那么有 $(x,y) \in R_{\lambda 1}$,也就是说 x 与 y 对 $R_{\lambda 1}$ 来说,也属于同一类。这意味着由 $R_{\lambda 2}$ 所得到的分类是由 $R_{\lambda 1}$ 所得到的分类的加细。当 λ 由 1 降到 0 时,分类由粗变细,逐渐归并,形成一个动态聚类图。

但多数情况下,我们只能得到模糊相似关系,即对应的模糊矩阵 $\boldsymbol{R}$ 只满足自反性和对称性,不满足传递性。因此,必须把模糊相似关系改造为模糊等价关系。为此给出传递闭包的定义以及模糊相似矩阵的传递闭包存在定理。

定义 设 $\boldsymbol{R}$ 是一个模糊矩阵,称 $t(\boldsymbol{R})$ 为 $\boldsymbol{R}$ 的传递闭包,如果 $t(\boldsymbol{R})$ 满足条件:

(1) $(t(\boldsymbol{R}))^2 \subset t(\boldsymbol{R})$;

(2) $t(\boldsymbol{R}) \supset \boldsymbol{R}$;

(3) 任意的 $S \supset \boldsymbol{R}, \boldsymbol{R}^2 \subset S$ 可推出 $S \supset t(\boldsymbol{R})$,也就是说,$\boldsymbol{R}$ 的传递闭包是包含 $\boldsymbol{R}$ 的最小的传递矩阵。

定理 设 $\boldsymbol{R}$ 是模糊相似矩阵,则存在一个最小自然数 $k \leqslant n$,使得 $t(\boldsymbol{R}) = \boldsymbol{R}^k$,且对于

一切大于 k 的自然数 q,均有 $\boldsymbol{R}^q = \boldsymbol{R}^k$。

由该定理可以看出,通过求模糊相似矩阵 $\boldsymbol{R}$ 的传递闭包 $t(\boldsymbol{R})$,可以构造一个模糊等价矩阵,并且运算次数不超过 n 次。

实际操作时,通常采用平方法求 $\boldsymbol{R}$ 的传递闭包 $t(\boldsymbol{R})$。即

$\boldsymbol{R} \circ \boldsymbol{R} = \boldsymbol{R}^2$

$\boldsymbol{R}^2 \circ \boldsymbol{R}^2 = \boldsymbol{R}^4$

$\vdots$

$\boldsymbol{R}^{2^{k-1}} \circ \boldsymbol{R}^{2^{k-1}} = \boldsymbol{R}^{2^k}$

经过有限次运算后,一定有一个自然数 $k(2^k \leq n)$,使 $\boldsymbol{R}^{2^k} = \boldsymbol{R}^{2^{k+1}}$,于是 $t(\boldsymbol{R}) = \boldsymbol{R}^{2^k}$。
用平方法至多只要经过 $\log_2 n + 1$ 步便可得到 $\boldsymbol{R}$ 的传递闭包。

顺便指出,平方法也是检验相似矩阵 $\boldsymbol{R}$ 是否具有传递性的快捷方法,若 $\boldsymbol{R}^2 = \boldsymbol{R}$,则 $\boldsymbol{R}$ 是模糊等价矩阵,因而具有传递性。

2) 模糊聚类分析方法

模糊聚类分析的步骤大致如下:

设被分类的集合 $X = \{x_1, x_2, \cdots, x_n\}$,为使分类效果好,应选取具有实际意义且具有较强分辨性的统计指标。现确定 X 中每一个元素 $x_i(i = 1, 2, \cdots, n)$ 有 m 个统计指标,$x_i = (x_{i1}, x_{i2}, \cdots, x_{ij}, \cdots, x_{im})$,其中分量 x_{ij} 表示第 i 个元素的第 j 项统计指标值,$i = 1, 2, \cdots, n$;$j = 1, 2, \cdots, m$。

(1) 第一步:标定。

设 $X = \{x_1, x_2, \cdots, x_n\}$ 是待分类对象的全体,它们都有 m 个特征,建立模糊相似矩阵 $\boldsymbol{R} = (r_{ij})_{n \times n}$ 的过程称为标定,r_{ij} 表示对象 x_i 与 x_j 按 m 个特征相似的程度,叫做相似系数。显然标定的关键是如何合理地求出 r_{ij}。

求相似系数的方法,从大类来分有相似系数法、距离法、主观评定法三种,相似系数法又可分为数量积法、夹角余弦法、相关系数法、指数相似系数法、非参数方法、最大最小法、算术平均最小法、几何平均最小法;距离法又可分为绝对值指数法、绝对值倒数法、绝对值减数法。详细方法请参阅相关参考文献。具体使用时根据实际情况选择其中一种方法。

(2) 第二步:聚类。

用上述方法得到的模糊关系 $\tilde{R}$ 如果是模糊等价关系,就可直接按模糊聚类分析定理直接进行聚类。但多数情况下只能得到模糊相似关系,即对应的模糊相似矩阵 $\boldsymbol{R}$ 只满足自反性和对称性,不能满足传递性。因此,还应根据模糊相似矩阵传递闭包存在定理将模糊相似关系改造为模糊等价关系,然后再进行聚类分析。

5. 模糊综合评判

1) 模糊综合评判的数学模型

所谓模糊综合评判是在模糊环境下,考虑了多种因素的影响,为了某种目的对某一事物作出综合决策的方法。

设有两个有限论域:$U = \{x_1, x_2, \cdots, x_n\}$,$V = \{y_1, y_2, \cdots, y_m\}$。其中:$U$ 代表综合评判的多种因素组成的集合,称为因素集;V 为多种决断构成的集合,称为评判集或评语集。一般地,因素集中各因素对评判事物的影响是不一致的,所以因素的权重分配是 U 上的

一个模糊向量,记为:$A = (a_1, a_2, \cdots, a_n) \in F(U)$。其中,$a_i$ 表示 U 中第 i 个因素的权重,且满足 $\sum_{i=1}^{n} a_i = 1$。此外,m 个评语也并非绝对肯定或否定。因此,综合后的评判可看作是 V 上的模糊集,记为:$B = \{b_1, b_2, \cdots, b_m\} \in F(V)$。其中,$b_j$ 表示第 j 种评语在评判总体 V 中所占的地位。

如果有一个从 U 到 V 的模糊关系 $\boldsymbol{R} = (r_{ij})_{n \times m}$,那么利用 $\boldsymbol{R}$ 就可以得到一个模糊变换 T_R。因此,便有如下结构的模糊综合评判数学模型:

(1) 因素集 $U = \{x_1, x_2, \cdots, x_n\}$;
(2) 评判集 $V = \{y_1, y_2, \cdots, y_m\}$;
(3) 构造模糊变换

$$T_R: F(U) \rightarrow F(V)$$
$$A \mapsto A \circ \boldsymbol{R} \tag{11-23}$$

式中:$\boldsymbol{R}$ 为 U 到 V 的模糊关系矩阵,$\boldsymbol{R} = (r_{ij})_{n \times m}$。

这样,由 (U, V, R) 三元体构成了一个模糊综合评判数学模型。此时,若输入一个权重分配 $A = (a_1, a_2, \cdots, a_n) \in F(U)$,就可以得到一个综合评判 $B = \{b_1, b_2, \cdots, b_m\} \in F(V)$。也就是

$$(b_1, b_2, \cdots, b_m) = (a_1, a_2, \cdots, a_n) \begin{bmatrix} r_{11} & r_{12} & \cdots & r_{1m} \\ r_{21} & r_{22} & \cdots & r_{2m} \\ \vdots & \vdots & \vdots & \vdots \\ r_{n1} & r_{n2} & \cdots & r_{nm} \end{bmatrix} \tag{11-24}$$

其中

$$b_j = \bigvee_{i=1}^{n} (a_i \wedge r_{ij}), \quad (j = 1, 2, \cdots, m) \tag{11-25}$$

如果 $b_k = \max\{b_1, b_2, \cdots, b_m\}$,则综合评判结果为对该事物作出决断 b_k。

综合评判的核心在于"综合"。众所周知,对于由单因素确定的事物进行评判是容易的。但是,一旦事物涉及多因素时,就要综合诸因素对事物的影响,作出一个接近于实际的评判,以避免仅从一个因素就出评判而带来的片面性,这就是综合评判的特点。

2) 多层次模糊综合评判模型

对于一些复杂的系统(事物),需要考虑的因素很多,这时会出现两方面的问题,一是因素众多,对它们的权数分配难于确定;另一方面,即使确定了权数分配,由于需要满足归一化条件,每个因素的权值都很小,在经过模糊算子的综合评判,常会出现得不出有价值的结果的现象。这时就必须采用多层次模糊综合评判的方法。

人们对事物的综合有不同的方式,有时只求单因素最优,亦称为主因素最优;有时突出主要因素但也兼顾其他;有时只要求总和最大等。这些情况要通过不同的算子来实现。

我们称 $M_1(\wedge, \vee)$ 为主因素决定型,因为它的评判结果是由数值最大的决定,其余数值在一定范围内变化将不影响评判结果。

$M_1(\cdot, \vee)$ 和 $M_1(\wedge, \oplus)$ 称为主因素突出型,它们与 $M_1(\wedge, \vee)$ 接近,但均比 $M_1(\wedge, \vee)$ 精细一些,由它们得到的评判结果在一定程度上反映了非主要指标。

$M_1(\cdot, \oplus)$ 称为加权平均型,它对所有因素以权重大小均衡兼顾,能体现出整体

特性。

在实际应用中,为了分出一组事物之间的优劣,可采用不同的综合评判模型。

下面以二级综合模糊评判为例说明多层次模糊综合评判的步骤:

第一步:将因素集 $U = \{x_1, x_2, \cdots, x_n\}$ 按某种属性划分成 s 个子因素集 $U_1, U_2, \cdots, U_s$,其中 $U_i = \{x_{i1}, x_{i2}, \cdots, x_{in_i}\}, i = 1, 2, \cdots, s$。

且满足:

(1) $n_1 + n_2 + \cdots + n_s = n$;

(2) $U_1 \cup U_2 \cup \cdots \cup U_s = U$;

(3) $i \neq j, U_i \cap U_j = \varphi$。

第二步:对每一个子因素集 U_i,分别作出综合评判。设 $V = \{y_1, y_2, \cdots, y_m\}$ 为评语集,U_i 中各因素对于 V 的权重分配是

$$A_i = (a_{i1}, a_{i2}, \cdots, a_{in_i})$$

若 $\boldsymbol{R}_i$ 为单因素评判矩阵,则得到一级评判向量

$$\boldsymbol{B}_i = A_i \circ \boldsymbol{R}_i = (b_{i1}, b_{i2}, \cdots, b_{im}) \quad (i = 1, 2, \cdots, s)$$

第三步:将每个 U_i 看作一个因素,记

$$K = \{U_1, U_2, \cdots, U_s\}$$

这样 K 又是一个因素集,K 的单因素评判矩阵为

$$\boldsymbol{R} = \begin{bmatrix} B_1 \\ B_2 \\ \vdots \\ B_s \end{bmatrix} = \begin{bmatrix} b_{11} & b_{12} & \cdots & b_{1m} \\ b_{21} & b_{22} & \cdots & b_{2m} \\ \vdots & \vdots & \vdots & \vdots \\ b_{s1} & b_{s2} & \cdots & b_{sm} \end{bmatrix}$$

每个 U_i 作为 U 的一部分,反映了 U 的某种属性,可以按它们的重要性给出权重分配

$$A = (a_1, a_2, \cdots, a_s)$$

于是得到二级评判向量

$$\boldsymbol{B} = A \circ \boldsymbol{R} = (b_1, b_2, \cdots, b_m)$$

顺便指出,如果每个子因素集 U_i(其中 $i = 1, 2, \cdots, s$),含有较多的因素,可将 U_i 再进行划分,于是有三级评判模型,甚至四级、五级模型等。

3)模糊层次分析法

(1)模糊层次分析法概述 层次分析法(Analytic Hierarchy Process,AHP)是一种定性与定量相结合的决策方法,由美国著名的运筹学家 T. L. Satty 于 1979 年提出,它是解决多目标多层次的大系统优化问题的有效方法。其基本思想是:把复杂问题分解为各个组成因素,将这些因素按支配关系分组形成有序的递阶层次结构,通过两两比较的方式确定层次中诸因素的相对重要性,然后综合人的判断,以决定决策诸因素相对重要性总的排序。AHP 体现了人类决策思维过程的基本特征,即分解、判断、综合。

AHP 的核心是利用 1 ~ 9 间的整数及其倒数作为标度构造判断矩阵,这种判断往往没有考虑人的判断模糊性,实际上,人们在处理复杂的决策问题,在进行选择和判断中,常常自觉不自觉地使用模糊判断。例如,两个方案相比,认为甲方案比乙方案明显重要,这本身就是模糊判断。基于这种认识,AHP 在模糊环境下的扩展是必要的,这一扩展称为

模糊层次分析法。

1983年荷兰学者Van Loargoven提出用三角模糊数表示比较判断的方法,并运用三角模糊数的运算和对数最小二乘法,求得元素的排序向量,即在模糊环境下使用的AHP方法。其基本思想是:对因素两两比较时,可以利用三角模糊数定量表示。例如,在给定的准则下,方案i比方案j明显重要,可以用三角模糊数r_{ij}表示,即

$$r_{ij} = (l, 5, u)$$

其中左右扩展l, u表示判断的模糊程度,当$u-l$越大时,则比较判断的模糊程度越高;反之亦然;当$u-l=0$时,则判断是非模糊的,与一般意义下的标度5相同。方案j比方案i的重要性的比较,用三角模糊数r_{ji}表示,即

$$r_{ji} = r_{ij}^{-1} = \left(\frac{1}{u}, \frac{1}{5}, \frac{1}{l}\right)$$

一般地,方案i比方案j的重要性的比较,可以用三角模糊数r_{ij}表示,即

$$r_{ij} = (l_{ij}, m_{ij}, u_{ij})$$

方案j比方案i的重要性的比较,用三角模糊数r_{ji}表示,即

$$r_{ji} = r_{ij}^{-1} = \left(\frac{1}{u_{ij}}, \frac{1}{m_{ij}}, \frac{1}{l_{ij}}\right)$$

当给出$\frac{n(n-1)}{2}$个模糊判断后,可得到由三角模糊数组成的模糊判断矩阵$\boldsymbol{R} = (r_{ij})_{n \times n}$。

(2) 三角模糊数运算 令$M_1 = (l_1, m_1, u_1), M_2 = (l_2, m_2, u_2)$为两个三角模糊数。

① 加法运算:

$$M_1 \oplus M_2 = (l_1, m_1, u_1) \oplus (l_2, m_2, u_2) = (l_1 + l_2, m_1 + m_2, u_1 + u_2)$$
$$(11-26)$$

② 乘法运算:

$$M_1 \otimes M_2 = (l_1, m_1, u_1) \otimes (l_2, m_2, u_2) \approx (l_1 l_2, m_1 m_2, u_1 u_2) \quad (11-27)$$

③ 倒数运算:设$M = (l, m, u)$,则

$$M^{-1} = (l, m, u)^{-1} \approx \left(\frac{1}{u}, \frac{1}{m}, \frac{1}{l}\right) \quad (11-28)$$

④ 数乘运算:设$\lambda \in R, \lambda > 0$,则

$$(\lambda, \lambda, \lambda) \otimes (l, m, u) = (\lambda l, \lambda m, \lambda u) \quad (11-29)$$

⑤ 比较运算:$M_1 \geq M_2$的可能性程度定义为$V(M_1 \geq M_2)$,$V(M_1 \geq M_2) = 1$的充要条件是$m_1 \geq m_2$。

当$m_1 \leq m_2$时,

$$V(M_1 \geq M_2) = \begin{cases} \dfrac{l_2 - u_1}{(m_1 - u_1) - (m_2 - l_2)}, & l_1 \leq u_2 \\ 0, & \text{其他} \end{cases} \quad (11-30)$$

三角模糊数M大于k个三角模糊数M_i(其中$i=1, 2, \cdots, k$)的可能性程度定义为

$$V(M \geq M_1, M_2, \cdots, M_k) = V((M \geq M_1) \cup (M \geq M_2) \cup \cdots \cup (M \geq M_k)) =$$
$$\min_{i=1}^{k} V(M \geq M_i) \quad (11-31)$$

⑥ 设$M_{E_i}^1, M_{E_i}^2, \cdots, M_{E_i}^m$是第$i$个方案关于$m$个目标的程度分析值,那么,"权重和"型

的模糊综合程度值为

$$S_i = \sum_{j=1}^{m} M_{E_i}^j w_i^j \otimes \left[\sum_{i=1}^{n} \sum_{j=1}^{m} M_{E_i}^j w_i^j \right]^{-1} \quad (i = 1, 2, \cdots, n) \quad (11-32)$$

这里 w_i^j 是权重,且 $\sum_{j=1}^{m} w_i^j = 1$,对一切 i 皆成立。简称 S_i 为第 i 个方案的综合程度。

⑦ 一个方案 x_i 优于其他方案的纯量测度 $d(x_i)$:

$$d(x_i) = \min V(S_i \geqslant S_k) \quad (k = 1, 2, \cdots, n, 且 k \neq i) \quad (11-33)$$

规定: $V(S_i \geqslant S_k) = 1$。

⑧ 设 $d(x^*) = \max_{i=1}^{n} d(x_i)$,则最优决策为方案 $x^*, x^* \in X$。

(3) 算法描述

① 元素权重向量的求取:为了求出在给定准则下的方案排序向量,必须先利用公式(11-32)求出在给定准则下,该层次的每一元素同所有元素比较的综合重要程度值 S_i。假设

$$d'(A_i) = \min V(S_i \geqslant S_k) \quad (k = 1, 2, \cdots, n, 且 k \neq i)$$

其中, A_i 为元素。那么我们可得到权重向量

$$\boldsymbol{w}' = (d'(A_1), d'(A_2), \cdots, d'(A_n))$$

经过归一化处理,则 n 个元素 A_i(其中 $i = 1, 2, \cdots, n$)的经归一化处理的权向量为

$$\boldsymbol{w} = (d(A_1), d(A_2), \cdots, d(A_n))$$

② 方案相应于每一元素的排序向量的求取:求取方法与元素权重向量的求取相同。

③ 由元素权重向量与方案排序向量的并合得到方案的总排序。

6. 模糊推理

(1) 语言变量可以由一个五元组 $[x, T(x), U, G, M]$ 来表征。其中 x 是变量的名称; U 是 x 的论域; $T(x)$ 是语言变量值的集合,每个变量值是定义在论域 U 上的一个模糊集合; G 是语言规则,用来产生语言变量 x 的值的名称; M 是语义规则,用于产生模糊集合的隶属函数。

以"转速"语言为例, $T(转速) = \{慢, 很慢, 适中, 快, 稍快, 比较快, 很快, 非常快\}$,每个语言变量值都是定义在论域 U 上的一个模糊集合。论域 $U = [0\text{r/min}, 1400\text{r/min}]$,可以认为低于 100r/min 的转速为"慢",高于 800r/min 的转速为"快",这些由设计人员按照合理的原则自行决定。在"慢"和"快"之间加上"比较"、"很"等修饰词时,就是一种语言规则,改变了模糊语言的含义。

设模糊语言为 A 的隶属度函数是 μ_A,则有

$$\mu_{极A} = \mu_A^4 \quad \mu_{非常A} = \mu_A^2 \quad \mu_{相当A} = \mu_A^{1.25}$$

$$\mu_{比较A} = \mu_A^{0.75} \quad \mu_{略A} = \mu_A^{0.5} \quad \mu_{稍微A} = \mu_A^{0.25}$$

(2) "如果 A 则 B"规则是模糊蕴含关系。设有论域 $X, Y, A \in X, B \in Y, A, B$ 分别是定义在论域 X, Y 上的模糊语言变量,"如果 A 则 B"规则表示 A 与 B 之间的模糊蕴含关系,记为 $A \rightarrow B$。其隶属函数有下面一些不同的定义方法:

① 模糊蕴含的最小值计算:

$$R = \mu_{A \rightarrow B}(x, y) = \mu_A(x) \wedge \mu_B(y)$$

② 模糊蕴含的积运算：
$$R = \mu_{A \to B}(x,y) = \mu_A(x)\mu_B(y)$$

③ 模糊蕴含的算术运算：
$$R = \mu_{A \to B}(x,y) = 1 \wedge [1 - \mu_A(x) + \mu_B(y)]$$

④ 模糊蕴含的最大值运算：
$$R = \mu_{A \to B}(x,y) = [1 - \mu_A(x)] \vee [\mu_A(x) \wedge \mu_B(y)]$$

⑤ 模糊蕴含的 Boolen 运算：
$$R = \mu_{A \to B}(x,y) = [1 - \mu_A(x)] \vee \mu_B(y)$$

⑥ 模糊蕴含的 Geoguen 运算：
$$R = \mu_{A \to B}(x,y) = \begin{cases} 1, & \mu_A(x) \leq \mu_B(y) \\ \mu_B(y)/\mu_A(x), & \mu_A(x) > \mu_B(y) \end{cases}$$

(3)"如果 A 则 B"规则中的"如果 A"称为前提，"则 B"称为结论。在模糊推理中，有两类主要的模糊蕴含推理方式，一种是广义的肯定式推理方式；另一种是广义的否定式推理方式。这两类推理方式分别为：

① 肯定式推理方式：

输入条件：x 是 A'（前提）

逻辑规则：如果 x 是 A，则 y 是 B

推理输出：y 是 B'

结果公式：$B' = A' \circ R$

② 否定式推理方式：

输入条件：y 是 B'（结论）

逻辑规则：如果 x 是 A，则 y 是 B

推理输出：x 是 A'

结果公式：$A' = R \circ B'$

(4)"如果 A 则 B"规则是最简单的形式，是基本的模糊单元，这些基本单元可以组成下列复合规则的模糊推理。

①"如果 A 且 B 则 C"规则：

$R = A \wedge B \wedge C$；输入 A'，B' 时，输出 $C' = (A' \times B') \circ R$

②"如果 A 或 B 则 C"规则：

$R = A \vee B \wedge C$；输入 A'，B' 时，输出 $C' = (A' \times B') \circ R$

③"如果 A 则 B 否则 C"规则：

$R = (A \wedge B) \vee (A^c \wedge C)$；输入 A' 时，输出 $D = A' \circ R$

7. 模糊故障诊断

1）单征兆故障诊断

在故障诊断中，需要检测大量的信号。通过对被测信号的分析，可以得到一些故障征兆，故障征兆之间存在一定的关系。

(1) 设 S(Symptom) 是征兆论域，被测信号经过分析后的信息是论域 S 的一个模糊征兆子集 A

$$A = \{a_1, a_2, \cdots, a_i, \cdots, a_m\} \quad (i = 1, 2, \cdots, m)$$

(2) 设故障论域 $F(\text{Fault})$ 的一个故障子集 B 为
$$B = \{b_1, b_2, \cdots, b_j, \cdots, b_n\} \quad (j = 1, 2, \cdots, n)$$

(3) 设征兆论域 S 与故障论域 F 之间存在模糊关系矩阵 **R**

$$R = \begin{bmatrix} r_{11} & r_{12} & \cdots & r_{1n} \\ r_{21} & r_{22} & \cdots & r_{2n} \\ \vdots & \vdots & \vdots & \vdots \\ r_{m1} & r_{m2} & \cdots & r_{mn} \end{bmatrix}$$

征兆 a_i 对应着故障子集 **B**，应用模糊变换，可以得到

$$B = A \cdot R = [a_1, a_2, \cdots, a_i, \cdots, a_m] \begin{bmatrix} r_{11} & r_{12} & \cdots & r_{1n} \\ r_{21} & r_{22} & \cdots & r_{2n} \\ \vdots & \vdots & \vdots & \vdots \\ r_{m1} & r_{m2} & \cdots & r_{mn} \end{bmatrix} = [b_1, b_2, \cdots, b_j, \cdots, b_n]$$

式中：$b_j(j=1,2,\cdots,n)$ 为故障诊断指标。

对故障诊断指标进行最大隶属准则处理，可以得到诊断结果。

2）故障诊断的模糊综合决策

一般讲，故障诊断的结果是多征兆诊断的综合，模糊综合的理论是模糊综合决策。模糊综合决策可以分为一级模型和多级模型，多级模型是一级模型的扩展。详细内容参见11.2.1 节第 5 点。

11.2.2 基于模糊诊断的数控机床故障诊断

宋刚和胡德金发表的论文《基于 Sugeno 模糊模型的数控机床故障诊断法》，将 Sugeno 模糊模型用于数控机床故障诊断系统的方式，实现了对各个诊断专家诊断结果的模糊综合，补充了诊断专家诊断知识的不足，消除了诊断专家诊断结论的随意性，保证诊断结论的准确，利用该方法基于诊断专家系统技术可以实现对数控机床的自动诊断，而且诊断结果准确、可靠。姚道如撰写的《基于模糊理论的数控机床故障诊断方法》论文，提出了如下的思路：①根据经验，对数控机床常见故障源、故障症状及故障原因进行定性分析判断；②从故障症状方面，分别对故障症状的明显程度、故障症状同故障原因关系的密切程度进行模糊量化，通过分析计算，判断故障原因可能性；③对于故障源，弄清故障源的充足程度，然后再弄清故障源与故障原因的密切程度，最后，判断故障可能性大小；④将上述三种结论进一步综合评判，得到最终的结果。以数控机床数控系统 SKY2000 主电源低为例，采用上面的思路进行分析，找到了故障源。得出了如下结论：从故障症状和故障源两方面入手，结合经验，通过加权综合分析，建立模糊诊断模型，可提高诊断的可靠性和效率，减少盲目性。薛玉霞、申桂香和张英芝发表的论文《基于模糊逻辑的数控机床故障分析》，针对数控机床故障发生的实际特点，提出将模糊故障树分析与模糊危害度分析相结合的故障分析方法。以某型号数控机床为例，对根据其现场故障数据建立的模糊故障树进行了定量分析，确定了顶事件及各次级事件的模糊故障率，并在此基础上进行了模糊危害度分析，确定了关键元件和薄弱环节，为可靠性改进提供了理论依据。

11.3 数控机床故障诊断的神经网络诊断技术

11.3.1 神经网络基础

神经网络独特的结构和信息处理方法,使其在模式识别、信号处理、自动控制与人工智能等许多领域得到了实际应用。人工神经网络故障诊断的应用主要集中在三个方面:①从模式识别的角度应用神经网络作为分类器进行故障诊断;②从预测角度应用神经网络作为动态预测模型进行故障诊断;③从知识处理角度建立基于神经网络的诊断专家系统。该节简要介绍人工神经网络故障诊断的基本原理。

1. 神经元模型

常用的人工神经元模型主要是基于模拟生物神经元信息的传递特性,即输入输出关系来建立的。神经网络是由大量简单的处理单元(神经元)广泛互联而形成的复杂网络系统,它反映了人脑功能的许多基本特性。一般认为,神经网络是一个高度复杂的非线性动力学系统,虽然每个神经元的结构和功能比较简单,但由大量神经元构成的网络系统的行为却是十分复杂与丰富多彩的。各神经元之间通过相互连接形成一个网络拓扑,不同的神经网络模型对拓扑结构与互连模式都有一定的要求和限制,比如允许它们是多层次的、全互连的等。神经元之间的连接并非只是一个单纯的信号传递通道,在每对神经元之间的连接上还作用着一个加权系数。这个加权系数起着生物神经系统中神经元突触强度的作用,通常称为网络权值。在神经网络中,网络权值可以根据经验或学习而改变,修改权值的规则称为学习算法或学习规则。

图 11-3 是最典型的人工神经元模型,是组成神经网络的基本单位,它的输入输出关系为

$$s_j = \mathrm{net}_j = \sum_{i=1}^{n} \omega_{ji} x_i - \theta_j = \sum_{i=0}^{n} \omega_{ji} x_i \quad (x_0 = \theta_j, \omega_{j0} = -1)$$

$$y_j = f(s_j) = f(\mathrm{net}_j)$$

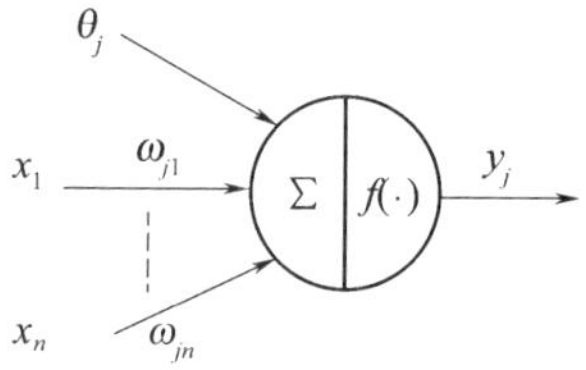

式中:net_j 为神经元 j 的净输入;θ_j 为神经元 j 的阈值;ω_{ji} 为连接权系数;$f(\cdot)$ 为输出变换函数。

图 11-3 人工神经元模型

对于不同的应用,所采用的输出变换函数(也称为活化函数)也不同。图 11-4 表示了几种常见的变换函数。各变换函数的解析表达式分别为:

(1) 阶跃函数(图 11-4(a)) $y = f(s) = \begin{cases} 1, & s \geq 0 \\ 0, & s < 0 \end{cases};$

(2) 符号函数(图 11-4(b)) $y = f(s) = \begin{cases} 1, & s \geq 0 \\ -1, & s < 0 \end{cases};$

(3) 饱和函数(图 11-4(c)) $y = f(s) = \begin{cases} 1, & s \geq 1/k \\ ks, & -1/k \leq s < 1/k \\ -1, & s < -1/k \end{cases};$

(4) 比例函数(图 11-4(d)) $y = f(s) = s;$

(5) 高斯函数(图 11-4(e)) $y = f(s) = \mathrm{e}^{-\frac{s^2}{\sigma^2}};$

(6) 双曲正切函数(图 11-4(f))　　$y = f(s) = \dfrac{1 - e^{-s}}{1 + e^{-s}}$；

(7) Sigmoid 函数(图 11-4(g))　　$y = f(s) = \dfrac{1}{1 + e^{-s}}$。

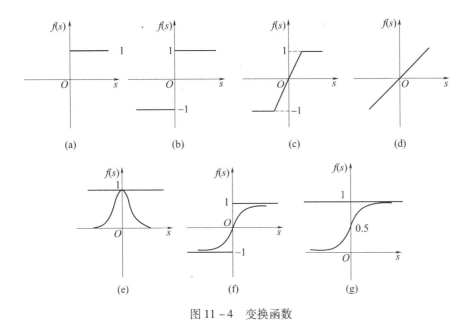

图 11-4　变换函数

2. 神经网络结构

将神经元通过一定的结构组织起来,就可构成神经网络。神经网络是一个并行和分布式的信息处理网络结构,由许多个神经元组成,每个神经元有一个单一的输出,它可以连接到许多其他的神经元,输入有多个连接通路,每个连接通路对应一个连接权系数。严格来说,神经网络是一个具有以下性质的有向图:

(1) 对每一个节点有一个状态变量 x_j；

(2) 节点 i 到节点 j 有一个连接权系数 ω_{ji}；

(3) 每个节点有一个阈值 θ_j；

(4) 对每一个节点定义一个变换函数 $f_j(x_i, \omega_{ji}, \theta_j)$（其中 $i \neq j$）,最常见的情形为 $f_j\left(\sum\limits_{i=1}^{n} \omega_{ji} x_i - \theta_j\right)$。

根据神经元之间连接的拓扑结构的不同,常用的神经网络主要有分层网络、反馈网络、相互连接型网络和混合型网络。

1) **分层网络**

分层网络是将一个神经网络模型中的所有神经元按功能分为若干层,一般有输入层、中间层和输出层,各层顺序连接。图 11-5 所示分层网络中,第 i 层的神经元只接收第 $i-1$ 层神经元的输入信号,各神经元之间没有反馈。其中中间层是网络的内部处理单元层,与外部无直接连接,神经网络所具有的模式变换能力,如模式分类、模式完善、特征抽取等,主要是在中间层进行。根据处理功能的不同,中间层可以有多层,也可以没有。由于中间层单元不直接与外部输入/输出打交道,所以通常将神经网络的中间层称为隐含层。输出层是网络输出运行结果并与显示设备或执行机构相连接的部分。分层网络可进一步细分为三种互连方式,即简单的前向网络、具有反馈的前向网络以及层内有相互连接的前向网络。

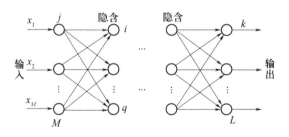

图 11-5　前馈神经网络

BP 网络是典型的前向网络,改进的 Elman 网络是具有反馈的前向网络,而竞争抑制型网络为层内相互连接的前向网络,同一层内单元的相互连接使它们之间有彼此的牵制作用,可限制同一层内能同时激活的单元个数。

2) 反馈网络

反馈网络实际上是将前馈网络中输出层神经元的输出信号延时后再送给输入层神经元而构成,如图 11-6 所示。图中 Δt 表示延迟,用来模拟生物神经元的不应期或传递延迟。这种结构的网络又称为递归网络。

3) 相互连接型网络

相互连接型网络是指网络中任意两个单元之间都是可以相互连接的,如图 11-7 所示。Hopfield 网络、玻耳兹曼机模型均属这一类型。构成网络中的各个神经元都可以相互双向连接,所有神经元既可以作为输入,也可作为输出。这种网络如果在某一时刻从外部加一个输入信号,各神经元一边相互作用,一边进行信息处理,直到收敛于某个稳定值为止。

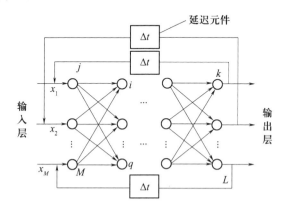
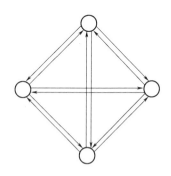

图 11-6　反馈神经网络　　　　图 11-7　相互连接型网络

对于简单的前向网络,给定某一输入模式,网络能产生一个相应的输出模式并保持不变。但在相互连接型网络中,对于给定的输入模式,网络由某一处使状态触发开始运行,在一段时间内网络处于不断更新输出状态的变化过程中。若网络设计合理,最终可能会产生某一稳定的输出模式;若设计得不好,网络也有可能进入周期性振荡或发散状态。

4）混合型网络

前述前馈网络和相互连接型网络分别是典型的层状结构网络和网状结构网络，介于这两者之间的一种结构，称为混合型神经网络，如图 11-8 所示。它在前馈网络的同一层间各神经元又有互连，目的是为了限制同层内部神经元同时兴奋或抑制的数目，以完成特定的功能。

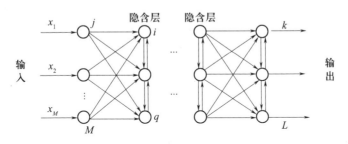

图 11-8　混合型神经网络

3. 神经网络学习规则

学习是神经网络的主要特征之一，学习规则是修正神经元之间连接强度或加权系数的算法，使获得的知识结构适应周围环境的变化。在学习过程中执行学习规则，修正加权系数，由学习所得的连接加权系数参与计算神经元的输出。学习算法主要分为有监督学习和无监督学习两类。前者是通过外部教师信号进行学习，即要求同时给出输入和正确的期望输出的模式对。当计算结果与期望输出有误差时，网络将通过自动调节机制调节相应的连接权度，使之向误差减小的方向改变，经过多次重复训练，最后与正确的结果相符合。而后者没有外部教师信号，其学习表现为自适应于输入空间的监测规则，学习过程为系统提供动态输入信号，使各个单元以某种竞争方式，获胜的神经元本身或其相邻域得到增强，其他神经元则进一步被抑制，从而将信号空间分为有用的多个区域。常用的三种主要规则包括无监督 Hebb 学习规则、有监督 δ 学习规则和有监督 Hebb 学习规则。更为详细的内容请参阅相关参考文献。

迄今为止，有 30 多种神经网络模型被开发和运用，有代表性的有自适应谐振理论（Adaptive Resonance Theory）、感知器（Perceptron）神经网络、BP（Back Propagation）网络、RBF（Radial Basis Function）网络、双向联想存储器 BAM、Hopfield 网络等。有关各种神经网络算法请参阅相关文献。

4. 模糊神经网络故障诊断

模糊逻辑和人工神经网络都可以表达和处理不确定的信息，但各有局限性。模糊规则擅长用语言来描述经验和知识，但是不具备学习能力；人工神经网络通过样本学习的方法，将网络的输入/输出关系以权值的方式进行存储，但是网络内部的只是表达方式不清楚。模糊神经网络将两者的优点结合起来，一方面可以用语言描述的规则构造网络，使网络中的权值具有明显的意义；另外一方面引入学习机制，提高知识的表达精度。

（1）在模糊故障诊断中，单征兆诊断模型有以下表达式

$$A = \{a_1, a_2, \cdots, a_i, \cdots, a_m\} \quad (i = 1, 2, \cdots, m)$$
$$B = \{b_1, b_2, \cdots, b_j, \cdots, b_n\} \quad (j = 1, 2, \cdots, n)$$

$$\boldsymbol{R} = \begin{bmatrix} r_{11} & r_{12} & \cdots & r_{1n} \\ r_{21} & r_{22} & \cdots & r_{2n} \\ \vdots & \vdots & & \vdots \\ r_{m1} & r_{m2} & \cdots & r_{mn} \end{bmatrix}$$

式中：a_i 为征兆的第 i 种特征；b_j 为第 j 种故障诊断；$\boldsymbol{R}$ 为关系矩阵。

r_{ij} 表示征兆的第 i 种特征对第 j 种故障诊断的映射值。r_{ij} 的值直接影响诊断的准确性，该值的获得主要来自专家知识。专家知识存在因人而异的问题，客观性较差，人工神经网络可以解决这些问题，单征兆诊断神经网络模型如图 11-9 所示，将专家知识作为神经网络学习的初始值。利用 BP 算法可以得到关系矩阵 $\boldsymbol{R}$。

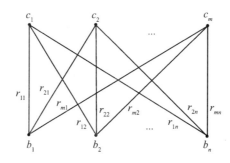

图 11-9　单征兆诊断神经网络模型

（2）故障诊断的模糊多征兆综合决策的正确性取决于权值矩阵 $\boldsymbol{C}$，$\boldsymbol{C}$ 矩阵也可以用神经网络模型来实现。

11.3.2　基于神经网络的数控机床故障诊断

江苏大学李捷辉发表的《基于 RBF 神经网络的数控机床故障诊断研究》论文给到了如下结论：

（1）在精密数控机床故障诊断系统中，RBF 神经网络相当于完成一个数学映射，由于被检测的机床控制系统工况较复杂，$r(K)$ 残差序列较多，则 RBFNN 完成的映射关系也较复杂，但是只需选取适当的 NN 结构，就可以实现任意复杂的非线性映射。RBFNN 工作时，信息的存储与处理是同时进行的，经过处理后，信息的隐含特征和规则分布于神经元之间的联接强度上，通常具有一定的冗余性。这样，当不完全信息或含噪声信息输入时，NN 就可以根据这些分布式的记忆对输入信息进行处理，恢复全部信息。

（2）由于神经元之间的高维、高密度的并列计算结构，神经网络具有很强的并行计算能力，完全可以实现对数控机床故障的实时诊断。但在调试过程中，如何选择合适的 RBFNN 结构、权值及学习算法以缩短学习时间并提高数控机床故障诊断的准确性，是一个关键问题。

（3）RBFNN 故障诊断检测方法只适用于故障检测，不能用于故障分离，这是它的缺陷，但是 RBFNN 方法对数控机床系统故障敏感，是一种较好的快速故障诊断检测方法，且这种方法适用于多数非线性系统，具有较大的适用范围。

上海交通大学宋刚和胡德金撰写的《基于匹配滤波模型神经网络在数控机床故障诊

断中的应用》论文中,为了改善双向联想记忆(BAM)神经网络的性能,提出了一种修正模型。该模型能增强神经网络的记忆容量和容错联想能力,具有渐进稳定的特征,并且改进了网络平衡状态的稳定性和吸引性能。理论分析和实验结果证明,这种修正模型不仅能正确完成数控机床的故障诊断,而且对于存在干扰的输入信号序列具有很好的容错联想能力。

南京工程学院朱晓春和汪木兰发表的《基于神经网络联想记忆模型的数控机床故障诊断》论文提出了将一种改进的人工神经网络联想记忆模型应用于计算机数控机床的故障诊断方法。介绍了基于联想记忆模型的诊断算法,总结出数控机床的故障模式及故障分析表,然后将该样本向量进行 HADAMARD 预处理、存储记忆后,可据此模型进行样本和非样本的并行联想回忆,实现诊断功能。最后进行了数字仿真研究,并且还提出利用大规模现场可编程逻辑门阵列器件进行硬件实现的基本思路。

哈尔滨工程大学张铭钧和徐建安撰写的《基于神经网络的数控线切割加工状态建模技术研究》论文,研制了一种数控线切割机床智能状态监测系统,实现了特征信号的实时采集与处理,基于人工神经网络技术建立了数控线切割加工状态模型,提出了运行状态综合劣化度的概念及其量化方法,实现了数控线切割加工状态在线辨识与运行状态在线监控。实验证明,该系统能够快速采集特征信号并进行去噪声处理,所建立的加工状态模型能够正确地识别加工状态,运行状态劣化度实时客观地评价了数控线切割机床的运行状态,从而有效地避免了机床严重故障的发生。

11.4 数控机床故障诊断的专家系统

专家系统是人工智能理论与技术研究的一个分支,是应用专家的知识与推理方法求解复杂实际问题的一种人工智能软件。它具有权威性知识,具备自学习功能,并且能够采用一定的策略,运用专家知识进行推理。在推理过程中,专家系统从数据库出发,调用知识库中的相应知识,经过推理机制获得所需的结果。

11.4.1 专家系统的基本组成

Feighbaum 教授认为,专家系统是一种智能的计算机程序,这种计算机程序使用知识与推理过程,求解那些需要杰出人物(专家)的知识才能求解的高难度问题。为了完成专家系统的基本功能,一个专家系统至少要包含知识库、推理机及人机接口三个组成部分,其结构如图 11-10 所示。图 11-10 反映了专家系统最简单的工作原理:在知识库创建和维护阶段,领域专家与知识工程师合作,通过人机接口对知识库进行操作;在推理阶段,用户也是通过人机接口将研究对象信息传送给推理机,推理机根据推理过程的需要,检索知识库中的各条知识或继续向用户要研究对象信息,推理结果也通过人机接口返回给用户。

一个专家系统应具有启发性、透明性和灵活性。

(1) 启发性 一个专家系统的知识库中不仅要有逻辑性知识,还要求能包含启发性知识。所谓逻辑性知识是指能够确保其准确无误的知识,通常是一些常识性知识;启发性知识是指领域专家所掌握的一些专业知识,它们通常没有严谨的理论依据,很难保证其普遍正确性,正是因为使用了启发性知识,才使得专家系统在工作时会出错。

（2）透明性　能向用户解释其推理过程,还能会使其回答用户提出的一些关于其自身的问题。一个专家系统的解释能力是衡量其水平的重要因素。

（3）灵活性　专家系统知识库中的知识应便于修改和补充,由于知识的获取是专家系统设计时的"瓶颈"问题,故其实现也是一个难点。

这些特性实际上就是设计专家系统时的要求,因此对于一个成熟的专家系统来说,为了实现这些要求,还必须在上面三个基本组成部分上增加另外三个组成部分:全局数据库、知识获取部分和解释部分。图 11-11 给出了专家系统六个基本组成部分:知识库、推理机、人机接口、知识获取子系统、解释子系统、全局数据库。

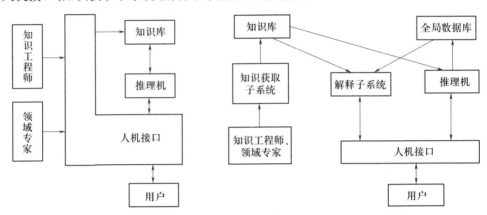

图 11-10　专家系统的最基本结构　　　图 11-11　专家系统的一般结构

（1）知识库包含所要解决问题领域中的大量事实和规则,是领域知识及该专家系统工作时所需的一般常识性知识的集合。这些知识可以用一种或几种知识表示方法来表示,知识表示方法决定着知识库的组织结构并直接影响整个系统的工作效率;知识库是一个独立实体,应易于存入新的知识而且不和已有的知识互相发生干扰,它内存的知识通过程序来提取和管理。

（2）推理机是专家系统的组织控制机构,它根据当前的输入数据(如设备运行时的各种特征),运用知识库中的知识,按一定的策略进行推理,以达到要求的目标。在推理机的作用下,一般用户能够如同领域专家一样解决某一领域的困难问题。

（3）全局数据库又称为工作存储器或动态数据库,是用于储存所研究问题领域内原始特征数据的信息、推理过程中得到的各种中间信息和解决问题后输出结果信息的储存器。

（4）知识获取子系统是专家系统和领域专家、知识工程师的接口,通过它与领域专家和知识工程师的交互,使知识库不仅可以获得知识,而且可使知识库中的知识得到不断的修改、充实和提炼,从而使系统的性能得到不断地改善。

（5）解释子系统能够解释推理过程的路线和需要询问的特征信息数据,还可以解释推理得到的确定性结论,使用户更容易接受系统整个推理过程和所得出的结论,同时也为系统的维护和专家经验知识的传授提供方便。

（6）人机接口有时又称为用户界面,是用户和专家系统之间进行信息交换的媒介,它常常以熟悉的手段(如自然语言、图形、表格等)与用户进行交互,既要把用户信息输入的信息转换成系统的内部表示形式,然后由相应的部件去处理,又要把系统内部的信息显示给用户。优美、友好的用户界面是专家系统的重要组成部分。

具有一般结构的专家系统工作原理大致为:在知识库创建和维护阶段,知识获取子系统在领域专家和知识工程师的指导下,将专家知识、研究对象的结构知识等存放于知识库中或对知识库进行增加、删除和修改等维护工作。在推理阶段,用户通过人机接口将研究对象的信息传送给推理机,推理机根据推理过程的需要,对知识库中的各条知识及全局数据库中的各项事实进行搜索或继续向用户索要信息。最后,推理结果也通过人机接口返回给用户。如需要,解释子系统可调用知识库中的知识和全局数据库中的事实对推理结果和推理过程中用户提出的问题作出合理的解释。

11.4.2 知识库的建立与维护

1. 机器学习

专家系统的核心是知识。知识库中拥有知识的多少及知识的质量决定了一个专家系统解决问题的能力。因此,建造一个专家系统首先要获取专业领域中的大量概念、事实、关系和方法,包括人类专家处理实际问题时的各种启发性知识,以构造出内容丰富的知识库。

对于传统专家系统来说,知识库的建立更是整个系统设计的"瓶颈",它的质量直接决定整个专家系统的质量。一般来说,组建一个知识库需经历两个阶段:访问专家阶段和机器学习阶段。在访问专家阶段,知识工程师通过对专家实际工作时如何求解问题进行观察、与专家进行长时间的交谈等手段获取知识,然后对这些知识进行精确化、检查和验证等处理,最后将这些处理过的知识作为机器学习的材料。在机器学习阶段将知识工程师提供的各种知识储存到知识库中。在传统专家系统中,机器学习的方式由低到高大致可以分为以下六个级别。

1)机械学习

机械学习又称死学习,在学习过程中,不需要做任何的假设,是从特殊到特殊的学习过程,训练时只需把特殊的知识教给对方,不做任何的处理,系统所要做的就是记住所有的知识。

2)提问指导学习

这是一种由一般到特殊的过程,类似于学生向老师学习的过程,即训练者给出的一般知识或建议还不能直接为推理机所利用,学习环节必须将其具体化为细节知识或特殊规则,成为可执行的形式,并与知识库中的已有知识有机连接在一起。目前,专家系统中采用该学习方法的较多。

3)实例学习

这是一种从特殊到一般的学习过程,是一种高级的学习行为,即从特定的实例中归纳出一般性的规则。在该学习方法中,外界提供的是专门、具体的信息,在学习环节必须从中概括事物特性和规律性的知识。

4)类比学习

在类比学习情况下,外界只提供与某一个类似的执行任务有关的信息,因此,学习环节必须发现其类似性并假设出当前执行任务所需的类似规则,即从特殊实例概括出类比关系和转换规则,通常是获取新概念或新技巧的一种学习方法。

5) 书本知识

书本知识是专家知识的书面表述。为使专家系统能从书本中抽取所需的知识,通过书本资料的学习首先建立一个资料库,以比较自然的方式将书本资料存放在库中,然后专家系统以资料库为知识源进行学习。

6) 归纳总结学习

其实质是要求专家系统能够在实际工作中进行自学习,不断地进行总结和归纳成功的经验和失败的教训,对知识库中的知识进行自调整和修改,以丰富系统的知识。

2. 知识库的建立

对于具体建立一个专家系统的知识库来说,其知识工程师根据与领域专家的交谈和对领域专家实际操作过程的观察后得到原始数据信息—原因结构图,并用自然语言建立相应的产生式规则。值得注意的是,在建立这些产生式规则时要遵守下面两条基本原则:

(1) 尽可能用最小一组充分条件来定义不必要的冗余。

(2) 避免任何两条产生式规则发生冲突。

通过对以自然语言描述的产生式规则的理解,可以将其翻译成为机器语言(如 Turbo-Prolog 语言)的表示形式,然后将其储存于知识库中,这样,便形成了一个由若干条规则组成的知识库。在建立这个知识库的过程中所采取的机器学习方法是机械学习,即将这些规则不作任何处理,直接将其输入到一个专家系统中去。此外,也可将一些说明事实的谓词逻辑子句组成一个基于谓词逻辑的知识库,并将这些实施和子句保存在数据文件中,作为独立于推理机制的知识库。与基于规则的专家系统类似,知识库也必须有一个清晰的逻辑组织,并要做到冗余数据最少。

3. 知识库的维护

知识库的维护实际上也是知识的获取,与建立知识库相比,它所采用的是高一级的机器学习方法,即通过指导学习,而非机械学习。通常,对知识库的维护包括三种操作:扩展知识库、修改知识库和删除知识库。在简单的专家系统中,修改知识库的操作可由扩展知识库和删除知识库的组合来完成,先删除要修改的记录,然后加入修改后的记录。

11.4.3 全局数据库及其管理系统

在专家系统中,全局数据库又称"黑板""综合数据库"等,是用于存放用户提供的初始事实、问题描述以及专家系统运行过程中得到的中间结果、最终结果、运行信息及执行任务领域内的原始特征数据等的工作存储器。对数据库的操作主要为增加记录和删除记录两种。

全局数据库的内容是在不断变化的。在求解问题开始时,它存放的是用户提供的初始事实,在推理过程中它存放每一步推理所得的结果。推理机根据其内容从知识库中选择合适的知识进行推理,然后又把推理的结果存入全局数据库中。由此可见,全局数据库是推理机不可缺少的一个工作场地。同时因为它可以记录推理过程中的各有关信息,所以又为解释机构提供了回答用户咨询的依据。

全局数据库是由数据库管理系统进行管理的,这与一般程序设计中的数据库管理没有什么区别,只是应使数据的表示方法与知识的表示方法保持一致。在全局数据库中,数据记录是以子句的方式储存的,因此在使用全局数据库之前,有必要对子句谓词进行定义。此外,在专家系统执行任务过程中,由于需要将知识库调进数据库,因而,还需在数据库中定义知识库谓词。

11.4.4 推理机

作为专家系统的组织控制机构,推理机能通过运用由用户提供的初始数据,从知识库中选取相关的知识并按照一定的推理策略进行推理,直到得出相应的结论。在设计推理机时应考虑推理方法、推理方向和搜索策略三个方面。

1. 推理方法

推理方法包括精确推理和不精确推理。

1) 精确推理

所谓精确推理就是把领域知识表示为必然的因果关系,推理的前提和推理的结论或者是肯定的,或者是否定的,不存在第三种可能。在这种推理中,一条规则被激活的条件是它的所有前提都必须为真。

2) 不精确推理

在现实中,事物的特征并不总是表现出明显的是与非,同时还可能存在着其他原因,如概念模糊、知识本身存在着可信度问题,因此使得在专家系统中往往要使用不精确推理方法。不精确推理又称为似然推理,是专家系统中常用的推理方法,它比精确推理要复杂得多。

2. 推理方向

推理方向有三种:正向(或向前)推理、反向(或向后)推理及正反向混合推理。

1) 正向推理

正向推理是指从已知的事实出发,向结论方向推导,直到推出正确的结论。这种方式又称为事实驱动方式,它的大体过程是:系统根据用户提供的原始信息与规则库中的规则的前提条件进行匹配,若匹配成功,则将该知识块的结论部分作为中间结果,利用这个中间结果继续与知识库中的规则进行匹配,直到得出最后的结论。与其他推理方式相比,正向推理简单,容易实现,但在推理过程中常常要用到回溯,使得推理速度较慢,且目的性不强,不能反推。

2) 反向推理

反向推理从目标出发,沿着推理路径回溯到事实。它从一般性开始,逐步涉及细节,即它是通过求解较小的子问题达到求解较大问题的目标。反向推理通过收集越来越详细的证据以求证实一种情况或假设,当用户提供的数据与系统所需要的证据完全匹配成功时,则推理成功,所作假设也就得到了证实。反向推理一般用于验证某一特定规则是否成立。这种推理方式又称为目标驱动方式,与正向推理相比,反向推理具有很强的目的性。

3) 正反向混合推理

所谓正反向混合推理是指先根据给定的不充分的原始数据或证据向前推理,得出可能成立的结论,然后以这些结论为假设,进行反向推理,寻找支持这些假设的事实或证据。正反向混合推理一般用于以下几种情形:

(1) 已知条件不足,用正向推理不能激发任何一条规则;

（2）正向推理所得的结果可信度不高，用反向推理来求解更确切的答案；

（3）由已知条件查看是否还有其他结论存在。

正反向混合推理集中了正向推理和反向推理的优点，更类似于人们日常进行决策时的思维模式，求解过程也更容易为人们所理解，但其控制策略较前两种更为复杂，这种方式常用来实现复杂问题的求解。

3. 搜索策略

高速准确的推理机，搜索策略必须与相关领域的实际问题相结合。所以设计推理机时选择的搜索策略必须是和具体领域问题相对应的。所选择的搜索算法合适不合适是影响推理机性能的主要因素，好的搜索算法可以减少时间和空间复杂度，提高推理机的性能。最常的算法有广度优先搜索算法和深度优先搜索算法。

11.4.5 解释子系统设计

在设计一个解释程序时，应注意：①能够对专家系统知识库中所具有的推理目标原因给出合理的解释，能够在推理过程中对用户的每一个"为什么"作出响应；②每一次的解释都要求做到完整，且易于理解；③充分考虑使用该专家系统的具体用户情况，不同的用户对解释程序有不同的要求。

1. 预置文本法

预置文本法是最简单的解释方法，具体的方法是将每一个问题求解方式的解释框架采用自然语言或其他易于被用户理解的形式事先组织好，插入程序段或相应的数据库中，在执行目标的过程中，同时生成解释信息，其中的模糊量或语言变量都要转化为合适的修饰词，一旦用户询问，只需把相应的解释信息填入框架，并组织成合适的文本方式交给用户即可。

这种解释方法简单直观，知识工程师在编制相应解释的预置文本时，可以针对不同用户要求随意编制不同解释文本，其缺点在于对每一个问题都要考虑其解释内容，大大增加了系统开发时的工作量，因此这种方法不适用于大型专家系统，只能用于小型专用系统。

2. 路径跟踪法

路径跟踪法通过对程序的执行过程进行跟踪，在问题求解的同时，将问题求解所使用的知识自动记录下来，当用户提出相应问题时，解释机制向用户显示问题的求解过程，该解释方法能克服预置文本法的缺陷。

3. 策略解释法

在许多实际应用中，用户往往不满足于专家系统简单地告诉所得到问题结论的步骤，而要求专家系统给出求解问题所采用的其他方法和手段。为此，专家系统中采用策略解释法向用户解释关于问题求解策略有关的规划和方法，从策略的抽象表示及其过程中产生关于问题求解的解释。

4. 自动程序员方法

前面的解释只回答了"为什么"这一询问，即仅仅解释了系统的行为，而没有论证其行为的合理性。为了解决这一问题，Swartout提出了自动程序员解释方法，其基本思想是：在设计一个专家咨询程序的过程中，对领域模型和领域原理进行描述的同时，将自动程序员嵌入其中,通过自动程序员将描述性知识转化成一个可执行程序,附带产生有关程序行为的合理性说明,从而向用户提供一个非常有力的解释机制。

11.4.6　神经网络与专家系统

20 世纪 80 年代中叶,随着常识推理和模糊理论实用化,以及深层知识表示技术的成熟,专家系统向多知识表示、多推理机的多层次综合性转化。

人工神经网络理论在 20 世纪 80 年代兴起,使得我们有可能利用神经网络设计专家系统。不仅如此,由于基于神经网络的专家系统在知识获取、并行推理、自适应学习、联想推理、容错能力等方面具有明显的优越性,而这些方面恰好是传统专家系统的主要弱点。因此,神经网络专家系统在智能研究中有不可取代的一席之地。

在知识表示方面,神经网络专家系统不是显示表示,而是某种隐式表示。不论是什么知识,神经网络专家系统都把它变换为网络的权系数和阈值,分别存储于整个网络中。这使得推理解释变得十分困难。

在推理过程中,神经网络专家系统也不像传统的专家系统那样逻辑演绎,而是一种并行计算过程。同时,在推理过程中,根据需要还可以通过学习算法对网络参数进行训练和适应性调整。因此,它又是一种有自适应能力的适应性推理。

神经网络专家系统通过实例学习,不仅记住一些死的数据,而且具有举一反三的学习和推广的能力。这就是说,无论对于什么问题,当网络学习了一组训练数据之后,不仅仅学习了一些具体的例子,而且同时也学会了这些例子所包含的一般原则,提取了这些例子的基本特征。模糊神经网络发展迅速,它尤其擅长处理专家系统中的不确定知识,给专家系统注入了新的活力。

11.4.7　数控机床故障诊断的专家系统

东南大学杨龙兴、贾民平、许飞云和钟秉林发表的《基于规则控件的数控机床故障诊断专家系统》论文,将数控机床故障诊断专家系统中的规则及其推理、解释模块以 ActiveX 控件的形式进行编程封装,使用 ADO 组件对知识库中的前提故障规则表和动态事实表进行访问,使系统具有充分的柔性和可维护性。最后以数控铣床为例进行了应用实例分析。专家系统提供了快速获取维修经验和指导数控维修的辅助手段,通过经验知识的添加,可使维修人员的可贵经验得以保存。

沈阳第一机床厂李晓峰和沈阳工业大学李树江撰写的《基于专家系统的 CAK 系列数控机床故障诊断研究》论文,分析了 CAK 系统数控机床电气部分的主要故障;详细地介绍了基于专家系统的 CAK 系列数控机床故障诊断方法,完成了基于知识的诊断推理、诊断目标和诊断知识库的建立,CAK 系列机床电气故障诊断专家系统,是在 WINDOWS 环境下,用 BORLAND C ++ 语言开发的,在机床上建立故障诊断专家系统,采用基于知识的诊断推理,通过合理地优化组织知识库与选择适当的推理方式,专家系统能够完成故障诊断的任务。与有经验的人工诊断相比,具有运行可靠、反应快、准确性高的优点。已在沈阳第一机床厂投入试运行。通过实际试运行,证明了该方法有效性。

西南科技大学史晋芳发表的《基于专家系统的数控机床故障诊断技术研究》论文,提出将人工智能技术应用于数控系统的策略和模型。具体采用专家系统的框架概念构造出数控机床故障诊断的专家系统模型,提出利用知识库中的管理子系统管理各子知识库;采用正反推理混合方式以及单元推理、行为推理和故障树推理的方式,提高了故障诊断效率。

东南大学王全成和沈爱群撰写的《基于 Web 的数控机床远程故障诊断服务系统》论文,将设备、远程监测、诊断系统、专家系统联系起来,详述了作为远程服务的重要部分,即远程检测与故障诊断的基本功能及其基于 Browser/Server 网络架构的功能模型,结合具体项目的应用实践,给出了基于网络的数控机床远程故障诊断服务系统主要功能模块的实现方法,实现了远程故障诊断服务系统。通过在无锡机床厂的具体应用证明,该系统完全可行。远程故障诊断服务系统可以使制造企业更快捷地响应故障诊断请求,改善故障诊断的效果,进而提高企业服务质量和竞争力。可以预见,在不久的将来,远程故障诊断服务系统在制造业会有更深入的发展。

11.5 数控机床故障诊断的信息融合技术

11.5.1 信息融合技术的发展

随着传感器技术的迅猛发展,各种面向复杂应用背景的多传感器信息系统也随之大量涌现。在这些系统中,信息的表现形式是多种多样的,信息容量以及对处理速度的要求已大大超出人脑的信息综合处理能力,单纯依靠提高传感器本身的精度和容量来改善系统性能是比较困难的,而且单一传感器的误报和失效也往往导致系统的失败。因此,需要一种手段来利用多个不必非常精确的传感器信息,得出对环境或对象特征的全面、正确认识,以提高整个系统的鲁棒性。信息融合便是在这一情况下应运而生的。它实际上是一种多源信息的综合技术,通过对来自不同传感器的数据信息进行分析和智能化合成,获得被测对象及其性质的最佳一致估计,从而产生比单一信息源更精确、更完全的估计和决策。

1. 信息融合技术的起源与优点

(1) 信息融合技术的起源　1959 年 Kolmogolov 提出了一条关于信息集成的定理:对于一个系统,将多个单维信息集合成多维信息,其信息量必然会比任何一个单维信息的信息量大;Richardson 从理论上证明了增加传感器,原系统的性能不会降低。1973 年,美国研究机构在国防部的资助下开始了声纳信号理解系统的研究,信息融合技术在这一系统中得到了最早的体现。在现有已公开的文献资料中,多传感器信息融合一词最早出现在 20 世纪 70 年代末,这个问题一提出,多传感器信息融合技术就被世界上先进的军事大国所重视,并将其列为军事高技术研究和发展领域中的一个重要专题。美国国防部从军事应用的角度将信息融合定义为这样一个过程,即把来自多传感器和信息源的数据和信息加以联合(Association)、相关(Correlation)和组合(Combination),以获得精确的位置估计(Position Estimation)和身份估计(Identity Estimation),以及对战场情况和威胁及其重要程度进行适时的完整评价。根据国外近些年来的研究成果,信息融合比较确切的定义可概括为:利用计算机技术对按时序获得的若干传感器的观测信息在一定准则下加以自动分析、综合以完成所需的决策和估计任务而进行的信息处理过程。20 世纪 80 年代以来,信息融合技术得到了迅速发展。

(2) 信息融合技术的优点　信息融合技术是协同利用多源信息,以获得对同一事物或目标的更客观、更本质认识的信息综合处理技术。其中"融合"是指采集并集成各种信息源、多媒体和多格式信息,从而生成完整、准确、及时和有效的综合信息。它比直接从各信息源得到的信息更简洁、更少冗余、更有用途。从目前来看,无论是军用系统,还是民用系统,都趋向于采用信息融合来进行信息综合处理。因为信息融合具有如下优点:①可扩展系统的空间覆盖范围;②可扩展系统的时间覆盖范围;③可增加系统的信息利用率;④可提高合成信息的可信度和精度;⑤可改进对目标的检测/识别;⑥可降低系统的投资。

2. 信息融合技术的发展现状

国外对信息融合技术的研究起步较早。早在 1973 年,美国的有关机构就在国防部的资助下,开展了声纳信号理解系统的研究。进入 20 世纪 80 年代以后,传感器技术的飞速发展和传感器投资的大量增加,使得在军事系统中所使用的传感器数量急剧增加,因而要求传感器处理更多的信息和数据,更加强调其速度和实时性。美国三军政府组织——实验室理事联席会下面的 C^3I 技术委员会及时发现了解决这一问题的关键,并于 1984 年成立了数据融合专家组(Data Fusion Subanal, DFS),专门指导、组织并协调有关这一国防关键技术的系统性研究。但在当时,信息融合并不像现在这样受到人们普遍的重视,研究中所使用的概念和定义也很不统一。1988 年,美国国防部将多传感器信息融合技术列为 20 世纪 90 年代重点研究开发的 20 项关键技术之一。从 1992 年起,每年都投资 1 亿美元用于多传感器融合技术的研究。国际上还专门出版有关期刊并召开专题年会,来统一信息融合的定义,提高人们对信息融合广阔应用前景的认识。1988 年,成立了国际信息融合学会(International Society of Information Fusion, ISIF),总部设在美国,每年举行一次信息融合国际学术大会。此时,多传感器信息融合技术开始由零星的分散研究转变为一个独立的研究领域。

中国对信息融合技术的研究起步相对较晚,20 世纪 80 年代初,人们开始从事多目标跟踪技术研究,到了 20 世纪 80 年代末期,才出现了关于信息融合技术研究的报告。进入 20 世纪 90 年代以后,国内对信息融合这一领域的研究才逐渐形成高潮,一些高校和研究所开始从事这一技术的研究工作,并出现了一些理论研究成果应用于工程实际的报道。一些院所对多传感器识别、定位等同类信息融合的系统进行了研究与开发,但都还处于初级阶段。预计 21 世纪初将会有一批多传感器信息融合系统投入使用。

对于信息融合技术更为详细的论述,请读者参阅相关的著作、文献。

11.5.2　基于信息融合技术的数控机床故障诊断

黄宗元、仲梁维发表的《利用 GPRS 和 D－S 理论的数控设备远程故障诊断系统》的论文,结合 GPRS 技术,设计和实现了对数控机床的远程监控系统,有效解决了以往对数控机床管理相对松散、管理人员投入较大等问题。同时从多传感器信息融合出发,提出了在目标识别中多传感器信息的融合,同时运用多传感器信息融合和 D－S 证据理论诊断技术改变了传统的制造设备诊断方法,经过多故障特征信息融合后,诊断结论的可信度明显提高,不确定性明显减小,因此所提出的基于 D-S 证据理论的故障诊断方法是有效的,这样大大提高了诊断和维修设备的效率,降低了设备维护成本,从而能够及时对故障进行维修。

张爱瑜、赵晓光、张磊发表的《融合多传感器信息的数控机床故障诊断专家系统开发》论文,针对不同类型数控机床的结构、控制方式不同,故障类型各有特点的现状,建立了一种通用的数控机床故障监测和诊断专家系统。该系统允许用户采用人机交互的方式建立故障树,将故障树知识表示成产生式规则形式的专家知识,在这种知识表示方式的基础上,融合了多种传感器信息,实现了正反向混合推理的推理机制。经过在机床上实验,专家系统能够利用多种传感器信息诊断出故障原因并给出维修方案,实现了预期效果,然而系统也存在着一些问题,推理机的效率以及自我学习机制等问题仍有待于进一步的研究。

曹建福、曹雯、张家良、卫军胡发表的《基于非线性特征融合的高速装备故障诊断方法》论文,针对高速数控装备的复杂非线性特性,基于改进证据理论和非线性特征提出了一种新的故障诊断方法。分析了高速运行状态下数控装备的故障特性,提取出一组反映系统非线性特性变化的故障特征向量。给出了基于证据理论的多类型故障识别模型,并利用模式之间的相似度获取各个证据的 mass 函数。为解决冲突情况下的多个证据合成问题,提出一种基于平均信任度的动态参数冲突证据合成方法。仿真实验结果表明,在证据存在冲突的情况下,该方法识别率高,适合于具有非线性特性的高速装备故障诊断。

付振华、丁杰雄、张信、邓梦《多传感器融合在数控机床故障诊断中的应用研究》论文,提出将基于典型样本的信度函数分配方法和改进的 D-S 证据组合规则相结合的混合 D-S 证据理论算法,并将其应用到数控机床的故障诊断中。此方法先依据对主轴、刀架、床身的振动情况的测量值,计算出该 3 种证据在各目标故障模式下的信度密度值,接着对其进行归一化处理得到信度函数分配,最后利用改进的 D-S 证据合成规则对各传感器证据进行组合,进而对数控机床实际故障做出合理的判断。计算实例表明,多传感器数据融合可以大幅度降低系统的不确定性,获得比单一传感器更高的分辨力,有效地提高了数控机床故障模式的识别能力,提高了机床故障诊断精度,具有很好的工程应用价值。

11.6 数控机床故障诊断的支持向量机技术

11.6.1 支持向量机

从 20 世纪末开始,人们越来越频繁地接触到一个新的名词——统计学习理论(Statistical Learning Theory,SLT)。统计学习理论是一种专门研究有限样本情况下机器学习规律的理论,它为研究有限样本情况下的统计模式识别和更广泛的机器学习问题建立了一个较好的理论框架。支持向量机(Support Vector Machine,SVM)是在统计学习理论的基础上发展起来的新一代学习算法,该算法有效地改善了传统的分类方法的缺陷,具有较充足的理论依据,非常适合于小样本的模式识别问题。它在文本分类、故障诊断、手写识别、图像分类、生物信息学等领域中获得了广泛的应用。

1. 支持向量机产生的理论基础

对样本数据进行训练并寻找规律,利用这些规律对未来数据或无法观测的数据进行预测是基于机器学习的基本思想。现有机器学习方法的重要理论基础之一是统计学。传统统计学研究的内容是样本无穷大时的渐进理论,即当样本数为无穷大时的统计特性。然而现实生活中的样本数目往往是有限的。因此,假设样本无穷多,并以此为基础推导出的各种算法,存在着固有的算法缺陷,很难在样本数据有限时取得理想的应用效果。神经网络的过学习问题就是一个典型的例子。

当样本数据有限时,本来具有良好学习能力的学习机器有可能表现出很差的泛化性能。诞生于20世纪70年代的统计学习理论系统地研究了机器学习问题,对有限样本情况下的统计学习问题提供了一个有效的解决途径,弥补了传统统计学的不足。与传统统计学相比,统计学习理论着重研究有限样本情况下的统计规律和学习方法,在这种体系下的统计推理不仅考虑了对渐进性能的要求,而且追求得到现有信息条件下的最优解。其核心内容包括:基于经验风险最小化准则的统计学习一致性条件;统计学习方法推广性的界;在推广性的界的基础上建立的小样本归纳推理准则;实现新的准则的实际方法。其中最有指导性的理论结果是推广性的界,与此相关的一个核心概念是VC维(Vapnik Chervonenkis Dimension)。

早期的统计学习理论一直停留在抽象的理论和概念的探索中,而且它在模式识别问题中往往趋于保守,数学上比较艰涩。直到20世纪90年代以前还没有提出能够将其理论付诸实现的有效方法,加上当时正处在其他学习方法飞速发展的时期,因此一直没有得到充分的重视。直到20世纪90年代中期,随着其理论的不断发展和成熟,也由于神经网络等学习方法在理论上难以有实质性进展,该理论才受到越来越广泛的重视,并在统计学习理论的基础上又发展了一种新的通用学习方法——支持向量机。

支持向量机是统计学习理论中最"年轻"的内容,也是最实用的部分。支持向量机与神经网络完全不同。神经网络学习算法的构造受模拟生物启发,而支持向量机的思想来源于最小化错误率的理论界限,这些学习界限是通过对学习过程的形式化分析得到的。基于这一思想得到的支持向量机,不但具有良好的数学性质,如解的唯一性、不依赖于输入空间的维数等,而且在应用中也表现出了良好的性能。由于独特的优势和潜在的应用价值,支持向量机已成为当前国际上机器学习领域新的研究热点。

2. 支持向量机的研究现状

支持向量机的核心内容基本上是在1992—1995年间形成的。1992年,Boser、Guyon和Vapnik在 A Training Algorithm for Optimal Margin Classifiers 一文中,提出了最优边界分类器。1993年Cortes和Vapnik在《The Soft Margin Classifier》一书中进一步探讨了非线性最优边界的分类问题。1995年,Vapnik在《The Nature of Statistical Learning Theory》一书中提出了支持向量机分类方法,并在 Support Vector Networks 一文中进行了详细的介绍。1997年,Vapnik、Gokowich和Smola在 Support Vector Method for Function Approximation, Regression Estimation and Signal Processing 一文中,详细地介绍了基于支持向量机的回归方法和信号处理方法。从那以后,支持向量机逐渐成为国际上机器学习领域的研究热点,吸引了国内外众多知名的专家学者。我国虽然在20世纪80年代末就注意到统计学习理论的一些研究成果,但并没有给予足够的重视。国内研究支持向量机的文章最早发表于1999年,但这些年发展很快,特别是 V. Vapnik 的专著 *The Nature of Statistical Learning Theory* 中文版的出版,更是推动了国内在这方面的研究。目前对支持向量机的研究和应用主要包括以下3个方面。

(1) 支持向量机理论研究　虽然支持向量机的发展时间很短,但由于其产生基于统计学习理论,因此具有坚实的理论基础。近几年涌现出的大量理论研究成果,更是为其应用研究奠定了坚实的基础。核函数与支持向量机性能密切相关,如何构造与实际问题有关的核函数,一直是支持向量机研究的重要课题。核函数的研究包括核函数类型的选择、核函数参数的选择以及核函数的构造。

(2) 支持向量机学习算法研究　对学习算法的改进是目前支持向量机研究的主要内容,支持向量机的学习算法研究可以用"更小、更快、更广"6个字来表达。由于支持向量机的学习过程是求解一个二次凸规划(QP)问题,在理论上,有许多经典的求解方法。但是支持向量机中二次规划的变量维数等于训练样本的个数,从而使其中矩阵元素的个数是训练样本的平方,这就造成实际问题的求解规模过大,而使许多经典的方法不适用。例如,当样本点数目超过4000时,储存核函数矩阵需要多达128M内存。其次,支持向量机在二次型寻优工程中需要进行大量的矩阵运算,多数情况下,寻优算法占用了运算的大部分时间。

(3) 支持向量机应用研究　支持向量机是一种非常"年轻"的机器学习方法,虽然在理论上具有很突出的优势,但与其理论研究相比,应用研究则相对比较滞后,支持向量机的应用是一个大有作为的方向。目前它主要应用在模式识别、概率密度函数估计和回归估计等领域。在这些应用中,最为著名的应该是贝尔实验室的研究人员 Burges、Cortes 和 Schölkopf 对美国邮政手写数字进行的实验,采用多项式、径向基、双曲正切三种典型核函数的支持向量机分类器得到的识别结果明显优于决策树方法、多层神经网络,它们的识别错误率分别是 4.0%,4.1%,4.2%,16.2% 和 5.196%。相关的应用还包括文本自动分类、图像分类、三维物体识别、DNA 和蛋白质序列检测等领域,在这些领域支持向量机都有出色的表现。对于其他一些应用领域,国内外学者也逐步进行了探索和研究,其中包括机械设备运行状态监控与故障诊断。

对于支持向量机更为详细的论述,请读者参阅相关的著作、文献。

11.6.2　基于支持向量机的数控机床故障诊断

赵荣泳、张浩、张辉、樊留群、陆剑峰发表的《一种新的机器学习方法——PSVM 应用于数控磨床智能诊断的研究》论文,针对经典 SVM 对于样本噪声敏感的局限性问题,在经典 SVM 基础上,引入主成分分析(PCA)方法,提出一种改进 SVM 新方法——PSVM。这种新的机器学习方法,既利用了 PCA 降噪的特性,又具有经典 SVM 泛化能力强、分类快的特性。改善了经典 SVM 的鲁棒性。应用小波包分析对信号进行预处理,直接得到特征矢量,并作为 PSVM 的输入,提出满足实时性要求的分类模型 WPSVM。通过实例分析,证明这种方法在分类正确率、分类速度以及适用的样本规模等方面都表现出了一定的优越性。

肖金壮、王洪瑞发表的《基于 SVM 的数控系统连接类故障诊断方法》论文,通过对数控系统中连接类故障的发生、诊断方法分析以及在 $X-Y$ 平台中的应用过程,将采用 SVM 方法对故障进行诊断的特点总结如下:①一般数控系统中可能出现的连接类故障发生时,由于系统中非线性的动力学关系,从反馈信号和其他监视信号中不能直接被监测出来;②利用 SVM 对数据和标记点间的非线性分类能力,基于位置反馈信号和扭矩监视信号,将数控系统中连接类故障诊断出来;③此法简单易行,而且对数控系统的控制算法没有影响,所以容易嵌入系统中。它为提高数控系统的可靠性提供了一条有效的途径。同时,该方法对于将 SVM 应用于数控系统中其他故障的诊断也有借鉴意义。

吴希曦、高宏力、燕继明、赵敏、黄柏权、许明恒发表的《基于超球面支持向量机的丝杠故障诊断技术》论文,针对高档数控机床丝杠故障样本不易获取以及样本分布不均的问题,提出了一种用小波包分解和超球面支持向量机进行分类的丝杠故障智能诊断技术。该方法将振动信号小波包分解后的频带能量作为特征向量,输入到超球面支持向量机分类器进行故障识别。通过改变相关参数,研究了模型参数选择在构造超球面支持向量机中的重要作用。试验结果表明,建立的超球面支持向量机模型能够有效地对机床丝杠故障进行诊断。

罗芳琼、黄胜忠、吴春梅发表的《基于支持向量机的数控机床液压刀架的故障诊断研究》论文,针对数控机床液压刀架在工作过程中所产生的不同种类的故障情况,利用支持向量机对其进行故障诊断。分析了数控机床液压刀架的工作原理;分析了支持向量机的基本概念,建立了故障诊断流程;进行了故障仿真分析,结果表明该方法具有较好的故障诊断可靠性。

参 考 文 献

[1] 李梦群. 现代数控机床故障诊断及维修[M]. 3版. 北京:国防工业出版社,2009.
[2] 任建平. 现代数控机床故障诊断及维修[M]. 2版. 北京:国防工业出版社,2005.
[3] 任建平. 现代数控机床故障诊断及维修[M]. 1版. 北京:国防工业出版社,2002.
[4] 王爱玲. 数控机床故障诊断与维修[M]. 北京:机械工业出版社,2002.
[5] 王先逵. 机床数字控制技术手册. 操作与应用卷[M]. 北京:国防工业出版社,2013.
[6] 牛志斌. 数控机床故障检修速查手册[M]. 北京:机械工业出版社,2007.
[7] 李金伴. 数控机床故障诊断与维修实用手册[M]. 北京:机械工业出版社,2013.
[8] 李金伴. 数控机床故障诊断与维修速查手册[M]. 北京:化学工业出版社,2009.
[9] 周世君. 数控机床电气故障诊断与维修实例[M]. 北京:机械工业出版社,2013.
[10] 吴国经. 数控机床故障诊断与维修[M]. 北京:电子工业出版社,2005.
[11] 华中数控. 华中8型数控系统PLC编程说明书. 2013.11.
[12] 华中数控. HNC-21M3/T3数控装置连接与调试说明书V1.0.2010.
[13] 华中数控. 华中数控产品选型手册V4.1版,2013,3.
[14] 广州数控. GSK988TD系列双通道车削中心数控系统安装与调试手册V1.12.
[15] 刘江. 数控机床故障诊断与维修[M]. 北京:高等教育出版社,2007.
[16] 《数控机床数控系统维修技术与实例》编委会. 数控机床数控系统维修技术与实例[M]. 北京:机械工业出版社,2007.
[17] 龚仲华. 数控机床维修技术与典型实例——SIEMENS 810/802系统[M]. 北京:人民邮电出版社,2006.
[18] 龚仲华. 数控机床维修技术与典型实例——FANUC 6/0系统[M]. 北京:人民邮电出版社,2005.
[19] 龚仲华. 数控机床故障诊断与维修500例[M]. 北京:机械工业出版社,2004.
[20] 郭士义. 数控机床故障诊断与维修[M]. 北京:机械工业出版社,2005.
[21] 王贵成. 数控机床故障诊断技术[M]. 北京:化学工业出版社,2005.
[22] 张光跃. 数控设备故障诊断与维修实用教程[M]. 北京:电子工业出版社,2005.
[23] 叶辉,梁福久. 图解NC数控系统:三菱M64系统维修技巧[M]. 北京:机械工业出版社,2005.
[24] 叶辉. FANUC 0i系统维修技巧[M]. 北京:机械工业出版社,2004.
[25] 夏庆观. 数控机床故障诊断[M]. 北京:机械工业出版社,2004.
[26] 王凤蕴,张超英. 数控原理与典型数控系统[M]. 北京:高等教育出版社,2003.
[27] 机床故障诊断与维修丛书编委会. 车床常见故障诊断与维修[M]. 北京:机械工业出版社,1999.
[28] 牛志斌. 数控车床故障诊断与维修技巧[M]. 北京:机械工业出版社,2005.
[29] 牛志斌. 图解数控机床:西门子典型系统维修技巧[M]. 北京:机械工业出版社,2004.
[30] 张魁林. 数控机床故障诊断[M]. 北京:机械工业出版社,2002.
[31] 孙汉卿. 数控机床维修技术[M]. 北京:机械工业出版社,2000.
[32] 沈兵. 数控机床数控系统维修技术与实例[M]. 北京:机械工业出版社,2001.
[33] 鄂加强. 智能故障诊断及其应用[M]. 长沙:湖南大学出版社,2006.
[34] 钟秉林,黄仁. 机械故障诊断学[M]. 北京:机械工业出版社,2002.
[35] 卢文祥,杜润生. 机械工程测试信息信号分析[M]. 武汉:华中科技大学出版社,1999.
[36] 严普强,黄长艺. 机械工程测试技术基础. 2版[M]. 北京:机械工业出版社,1985.
[37] 郑君里,应启珩,杨为理. 信号与系统(上、下册)[M]. 北京:高等教育出版社,2000.
[38] 王划一. 自动控制原理[M]. 北京:国防工业出版社,2000.

[39] 李梦群.面向引信相似制造工程理论与应用研究[D].北京理工大学,2006.
[40] 任进前,张翠萍,张林.HNC-21系统PLC结构及编译方法分析[J].科技风,2015(11).
[41] 赵继,许树新,祝佩兴,等.曲面数控加工的过切故障建模及监控[J].机械工程学报,2001,37(9):80-87.
[42] 许树新,王义强,祝佩兴.自由曲面数控加工中端铣刀过切故障监控[J].农业机械学报,2008,39(3):144-147.
[43] 宋刚,胡德金.基于Sugeno模糊模型的数控机床故障诊断法[J].上海交通大学学报,2005,39(1):91-94.
[44] 薛玉霞,申桂香,张英芝.基于模糊逻辑的数控机床故障分析[J].吉林大学学报(工学版),2008,2(38)增刊:115-118.
[45] 姚道如.基于模糊理论的数控机床故障诊断方法[J].济南职业技术学院学报,2006,12(6):41-42.
[46] 李捷辉.基于RBF神经网络的数控机床故障诊断研究[J].机床电器,2003,5:10-13.
[47] 宋刚,胡德金.基于匹配滤波模型神经网络在数控机床故障诊断中的应用[J].上海交通大学学报,2003,37增刊:1-5.
[48] 张铭钧,徐建安.基于神经网络的数控线切割加工状态建模技术研究[J].哈尔滨工程大学学报,2003,24(5):534-538.
[49] 朱晓春,汪木兰.基于神经网络联想记忆模型的数控机床故障诊断[J].中国机械工程,2003,14(15):1275-1277.
[50] 杨龙兴,贾民平,许飞云,等.基于规则控件的数控机床故障诊断专家系统[J].机床与液压,2001,No.1:113-114.
[51] 史晋芳.基于专家系统的数控机床故障诊断技术研究[J].机械设计与制造,2006,7(7):133-134.
[52] 王全成,沈爱群.基于Web的数控机床远程故障诊断服务系统[J].机械制造,2006,44(2):61-63.
[53] 李晓峰,李树江.基于专家系统的CAK系列数控机床故障诊断研究[J].电器开关,2005(3):4-6.
[54] 黄宗元,仲梁维.利用GPRS和D-S理论的数控设备远程故障诊断系统[J].现代制造工程,2009,12.
[55] 张爱瑜,赵晓光,张磊.融合多传感器信息的数控机床故障诊断专家系统开发[J].机床与液压,2012,40(7).
[56] 曹建福,曹雯,张家良,等.基于非线性特征融合的高速装备故障诊断方法[J].计算机集成制造系统,2012,18(11).
[57] 付振华,丁杰雄,张信,等.多传感器融合在数控机床故障诊断中的应用研究[J].机械设计与制造,2014(2).
[58] 赵荣泳,张浩,张辉,等.一种新的机器学习方法——PSVM应用于数控磨床智能诊断的研究[J].制造业自动化,2005,27(1).
[59] 肖金壮,王洪瑞.基于SVM的数控系统连接类故障诊断方法[J].机床与液压,2009,37(11).
[60] 吴希曦,高宏力,燕继明,等.基于超球面支持向量机的丝杠故障诊断技术[J].计算机集成制造系统,2010,16(12).
[61] 罗芳琼,黄胜忠,吴春梅.基于支持向量机的数控机床液压刀架的故障诊断研究[J].煤矿机械,2012,33(2).
[62] 何正嘉,等.铣削刀具破损检测的第二代小波变换原理[J].中国科学(E辑:技术科学),2009(6).
[63] 寇星源.基于图像处理的智能机床刀具检测技术研究[D].北京邮电大学,2013.
[64] 关山,聂鹏.在线金属切削刀具磨损状态监测研究的回顾与展望Ⅲ:模式识别方法[J].机床与液压,2012(3).
[65] 关山.在线金属切削刀具磨损状态监测研究的回顾与展望Ⅱ:信号特征的提取[J].机床与液压,2010(17).
[66] 关山,康晓峰.在线金属切削刀具磨损状态监测研究的回顾与展望Ⅰ:监测信号的选择[J].机床与液压,2010(11).
[67] 蒙斌.数控机床切削过程刀具磨损与破损的振动监测法[J].机电工程技术,2007(10).
[68] 王姣,祁美玲.RBF云神经网络在数控机床刀具磨损状态识别中的应用[J].机床与液压,2011(15).
[69] 刘小斌.数控机床刀具磨损状态的AR建模与研究[J].机械研究与应用,2007(3).
[70] 马旭,陈捷.数控机床刀具磨损监测方法研究[J].机械,2009(6).
[71] Ding Feng,He Zhengjia. Cutting tool wear monitoring for reliability analysis using proportional hazards model[C]. INTERNATIONAL JOURNAL OF ADVANCED MANUFACTURING TECHNOLOGY, 57(5-8):565-574,2011.11.
[72] Sevilla-Camacho P Y,Herrera-Ruiz, G Robles-Ocampo, J B. Tool breakage detection in CNC high-speed milling based in feed-motor current signals[C]. INTERNATIONAL JOURNAL OF ADVANCED MANUFACTURING TECHNOLOGY. 53(9-12):1141-1148. 2011,4.

[73] 徐洁.数控立铣刀基本参数视觉测量方法研究[D].西安工业大学,2014.
[74] 张佳毅.数控机床批量加工过程异常状况的功率监测技术研究[D].重庆大学,2009.
[75] 陈洪涛.基于多参量信息融合的刀具磨损状态识别及预测技术研究[D].西南交通大学,2013.
[76] 陈青海.基于驱动电机电流信号的车削颤振在线监测方法研究[D].华中科技大学,2012.
[77] 贾冰慧.基于机器视觉的刀具状态在机检测关键技术研究[D].华南理工大学,2014.
[78] 敖银辉,汪宝生.钻头磨损检测与剩余寿命评估[J].机械工程学报,2011(1).
[79] 王先逵.机床数字控制技术手册[M].北京:国防工业出版社,2013.